KB175324

Gladys Hariuchi

Robin Kelley O'Connor

Alistair Robertson

(Ours) LATOUR

Marion R. Shanken

LFBouchard

Rodney D. Strong

Rio Roffen

Stéfan M.

James Treziel

David S. Hare

Louis P. Martini

Ed Sbragia

Mike Stephens

John L. Mira

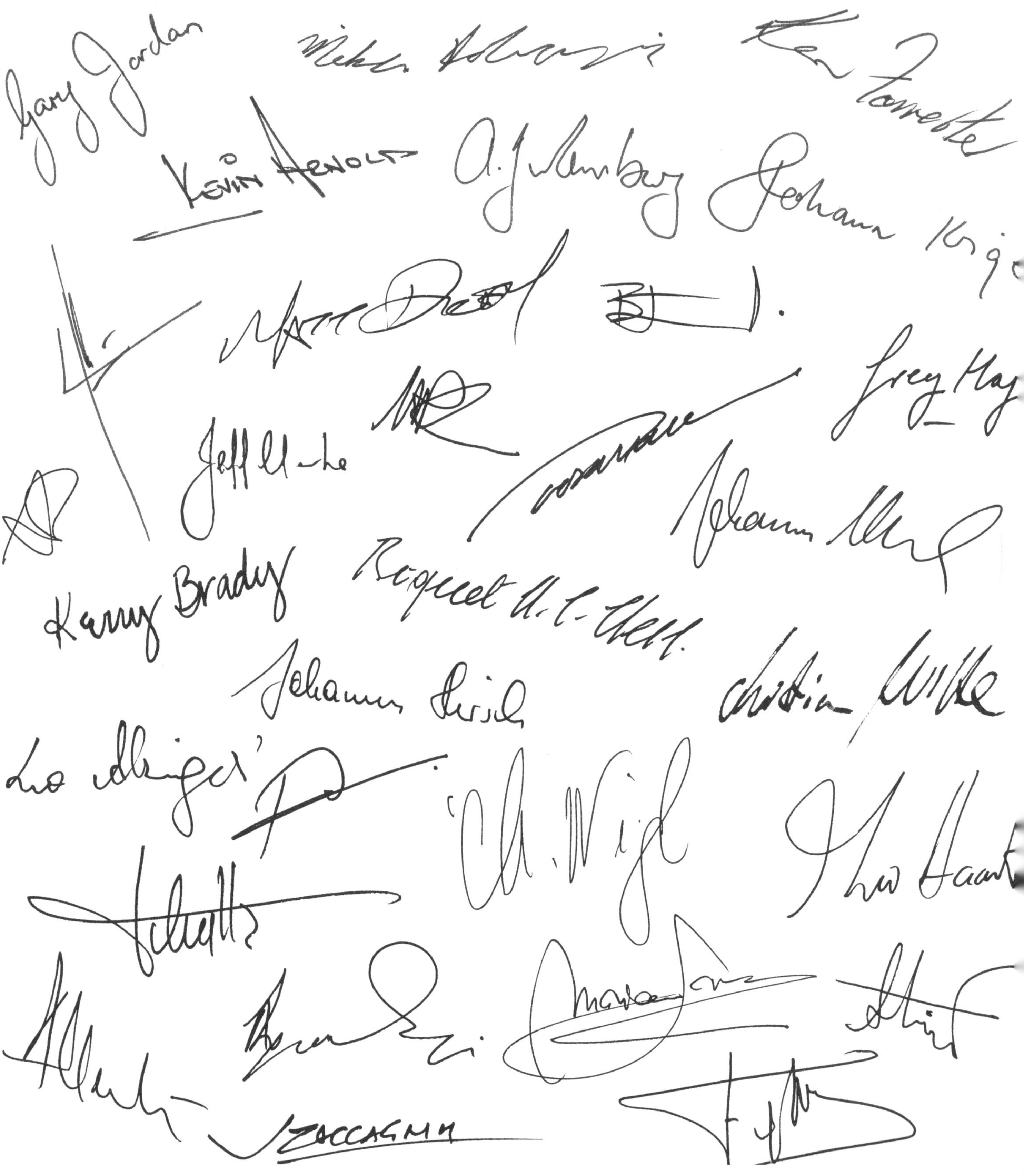
Gary Jordan
Kevin Arnold
Kenny Brady

와인 바이블

Windows on the World Complete Wine Course

와인 바이블

Windows on the World Complete Wine Course

케빈 즈랠리 지음 · 정미나 옮김

한스미디어

이 책이 출간되기까지 전 세계의 여러 포도원 운영자, 와인 메이커, 와인업계 동료들이 기꺼이 전문지식과 열정을 나누어주며 나에게 큰 힘이 되어주었다. 그 감사의 마음을 표하고자 책의 앞뒤 면지에 이루 표현할 수 없을 만큼 귀한 도움을 준 몇몇 분의 사인을 실어놓았다.

Text © 2020 Kevin Zraly
Cover © 2020 Sterling Publishing Co., INC
Originally published in 2020 in the United States by Sterling Publishing Co. Inc. under the title KEVIN ZRALY WINDOWS ON THE WORLD COMPLETE WINE COURSE: Revised & Updated/ 35th edition.

This Korean edition was published by Hans Media in 2021
By arrangement with Sterling Publishing Co., Inc. 33 East 17th Street, New York, NY 10003
through KCC(Korea Copyright Center Inc.), Seoul.

이 책은 (주)한국저작권센터(KCC)를 통한 저작권자와의 독점계약으로 한스미디어에서 출간되었습니다.
저작권법에 의해 한국 내에서 보호를 받는 저작물이므로 무단전재와 복제를 금합니다.

헌정사

이 책의 타이틀 'Windows on the World Complete Wine Course'에는 나름의 내력이 담겨 있다. 원래 '윈도우즈온더월드Windows on the World'는 뉴욕 월드트레이드센터WTC 꼭대기 층에 자리 잡았던 스카이라운지 레스토랑의 이름이었다. 나는 윈도우즈온더월드가 1976년에 처음 문을 열었던 날부터 2001년 9월 11일까지 25년 동안 이 레스토랑에서 일했다. 그 유산을 이어나가고자 그동안 쭉 레스토랑의 이름을 책의 제목으로 삼아왔다.

올해로 나는 70세가 된다! 와인을 공부하고 맛보게 된 지 50주년을 맞기도 한다. 그 세월을 곰곰이 되짚어보니 힘이 되어주는 사람들을 곁에 두었던 나는 정말 행운아라는 생각이 새삼 든다.

나는 가정 꾸리기를 비롯해 평생 숱한 목표를 세워왔지만 그중 특히 야심 찼던 3가지 목표가 있었다.

나름 뮤지션이던 10대 시절에는 히트곡을 쓰고 싶었다. 그때는 우리 밴드 모터베이션스Motivations가 언젠가 차세대 비틀스나 롤링스톤스가 될 만한 경로를 밟아가고 있다고 확신했다.

20대에는 뉴욕주 플레전트빌에서의 내 삶과 1969년에 같은 반이던 친구들을 소재로 영화 시나리오를 쓰고 싶어 했고 그 바람을 실행에 옮겼다. 하지만 그 시나리오를 사주는 곳이 한 군데도 없었다!

그러다 30대에 들어서면서 와인과 음식을 주제로 다루는 책을 쓰는 것을 목표로 삼게 되었다. 그 후로 지금까지 8권의 책을 썼고 바람 같아서는 앞으로도 계속 쓰고 싶다.

셋 중 하나를 이루었으니, 이만하면 나쁘지 않다고 자부한다!

이번 에디션은 내 모든 가족과 친구에게 바친다. 사는 내내 도움을 주고 길잡이가 되어준 가족과 친구들이 없었다면 그 무엇도 이뤄내지 못했을 것이다.

《와인 바이블》에 바쳐진 찬사

와인책이 처음이라면 이 책부터 시작하라!
와인책을 이것저것 잔뜩 사보았다면, 그래도 이 책을 읽어라!
이 책을 따를 와인책은 없다!
_ 〈뉴욕 타임스〉

케빈 즈랠리는 내가 아는 가장 훌륭한 와인 강사다.
_ 로버트 파커(와인 평론가)

와인 여행이 생초보인 이들에게 단 한 권의 필독서를 추천하라면, 그것은 케빈 즈랠리의 《와인 바이블》이다.
_ 〈월스트리트 저널〉

재치 있는 문장으로 와인의 핵심을 콕콕 집어 시원하게 풀어냈다.
저자가 바로 앞에서 가르쳐주는 느낌이다.
_ 〈와인 스펙테이터〉

와인은 오늘날 우리 생활 전반에 깊숙이 들어와, 우리와 동반하며 살아가고 있는 필수 상식이다. 《와인 바이블》은 와인에 관한 모든 것을 수록하고 있으므로 누구에게나 자신 있게 추천할 수 있는 와인 지침서다.
_ 서한정(초대 한국와인협회 회장)

수십 년 동안 거듭되는 《와인 바이블》 개정판을 통해 지구상에 있는 모든 와인 생산지에서 일어나는 혁명적인 발전과 변화무쌍한 정보들을 정확하고 신속하게 전달하는 저자인 케빈 즈랠리에게 무한한 찬사를 드리는 바입니다.
_ 최성도(한국국제소믈리에협회 명예회장)

방대한 와인의 세계를 쉽고 명쾌하게 써 내려간 최고의 와인가이드다. 내가 가장 아끼는 책으로 그동안 수많은 이들에게 추천해왔는데, 번역판이 해를 거듭하면서 새로워지는 것이 정말 반갑다. 앞으로 더 많은 사람에게 추천할 것이다.
_ 김준철(한국와인협회 회장, 김준철와인스쿨 원장)

와인은 삶의 영원하고 진실한 친구입니다. 또한 오랜 친구 역시 참으로 와인과 같습니다. 때로는 기쁨을, 때로는 위로를, 때로는 신뢰를, 그리고 때로는 기다림과 추억을 주는 까닭입니다. 그 행로에서 케빈 즈랠리의 《와인 바이블》은 오랜 좋은 친구이자 와인에 대한 바른 길잡이라 여겨집니다. 이 책을 와인을 사랑하는 모두에게, 그리고 와인을 사랑하려는 모두에게 '한 잔의 훌륭한 와인'으로 권하고 싶습니다.
_ 엄미란(한국와인협회 부회장, 비노피아 대표, 평생교육학 박사)

케빈 즈랠리는 지나치게 트렌드를 반영하거나 너무 시류에 편승하지 않는 그만의 스타일로 개정판을 발간해 오고 있습니다. 올해는 그 의미가 점점 둔감해지는 과거 트레이드센터 레스토랑의 역사와 와인의 변혁사를 '와인 및 음식의 혁신사'로 통합 개정하였습니다. 50페이지에 걸쳐 미국의 식음료 시장 역사를 다룬 부분이 눈에 띕니다.
_ 은대환(메이필드호텔 F&B과장)

오랜 세월 사람들이 꾸준히 찾는 책은 그 책만의 특별함이 있다. 와인을 알고 싶어 하는 사람들에게 나는 다양한 지식과 실용적인 조언을 페이지마다 알차게 담고 있는 《와인 바이블》을 항상 추천한다. 와인 애호가와 와인 전문가 누구에게나 유용하고 늘 가까이 두고 싶은 책이다.
_ 이인순(이인순 와인랩 대표 & 와인교육가)

와인 공부를 시작한 지 10년 가까이 되던 해에 캘리포니아에서 우연히 발견한 책이다. 와인에 관해 정확한 답을 주는 이 책을 만나 많은 의문점을 해결할 수 있었다. 지금도 궁금한 내용이 생기면 맨 먼저 이 책을 참고한다.
_ 방진식(대한항공 와인 컨설턴트, 와인 박사)

와인의 본질을 투명하게 비춰주는 책이다. 누구나 쉽고 명료하게 이해할 수 있어 와인의 깊고도 매력적인 세계로 한껏 빠져들게 된다. 그 어떤 책보다 훌륭한 와인의 길잡이가 되어줄 것이다.
_ 최해숙(한국여성와인협회 회장)

와인 정보의 깊이, 범위, 재미의 밸런스가 제대로 맞춰진 책이다. 와인 러버에게 적합한 와인을 찾고 싶거나 또는 와인에 대한 필수 상식과 실무가 필요하다면, 이 책에서 답을 얻을 수 있다.
_ 윤용(인하대학교 창업지원단 교수)

오랜 깅의 경력과 서비스 경험에서 우러나온, 그리고 꾸준히 업데이트가 되는 진정한 와인 지식의 보고이다.
_ 이철형(전 와인나라 대표)

좋은 와인책을 꾸준히 업데이트하여 출간한다는 자체로도 이미 큰 찬사를 보내고 싶다. 와인을 진지하게 공부하고자 한다면, 그리고 제대로 알고 즐기기 위해 와인을 접하게 된다면, 《와인 바이블》은 충분히 읽고 소장할 가치가 있다.

_ 최성순(와인21닷컴 & 미디어 대표이사)

복잡하지만, 알면 알수록 재미있는 와인의 세계에 관심이 있는 이라면 누구나 흥미롭게 읽을 수 있는 책이다.

_ 방문송(와인비전 아카데미 원장)

명료한 설명과 깔끔한 이미지가 잘 정돈되어 있으며, 중간중간 자신의 경험담을 녹여내어 더욱 흥미롭습니다. 와인 관련 지식뿐만 아니라 업계의 트렌드까지 아우른 이 책에 감사를 표합니다.

_ 박수진(WSA 와인아카데미 원장, WSET Diploma)

15년 동안 소믈리에로 일하면서, 후배 소믈리에들에게 딱 한 권의 책을 추천하려면 주저 없이 이 책을 추천한다. 단숨에 다 읽는 책이 아니라, 챕터별로 필요할 때마다 내용을 반복해서 읽는다면 당신도 와인 전문가로 거듭날 수 있을 것이다.

_ 정하봉(JW 메리어트 호텔 식음료팀장)

"어떤 와인 좋아하세요?"라는 질문을 받고 망설인 경험이 있는 분에게 그 해답을 제시해 주는 책. 이 책은 저자가 현장 경험을 살려 이야기하듯 생생하게 풀어놓은 와인 기초서이자 전문서. 와인을 처음 접하는 초보자에게도 와인을 즐기는 애호가에게도 가려운 곳을 긁어주는 안내서가 될 것이다.

_ 백은주(와인 에듀케이터)

"다른 사람의 취향을 따르지 말고 자신의 미각을 믿어라. 와인 맛에 관해서는 객관적 진리란 없다." 케빈 즈랠리의 《와인 바이블》은 휴머니즘의 정수다. 책만 읽어도 와인을 마실 때처럼 가슴이 따뜻해진다. 책이 주는 엄청난 지식은 오히려 덤이다.

_ 이선경(소믈리에, 바이닝와인 대표)

간결한 글, 농축된 와인 지식, 효과적인 실용 지식, 일목요연한 구성!

_ 조정용(와인 칼럼니스트, 유기농 와인 전문샵 '올댓와인' 대표)

《와인 바이블》이란 책 제목처럼 와인을 즐기는 사람들에게 꼭 필요한 책이다. 10여 년 전 처음으로 와인책을 원서로 접할 때 책장에 꽂혀 있던 책이 《와인 바이블》이었던 것처럼, 소믈리에들에게도 유익한 책이라 생각한다. 와인을 처음 접하는 사람들도 책에 실려 있는 다양한 레이블과 지도 등 한눈에 쉽게 알아볼 수 있는 내용들이 많은 도움이 될 것이다. 이번 에디션도 최신 트렌드를 반영하는 새로운 정보와 다양한 내용들이 수록되어 와인을 공부하고 즐기는 사람이라면 꼭 가지고 있어야 할 책이라 생각한다.

_ 유영진(쉐라톤 그랜드 워커힐 호텔 소믈리에)

넘쳐나는 와인 서적 가운데 눈에 확 들어오는 책이다. 단순 이론서를 벗어나 곁에 두고 실전에 응용할 수 있는 지침서의 기능을 충분히 소화했다.

_ 정우용(한국소믈리에협회 대구지회 회장)

코로나19로 인하여 생활의 패턴이 바뀐 뉴노멀 시대에 와인은 그 어느 때보다 대중들에게 친숙하게 다가왔다. 《와인 바이블》은 와인을 좋아하시는 모든 분께 그동안 많은 실용적인 팁을 준 훌륭한 교과서 같은 책으로, 앞으로도 많은 사랑 받기 바란다.

_ 김시균(㈜신세계 L&B 매입 담당)

처음에는 그림책 보듯이 책장을 넘겼다. 두 번째에는 와인 리스트 짜기, 와인셀러 관리하기, 와인 시음법 등 업무에 필요한 부분만 발췌해 숙지했다. 지금은 매해 개정판이 나올 때를 기다린다

_ 고효석(소믈리에)

출간 35주년을 맞은 《와인 바이블 2022》는 세월의 흔적과 가치를 아로새긴 훌륭하기 이를 데 없는 올드 빈티지 와인과 같다. 저자의 개인적 얘기가 담겨 저자의 숨결을 더욱 가깝게 느낄 수 있으며, 변함없이 방대한 내용을 다루면서도 놀랍도록 간결하다. 시중에 좋은 와인 책들은 어렵지 않게 찾아볼 수 있는 세상이지만 이렇게 특별하고 정서적 여운까지 전하는 와인 책은 결코 쉽게 만날 수 없다. 이 책은 단 한 권의 와인 지침서를 찾는 당신을 위한 선물이다.

_ 신성호(나라셀라㈜ 와인연구소 이사)

와인을 들여다보는 또 하나의 창(WINDOW). 와인 칼럼을 쓸 때나 헷갈리는 와인 상식을 접할 때면 나도 모르게 훔쳐보는 커닝페이퍼와 같다.

_ 손용석(JTBC 기자, 와인 칼럼니스트)

누군가 큰일을 해주길 오랫동안 원했었는데, 이 책이 바로 그 역할을 해냈다. 이제 많은 와인 애호가들이 더욱 다양하고 풍부한 와인 지식을 쉽게 얻을 수 있게 되어 감사하다.

_ 변광택(BnC Wines 대표)

그림을 보는 것처럼 쉽고 분명하게 읽히는 와인책이다.

_ 김성중(㈜비노킴즈 회장)

CONTENTS

들어가는 글

2020년으로 나는 와인을 공부하고 음미하게 된 지 50주년을 맞았다. 돌이켜보면 정말 멋진 여정이었다! 2020년은 《와인 바이블Windows on the World Complete Wine Course》의 출간 35주년이기도 했는데 지금까지는 책의 타이틀처럼 '완벽한Complete' 책에 미치지 못했음을 자인한다. 끔찍한 팬데믹이 닥쳐 우리의 삶이 바뀐 이 와중에 적어도 나 개인적으로 한 줄기 희망이 빛이 있었다면, 마침내 이 책을 완벽히 가다듬을 만한 선물 같은 시간이었다는 것이다. 35년간 여러 판이 나왔지만, 이번 판이야말로 지금껏 내가 쓴 최고의 책이라고 자부한다.

그렇긴 해도 책의 틀은 35년 전과 크게 달라지지 않았다. 특정 대목을 강조하고 본문의 내용을 보충하기 위해 측면에 별도의 코너를 그대로 배치해두었다. 내가 워낙 통계를 좋아하기도 해서 이 측면에 관련 자료와 통계 수치를 싣기도 하고 본문의 견해를 보강하기 위한 일화, 개인적 견해, 인용문도 수록했다. 한 담당 편집자가 '직통 참고문'이라고도 부르는 이 모든 내용을 본문과 함께 보면 쉽고 재미있게 와인 공부를 하는 데 유용하다.

와인 공부는 단순히 한 음료에 대해 배우는 것이 아니다. 각각의 와인이 만들어진 국가와 민족의 역사·언어·문화·전통을 이해하는 계기가 되기도 한다. 매년 새로운 빈티지로 새롭게 거듭난다는 점에서 와인은 복잡한 주제다. 끊임없이 변하는 이런 와인의 특징은 평생을 공부해도 흥미가 돋게 되는 묘미이기도 하다.

지난 수년간 이 책을 개정할 기회를 맞을 때마다 나는 최신 정보와 유용한 정보를 더하는 방식을 취했다. 간결할수록 좋다는 원칙을 고수했다. 셰익스피어도 '간결함은 위트의 생명'이라는 명언을 남기지 않았던가. 다만, 이번 특별판에서는 개인적 얘기를 담은 꼭지 '와인 및 음식의 혁신사(1970~2020년)'를 추가했다. 이 꼭지를 통해 내가 와인업계에 막 발을 들였던 1970년 이후로 미국 내 와인과 음식이 서로 교차하는 세계에서 일어난 가장 의미심장하고 흥미진진한 변화 몇 가지를 짚어보려 한다. 이 프로젝트에 착수했던 2019년 여름, 나는 전 세계 60개의 도시를 이미 탐방 갔다 오는 등 바쁜 한 해를 보내고 있었다.

그러던 2020년 3월 초, 대다수 사람과 마찬가지로 코로나19의 타격으로 나 역시 삶이 끽 멈춰 서고 말았다. 50년간 해왔던 업무 패턴과 라이프스타일이 송두리째 무용지물이 되어버리는 현실 앞에 놓이고 말았다. 하지만 예전에는 시간이 나지를 않아 엄두를 못 냈던 여러 일을 배우면서 그 공백은 금세 채워졌다. 제빵도 그중 하나였다! 그전까지 일주일에 몇 번씩 외식을 했는데 안전하게 집 안에 머물러야 하고 전국의 레스토랑과 바가 문을 닫는 상황이 되자 외식은 꿈도 꿀 수 없는 일이 되었다. 그래서 안 되겠다 싶어 요리를 배웠다. 또한 뛰어난 와인에 목말라 하던 갈증이 운동을 향한 갈증으로 바뀌기도 했다. 하루에 16km씩 자전거 타기를 하고 웨이트운동도 다시 했다. 덕분에 지금은 내 평생에서 가장 좋은 몸 상태를 유지하고 있다. 마침내 와인셀러에 보관해두었던 명품급 와인 몇 병의 코르크를 개봉하기도 했다. 바로 오늘같이 중요한 날을 위해 몇십 년간 아껴두었던 와인이니까.

부디 이 개정판을 통해 와인을 배우고 제대로 음미해보고픈 새로운 흥미에 불길을 당기는 동시에, 여러분 자신의 회복력에 대한 믿음을 되살려 최악의 좌절마저 잘 대처해낼 수 있다는 용기로 다시 한번 삶을 즐기게 되기를 바란다.

여러분의 와인 여정에 행운이 함께하기를.

Kevin Zraly

와인 및 음식의 혁신사(1970~2020년)

지난 50년에 걸쳐 내 삶은 와인을 중심으로 돌아가기는 했으나 많은 사람이 알고 나면 놀랄 얘기가 있다. 와인이 내 삶의 최고의 우선순위는 아니라는 것. 4명의 사랑스러운 자녀 다음으로 내 삶에서 가장 큰 낙은 예술이다. 내 생에서 가장 빛나는 기억을 꼽으라면 라이브 뮤직을 듣고, 브로드웨이 공연을 보러 가고, 기타 줄을 튕기고, 같이 결성한 밴드 위네츠Winettes와 곡을 만들던 순간도 빼놓을 수 없다. 그 다음으로 소중한 삶의 낙은 스포츠다. 선수로서나 팬으로서나 감독으로서나 스포츠는 정말로 나에게 즐거움을 안겨준다. 60대에 들어선 지금도 공을 27m 거리까지 패스할 수 있고, 농구에서 3점 슛을 넣을 수 있고, 테니스 코트에서도 자타가 공인하는 만만찮은 상대라는 사실에 자부심을 느낀다. 그리고 와인은 이 둘 다음으로 즐거운 낙이다. 하지만 첫 번째와 두 번째 낙을 누릴 돈을 대주는 물주다!

와인을 중심으로 커리어를 쌓고 삶을 꾸려온 사람인 내가 주당이 아니라는 사실을 알면 놀라는 사람들이 많다. 나는 언제나 음식과 곁들여 와인을 마신다. 짝이 잘 맞는 와인이 식사의 맛을 더 살려준다는 것을 실제로 느끼고 있고, 와인 없이 음식만 먹으면 그런 기분을 느끼지 못하리라는 것도 잘 안다. 하지만 음식을 다 먹고 나면 와인도 그만 마신다. 나에게 와인과 음식이 떼려야 뗄 수 없는 관계이듯, 더 넓은 세계에서도 이 둘은 서로 맞물린 역사를 걸어왔다. 50년간의 내 와인업계 커리어는 미국의 음식계와 와인계에서 일어난 일대 혁신과도 궤를 같이하다시피 한다. 약 1970~2020년 동안 미국인은 프랑스 음식과 와인을 황금률로 삼던 경향에서 벗어나 독자적 진로를 그려왔고, 그 결과로 캘리포니아에서뿐 아니라 미국의 모든 주에서 세계 수준급의 와인을 생산하게 되었다. 요식업계 현장에서도 독창성·창의성, 미국인 특유의 '할 수 있다'라는 태도가 두드러지게 되었다.

이 시기 동안 나는 운 좋게도 가장 획기적인 곳으로 꼽힐 만한 레스토랑 몇 곳에서 일하고 미국 내에서 가장 인기 높은 와인 강좌 중 하나를 개설하면서, 덕분에 음식계와 와인계의 이런 '혁신'을 지켜보기에 더없이 유리한 위치를 점하게 되었다. 와인은 해마다 새로운 빈티지로 재탄생하는 만큼 다루기에 복잡한 주제다. 고대 시대까지 역사가 거슬러 올라가는 와인 공부는 내 도전 의식을 자극하며 호기심을 채워주었는가 하면 세계 곳곳을 누비며 경이로운 사람들을 알게 되는 인연도 선사해주었다. 나는 내가 이룬 성공이 각고의 노력, 새로운 경험에 기꺼이 뛰어들려는 의지, 끊임없이 배우려는 학습욕, 적절한 시기에 적절한 장소에 있었던 몇 번의 경우를 비롯한 약간의 행운, 대담한 돌진 덕분이라고 생각한다. 앞으로 이야기하려는 반세기 동안의 역사는 별도의 책으로 따로 다뤄도 될 만큼 방대한 주제지만 이 책에서 지

유치원 시절(1955년)

로렐라이 식당의 1960년대 모습

전미요식업협회National Restaurant Association에 따르면, 미국인 3명 중 1명은 식당에서 처음 일을 시작했고 성인 10명 중 거의 6명은 일생 중 어느 시기에 요식업계에서 일한 경험이 있다고 한다.

극히 개인적인 렌즈를 통해 개괄적으로나마 소개해보고자 한다. 나는 직업적 삶에서나 개인적 삶에서나 믿기 어려울 만큼 놀라운 즐거움과 믿기 힘든 거짓말 같은 괴로움을 겪어왔지만 어떤 일을 겪든 언제나 '잔이 아직 반이나 차 있다'는 낙관적 자세를 취했다. 돌아보면 참으로 길고도 신기한 그리고 아주 맛있는(!) 여정이었다!

1950년에 〈리더스 다이제스트〉의 본거지인 뉴욕주의 플레전트빌에서 태어나, 뉴욕시에서 북쪽으로 48km 떨어진 소도시의 체계가 서 있고 안전하게 보호된 환경에서 성장기 삶을 영위하며, 유치원부터 고등학교까지 가톨릭계 학교에 다녔고, 홀리이노센트교회Holy Innocents Church에서 복사服事(사제의 미사 집전을 돕는 소년-옮긴이)로 봉사하기도 했다. 그러다 보니 재킷에 타이 차림이 일상복이었다. 14살에는 로렐라이Lorelei라는 시내의 작은 식당에서 아르바이트를 했다. 그것이 생애 최초의 요식업 종사 경험이었는데 정말 좋았다. 북적거리는 분위기며, 손님 시중을 들면서 나누는 사회적 교류가 내 기질에 잘 맞았다. 그로부터 몇 년 뒤 18번째 생일에는 뉴욕주 발할라의 도나휴스 바Donahue's Bar에서 혼합주를 만들고 맥주를 따르고 있었다. 토미 삼촌이 운영하던 그곳에서 바텐더 경험을 처음 해봤다.

1969년 우드스톡 록 페스티벌이 처음 열렸을 당시에 나는 사람들 눈에 '방황하는 아이'로 비쳐질 만했다. 세상을 어떻게 살아야 할지 잘 몰랐고 미래의 진로가 막막했다. 그러다 우드스톡 페스티벌에 가서 깊은 인상을 받고 흥분해서 눈이 휘둥그레졌다. 그곳에는 배경이 각양각색인 또래 아이들이 한자리에 모여 자연·음악과 함께 어우러지고 있었다. 스산한 날씨가 무색할 정도로, 그중 많은 이들이 옷을 하나도 걸치지 않은 채였다! 인간이 달에 발을 내딛기 몇 달 전이자 물병자리 시대(점성술에서 자유·평화·우애의 시대로 믿어졌던 시대-옮긴이)이던 당시에는 뭐든 다 가능할 것 같은 낙관적 분위기가 흐르고 있었다. 우드스톡 페스티벌이 막을 내리고 며칠 후에 나는 뉴욕주 하이 폴스로 떠나 인근에 있는 뉴욕주립대학 얼스터에 등록해서 역사를 공부했다. 그때 제과점 위층의 작은 셋방에 살았다. 그러던 어느 달, 집세를 낼 돈이 조금 모자라서 아래층의 제과점 주인 마리 노비Marie Novi를 찾아가 설거지를 해주고 돈을 좀 벌 수 있을지 물어봤다. 아주머니는 제과점에는 나에게 줄 일거리가 없다고 했지만, 아들 존이 얼마 전에 시내에 레스토랑을 열었다며 만나보게 해주었다. 그리고 그 일은 내 삶에서 일어난 가장 큰 행운 중 하나가 되었다.

1970년대

존 노비는 1797년에 지어진 석조 건물을 애정 어린 손길로 복원해서 1969년 6월 14일에 데퓨이 캐널 하우스를 개업했다. 개업 초반부터 그곳은 마력을 발산하는 곳

1970년대, 데퓨이 캐널 하우스의 크리스마스 시즌 정경

이었다. 존은 어머니 옆에서 같이 요리를 하며 자랐고 미국의 여느 사람과는 다른 특출함이 있었다. 통째로 요리한 생선, 슈쿠르트(프랑스 알자스에서 즐겨 먹는 식초에 절인 양배추 요리로 양배추를 썰어 약간 발효시킨 후 소시지와 곁들여 먹는다–옮긴이), 무사카(다진 소고기나 양고기, 가지·양파·토마토를 넣고 만든 그리스 전통 음식–옮긴이), 굴을 곁들인 스테이크 등을 메뉴로 내놓았다. 테이블에 펠레그리노 와인 병은 올려도 소금과 후추는 올리지 않았다. 존은 자신이 맞춘 간이 완벽하다고 자부했다. 샐러드는 메인 요리 다음에 서빙했는데, 직접 구운 빵도 마찬가지였다. 존은 손님들이 메인 요리가 나오기도 전에 배가 부를 일이 없기를 바랐다. 당시에 19살이었던 나는 미시즈 폴스Mrs. Paul's® 생선 스틱과 감자 가공식품을 먹으며 자랐으므로 이 모든 것이 완벽한 신세계였다!

그 이전부터 미국의 음식은 서서히 변화의 바람이 불고 있었고 이는 제임스 비어드 James Beard와 줄리아 차일드Julia Child의 노력에 크게 힘입은 것이었다. 이 두 거인(실제로도 비어드는 키 189cm에 몸무게 136kg이었고, 차일드는 187cm의 장신이었다)은 열정적으로 글을 써내고 TV에 출연하면서 미국인들이 음식에 눈을 뜨고 감각을 새롭게 각성하도록 이끌었다. 첫 책《전채요리와 카나페Hors d'Oeuvre and Canapés》로 1940년부터 작가 활동을 시작한 비어드는 이 책으로 마음속에 품고 있던 자신의 길에 착수하기에 충분한 주목을 얻었다. 활동 초반부터 비어드는 내가 어린 시절에 먹고 자란 음식들만 봐도 잘 드러나듯이 산업화와 편리함에 공격받던 미국 가정 요리의 옹호자로 자처하고 나섰지만, 미국의 자체적 지역 요리가 높이 평가받게 되기까지는 수년의 세월이 필요했다. 그전까지 미국인은 프랑스 요리에 사로잡혀 있었다. 이런

데퓨이 캐널 하우스Depuy Canal House에서 코르크의 냄새를 맡고 있는 케빈

"미국의 고급 식당은 1959년에 제임스 비어드가 포시즌스 레스토랑Four Seasons Restaurant의 첫 메뉴를 짜는 데 도움을 주었던 순간에 굳건히 다져졌다고 말해도 무방하다. 1970년대에 들어서면서는 고급 와인과 고급 음식을 향한 애호가 폭발하면서 그 덕분에 TV 디너(TV를 보면서 먹는 음식이란 뜻으로, 즉석 냉동식품을 말한다 – 옮긴이)가 몰락하게 되었다. 현재 지구상에서는 미국보다 문화적으로나 실험적으로나 더 다양한 음식과 와인을 접할 수 있는 곳이 없다."

– 켄 라이트Ken Wright, 켄 라이트 셀러스Ken Wright Cellars

전미요식업협회에 따르면, 1970년에 430억 달러 수준이던 요식업 매출이 2019년에는 8,630억 달러로 증가했으며 현재 미국의 식당 수는 총 66만 개가 넘는다.

크레이그 클레이본Craig Claiborne, 〈뉴욕 타임스〉의 전설적인 음식 담당 편집장이자 레스토랑 평론가

현상은 어느 정도는 1939년에 뉴욕시 퀸스에서 열린 세계박람회에서 프랑스관이 뜨거운 인기를 끌었던 덕분이다. 400석 규모의 레스토랑으로 꾸며진 이곳에서 앙리 슐레Henri Soulé의 지휘하에 그가 프랑스 전역에서 데리고 온 셰프진이 요리를 내놓았다. 이들 셰프 가운데 상당수는 박람회가 폐막한 뒤에도 미국에 남아 고급 레스토랑을 열었다. 슐레도 맨해튼 동쪽 55번가에 르 파빌리온Le Pavillon을 열었는데, 이후 이 레스토랑은 능숙한 웨이터들과 나무랄 데 없는 테이블 서비스로 미국 내 다른 고급 프랑스 레스토랑들의 본보기로 떠올랐을 뿐 아니라 록펠러가, 케네디가, 밴더빌트가 같은 미국의 명문가를 고객으로 두게 되었다.

영화 〈줄리 앤 줄리아Julie and Julia〉를 봤거나 〈새터데이 나이트 라이브Saturday Night Live〉에서 코미디언 댄 애크로이드Dan Aykroyd의 줄리아 차일드 패러디를 보며 웃었던 사람이라면 미국에서 가장 유명한 친불파인 차일드가 어떤 활동을 했는지 알 것이다. 그녀는 수년간 프랑스에서 살다가 시몬 벡Simone Beck, 루제트 베로톨레Lousette Bertholle와 공저로 독창적인 요리책 《프랑스 요리의 기술Mastering the Art of French Cooking》(1961)을 출간했다. 차일드는 이 책의 대성공이 밑거름이 되어 보스턴의 공영 TV 방송국 WBGG로부터 요리 프로그램의 진행을 제안받았다. 〈더 프렌치 셰프The French Chef〉는 1963~1966년까지 방송되었고 1970~1972년에도 컬러판으로 재방영되었다. 이런 차일드의 인기에 힘입어 프랑스 요리는 곧 고급 요리이고 고급 음식은 곧 프랑스 음식이라는 믿음이 더욱 부채질되었다. 하지만 존 노비 같은 셰프가 이런 믿음에 도전장을 던졌다.

내가 캐널 하우스에서 웨이터로 일하게 된 지 몇 달 지난 어느 일요일 저녁이었다. 당시 〈뉴욕 타임스〉의 음식 및 와인 담당 편집장이던 크레이그 클레이본이 친구 몇 명, 피에르 프래니Pierre Franey와 자크 페팽Jacques Pépin 등의 셰프를 비롯한 동행 여럿을 거느리고 들어왔다. 손님이 밀려드는 주말 장사를 하고 난 뒤라 주방에는 재료가 얼마 없었던 터여서 존은 남은 재료로 요리를 만들었다. 그 테이블에 유명인들이 둘러앉아 있는 줄은 꿈에도 모른 채. 그 뒤에 클레이본이 캐널 하우스에 대해 별점 4점짜리 시식평을 쓰면서 폭발적 반응이 일어났다! 우리 레스토랑은 뉴욕시 외의 뉴욕주에서 유일하게 별 4개를 받은 레스토랑이 되었고 매상이 60배로 뛰었다. 몇 년 뒤 〈타임〉지는 존 노비에게 '신新 미국 요리의 아버지'라는 인상적인 별명까지 붙여주었다. 지금까지도 나에게 존은 놀라운 재주를 가진 히피로 기억되고 있다. 호기심에 끌려 선뜻 새로운 시도에 나서려 의욕을 불태웠던 그런 셰프로 남아 있다. 존은 돈, 명성, 자신에 대한 남들의 생각 따위에는 관심이 없었다. 어떤 상황에서든 자신의 갈 길을 갔다. 나는 존을 보며 요리도 하나의 예술이라는 사실을 깨달았다.

그 반대편인 캘리포니아 북부 지역에서도 레스토랑업계에서 히피들이 이름을 떨치

롱아일랜드 이스트 햄튼에 위치한 크레이그 클레이본의 집에서 프랑스혁명기념일을 기리던 한순간. 중앙이 자크 페팽, 그 오른쪽으로 한 사람 건너가 피에르 프래니

고 있었다. 당시 버클리 지역에서 가장 유명하고 잘나가는 맛집으로 떠올랐던 셰파니즈Chez Panesse는 앨리스 워터스Alice Waters를 비롯해 독학으로 요리를 배운 요리사, 아티스트, 학생 운동가 무리가 운영했는데 이들은 현지의 영세 농부들이나 공급업자들과 손을 잡기 시작했고 여기저기 다니며 배움도 터득했다. 젊은이 특유의 자신 과잉을 무기로 삼은 이들에게는 불가능할 것이 없었고 테이블에 어떤 요리든 거침없이 내놓았다. 시간이 지나면서 셰파니즈를 비롯한 캘리포니아의 여러 인기 레스토랑들의 불 앞에 섰던 남녀 셰프들이 전국 곳곳으로 퍼져 나가 자신의 레스토랑을 열면서, 미국 요리의 가능성을 재정립하는 데 일조했다. 셰파니즈의 초창기 몇 년의 셰프 명단만 봐도 제러마이아 타워Jeremaiah Tower, 폴 베르톨리Paul Bertolli, 마크 밀러Mark Miller, 조나단 왁스먼Jonathan Waxman, 조이스 골드스타인Joyce Goldstein, 데보라 매디슨Deborah Madison 같은 유명한 이름들이 즐비하다.

다시 캐널 하우스의 얘기로 돌아가 보자. 그런 대단한 호평을 얻기 전까지 캐널 하우스는 바텐더를 정식으로 들일 만큼 장사가 되지 않아서 웨이터들이 직접 혼합주를 만들었다. 나는 어쩌다 보니 와인 담당이 되었는데 종류가 많지 않아서 별로 어려운 일은 아니었다. 그때까지 여전히 다들 혼합주나 달달한 저그 와인을 마셨다. 미국에서는 1968년 전까지만 해도 와인을 마실 때는 대다수가 와일드 아이리시 로제Wild Irish Rose나 선더버드Thunderbird 같은 달콤한 주정강화 와인을 찾았다. 와인

"내가 장 라리가Jean Larriaga가 운영하는 르미스트랄Le Mistral 레스토랑에서 셰프로 일하기 위해 1965년 처음 뉴욕에 오자마자 알아차린 사실은, 당시 손님들 대부분이 점심이나 저녁 식사에 와인을 곁들여 마시지 않는다는 거였다. 나는 파리에서 온 지 얼마 안 되었던 터라 장에게 그 말을 하며 테이블에 와인이 전혀 보이지 않는 모습에 놀라움을 드러냈다! 그때 장이 대답하기를 미국인 대부분은 식사에 칵테일을 곁들인다고 했다. 내가 미국의 여러 고급 레스토랑에서 일한 지 55년이 흐른 지금, 이제 와인은 음식의 맛을 기막히게 살려준다고 느끼는 식사 손님들에게 특별한 음료로 자리매김하게 되었다. 한때는 미국에 있지도 않았던 직업인 소믈리에가 극적인 부상을 하면서 새로운 위상을 갖게 된 점도 빼놓을 수 없는 인상적인 변화다."
– 알랭 셀락Alain Sailhac, 뉴욕시 소재 요리학교 ICCInternational Culinary Center 명예학과장

"내가 첫 레스토랑을 개업했던 1972년에 와인 리스트는 달랑 1쪽이었다. 당시 와인이 중요하게 취급되지 않았고 란세르스Lancers, 마테우스Mateus, 블루 넌Blue Nun 정도가 인기 와인이었다. 캘리포니아라고 하면 웬티Wente와 폴 메이슨Paul Mason을, 이탈리아라면 람브루스코Lambrusco와 저가의 키안티를 으레 떠올렸다. 하지만 와인이 하나의 사회적 현상으로 번지게 되면서 내 와인 리스트는 점점 늘어났다. 와인은 끝없는 여정이자 신나는 여행이다. 이탈리아인으로서 나는 언제나 와인, 에스프레소를 벗 삼아 살고 있다."
– 피에로 셀바지오Piero Selvaggio, 레스토랑 발렌티노스Valentino's 소유주

"현재 와인과 음식은 떼려야 뗄 수 없는 관계가 되었다. 1960년대를 돌아보자. 미국의 와인 판매량은 6,300만 상자였고, 그중 85%가 디저트 와인이었다. 그때와 비교하면 지금은 장족의 발전을 한 셈이다."
– 멜 딕Mel Dick, 서던 와인스 앤 스피릿츠Southern Wines & Spirits

"2차 세계대전이 발발했을 때 와인업계에 종사하는 남자들은 스파이로 활동하기에 적격이었다. 여기저기 다니기에 용이한 데다 각종 물건을 운반할 수 있고 언어 능력도 갖추었기 때문이다. 예를 들어 피터 시셸Peter Sichel은 붙잡혀서 독일에 수감되어 있던 프랭크 메이커를 구출하는 데 힘을 보탰고 해롤드 그로스만Harold Grossman도 '와인계 스파이들' 무리에 합류했다가 친구들에게 구출되어야 했다.

전쟁이 끝났을 때 해롤드 그로스만은 그로스만 베버리지 프로그램을 개설했다. 일주일에 1번씩 저녁 강의를 받는 15주 과정으로, 왈도프아스토리아호텔에서 진행되었다. 이 프로그램은 1945년의 첫 개설 이후 미국에서 가장 오래된 와인 및 스피릿(독주) 강좌라고 해도 무리가 아니다. 강좌 내용에 스피릿까지 포함한 것으로 치면 확실한 최초다.

당시에 강좌 참석자는 전부 남자였고 모두 음료업계 사람이었다. 게다가 이들은 강좌 참석 당시 이미 쟁쟁한 음료업계 수장이거나 얼마 지나지 않아 그 대열에 올라서게 되었다. 내가 그 강좌에 나갔을 때 나는 유일한 여자였고, 음료업계 종사자도 아니었다. 그래도 마지못해 하며 받아주었다. 내가 강좌를 이수하자 해롤드 그로스만은 자신 밑에서 일해볼 생각이 없냐고 물었고 나는 말 그대로 그 제안에 낚였다.

수강생 중 다수가 와인 교육에 들어섰지만, 케빈 즈랠리만큼 유명세와 인기를 혹은 유명세나 인기를 얻은 사람은 아무도 없다. 케빈 즈랠리는 직접 강좌를 진행하고 책을 펴내는 한편, 자신만의 스타일을 가지고 있는 와인 교육계의 거성이다!

이 책의 35주년판 출간을 축하한다!"

– 해리엇 렘벡Harriet Lembeck, 공인 와인 강사이자 공인 스피릿 강사, (그로스만 베버리지 프로그램에 기반한) 해리엇 렘벡스 와인 앤 스피릿 프로그램Harriet Lembeck's Wine & Spirits Program

은 싸구려 술집의 주정뱅이들이나 먹는 술로 통했다. 하지만 1960년대가 저물 무렵 탄산이 없는 드라이 와인이 점점 인기를 끌면서 차츰 독주들을 밀어냈다. 이 당시에 사람들이 선호하며 최고로 쳐주던 와인은 프랑스 와인이었다. 그 시절에 나는 그런 사실을 호된 실수를 범하고 나서야 터득했다! 어느 날 저녁, 뉴욕시에서 온 손님이 캐널 하우스를 방문했다가 불평을 토했다. "이것 참, 어이가 없군! 차를 몰고 여기까지 먼 길을 왔는데 이거 뭐야. 고풍스러운 멋진 건물에 음식 맛도 아주 좋은데 와인 리스트가 이렇게 형편없어서!" 나는 그 손님의 테이블로 다가가 이렇게 말했다. "고객님, 저희 레스토랑에는 레드, 화이트, 로제 와인이 모두 구비되어 있습니다. 뭐가 더 필요한지요?" 나는 무례를 범한 것이 아니었다. 그때 내 나이는 겨우 19살이었고 그 정도까지가 내가 아는 와인 상식이었다. 그 손님은 내 말에 답답함을 느낀 나머지 집으로 돌아간 뒤 나에게 《펭귄 북 오브 와인스The Penguin Book of Wines》라는 문고본을 보내주었다. 가격이 65센트였을 것 같은데, 아무튼 그 책을 읽고 나서 번쩍 눈이 뜨이는 기분을 느꼈다. 알고 보니 배워야 할 게 아주 많았다. 그 순간부터, 나는 와인이 내 삶이 되리라는 것을 직감했다.

그렇게 당시의 필요성을 계기로 삼아 내 와인 공부의 첫발을 떼었다. 내가 평생 삶의 중심 철학으로 삼아온 한 가지는, '뭔가를 배우고 싶다면 그냥 배워라'였다. 그런 식의 대담함은 늘 '예의를 갖춘 뻔뻔한' 처신을 가르쳤던 어머니의 교육에 힘입어 심어진 태도였는데, 나에게는 사는 내내 도움이 되었다. 그 뒤로 5년 동안 공부하고 가르치고 여기저기 탐방을 다니며 와인에 관해서라면 할 수 있는 한 모든 것을 내 것으로 만들었다. 휴 존슨의 《세계 와인 지도》, 알렉시스 리쉰의 《프랑스의 와인》, 프랭크 슌메이커의 《와인 백과》 등 와인 관련 책이란 책은 닥치는 대로 읽고 19세기 보르도 와인 등급 분류도 외웠다. 미국에서 가장 오래된 벤말 같은 허드슨 밸리 근방 포도원도 찾아다니기 시작했다. 참고로 벤말은 캐널 하우스의 바텐더이던 에릭 밀러Eric Miller의 가족 소유였고 에릭 밀러는 그 뒤에 펜실베이니아주의 브랜디와인 밸리에 채드포드 와이너리를 세웠다. 그러던 중 핑거 레이크스 지역에 유럽종 포도를 처음으로 심었던 와인 메이커 콘스탄틴 프랭크Konstatine Frank를 알게 되었다. 나는 그에게 배움을 얻고픈 마음에 무작정 집을 찾아가 문을 노크했다. 프랭크 박사는 포도나무를 어떻게 심고 접붙이기하는지 가르쳐주었고, 덕분에 체험 교육을 통해 와인 양조학을 밑바닥부터 철저히 배우며 더 잘 이해하게 되었다.

1970년대 초 지역 전문대학에서 존과 나에게 와인과 치즈 강의를 의뢰했다. 나는 와인에, 존은 치즈에 문외한이었지만 우리는 재미있을 것도 같고 수강생도 겨우 6명뿐이라 응했다. 그런데 첫 강의에 수강생이 무려 30명이나 왔다! 나는 그 직후 뉴욕시에서 수강 가능한 유일한 와인 강좌이던 그로스만 베버리지 프로그램Grossman

왼쪽 : 1972년 여름, 나파 밸리의 포도원에서
오른쪽 : 1972년 여름, 집으로 돌아가는 길에 지나갔던 나파 밸리 29번 고속도로 인근의 기찻길

Beverage Program에 등록해서 월요일 저녁마다 수강하고 배운 내용을 화요일 저녁의 내 강의에서 활용했다. 우리는 즉흥 학습으로 빠르게 습득했고 강의는 히트를 쳤다. 나는 예전부터 수업 진행에 부담을 느끼지 않았다. 돌이켜보면 내 화술은 플레전트 빌의 교구 사제를 지내며 설교 말씀을 기막히게 잘하셨던 마타라초 신부님께 힘입은 바가 크다. "6분을 넘어서도 안 되고, 메모를 봐서도 안 된다." 신부님이 내게 설교의 비결이라며 자주 이 말을 들려주었고 그래서 그 말이 뇌리에 박혀 있었다. 말이 난 김에 말이지만, 내가 처음 와인을 맛본 것도 복사로 봉사했던 14살 때였다!
이 당시 나는 여전히 대학생이었고 초등 교육학을 공부하기 위해 뉴욕주립대학교 뉴팔츠대학으로 편입한 상태였다. 지역 전문대학에서 지도 활동을 처음 시도해보고 나서 재학하고 있는 대학에 학점이 인정되는 와인 강의의 개설을 신청했다. 행정 직원은 나이도 어리고 머리도 길게 기른 나를 한번 쳐다보자마자 대뜸 이랬다. "안 되겠는데요. 마리화나 문제로도 골치가 아파요." 세 번이나 찾아가 그 강의에서 다룰 주안점은 술이 아니라 와인이라는 상품에 대한 경의라는 점을 납득시켜야 했다. 그러다 코넬대학에도 학점이 인정되는 와인 강의가 개설되어 있다는 사실을 부각하며, 선례가 있음을 지적하고 나서야 드디어 3학년 때 '와인: 그 역사와 종류 및 생

"1969년에는 사람들이 좋은 음식을 찾아 즐기고 전문가 수준의 와인 지식을 쌓기가 아주 힘들었다. 그로부터 25년 후, 훌륭한 음식과 훌륭한 와인은 어디를 가나 있었고 더 우수해지고 있었다. 현재는 선택의 폭이 넘칠 만큼 많은 선택 과잉의 시대가 되어 음식의 단순성과 와인의 순수성을 찾기 위해 노력해야 할 필요성이 생겼다."
– 토머스 맥나미Thomas McNamee, 앨리스 워터스, 크레이그 클레이본, 구겐하임 펠로우Guggenheim Fellow의 전기를 쓴 작가

"내가 1964년에 코넬대학에서 와인 시음 강의를 들었을 때 수강생은 30명이었다. 현재는 600명에 달한다. 그것도 코넬대학 호텔경영대학원의 공간상 한계로 더 받지 못해서 그 정도다."
– 존 다이슨John Dyson, 밀브룩 와이너리Millbrook Winery(뉴욕주)와 윌리엄스 셀렘Williams Selyem(캘리포니아주) 소유주

케빈의 누이들인 샤론 즈랠리Sharon Zraly와 캐시 머젯Kathy Merget 박사는 둘 다 CIA에서 일한 적이 있다.

"우리 학교는 탁월한 유산, 재능 있는 인재로 포진된 교직원단, 타의 추종을 불허하는 시설, 현재 지도자이거나 미래의 지도자로 촉망받는 여러 동문의 배출을 자랑하는 명문이다. 이제 (우리의) 임무는 이 뛰어난 교육기관을 맡아 더욱더 발전시키는 것이며 그러기 위해 새롭고도 흥미진진한 방향으로 나아가려 한다."
– 팀 라이언Tim Ryan 박사, 마스터셰프이자 CIA 현 총장

CIA 입학생 비율 변화
1970년 – 남학생 90%, 여학생 10%
2000년 – 여학생 53%, 남학생 47%

"현재 미국의 와인업계에 1970년대와 비교하기 힘들 만큼 아주 다각적이고 역동적인 변화가 일어났다. 미국의 와인업계는 예전과 상황도 인식도 달라져, 이제 프랑스 애호나 철저히 유럽 중심적인 와인 애호의 경향에 머물지 않는다. 이제는 와인 세계가 하나의 지구촌을 이루고 있다. 와인을 즐기면서 구세계와 신세계 양 지역에 걸친 다양한 지리와 빼어난 테루아, 포도 재배와 와인 생산에서의 다양한 방법(자연농법, 유기농법, 생체역학 농법, 전통적인 방법, 산업적인 방법 등)을 느끼는가 하면, 믿고 맛보는 선호 품종만이 아니라 다른 품종의 와인에도 새롭게 눈을 뜨고 있고, 전반적인 가성비를 중시하게도 되었다. 게다가 이쯤에서 멈추지 않고 끊임없이 변하고 있다. 미국은 현재 양으로나 총액으로나 지구상에서 최대 와인 소비국으로 올라섰다. 1970년대 이후 거의 상상하지 못했던 엄청난 변화가 일어난 것이다. 소비성향만 급변한 게 아니라 공식·비공식 와인 교육도 대폭 늘었다. 21세기에 들어선 현재는 와인 교육과 관련된 강좌·도서·잡지·기사·강연·전문 자격증·컴퓨터 소프트웨어·앱·블로그 등이 흔한 일이 되었다. 이는 미국의 헌신적인 와인 전문가들, 그중에서도 특히 케빈 즈랠리와 그를 뒤따라 와인 정보의 전수·공유에 힘쓴 여러 사람의 덕이다. 미국에서의 와인 교육은 지식만 얻게 해주는 것이 아니라 궁극적으로 즐거움과 열정을 일으켜주는 존재인 와인에 대한 폭넓은 기준틀을 세워주기도 한다."

– 스티븐 코플란Steven Kolpan, CIACulinary Institute of America 와인연구센터 (퇴임)교수

와인 소비자들

음료의 종류	연간 1인당 소비량(단위: ℓ)	
	1970년	2020년
병 생수	3.8	158.9
맥주	115.8	100.3
커피	126.4	70
우유	118.1	68.1
청량음료	78.7	146.8
와인	4.9	11.8

산'이라는 강의를 맡게 되었다. 그 지도 활동으로 학비 보조금도 받았다!

1972년 미국의 요리전문학교 CIA가 이전하며 뉴팔츠대학의 강 건너편을 새 보금자리로 삼게 되었다. CIA는 2차 세계대전 후 참전용사들을 위한 직업훈련학교로 설립되어 코네티컷주 뉴헤이븐의 예일대학 캠퍼스에서 처음 문을 열었다. 당시 학생 수가 100명이 안 되었지만, 현재는 전 세계에서 몰려온 학생들이 2,000명도 넘는다. 설립 초반에는 와인의 독자적 프로그램 없이 포괄적인 바텐딩 부문 프로그램만 개설되어 있었다. 나는 CIA의 이사회 일원으로 들어가면서 프랑스·독일·이탈리아의 구세계 와인에 중점을 둔 일련의 와인 강의 개설에 힘을 보태는 한편 학교가 직업훈련학교라는 기존의 위상에서 탈피해 변화를 꾀하는 데 일조했다. CIA에서는 변화의 일환으로 준학사 프로그램을 개설했고 그 후에 학사 학위 프로그램까지 개설했다. 현재는 와인 부문의 석사 학위 프로그램도 운영하고 있는데 전 세계의 와인을 강의에서 다루고 있다. 게다가 CIA에서 가르치는 기량과 요리도 기존의 프랑스 위주에서 탈피해 세계의 풍미를 폭넓게 아우르고 있으며, 이런 경향은 교내에서 운영하는 레스토랑에서도 마찬가지다. 1995년 CIA는 세인트헬레나 소재의 와이너리 크리스티안 브라더스Christian Brothers 건물을 둥지로 삼아 캘리포니아 북부에 제2캠퍼스를 설립한 뒤로, 2008년에는 샌안토니오캠퍼스를, 2011년에는 싱가포르캠퍼스를 연이어 개원했다. 2015년에는 로버트 몬다비와 아내 마그릿, 줄리아 차일드가 처음 세웠던 비영리교육센터로서 와인·음식·예술 분야를 중점으로 가르치던 나파 소재의 코피아Copia를 인수하기도 했다.

나는 마침내 여기저기로 탐방을 다니며 책으로 배운 지식을 더욱 보강했다. 캐널 하우스에서 일을 시작한 지 2년 사이에 허드슨 밸리와 핑거 레이크스 지역의 와이너리를 모조리 탐방했다. 그러고 나자 이제는 서부로 가봐야겠다는 생각이 들었다! 21번째 생일을 맞은 여름에 히치하이킹으로 캘리포니아까지 가서 4개월에 걸쳐 산

타 크루즈부터 멘도시노에 이르는 지역의 모든 와이너리를 탐방했다. 그보다 더 빨리 가볼 수도 없었다. 뉴욕주의 음주 허용 연령이 18세였던 반면 캘리포니아주는 21세였기 때문이다. 당시 캘리포니아주 와인의 품질이 우수하다는 견해가 이제 막 입소문을 타고 있었다. 현재 나파 밸리에는 와이너리가 500개가 넘고 소노마는 그보다도 더 많지만 1972년에만 해도 캘리포니아주 북부 연안에는 와이너리가 소수에 불과했고 나는 할 수 있는 한 많은 곳을 둘러보고 싶었다.

탐방길에 나서기 전에 방문 계획을 세워둔 여러 와이너리에 미리 소개장을 보냈다. 그 소개장의 내용으로만 보면 나는 굉장한 인물이고 경험도 풍부한 사람처럼 여겨졌을 것이다. 별 4개짜리 레스토랑의 매니저 겸 소믈리에인 데다 대학 강사이고 전문성을 갖춘 와인동호회그룹인 레자미뒤뱅Les Amis du Vin의 지역 지부 회장이었으니 그럴 만도 했지만, 장담컨대 긴 머리의 앳된 청년이 나타났던 순간 다들 깜짝 놀랐을 것이다! 하지만 그곳의 와인 메이커들도 나와 함께 이야기를 나누고 시음해 보는 사이에 내 열렬한 호기심을 알아봤다. 뉴욕에서 그곳까지 거하게 술맛 좀 보려고 온 게 아니라 배움을 얻으려고 찾아온 내 진심을 알아봐 주었다. 그 몇 주간 다양한 경험을 했지만, 그중에서도 잉글누크Inglenook, 베린저Beringer, 루이스 마르티니Louis Martini, 웬티Wente, 스털링Sterling, 찰스 크룩Charles Krug, 세바스티아니Sebastiani, 부에나 비스타Buena Vista를 둘러보았던 탐방이며, 보리우 빈야드Beaulieu Vineyard에서 캘리포니아 최고의 와인 메이커 앙드레 첼리체프Andere Tchelistcheff를 직접 만나 함께 시음했던 일이며, 몬다비 가족을 만났던 일이 특히 인상 깊었다. 한마디로 환상적인 일생일대의 경험이었고 당시에도 나는 캘리포니아의 와인이 언젠가 세계 수준급의 자리에 등극하게 되리라는 것을 예감했다.

캘리포니아에 다녀온 후 대학 4학년생으로 올라간 1974년 무렵, 허드슨 밸리의 뉴팔츠에 있는 모홍크 마운틴 하우스Mohnok Mountain House에 내 생애 최초의 포도밭을 가꾸었다. 그전에 레온 아담스Leon Adams가 쓴 《미국의 와인Wines of America》에서 허드슨 밸리가 "1677년에 프랑스의 개신교도 이주민들이 울스터 카운티의 뉴팔츠에 정착한 이후로 (…) 미국에서 가장 오래된 와인 재배지"라는 대목을 읽고 난 후, 내가 뉴팔츠에 오게 된 것이 그 프랑스 신교도들의 활동을 이어받기 위한 운명의 이끌림이라는 생각이 들기도 했던 차였다! 마침 모홍크 마운틴 하우스 측에서 나에게 무료로 땅을 쓰게 해주고 코넬대학 지역협력사업에서 실험용 포도나무 100그루를 보내주면서 생애 최초의 포도밭을 갖게 되었다. 그것도 돈 한 푼 들이지 않고!

학위를 취득하게 되자 호주머니에 800달러를 챙겨 넣고 유럽으로 떠났다. 히치하이킹으로 프랑스·이탈리아·포르투갈·스페인·독일을 돌며 미각 여행을 벌였다. 이번에도 여정에 나서기 전에 탐방 일정에 넣을 수 있는 와이너리 방문지를 최대한 추려

1970년대 초에는 슈냉 블랑과 진판델이 각각 가장 잘 팔리는 화이트 와인과 레드 와인이었다.

줄리아 차일드와 함께한 재닛 트레프튼

"우리가 와이너리를 처음 시작했던 해인 1973년에 미국인이 점점 와인을 즐기고 있다는 말을 들었다면 나는 말도 안 되는 소리 하지 말라고 했을 것이다! 와인 혁명은 미국 요리의 발전과 나란히 이뤄졌다. 우리는 미국 정신을 충실하게 개척하며 여러 주의 와인과 음식을 실험해 나가 와인과 음식에 차츰 우리의 그대로를 반영했다. 특히 캘리포니아는 세계 그 어느 곳과 겨루어도 대등하거나 더 뛰어난 와인을 빚어내기에 이상적인 기후로, 양조에 축복받은 곳임이 밝혀지기도 했다. 우리 미국의 셰프들도 현지 농작물의 신선함과 세계의 풍미를 극대화시킨 새로운 요리를 꾸준히 만들고 있다. 이제 우리는 스스로의 가치와 우리가 만드는 상품의 가치를 인정하게 되었다."

– 재닛 트레프튼Janet Trefethen, 트레프튼 패밀리 빈야즈Trefethen Family Vineyards

"보르도대학에서 와인 양조학을 공부하던 1973년에 케빈을 만났다. 그때 둘이 같이 1병에 14달러였던 오브리옹 1970을 마셨던 기억이 아직도 생생하다. 당시 보르도대학에서 들었던 수업 중에 에밀 페이노 박사님은 우리의 미각 프로필이 지문만큼 제각각이어서 모든 사람이 저마다 와인의 맛을 다르게 느낀다는 점을 아주 확실히 알려주었다. 그래서 나는 뭐는 뭐와 잘 어울린다고 알려주는, 이른바 음식 및 와인 전문가들의 글을 읽어봐야 별 의미가 없다고 여긴다. 상대가 어떤 맛을 느끼는지도 모르면서 뭐는 뭐와 짝을 맞춰야 한다고 단언적으로 말해서는 안 된다!"

– 에디 오스터랜드

"50년 동안 나파 밸리가 시골 벽지에서 세계 수준급의 와인 생산지로 올라서는 모습을 직접 목격했다. 이런 나파 밸리의 변화상은 여러 면에서 미국 와인사의 축소판이다. 현재의 미국은 1960년대 말이나 1970년대 초와는 비슷한 점이 거의 없다. 이제 와인은 미국 문화의 일부로 자리 잡았다. 그것도 우리 가족이 나파로 이주하던 시대에는 그 누구도 예측 못 했을 법한 방식으로."

– 더그 셰이퍼Doug Shafer, 셰이퍼 빈야즈Shafer Vineyards 회장이자 《나파 밸리의 포도밭A Vinyard in Napa》 저자

"로버트 몬다비는 수년 전에 그것이 자신이 말할 수 있는 최선의 견해라며, 시간이 지날수록 더 좋아질 수밖에 없을 거라고 밝힌 적이 있다. 당시에는 그 말이 와인을 두고 한 말이었을 테지만, 나는 그것이 요리에 대해서나 우리의 모든 지식에 대해서까지 아우르는 말이었으리라고 확신한다. 무심코 내뱉었던 그 통찰과 식견은 정확히 들어맞았다. 나에게는 그 말이 내내 잊히지 않고 기억에 남아 해마다 새록새록 새로운 의미로 다가온다."

– 제임스 로브James Laube, 와인 평론가

내 편지를 보내놓았고, 와이너리에 방문할 때는 캐널 하우스에서 일하며 협력 관계를 맺었던 현지의 와인 배급자와 수입사들이 써준 소개장을 한 뭉치 들고 갔다. 달랑 하나 있는 양복을 구겨지지 않게 어깨에 둘러메고 다니면서 금세 요령을 터득해 와이너리를 방문해 온종일 점심을 먹다가 숙소인 유스 호스텔로 돌아왔다.

이 기간 중에 말로 듣고 책을 읽으며 알게 된 것들만으로는 한계가 있다는 사실도 깨달았다. 와이너리를 방문해 직접 그곳의 와인을 맛봐야 했다. 그 근원으로 가보는 것이 중요했다. 나는 보르도에 갔을 때 생테밀리옹에서 생테밀리옹 한 잔을 마셨다. 알렉시스 리신의 백과사전같이 두꺼운 책을 배낭에 쑤셔 넣고 다니면서 보졸레에 가면 카페에서 보졸레를 마시며 그 책의 보졸레 부분 첫 대목을 읽는 것을 꿈꾸기도 했다. 그런데 카페에서 가장 먼저 서빙된 와인이 차갑게 나와 살짝 얼떨떨했다. '당신들 지금 실수하고 있다'라고 말해줘야 하는 건 아닌지 고민도 했다. 그동안 책에서 읽은 대로라면 레드 와인은 실온으로 내와야 했다. 하지만 내준 대로 마시기로 했다. 그런데 맛을 봤더니 역시 카페 측의 결정이 옳았다!

9개월 동안 유럽을 다니며 겪은 모험과 경험은 작은 책으로 엮어도 될 만큼 흥미로웠다. 샤토 디켐에서 3시간 동안 혼자서 50가지 빈티지 와인을 시음해보기도 했다. 유럽 탐방에서 얻은 가장 소중한 수확을 꼽으라면 이때 맺은 인연을 빼놓을 수 없을 것이다. 뉴저지주 출신의 에디 오스터랜드Eddie Osterland도 이때 맺은 인연이었는데, 당시 보르도대학에서 현대 와인 양조의 대부로 널리 인정받던 에밀 페이노Émile Peynaud 밑에서 수학 중이었다. 에디는 훗날 미국에서 최초의 마스터 소믈리에가 되었지만, 그 당시 나의 공범이 되어 보르도 주변을 가이드해주었다. 피터 M. F. 시셀Peter M. F. Sichel도 이때 알았다. 피터로 말하면 블루 넌을 쟁쟁한 국제적 브랜드로 키워낸 이후 1971년에 보르도 샤토 푸르카스 오스탱Château Fourcas Hosten의 상무이사에 오른 인물로, 평생의 친구이자 멘토로서 내 삶에 아주 소중한 존재가 되었다.

1975년에 하이 폴스로 돌아왔을 무렵 나는 뉴욕주와 캘리포니아주의 주요 포도원 모두를 섭렵한 데 이어 유럽의 가장 유서 깊고 가장 중요한 와이너리 대부분까지 탐방 다녀오는 경험을 쌓았다. 그때 내 나이 24살이었고 새로운 도전에 기꺼이 응할 각오가 되어 있었다. 뉴욕시가 세계의 새로운 와인 수도라는 사실에 눈떴고 나도 그 새로운 와인 수도의 일원이 되어야겠다는 생각이 들었다. 이제는 빅애플Big Apple(뉴욕시의 애칭)로 떠나야 할 때였다.

나는 와인즈 오브 올 내이션스Wines of All Nations에 영업사원으로 취직했다. 450곳의 관리 거래처를 배정받았는데 전부 끔찍한 상대거나 없는 곳이었다. 모두 내가 얼마나 와인 지식이 풍부한지에는 관심도 없이 최저 가격의 흥정에만 열을 올렸다. 하지만 소문을 통해 레스토랑 경영자 조 바움Joe Baum이 신축 건물인 월드트레이드센

1976년 4월, 전략회의 자리. 왼쪽부터 바바라 카프카, 조 바움, 앨런 루이스, 케빈 즈랠리. 윈도우즈온더월드Windows on the World의 개점을 한창 준비하며 메뉴를 구상하고 있던 한순간

터WTC 꼭대기 층에 새 레스토랑을 오픈한다는 사실을 알게 되었다. 나는 3주간 로비에서 진을 치다시피 하면서 상품 홍보 기회를 엿보았다. 그런 기다림 끝에 바바라 카프카Barbara Kafka를 만나볼 수 있었다. 제임스 비어드James Beard의 측근이던 바바라는 당시 커피포트부터 테이블 세팅 용품까지 새 레스토랑 윈도우즈온더월드에 들어갈 모든 물건의 구매를 총괄하고 있었다. 이후에는 《전자레인지 미식가The Microwave Gourmet》 등 베스트셀러에 오른 요리책 여러 권을 쓰기도 했는데, 내 평생 그렇게 까다로운 사람은 만나본 적이 없다. 그녀가 원하는 게 뭐냐고 물었을 때 나는 이렇게 말했다. "와인 리스트의 작성을 도와드리고 싶어서 찾아왔습니다." 하지만 부적절한 대답이었다! 바바라가 소리를 질렀다. "당신이 나를 도와주겠다고요? 대체 당신이 뭔데?!" 그러더니 질문 세례로 나를 몰아세웠다. 유럽엔 다녀와 보기는 했나요? 네. 캘리포니아는요? 가봤습니다. 레스토랑에서 일해본 적은요? 네, 별 4개짜리 레스토랑에서 일했습니다. 그 말에 바바라가 캐널 하우스에 대해 이것저것 묻더니 퉁명스럽던 태도가 누그러지며 호기심을 드러냈다. 바바라는 결국 나를 조 바움에게 데려갔다. 그때가 내 삶에서 가장 결정적인 한순간이었다.

"케빈, 와인을 어떻게 생각하는지 말해보겠어요?" 조 바움이 던진 첫 질문이었다.

"거의 어떤 주제든 효과적으로 가르치려면 그 가르치려는 원리를 가장 단순하고 기본적인 요소로 단순화시키는 것이 관건이다. 따라서 제대로 된 안목을 키워주는 동시에 해당 주제에 대한 열정에 불을 붙여주는 것이 중요하다. '와인 구루guru'로 정평나 있는 케빈 즈랠리는 사람들에게 음식과 와인의 역동적 상호작용에 대한 이해도를 끌어 올려줌으로써, 가장 즐거움과 만족을 느끼는 삶의 취향에 따라 음식과 와인을 이렇게 저렇게 조합시켜 미각적 도전을 펼치도록 이끌어주고 있다."

– 페르디난드 메츠Ferdinand Metz, 마스터셰프이자 CIA 전총장

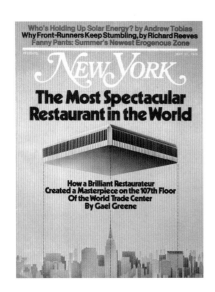

"조 바움의 인도 덕분에 우리는 윈도우즈온더월드에서 희망의 땅으로 들어서서 상상력을 펼치며 황홀하도록 멋진 꿈을 펼 수 있었다. 그전에도 그 이후에도 누려보지 못한 경험이었다."

– 밀턴 글레이저Milton Glaser, 그래픽 디자이너

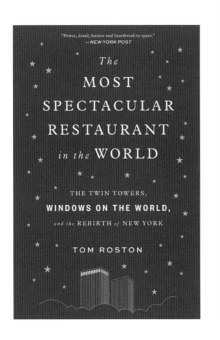

나는 망설임 없이 대답했다. "저에게 와인은 삶의 낙입니다!" 그 뒤에 그곳에 취직하게 되었다. 조 바움의 개업 레스토랑에 와인을 팔려던 애초의 목적과 달리 윈도우즈온더월드의 셀러 마스터가 되었다! 바움은 그 직책을 소믈리에라는 명칭으로 부르고 싶어 했다. 나는 미처 몰랐지만 그곳에서는 몇 개월째 그 자리를 맡을 젊은 미국인을 찾으며 벌써 수십 명이나 면접을 보았던 참이었다. 그래서 내가 적절한 시기에 적절한 곳에 있었던 셈이라고 말할 수 있지만, 그전까지 나는 6년에 걸쳐 와인을 배우기 위해 분발해서 피나는 노력을 했다. 그 도전에 나설 준비가 되어 있었다는 얘기다. 게다가 그 일은 굉장한 도전이었다! 나는 와인 리스트 작성과 관련해 조 바움에게 질문을 던졌다가 대답을 듣는 순간, 그곳이 훌륭한 레스토랑이자 직장이 될 것이라는 예감을 했다. "간단해요. 뉴욕 최대이자 뉴욕 최고의 와인 리스트를 만들었으면 해요. 비용은 걱정하지 말고!" 그때의 내 기분은 사탕가게에 들어간 25살짜리 아이와 같았다. 그곳이 사탕이 아닌 와인을 파는 곳이라는 차이만 있을 뿐!

1976년 5월, 게일 그린Gael Greene은 〈뉴욕〉지에 커버 스토리로 윈도우즈온더월드에 대한 글을 실었다. 이 기사는 '세계 최호화 레스토랑'이라는 제목을 내걸며 윈도우즈온더월드를 최고 걸작이라고 호평했다. 이때는 레스토랑이 문을 열기도 전이었다! 기사가 나간 후 우리 레스토랑에 대한 기대치가 후끈 달아올랐다. WTC와 윈도우즈온더월드는 뉴욕시의 재정국면 선회의 상징이 되었고, 완공과 더불어 맨해튼 남부의 경기 부양에 중대한 역할을 했다. 윈도우즈온더월드가 문을 연 해인 1976년은 미국 건국 200주년이기도 했다. 자유의 여신상과 거대한 선박들이 늘어선 뉴욕항 전체를 앞이 확 트인 107층에서 내려다본다고 상상해보라. 얼마나 장관이겠는가! 실제로 건국 200주년을 기념하는 불꽃을 윈도우즈온더월드에서 바라보려는 사람들이 전 세계에서 몰려들었다. 그 잊기 어려운 7월 4일 저녁에, 나는 혼자 WTC 한쪽 건물의 꼭대기(방송 안테나와 방벽이 아직 세워지기 전이었다)에 올라가 반경 96km 내에서 터지는 불꽃을 눈앞에서 다 봤다. 이보다 더 근사한 삶이 어디 있겠느냐는 생각이 들 만큼 황홀했다. 기쁨을 주체하지 못해 그 옥상에서 춤까지 췄다. 그날 나는 여러 왕, 여왕, 사장, 스포츠 영웅, 유명 영화배우에게 와인을 서빙했다. 그 후로 5년간 귀로 듣거나 글로 읽어 알고 있던 유명인사란 유명인사는 다 만나봤다.

윈도우즈온더월드는 개업 즉시 성공 가도에 오르며 몇 달 치까지 선예약이 꼭 찼다. 몇 년이 채 지나지 않아 전 세계를 통틀어 최대 매상을 올리는 레스토랑으로 등극함과 동시에 미국에서 최대 와인 판매고를 올렸다. 그렇다면 윈도우즈온더월드가 이토록 성공할 수 있었던 원인은 무엇일까? 60초 만에 올라가는 엘리베이터? 메뉴? 혹은 젊고 활기 넘치는 직원들? 다양한 종류에 저렴한 가격대의 와인 리스트? 아니면 세상에서 가장 장관인 경관? 나는 지금까지 나열한 이유 모두가 해당한다고 본다. 윈

윈도우즈온더월드에서 바라본 맨해튼 북부의 전경

1976년 윈도우즈온더월드의 셀러 마스터로 일하던 때의 케빈 즈랠리

"내가 책을 내는 데 여러 면에서 도움이 되어준 케빈에게 이루 말할 수 없는 고마움을 느낀다. 케빈 덕분에 아주 많은 소재를 얻었다. 하지만 케빈이 그 레스토랑(윈도우즈온더월드)의 살아 있는 화신이라는 사실이 그보다 훨씬 더 고맙다. 나는 그런 케빈과 함께하면서 덕분에 그 레스토랑의 숨결을 느껴보게 되었다. 나에게 윈도우즈온더월드에 대해 얘기하는 사람들도 다른 누구보다 케빈의 얘기를 가장 많이 한다. 물론 윈도우즈온더월드를 세운 사람은 조 바움이고 운영한 사람은 앨런 루이스였다. 더군다나 그곳에서 일한 대단한 면면의 셰프들, 웨이터들, 피아노 연주자들, 바텐더들도 한둘이 아니었다. 하지만 케빈은 개업 때부터 아니 개업 전부터 문을 닫을 때까지 그곳에 있었던 유일한 사람이다. 게다가 와인 강좌와 책을 통해 그 이후에도 그곳의 유산을 이어갔다."
– 톰 로스튼Tom Roston, 《세계 초호화 레스토랑: 트윈 타워, 윈도우즈온더월드, 뉴욕의 부활The Most Spectacular Restaurant in the World: The Twin Towers, Windows on the World, and the Rebirth of New York》 저자

"1960년대 말부터 뉴욕 시민은 요식업협회 회장이자 등대였던 조 바움을 통해 고급 식당이 선사해주는 즐거움에 눈뜨게 되었다. 조는 눈부신 혁신, 기막히도록 멋진 테마로 기획된 레스토랑, 즉 라폰다델솔La Fonda Del Sol, 줌줌Zum Zum, 브래서리The Brasserie 등에 더해 건축학적 의의와 감각적 운영이 돋보이는 호화로운 고급 식당, 즉 포럼오브더트웰브시저스Forum of the Twelve Caesars, 태번온더그린Tavern on the Green, 더 포시즌스 The Four Seasons 외에 당연히 윈도우즈온더월드 등을 선보이며 다각도로 미국의 미식 세계를 위한 기반을 닦아주었다."
– 피터 모렐Peter Morrell, 모렐 앤 컴퍼니 와인 머천츠Morrell & Company Wine Merchants

"나는 1960년부터 미국 시장에서 독일과 프랑스의 테이블 와인을 팔았는데 당시까지만 해도 여전히 주정강화 와인이 테이블 와인보다 많이 팔렸다. 미국 시장에서는 상당수 와인이 결함이 있거나 불쾌함을 일으키는 맛이었고, 비교적 우수한 와인은 대부분 상류층의 차지였다. 현재 최상급 와인은 여전히 상류층이 마시고 있지만 마시기에 불쾌한 와인이 극히 드물다.

소비의 증가는 고급 음식에 대한 획기적 관심이 일고 고급 음식에는 식사의 한 부분으로서 와인이 필요하다는 점을 깨닫게 된 것과 때를 같이했다. 원래 와인 시장은 대체로 프랑스산 와인이니 이탈리아산 와인이니 캘리포니아산 와인이니 하는 식으로 구분되었는데 캘리포니아산 와인을 포도 품종명으로 판매하는 프랭크 스쿤메이커Frank Schoonmaker의 혁신적 아이디어 덕분에 와인을 고르기가 더 쉬워졌다. 결국에는 이런 방식이 다른 여러 와인 생산지와 생산국에서도 채택되었다.

한편 온도 조절 발효, 온도가 조절되는 스테인리스 스틸 저장 탱크, 레드 와인 숙성에 나무를 활용하는 등 세계적으로 와인의 품질이 향상되었다. 포도 품종에 맞는 토양의 선택과 포도 재배도 향상되었다.

미국은 프랑스·이탈리아·스페인에 비하면 와인 소비국이라고 말하기도 민망하다. 와인 판매에 법적 제약이 아주 많아서 고전하고 있는데, 이런 제약은 서서히 해소되고 있다. 스크류 마개, 캔 외의 여러 포장 용기 채택으로 와인 섭취가 더 간편해지면서 이제 와인은 맥주 같은 다른 인기 주류에 도전장을 내밀게도 되었다. 소비 증가를 촉진해 궁극적으로 미국이 명실상부한 와인 소비 사회가 되려면 합법적인 시장 환경이 더 자유로워져야 한다."

– 피터 M. F. 시셸Peter M. F. Sichel(98세), 와인 판매상

이스트강과 브루클린교橋가 내려다보이는 WTC 제1번 건물 107층에서 찍은 사진

도우즈온더월드에 몸담았던 25년은 내 삶에서 가장 큰 즐거움으로 남아 있으며 윈도우즈온더월드 와인스쿨의 개설은 내가 이룬 가장 자랑스러운 성취로 꼽힌다.

와인스쿨은 1976년 개강 당시에 수강생이 런치클럽lunch club 회원 10명에 불과했다. 그런데 클럽 회원들이 친구들을 데려오기 시작했고, 이 친구들이 또 다른 친구들을 데려왔다. 그러는 사이에 클럽 회원들을 따라온 친구 수가 금세 클럽 회원 수보다 많아지면서 수강생 수가 꾸준히 증가했다. 1980년부터는 와인스쿨을 대중에게도 개방했고 이후 2만 명 이상의 수강생이 우리 와인스쿨을 다녀갔다.

한편 1976년 대서양 건너편에서는 영국의 와인 전문가 스티븐 스퍼리어Steven Spurrier가 훗날 파리의 심판Judgment of Paris으로 불리게 되는 행사를 주최했다. 샤르도네와 카베르네 소비뇽으로 빚은 프랑스와 캘리포니아 와인을 블라인드 테이스팅하는 행사였는데 신흥주자인 캘리포니아 와인이, 더 구체적으로 말해 샤토 몬텔레나 샤르도네와 스택스 립 와인 셀러스 카베르네 소비뇽이 이 시음대회를 석권했을 때 그 누구보다 스티븐 스퍼리어 자신이 가장 놀랐다. 이 행사는 나파 밸리를 세상

"오늘날의 와인 세계에서는 소통이 가장 중요하다. 관련 장소와 사람들, 상품으로 나온 그 와인이 사람들의 입에 오르내려야 한다. 오스카 와일드의 말처럼 '남의 입에 오르내리는 애깃거리가 되는 것보다 안 좋은 일은 딱 하나, 아예 애깃거리조차 되지 않는 것뿐이다.' 하지만 오늘날의 소통은 그저 시음 노트·점수·가격의 수준에서 그치는 경우가 너무 빈번하고 이런 정보는 순전히 상업적이라 별로 배울 것이 없다. 소통의 토대는 정보여야 하고 정보의 토대는 교육이다. 케빈 즈랠리가 세운 윈도우즈온더월드 와인 프로그램이 바로 그런 토대이며 덕분에 와인 세계가 더 개선되고 있다."

– 스티븐 스퍼리어Steven Spurrier, 와인 부문 작가이자 전문가

"전반적으로 보면 윈도우즈온더월드대학에서의 '교육'은 고등학교나 대학 시절의 교육보다 세상의 도전에 대처하는 데 훨씬 더 큰 지탱이 되어주었다."

– 마이클 스쿠르닉Michael Skurnik, 셀러 마스터 보조(1977~1978), 마이클스쿠르닉 와인즈Michael Skurnik Wines Ltd 사장

"케빈은 40년에 걸쳐 흉내 낼 수 없는 독보적 수준의 윈도우즈온더월드 와인 강좌를 통해 조 바움에게 영향받은 철학을 담아냄으로써, 누구든 편하게 와인 지식을 접하고 편하게 와인을 즐기게 이끌어주었다. 케빈 즈랠리는 난해한 와인의 세계를 누구나 알기 쉽게 설명해냈다."

– 토니 자줄라Tony Zazula, 레스토랑 경영자

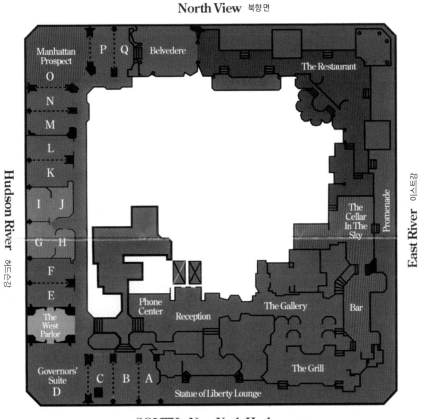

케빈 즈랠리의 최애 와인 영화 5선
1. 〈사이드웨이Sideways〉(2004)
2. 〈와인 미라클Bottle shock〉(2008)
3. 〈타짜의 와인Sour Grapes〉(2016)
4. 〈부르고뉴의 1년A year in Burgundy〉(2013)
5. 〈산타 비토리아의 비밀The Secret of Santa Vittoria〉(1969)

에 알리는 데 일조했다. '파리의 심판'은 작고한 명배우 앨런 리치먼Alan Richman이 주연한 〈와인 미라클〉(2008)로 아주 재미있게 영화화되기도 했다.

1977년 미국에서 마스터소믈리에협회Court of Master Sommeliers라는 이름의 교육 프로그램이 마련되었다. 영국은 1960년대 말 이후 이 프로그램에 따라 교육하고 있었다. 이 프로그램의 엄격한 교육 과정과 시험은 소믈리에의 음료 서비스 수준 향상을 위해 설계되었고, 통과하면 소믈리에로서 최고 실력을 갖춘 것으로 인정받는다. 이 프로그램의 도입 이후 전 세계에서 단 269명만이 마스터 소믈리에의 자격을 취득했지만, 그 외에 수천 명이 그보다 낮은 단계를 통과해 세계 곳곳에서 활동하고 있다. 윈도우즈온더월드에서 셀러 마스터 일을 시작했을 때 나는 거의 4,047㎡에 이르는 그 층에서 유일한 소믈리에였다! 최근에 유니온스퀘어 카페Union Square Cafe에서 식사하며 보니 한 층에서 소믈리에 5명이 일하고 있었다. 감격스러운 변화다!

와인이 그 영향력을 레스토랑업계 너머까지 팽창시키면서 일상적 와인을 즐기는 애호가들과 소비자들이 뉴스·평론·정보에 목말라 하자 이런 갈증을 풀어주기 위해 1970년대부터 다수의 잡지가 창간되었다. 뉴욕이 와인 세계의 중심이 되기 전 런던이 이 타이틀을 거머쥐고 있을 당시인 1975년 영국의 잡지 〈디캔터Decanter〉가 등장했다. 미국에서는 1976년 밥 모리세이Bob Morrissey가 타블로이드 스타일의 신문으로 〈와인 스펙테이터〉를 창간해 캘리포니아 와인 산업의 발전상을 면밀히 추적했다. 그 후 1979년 초창기 열혈 구독자였던 출판인 마빈 섕켄Marvin Shanken이 〈와인스펙테이터〉를 인수해 우리가 아는 그 고급 잡지로 변모시켰다. 1978년에는 편집자인 아리안과 마이클 배터베리Michael and Ariane Batterberry가 〈고메Gourmet〉지보다 더 쉽게 다가갈 수 있는 대안 잡지로 〈인터내셔널 리뷰 오브 푸드 앤 와인The International Review of Food & Wine〉을 출범시켰다. 두 사람은 성공을 거둔 이 잡지의 이름을 이후에 짧고 단순한 〈푸드 앤 와인〉으로 개명했다. 한편 1978년 로버트 M. 파커 주니어가 다이렉트 메일 형태의 뉴스레터 〈볼티모어-워싱턴 와인 애드버킷The Baltimore-Washington Wine Advocate〉을 발행했다. 훗날 〈와인 애드버킷〉으로 개명되는 파커의 이 간행물은 와인을 100점 만점을 기준으로 평가하는 체계로 유명해졌다. 1979년에는 젊은 신혼부부이자 막 와인 애호가가 된 아담과 시빌 스트럼Adam and Sybil Strum이 와인 장비, 즉 코르크 스크류, 와인 잔, 와인 랙 등 이전까지는 전문가들만 쓸 수 있었던 액세서리를 판매하는 소책자 카탈로그를 발행했다. 그러다 1988년 이 〈와인 인수지애스트Wine Enthusiast〉를 본격적 잡지로 확대시켰다. 이 무렵 조쉬 그린Josh Greene이 〈와인 앤 스피리츠Wine & Spirits〉를 창간했고 이후 이 잡지는 해마다 레스토랑에서 팔린 100대 와인 리스트를 실으며 아주 소중한 도움을 제공해주고 있다. 이 출판물 모두는 인터넷 이전 시대에 와인 애호가들이 지식을 키우고 열의를 불붙이도록 일조했으며 지금도 여전히 유용한 활동을 이어가고 있다.

1970년대 말에 들어서자 고급 음식 열풍이 레스토랑업계를 넘어 소매업 분야까지 확산되었다. 뉴욕에서는 1977년 조엘 딘Joel Dean과 조르조 델루카Giorgio DeLuca가 고급 식료품점 딘앤델루카Dean & Deluca를 열었다. 맨해튼 소호지구의 이 식료품점은 개업하자마자 성공을 거두었고 발사믹 식초, 선드라이드 토마토, 수제 치즈 같은 식품을 선보이며 미국인의 미각을 일깨우는 데 일조했다. 고급 주택가에도 엘리 자바Eli Zabar가 비슷한 매장을 열어 어퍼 이스트 사이드에 E.A.T.를 개업했는가 하면, 셰일라 루킨스Sheila Lukins와 줄리 로소Julie Rosso가 어퍼 웨스트 사이드에 실버 팰리트를 열기도 했다. 캘리포니아 북부에서는 세기의 전환기 이후로 쭉 건재하게 영업을 이어가고 있던 오크빌 그로서리Oakville Grocery가 1970년대에 들어서면서 더 틈새시장을 파고들 만한 고급품으로 중심축을 바꾸었다. 마찬가지로 척 윌리엄스Chuck Williams의 1호 윌리엄스 소노마Williams-Sonoma 매장은 1950년대 이후 영업을 이어왔지만 1970년대에야 우편 주문 카탈로그로 큰 인기를 끌었다. 사람들이 이런 새롭고 신기한 식재료들을 조리하는 데 필요한 조리 기구를 찾게 된 덕분이다.

"케빈은 내가 데퓨이 캐널 하우스에서 처음 만났던 1970년대 초반부터 현재까지 지칠 줄 모르는 열정으로 미국인들에게 와인의 우아하고 세련된 멋을 전수해왔다. 초짜부터 전문가까지 어떤 사람이든 와인을 이해하기 쉽고 흥미진진하고 재미있게 느끼게 해주는 방면으로 재능이 남다른 뛰어난 교육자다. 나는 1973년 WTC에서 조 바움에게 고용되어 일을 시작했는데 당시만 해도 셰프와 소믈리에로 일하는 사람의 사회적 위상은 상당히 낮은 편이었다. 윈도우즈온더월드의 셀러인더스카이는 혁신적 역할을 펼쳐 파격적 와인 메뉴로 미국의 와인이 처음 유명세를 얻고 각광을 받으며 와인 애호가의 입맛을 끌도록 격상시켜주었다."

– 자크 페팽Jacques Pépin, 셰프

1980년대 초, 셀러인더스카이에서의 케빈

"세계에서 가장 유명한 레스토랑의 운영이라 할 만한 일을 지휘하면서, 내 지능과 감성은 날마다 도전에 직면해야 했다. 그중 위치적 요건 하나로 인해 누리는 특권과 관련된 것이 가장 큰 도전이었다. 즉, 전 세계의 어느 레스토랑보다 다양한 고객을 맞고 있으며, 역시 전 세계의 어느 레스토랑보다 다양한 인력을 고용하고 있다는 특권으로 인해 비롯되는 도전이었다. 윈도우즈온더월드는 고객 측면에서나 직원 측면에서나 저마다 다른 수많은 사람의 사회적 상호작용과 협력이 일어나고 있었다. 나로선 그러한 협력이 잘 이루어지기 위해 꼭 필요한 일원이 될 기회를 펼치며 이루 헤아릴 수 없는 보람을 느꼈다. 이런 관점에서 볼 때, 우리 레스토랑은 말 그대로 Windows on the world(세상을 보는 창)였다."

– 글렌 보그트Glenn Vogt, 윈도우즈온더월드 총지배인(1997~2001)

"음식의 역사에서 50년은 긴 시간이 아니다. 하지만 50년 사이에 미국에서는 음식에 쏠리는 관심이 늘었다. 음식에 대한 정보에 거의 무관심하던 수준에서 벗어나 음식 정보를 필수 상식으로 삼게 되었다. 이 모두는 그동안 음식을 만들고 조리하는 과정의 놀라움, 음식의 뛰어난 맛, 사람들을 하나로 묶어주는 음식의 힘에 대한 의식을 높여준 사람들의 공이다."

– 대럴 코티Darrell Corti, 캘리포니아주 새크라멘토 소재 코티브라더스Corti Brothers 소유주

"나파 밸리의 우리에게, 음식과 와인 분야에서의 지난 50년은 해변에서 완벽한 파도를 타는 기분이었다. 나는 1980년대와 1990년대가 특히 활력 넘치는 시대였다고 생각한다. 음식업과 와인업의 전문가들이 투자와 실험과 혁신으로 한껏 신바람을 펼치기에 잘 들어맞는 시기였다. 음식이 곧 삶이었고, 와인은 삶의 동반자였으며, 우리 모두는 축제의 기분에 젖어 즐겁게 복음을 전파했다."

– 토르 켄워드Tor Kenward, 토르 와인스TOR Wines

내가 윈도우즈온더월드 와인스쿨을 처음 시작했을 때만 해도 수강생의 90%가 남성이었는데 현재는 60%가 여성이다! 이는 타당한 변화다. 여성이 남성보다 후각이 더 뛰어난 데다 미국에서 와인을 가장 많이 구매하는 층이기 때문이다.

"안목이 점점 높아지면서 와인을 마시는 사람들이 늘고 있다. 이제는 50년 전까지만 해도 어디에 붙어 있는지도 잘 몰랐던 곳들, 이를테면 시칠리아·포르투갈·칠레의 와인도 마시면서 즐기는 와인의 종류가 다양해졌고 그 품질도 갈수록 좋아지고 있다. 정말로 우리는 행복한 시대를 살고 있다!"

– 클리브 코우츠Clive Coates, 와인 마스터이자 와인 작가

1980년대

미국의 음식업계와 와인업계는 이런 비옥한 토대를 바탕으로 삼아 1980년대 들어 그야말로 폭발적으로 성장했다. 이 시기에 유럽은 와인 소비가 급감하는 추세였다. 예전부터 줄곧 자국민을 위해 와인을 만들어왔는데 유럽의 젊은 세대가 차츰 맥주나 혼합주에 입맛을 들이게 된 것이다. 프랑스를 비롯한 유럽의 여러 국가에서는 현지 소비층을 그게 잃자 소비층을 찾아 미국과 다른 국가들로 시선을 돌렸시만 이내 현실의 벽을 깨달았다. 우선은 세계 시장이 와인에 구미가 당기도록 만들 방법을 터득해야 했다. 유럽의 와인 메이커들은 여러 변화를 시도하다가 스테인리스 스틸 발효통을 사용했고, 그 결과 훨씬 더 상쾌하고 더 깔끔한 맛의 와인을 빚어냈다.

내가 1970년대 초반에 서부로 처음 발걸음했을 때 예상했던 대로, 캘리포니아 와인도 떠오르는 해처럼 융성하고 있었다. 캘리포니아산 샤르도네는 1980년대의 '잇아이템'이었고, 특히 여성들 사이에서 인기였다. 샤르도네가 단순한 포도명이 아닌 하나의 브랜드가 되었다. 내가 이 업계에서 일을 시작했을 때는 병에 '샤르도네'가 찍혀 있으면 연방법에 따라 원료에서 이 품종의 포도 비율이 최소 51%면 되었다. 그 나머지는 싸구려 포도를 써도 상관없었고, 그렇게 만든 와인에도 떡하니 샤르도네를 표기할 수 있었다. 그러다 1980년대에 법이 바뀌면서 최소 비율이 75%로 높아졌다. 현재는 이 최소 비율에 변화가 없는데도 샤르도네나 피노 누아르로 표기된 와인 대다수가 해당 품종의 포도 100%를 사용해서 양조하고 있다.

1980년대 초반, 나는 사람들에게 세계 최고의 와인을 선보이기 위해 뉴욕 와인 익스피리언스New York Wine Experience의 아이디어를 떠올렸다. 몬터레이 와인 페스티벌Monterey Wine Festival에 다녀온 일을 계기로 뉴욕시에도 그런 이벤트가 필요하다

와인스쿨에서 강의하는 모습(1985년)

"우리는 셰프와 소믈리에가 미국인인 미국 레스토랑도 세계 무대의 주자가 될 수 있음을 세계에 보여주자는 목표에 따라 개업 직후부터 미국의 와인에 역점을 두었다. 우리 레스토랑의 하우스 와인은 로버트 몬다비 리저브였다. 위풍당당하게 캘리포니아 와인을 주연으로 내세운 파티와 시음회도 여러 차례 주최했다."

– 배리 와인Barry Wine, 퀼티드지라프The Quilted Giraffe

"음식과 와인이 얼마나 다양해지고 구매하기 쉬워졌는지를 생각하면 불과 50년 전과 비교해도 정말 놀랍다. 내 심장은 이탈리아에 닿아 있다. (…) 1970년에 소비자들은 볏짚 바구니로 병을 포장한 키안티와 지금도 내 최애 와인인 람브루스코를 즐겨 마셨다. 현재는 이런 애호 와인뿐 아니라 브루넬로·바롤로·아마로네도 어디를 가나 구매할 수 있다. 누가 나에게 이런 변화가 진전이 아닌 혁신인 이유를 물으면, 나는 케빈 즈랠리와 케빈 즈랠리 같은 사람들이 떠오른다. 케빈은 와인과 음식이 어우러진 흥미진진한 세계를 만들어냈고 케빈의 대범한 스타일은 이 '새로운 세계'에 대해 배우는 일을 재미있고 덜 겁나는 일로 여기게 해주었다. 그런데도 〈와인 비즈니스Wine Business〉에 따르면 여전히 Z세대 사이에서 '와인을 잘 모르는 사람도 와인에 겁내고 주눅 들지 않게' 해달라는 호소가 나온다고 한다. 그런 친구들에게 이 말을 해주고 싶다. 아무리 변해도 결국 본질은 그대로라고!"

– 샤론 맥카시Sharron McCarthy, 반피 빈트너스 와인 에듀케이션Banfi Vintners Wine Education

1980년대 WTC 광장. 건물은 미노루 야마사키Minoru Yamasaki의 설계작이고, 두 고층빌딩 사이의 광장에 세워진 조각상은 조각가 프리츠 쾨니히Fritz Koenig의 작품 〈스피어Sphere〉다. 〈스피어〉는 테러 공격의 와중에도 건재하게 살아남아 현재 9·11테러 추모관 옆의 리버티 파크Liberty Park로 터전을 옮긴 상태다.

"1970년대에 내가 셰프가 되겠다고 했을 때 주변에서는 당황스러워하거나 웃음을 터뜨리는 반응을 보였다. 하지만 음식과 와인의 세계는 호기심 많고 결단 있는 사람에게는 끝내 성공을 거두면서 그동안 열심히 노력해서 실력을 쌓은 것에 대해 보람을 느끼기에 좋은 기회가 되어준다. 이 세계 사람들의 열정·흥미·결의는 변하지 않았다. '할 수 있다'라는 자세와 완벽을 향한 열의도 여전히 그대로다. 이제는 음식과 와인 관련 직업에 대한 존경도 크게 높아졌다. 철새처럼 이리저리 옮겨 다니는 자세가 변하면서 이 세계의 규칙도 바뀌었다. 오랜 동안 그놈의 규칙이란 게 아예 없었지만! 하지만 나에게는 발전하고 배우고 변할 수 있는 측면이 여전히 이 세계의 가장 흥미진진한 부분이다."
– 데이비드 버크David Burke, 셰프

는 생각이 들었다. 그러던 중 다른 와인 이벤트에 갔다가 〈와인 스펙테이터〉 발행자 마빈 생켄에게 요즘 벌이는 일이 있냐는 질문을 받게 되었고 이야기가 오간 끝에 의기투합해 유명한 와인 메이커, 와인 작가, 판매상, 와이너리 소유주를 일일이 찾아다니며 우리의 계획에 동참해달라고 설득했다. 그렇게 해서 1981년 윈도우즈온더월드에서 뉴욕 와인 익스피리언스가 첫 막을 올리게 되었는데 금세 표가 매진되었다. 몇 년이 채 지나지 않아 이 이벤트가 인기를 끌면서 윈도우즈온더월드 연회장으로는 인원을 수용하지 못해 타임스퀘어의 매리어트마르퀴스호텔로 옮겨 현재까지도 행사장으로 쓰고 있다. 와인 익스피리언스에서는 영업사원이 아니라 소유주나 와인 메이커가 혹은 소유주이자 와인 메이커가(!) 자신의 행사 테이블을 직접 맡아야 해서 와인계 스타가 행사 참가자들에게 자신이 만든 최상급 와인을 따라주는 모습을 예사로 볼 수 있었다. 초대객들은 그 자리가 아니면 접해보지 못할 만한 와인을 맛보며 짜릿해했다. "와인 병, 와인 잔, 얼음통, 코르크 스크류가 쭉 놓인 부스들이 사방에 빼곡했다." 하워드 G. 골드버그Howard G. Goldberg가 와인 익스피리언스를 참관한 후 1987년에 〈뉴욕 타임스〉에 올린 기사의 한 대목이었다.

매년 3일간 열리는 이 행사는 세미나·시음 등의 여러 축제를 즐기기 위해 모여드는 인원이 꾸준히 1,000명을 넘고 있으며 장학기금으로 수백만 달러가 모이기도 한다. 나는 〈와인 스펙테이터〉가 와인 익스피리언스를 전면 인수하기 전까지 10년간 뉴욕 와인 익스피리언스와 캘리포니아 와인 익스피리언스 이사로 있었다. 이 행사는 이런 유의 행사로는 최초 사례에 들지만, 아스펜Aspen(미국 콜로라도주 스키 휴양지–옮긴이)에서 열리는 푸드 앤 와인 클래식Food & Wine Classic과 사우스 비치 와인 앤 푸드 페스티벌South Beach Wine and Food Festival같이 음식과 와인이 어우러지는 축제가 어느새 전국에 우후죽순처럼 생겨나더니 최정상급 셰프와 와인 메이커들을 만나보고, 뛰어난 음식과 와인을 맛보고, 자신과 생각이 비슷한 다른 애호가들과 함께 어울리고 싶어 하는 애호가들을 끌어모았다. 이런 푸드 앤 와인 페스티벌은 찰스턴에서부터 시카고, 오스틴, 뉴올리언스에 이르기까지 전국에 걸쳐 지금도 계속 늘어나고 있다.

1980년대에는 전국의 레스토랑들이 손님에게 와인을 병째로 주문하기를 요구하기보다 잔 단위로 판매하는 추세로 변해갔다. 이런 이색적 개념 덕분에 사람들은 전 세계의 다양한 와인을 맛보는 경험을 누릴 수 있었다. 현재 대다수 레스토랑이 병 단위보다 잔 단위로 와인을 더 많이 팔고 있다. 이것은 중요한 변화이며 나는 여기에 대찬성이다. 잔 단위 와인은 소비자들로서 그만큼 선택의 기회가 더 많아지는 것이니 아주 기분 좋은 일이다. 레스토랑 입장에서도 이윤을 내기에 더 유리해지니 좋다. 배급사도 대량 주문을 받게 되어 나쁠 게 없다. 한마디로 모두에게 윈윈이다.

레스토랑들도 자체적인 변화를 겪었다. 처음에는 프랑스 중심 음식이었다가 미국을 사로잡고 있던 생동감 느껴지는 풍미의 이탈리아 중심으로 바뀌더니 아시아·멕시코·퓨전·케이준(미국으로 강제 이주된 캐나다 태생 프랑스 사람들이 만들어 먹기 시작한 음식-옮긴이)으로 바뀌었다. 이런 변화와 더불어 빳빳하게 풀 먹인 테이블보 느낌의 전형적인 프랑스 레스토랑 분위기에서 벗어나 변화된 요리풍에 맞춰 캐주얼하면서도 세련미가 흐르는 분위기로 바뀌기도 했다. 레스토랑 현장에서의 실질적 민주화가 시작된 셈이다. 젊은 셰프들도 대거 등장했는데, 그중 상당수는 탐스럽고 신선한 농산물이 풍성한 캘리포니아에서 첫걸음을 내디딘 이들이라 한바탕 실험을 펼칠 준비가 되어 있었다. 이들의 이런 실험은 '팜투테이블farm-to-table(농장에서 식탁까지)' 운동의 최초 사례였다. 1980년대 내내 미국의 요리법을 예찬하며 세계의 덜 알려진 지역들을 탐험했던 통 크고 대담한 레스토랑들에서 붐이 일어났다. 덕분에 당시에는 이름도 잘 몰랐던 지역들이 지금은 어느새 익숙한 지역이 되었다. 다음은 1980년대 미국 전역에서 펼쳐진 다채로운 활동의 사례를 일부만 간추린 것이다.

- 1987년 토머스 켈러Thomas Keller가 뉴욕시에 라켈Rakel을 열었다. 1992년에는 나파 밸리 욘트빌에서 어떤 건물을 발견하고 그곳에 더프렌치론드리The French Laundry를 세워 미슐랭 가이드로부터 별점 3개를 받았다. 2005년에는 미슐랭 가이드에서 그의 뉴욕 소재 레스토랑 퍼세Per Se에 별점 3개를 주었다. 켈러는 나파의 또 다른 레스토랑 부숑Bouchon에서도 미슐랭 별점 1개 등급을 얻었다.
- 1980년대 톰 콜리치오Tom Colicchio가 토머스 켈러와 함께 라켈에서 일하며 부주방장을 맡았다. 콜리치오는 이후 대니 마이어Danny Meyer와 동업해 맨해튼에 그래머시태번Gramercy Tavern을 개업했다. 맨해튼에 독자적 레스토랑 크래프트Craft를 열기도 했다. 현재는 레스토랑 7곳을 소유하고 있으며, 요리 경연 서바이벌 프로그램 〈톱 셰프Top Chef〉의 헤드 심사위원이자 제작 책임자를 맡고 있다.
- 찰리 팔머Charlie Palmer가 브루클린의 리버카페River Café 주방장으로 일하다 1988년 맨해튼에 자신의 첫 레스토랑 오리올Aureole을 열었다. 지금까지 책 6권을 냈고 미국 전역에 레스토랑을 19개까지 늘려 자신만의 요리 왕국을 이루었다. CIA 졸업생인 팔머는 CIA에서 이사회 회장을 맡고 있다.
- 1971년 리디아 바스티아니치Lidia Bastianich가 가족과 함께 뉴욕 퀸스에 가족의 첫 레스토랑을 개업했다. 1981년에는 맨해튼에 이들 가족의 대표 레스토랑, 펠리디아Felidia를 열었다. 리디아는 베스트셀러 요리책의 작가이며 잘나가는 음식·오락 사업의 소유주이기도 하다. 2002년 최우수 셰프상을 비롯해 제임스 비어드 어워드를 7차례 수상하는 등 다수의 수상 경력을 자랑하기도 한다. PBS TV 인기 프

"1980년대 중반부터 후반까지 나는 '신新 미국 요리'의 부상을 지켜봤다. 당시는 인터넷이 등장하기 이전이자 TV를 틀면 셰프들이 밥 먹듯 나오기 전의 시대여서, 우리는 정보를 주로 잡지나 탐방을 통해 얻었다. 나는 키웨스트Key West 주방에서 일하고 있다가 어느 날 생각지도 않게 요리책 집필 계약을 제안받았다. 그 과정에서 미국의 음식 문화가 흥미진진하고 유연하면서도 '재즈 같은' 방식으로 변하고 있음을 인식하게 되었다. 그래서 그런 변화를 주제로 논문을 쓰다가 1988년 산타페의 토론회에서 연설을 해달라는 부탁을 받게 되었다. 토론회가 열린 그 주말에 서남부 도시에는 수많은 셰프, 와인 메이커, 저널리스트, 수제음식 제조자가 모여들었다. 찰리 트로터Charlie Trotter, 리디아 샤이어Lydia Shire, 톰 더글라스Tom Douglas, 에메릴 래가시Emeril Lagasse 등이 패널로 참석한 그 자리에서 나는 논문 〈퓨전 쿠킹Fusion Cooking〉을 읽었다. 그로부터 몇 주 지나지 않아 레지나 슈램블링Regina Schrambling이라는 저널리스트가 신문에 퓨전에 대해 다룬 글을 올렸다. 이후로도 새로운 생각과 변화가 이어졌다."

– 노번 반 아켄Norman Van Aken, 셰프

"지난 15년 사이에 미국 시장에서 일어난 와인 혁명에 동참할 기회를 누렸다는 점에서, 나는 운이 좋은 사람인 것 같다. 초반에 우리는 누구나 다 미국 시장이 충분히 성장하고 발전할 가능성이 있다는 점은 느꼈지만, 비교적 짧은 기간에 미국이 세계 최대의 와인 소비국으로 떠오를 것이라고는 아무도 예상치 못했다. 그러니 이런 흥미로운 변화가 일어나는 데 아주 중요한 역할을 했던 케빈 즈랠리 같은 소수의 개척자에게 고마워해야 한다."

– 피에로 안티노리Piero Antinori, 마르케세 안티노리 Marchese Antinori 사장

"1960년대에 우리나라도 음식이 단순히 생명을 유지해주는 것 이상의 가치가 있음에 눈뜨게 될 만큼 성숙했다. 마침 줄리아 차일드가 등장해 '프랑스 요리의 예술'을 선보여주었고 이를 계기로 프랑스 문화에 열광하는 분위기가 촉발되었다. 미국의 부유층은 프랑스의 별 3개짜리 레스토랑으로 순례를 떠나 그곳의 유명 셰프들을 경배해 마지않으면서 유럽의 전설적인 와인 메이커들뿐 아니라 뛰어난 주방에 관심을 쏟았다.

어느 순간부터 캘리포니아에 와이너리가 대대적으로 들어섰다. 어느새 부모 사이에서는 자식이 요리학교에 들어갔다고 자랑하며 셰프가 되기를 바라는 풍조도 나타났다. 미국인 셰프에 대한 인식도 새로워지면서, 머리 좋고 교양 있고 창의적이며 야심 찬 이미지가 생겨났다. 이 젊은 인재들은 어떤 직업을 고르든 성공할 수 있을 만큼 재능이 있었지만, 요리에만 일편단심의 열정을 쏟았다. 이런 개척적 셰프들이 한데 힘을 모아 미국의 요리를 새롭게 해석해냈고 마침내 미국이 전 세계 미식 세계의 떠오르는 신흥 강자로 각광받게 되었다. 미슐랭 가이드조차 더는 미국을 무시하지 못했고, 오랜 세월이 흐른 끝에야 미국에도 프랑스의 최고 레스토랑들과 어깨를 나란히 겨룰 만한 레스토랑들이 있다는 사실을 인정하게 되었다."
– 패트릭 오코넬Patrick O'connell, 디인앳리틀워싱턴 The Inn at Little Washington 셰프

"마테우스, 랜서스, 블루 넌을 마시던 우리가 (…) 비교적 눈 깜짝할 사이에 할란, 브라이언트 패밀리, 스크리밍 이글 같은 캘리포니아산 와인을 즐기게 되었다."
– 톰 발렌티Tom Valenti, 셰프

로그램으로 에미상 요리 부문 최우수 진행자상도 받았다.

• 1979년 마이클 매카시McCarty McCarty가 산타 모니카에 마이클스를 열었다. 음식은 프랑스식 누벨 퀴진(신선한 야채와 가벼운 소스 등을 이용하는 프랑스식의 저칼로리 조리법–옮긴이)에 영감을 받았지만, 조리법은 순전히 캘리포니아식이었고 와인 리스트도 그와 다르지 않아 캘리포니아산에 치중되어 있었다. 마이클스도 셰파니즈와 마찬가지로, 훗날 각각 캠파닐Campanile과 라브레아 베이커리La Brea Bakery를 열게 된 마크 필Mark Peel과 낸시 실버튼Nancy Silverton을 위시해 수많은 셰프에게 크게 날아오를 도약대를 마련해주었다.

• 1979년 폴 프루돔Paul Prudhomme이 뉴올리언스에 케이폴스 루이지애나키친K-Paul's Louisiana Kitchen을 열어 케이준 요리가 유명해지는 데 한몫했다. 프루돔이 만든 검게 그을린 연어 요리가 인기를 끌자 다른 레스토랑들도 따라 했다.

• 1982년 프랑스에서 요리를 배운 오스트리아인 셰프 울프강 퍽Wolfgang Puck이 아내 바바라 라자로프Barbara Lazaroff와 함께 선셋 대로에 스파고Spago를 개업했다. 이 레스토랑은 염소젖 치즈, 아티초크, 참새우를 토핑으로 얹은 독창적인 캘리포니아 스타일 피자로 입소문이 났다. 퍽은 1년 후에 시누아Chinois(프랑스어로 '중국인'–옮긴이)를 열어 차이나타운 전형적 요리의 실력을 과시해 보이기도 했다. 그 뒤에도 세계 곳곳에 레스토랑과 카페를 연이어 오픈했다.

• 1984년 제레미아 타워Jeremiah Tower가 샌프란시스코에 스타스Stars를 차렸다. 그는 1970년대에 셰파니즈가 유명세를 얻는 데 실질적 도움을 주었던 메뉴를 짜고 울프강 퍽, 앨리스 워터스와 함께 캘리포니아 특유의 요리를 만드는 데 큰 몫을 한 인물이다. 캘리포니아 북부, 싱가포르, 마닐라에 스타스 분점을 열었다.

• 캘리포니아 반대편에서는, 래리 포지온Larry Forgione이 CIA 졸업생 최초로 뉴욕주 동부의 하이드 파크에 진출해 그곳의 명소인 리버 카페River Cafe에서 주방을 지휘하다가 1983년 언아메리칸플레이스An American Place를 열었다. 포지온은 미국의 지역 요리와 질 좋은 현지 식재료를 진정으로 예찬한 최초의 셰프에 들었다. 요즘 흔히 쓰이는 'Free-range(방목해서 기른)'라는 말을 대중화시키는 데도 한몫했다. 뉴욕의 한 농장주가 그의 의뢰로 닭을 그렇게 길러서 납품했다고 한다.

• 1980년대 중반 또 한 사람의 CIA 졸업생, 월디 말루프Waldy Malouf가 맨해튼 중심가에 허드슨 리버 클럽Hudson River Club을 차렸다. 허드슨 밸리의 재료만 쓰며 팜투테이블 요리 전문점으로 운영했다. 그 뒤에는 레인보우룸Rainbow Room 총주방장을 맡았고 현재 전 세계의 모든 CIA 레스토랑을 총괄 감독하고 있다.

• 1984년 조나단 왁스먼이 셰파니즈와 마이클스의 주방을 거친 후 동부로 활동 무대를 옮겨 뉴욕시에 잼스Jams를 개업했다.

왼쪽부터 장 조르주 봉게리히텐, 알프레드 포테일(사다리에 올라선 이), 데이비드 불리, 드류 니포렌트, 대니 마이어

"50년 전에는 와인을 음미하고 묘사하는 방법을 잘 알고 있으면, 심지어 프랑스 와인의 아펠라시옹(원산지) 딱 하나만 잘 알아도 선택받은 소수의 전문가로 자부하면서 미식 세계에서 특권층 위상을 누렸다. 이 사람들은 그런 위상을 명예 훈장처럼 두르고 다니며 자신이 상대는 잘 모르는 대단한 것을 안다는 티를 은근 내비쳤다. 이런 경향은 별생각 없이 그 레스토랑에 들어오게 된 손님에게 터무니없이 비싼 가격이 매겨진 와인을 팔며 뭐가 뭔지 잘 몰라서 주문하는 데 쩔쩔매는 심리를 먹이로 삼기 일쑤였던 초창기 세대 소믈리에 사이에서 특히 팽배했다. 그러다 케빈 즈랠리가 윈도우즈온더월드 와인 강좌를 시작하면서 상황이 차츰 바뀌었다. 와인에 대한 두려움이 발견의 재미로 전환되었다. 또 세대를 막론하고 모든 레스토랑 방문객과 소믈리에가 코르크를 따는 순간 가장 중요한 문제는 자신이 좋아하는 뭔가를 함께 나누려는 마음이지 자신만 알고 있는 뭔가를 무기로 삼은 힘의 과시가 아님을 알게 되었다. 내가 감사하게 여기는 수많은 일 중 하나를 말하라면 내 첫 레스토랑, 유니언스퀘어카페가 세상에 나왔던 때는 와인(와인의 애호·음미·지식)이 이미 민주화되기 시작했던 시기라는 점이다. 그 점에 관한 한 다른 누구보다 케빈 즈랠리에게 가장 큰 공을 돌려야 마땅하다."

– 대니 마이어Danny Meyer, 레스토랑 경영자

- 젊은 레스토랑 경영자 대니 마이어는 샌프란시스코 유니언 스퀘어에서 매주 열리는 청과물 시장에 모여드는 농부들에게 마음이 끌려 첫 레스토랑을 그곳에서 겨우 한 블록 떨어진 자리에 세우기로 했다. 그렇게 해서 1985년 유니언스퀘어카페 Union Square Cafe가 문을 열었고 개업하기가 무섭게 고급스러우면서 가볍게 즐길 수 있는 음식과 세심한 서비스로 유명해졌다. 유니언스퀘어카페는 맨해튼 전 구역을 활성화하는 데 이바지하기도 하면서 셰프와 레스토랑 경영자에 힘입어 빈번히 형성되는 그런 젠트리피케이션(최근 본래 거주하던 원주민이 밀려나는 부정적인 의미로 많이 쓰이지만, 원래는 중하류층이 생활하는 도심 인근의 낙후 지역에 상류층의 주거 지역이나 고급 상업가가 새롭게 형성되는 현상을 가리키는 말—옮긴이)의 한 사례를 남겼다.
- 중서부 출신이지만 L.A.에 자리 잡은, 수잔 페니거Susan Feniger와 메리 수 밀리켄 Mary Sue Milliken이 프랑스식 레스토랑에서 일하다가 동료 요리사가 직원 식사로

"내가 레스토랑 평론을 쓰던 1980년 당시에 와인은 과소평가받기 일쑤인 와중에도 식사 구성요소로서의 위상을 점점 높여가고 있었다. 나는 평론을 쓸 때 언제나 와인 리스트에 대해 논하며 그 부분을 별점에 반영한다. 희한하게도 요즘에는 이런 식으로 하는 평론가가 거의 없다. 예전에는 소비자가 결정을 내리기 쉬웠다. 생선에는 화이트 와인, 고기에는 레드 와인으로 정하면 되었다. 하지만 그 둘 사이에도 고를 것이 많았다.

당시 와인 리스트는 항상 도움을 주는 와인 배급사의 자료를 바탕으로 편집한 2쪽자리 리스트를 코팅해놓기도 했다. 이런 와인 리스트는 새로 바뀌지도 않아서 코팅이 너덜너덜해지기도 했다. 40년 전에는 음식값이 비싼 호화판 레스토랑을 제외하면, 소믈리에는 장대높이뛰기 선수만큼이나 찾기 힘들었다. 뭐가 뭔지 몰라서 도움이 필요하면 레스토랑 사장에게 물어봐야 했다. 1990년대 가장 반가운 트렌드는 레스토랑 서빙 직원들이 기본 와인 교육의 혜택을 받게 된 일이다. 까다로울 게 없던 그런 옛 시대에 비하면 지금은 많이 발전했다는 생각이 든다. 날마다 새로운 와인에 대해 배운다는 것은 신나는 경험이었다. 코팅된 메뉴판 얘기가 나온 김에 한마디 덧붙인다면 테이블 매트로 쓰기에는 좋다."

– 브라이언 밀러Bryan Miller, 〈뉴욕 타임스〉 전前 레스토랑 평론가

조리해준 타코와 타말리를 맛보고 멕시코 음식의 생기 넘치고 복잡미묘한 풍미에 눈을 뜨게 되었다. 이 두 여성이 1985년 산타 모니카에 연 보더그릴Border Grill은 미국 국경 남쪽 지역의 음식을 탐색하고 예찬한 최초의 레스토랑으로 꼽힌다.

- 1985년 레스토랑 경영자 드류 니포렌트Drew Neiporent가 토니 자줄라Tony Zazula와 함께 맨해튼에 몽라셰를 열었다. 1990년에는 로버트 드니로와 함께 트라이베카그릴Tribeca Grill을 열면서 마이어가 그랬듯 노련한 솜씨의 요리, 편안한 식사 공간, 훌륭한 와인 리스트로 주변 구역 전체를 활성화하는 데 일조했다.

- 1980년대 들어와 스시(생선초밥)가 주류 음식으로 부상했는데, 이는 어느 정도 마츠히사 노부의 덕분이다. 1987년 이 일본인 셰프는 L.A. 길가에 자신의 이름을 딴, 튀지 않고 소박한 분위기의 레스토랑을 열었다. 드니로와 니포렌트를 비롯해 마츠히사의 광팬들이 뉴욕에 진출하도록 도움을 주면서, 마침내 이곳 뉴욕에 노부를 차리게 된 것이다. 마츠히사의 시그니처 요리인 미소를 곁들인 은대구 요리는 현재 전 세계에 문을 연 20개 이상의 노부에서도 맛볼 수 있다.

- 릭 베일리스Rick Bayless가 1987년 시카고에 프론테라 그릴Frontera Grill을, 1991년 토포로밤포Topolobampo를 열어 멕시코 전통 요리를 탐색해 보여주며 그 격을 높였다. 두 레스토랑 모두 제임스 비어드 어워드 최우수 레스토랑상을 받았다.

- 1987년 라틴아메리카 음식의 광팬이자 셰파니즈 졸업생인 마크 밀러가 산타페에 코요테 카페Coyote Cafe를 오픈하면서 아메리카 원주민과 멕시코계 유럽인의 카우보이 요리 전통을 토대로 삼아 이 요리 전통을 현대화시켰다. 많은 사람이 밀러를 남서부 지방 현대식 요리의 아버지로 인정하고 있다.

- 1987년 주디 로저스Judy Rogers가 주니 카페Zuni Cafe을 인수했다. 이곳이 샌프란시스코의 상징적 레스토랑으로 자리 잡도록 이바지하며 그는 목재로 불을 피우는 벽돌 화로로 가축고기·사냥고기·생선·야채를 요리하는 방식을 대중화시켰다.

음식업계와 와인업계는 끊임없이 다양성이 확대되었지만, 이 모든 다양성을 사람들이 타당하게 받아들이고 잘 따라오도록 유도할 방법을 고안해낸 이들은 소수이다. 1970년대 말, 직업은 변호사지만 음식에 대한 열정이 남달랐던 팀 자갓Tim Zagat과 니나 자갓Zagat 부부가 뉴욕시 레스토랑에 대한 설문조사를 처음 벌이고 그 결과지를 사람들에게 배포했다. 음식·서비스·청결 상태에 대해 등급을 매긴 문서를 등사 인쇄한 것이었다. 등급은 지인의 의견을 평균 낸 것이었고 각 레스토랑의 최고 장단점을 지적하는 한두 줄의 짤막한 글도 첨부했다. 이 '뉴욕시 레스토랑 설문조사NYC Restaurant Survey'는 규모와 인기도가 빠르게 상승했다. 급기야 일이 커지자 자갓 부부는 본업을 접고 출판업자가 되어 조사 대상을 전국으로 확대했다. 수년이 지나도

록 〈자갓 가이드Zagat Guide〉는 어떤 지역에 전입한 사람이나 현지 주민 모두에게 맛집을 찾기에 유용하고 신뢰할 만한 정보원 역할을 해주었다. 다만, 2011년 구글이 이 회사를 인수한 후로 그 명성을 어느 정도 잃기는 했다. 이후에 다시 매각되었고 옐프Yelp 같은 크라우드 소싱 기반 사이트의 등장으로 경쟁 상대가 점점 늘고 있다. 와인 분야에서는 로버트 파커 주니어라는 평론가 덕분에 소비자가 알쏭달쏭한 와인 구매를 좀 더 쉽게 할 수 있게 되었다. 〈와인 애드버킷〉의 창간자인 파커는 사진처럼 정확한 기억력의 소유자이며, 내가 생각하기에 세계 최고의 와인 시음가다. 파커가 제시한 100점 점수 체계는 판매상들의 와인 마케팅 방식과 소비자의 구매 방식에 엄청난 변화를 불러왔다. 다른 출판물과 평론가들도 발 빠르게 그와 비슷한 체계를 도입했다. 와인 판매상들은 금세 이런 평론들을 오려내서 판매대 선반에 붙여놓는 일이 습관적 일과가 되었다. 더더욱 당연한 결과이지만, 여러 평론의 시음평에 미묘한 차이가 있다면 소비자는 너도나도 가장 높은 평점의 와인으로 몰리기도 했다. 이 모든 변화에 힘입어 와인 구매가 소비자 친화적이 되었지만, 나로서는 걱정스러운 부분도 생겼다. 와인에 점수를 매기는 것이 꼭 나쁜 일은 아니라 해도 소매상과 레스토랑 경영자들이 조금은 게을러질 소지가 있기 때문이다. 판매상들이 그런 평론에 지나치게 의존하게 되면서 직접 공부하고 시음해보기보다는 90점 이상의 점수를 받은 와인만 팔고 싶어 할 수도 있기에 하는 말이다.

더 포시즌스 레스토랑의 풀룸Pool Room(2015년 5월)

〈플레이보이〉 선정
우수 레스토랑 25곳(1980년)

1. 루테스Lutèce(뉴욕주 뉴욕)
2. 르 프랑수아Le Français(일리노이주 휠링)
3. 더 포시즌스The Four Seasons(뉴욕주 뉴욕)
4. 레미타주L'Ermitage(캘리포니아주 로스앤젤레스)
5. 라 카라벨La Caravelle(뉴욕주 뉴욕)
6. 르 페로케Le Perroquet(일리노이주 시카고)
7. 셰파니즈Chez Panisse(캘리포니아주 버클리)
8. 더 코치하우스The Coach House(뉴욕주 뉴욕)
9. 더 "21" 클럽The "21" Club(뉴욕주 뉴욕)
10. 마메종Ma Maison(캘리포니아주 로스앤젤레스)
11. 메조네트Maisonette(오하이오주 신시내티)
12. 라 그레누이La Grenouille(뉴욕주 뉴욕)
13. 더 팰리스The Palace(뉴욕주 뉴욕)
14. 윈도우즈온더월드Windows on the World(뉴욕주 뉴욕)
15. 르 벡핀Le Bec-Fin(펜실베이니아주 필라델피아)
16. 어니스Ernie's(캘리포니아주 샌프란시스코)
17. 트라토리아다알프레도Trattoria da Alfredo(뉴욕주 뉴욕)
18. 커맨더스팰리스Commander's Palace(루이지애나주 뉴올리언스)
19. 더 만다린The Mandarin(캘리포니아주 샌프란시스코)
20. 르 리옹도르Le Lion d'Or(워싱턴 D.C.)
21. 런던찹하우스London Chop House(미시간주 디트로이트)
22. 잭스레스토랑Jack's Restaurant(캘리포니아주 샌프란시스코)
23. 푸르누스오븐스Fournou's Ovens(캘리포니아주 샌프란시스코)
24. 로랑주리L'Orangerie(캘리포니아주 로스앤젤레스)
25. 토니스Tony's(텍사스주 휴스턴)

덧붙이는 말: 나는 딕 브래스Dick Brass와 함께 이 작업에 참여하는 행운을 누렸다. 우리는 이 레스토랑들 한곳 한곳 모두 방문했고 나는 와인 리스트에 대해 평론을 썼다. 언급한 레스토랑 가운데 여전히 운영하는 곳은 6곳뿐이다.

"1984년 내가 샌프란시스코에 스퀘어원을 오픈했을 때 이곳은 미국 최초의 범지중해식 레스토랑이었다. 우리는 메제(그리스·터키·중동 지방의 아뮈즈부슈 또는 전채요리 모듬-옮긴이), 사가나키(그리스 가정식-옮긴이), 세르물라(알제리·리비아·모로코·튀니지 등의 지역에 쓰이는 양념-옮긴이)라는 말을 들어본 적도 없는 사람들에게 이탈리아·스페인·포르투갈·그리스·터키·프랑스 남부·북아프리카의 지역 음식을 메뉴로 내놓았다. 와인 리스트를 책임지고 있던 아들 에반은 자신들이 만든 와인을 레스토랑에 팔아본 적이 없는 와이너리들을 직접 방문해 설득하면서 우리 레스토랑의 와인 리스트에 그 와이너리들의 와인을 올려놓았다. (…) 우리 레스토랑의 손님은 상당수가 새로운 캘리포니아 와인에 관심은 있었지만 익숙지 않은 와인에 큰돈을 쓰기 주저했다. 1984년에는 대다수 레스토랑이 잔 단위 와인을 저렴한 레드·화이트·로제로 몇 개씩만 구비해놓았지만, 에반은 잔 단위 와인의 구비 종류를 더 늘렸다. 1986년부터 수년간 와인과 음식의 궁합 맞추기 강좌를 인기리에 잇달아 열기도 했다. 그러는 사이에 우리는 차츰 깨달았다. 가만히 생각해보니 우리는 레스토랑을 운영하며 그저 음식 장사만 하는 것이 아니라 사람들의 음식과 와인 지식까지 확장해주고 있었다. 게다가 그런 지식 전수자의 역할이 즐겁기까지 했다."

– 조이스 골드스타인, 셰프이자 작가이자 요리 컨설턴트

제임스 비어드 평생공로상 시상식에서 함께한 자크 페팽과 케빈

1990년대

1970년대와 1980년대가 음식업계와 와인업계가 대폭발적으로 성장하는 시대였다면 1990년대는 이 모든 성장을 가다듬으며 그토록 짧은 기간 동안 우리가 얼마나 멀리까지 왔는지를 깨닫고는 깜짝 놀라는 시대였다고 할 만하다. 1991년에 셰프, 레스토랑 경영자, 와인 메이커, 음식 작가, 저널리스트를 아우르는 요리업계에서 가장 밝은 빛을 발하는 인물의 공로를 인정해주기 위해 제임스 비어드 재단 어워드를 제정했다. 이 어워드는 요리계의 오스카상에 비견된다. 처음 제정했을 때부터 최우수 와인 및 스피릿 전문가, 최우수 와인 서비스 제공 레스토랑, 최고의 와인 및 스피릿 서적에 관한 표창도 했다. 로버트 몬다비, 셰프 조이스 골드스타인이 지휘하는 샌프란시스코 소재의 레스토랑 스퀘어원Square One, 버튼 앤더슨Burton Anderson의 《이탈리아 와인The Wines of Italy》이 제정 첫해에 각각 이 세 부문의 상을 받았다.

나는 1993년에 최우수 와인 및 스피릿 전문가로 상을 받는 영예를 누렸고 2011년에는 제임스 비어드 평생공로상을 받으며 더욱더 큰 감격에 젖었다. 그전까지 이 명망 높은 영예를 받은 와인 전문가는 어니스트 갤로Ernest Gallo와 로버트 몬다비, 2명밖에 없었다. 크레이그 클레이본과 함께 캐널 하우스에 왔던 그날 저녁에 캐널 하우스의 평론을 쓰기로 마음먹으면서 그 결정으로 내 삶의 경로에 간접적 영향을 미쳤던 장본인이자 윈도우즈온더월드 개업식에도 왔던 자크 페팽이 상을 수여해주어 기분이 더욱 좋았다. 나는 페팽에게 상을 받기 전에 재킷을 벗고 관중 앞에서 팔굽혀펴기를 몇 번 해 보였다. 내가 아직도 팔팔하다는 것을 보여주고 싶어서!

수상식 후에 내 친구들은 내가 평생 상 구경도 몇 번 못해본 것처럼 축하해주었다. 타임스퀘어의 매리어트마르퀴스호텔에서 내 '절친한 친구들' 252명이 동시에 252병의 와인 코르크를 따며 〈기네스 세계 기록Guinness World Records〉 임원의 확인과 인증에 따라 공식적인 세계 신기록을 세웠다! 그 뒤에는 우리 밴드, 위네츠가 무대에 올랐다. 음악은 언제나 내 삶의 큰 낙 중 하나였고 나는 1980년대 중반 이후 와인 전문가들로만 구성된 이 밴드에서 기타와 드럼을 연주해왔다. 위네츠의 그날 밤 구성 멤버는 나, 마이클 스쿠르닉(스쿠르닉 임포츠Scurnic Imports), 조시 웨슨Josh Wesson(와인 및 음식 작가), 드럼을 맡은 조 델리시오Joe DeLissio(리버 카페의 와인 구매 책임자)였다. 우리 밴드는 〈뉴욕 타임스〉의 레스토랑 평론가 브라이언 밀러Bryan Miller와 윈도우즈온더월드의 전 셀러 마스터 리처드 레그너Richard Regner와도 수년간 함께 연주했다. 그날 밤, 우리가 그전에 수도 없이 그래왔던 것처럼 가슴이 터져라 열창하고 악기를 연주하면서 웃어대고 서로 몸을 기대가며 한바탕 공연을 펼치자 사람들이 무대 가까이로 몰려들어 우리와 같이 춤추고 노래했다. 평생토록 잊지 못할 밤이었다.

제임스 비어드 어워드가 출범했던 같은 해에 국제요리전문가협회International Association of Culinary Professionals에서도 음식 관련 신문잡지 부문의 우수한 업적을 표창하기 위한 시상식을 개시하며, 음식이 얼마나 중요한 주제로 떠올랐는지 부각시켜주었다. 1950년대 이전만 해도 신문에서 음식 관련 기사는 요리법과 집안 살림의 팁 코너에나 실려 여성들이 읽을 만한 글쯤으로 취급되었다. 이랬던 음식의 위상 변화에 이바지한 인물이 크레이그 클레이본이었다. 미시시피주 출신인 클레이본은 1957년 〈뉴욕 타임스〉에서 당시로는 하찮게 여겨지던 음식 코너를 맡게 되었을 때 이 음식이라는 주제에 진정한 저널리스트로서의 자세를 취했다. 그의 레스토랑 평론은 어느 순간부터 영향력을 발휘하게 되었다. 클레이본은 셰프 피에르 프라니Pierre Franey와 의기투합해 〈뉴욕 타임스〉에 실을 요리법의 개발과 테스트에 도움을 받기도 했는데, 덕분에 이제 독자들도 이국적으로 보이는 음식을 집에서 직접 만들 방법을 배우게 되었다.

위네츠 밴드(왼쪽부터 조 델리시오, 리처드 레그너, 조시 웨슨, 케빈 즈랠리, 마이클 스쿠르닉)

이후로 〈뉴욕〉과 캘리포니아판 〈뉴욕〉인 〈뉴 웨스트New West〉, 〈선셋〉, 〈GQ〉, 〈에스콰이어〉, 〈플레이보이〉 등을 비롯한 대다수 신문과 잡지에서 음식만 따로 다루는 특별 코너를 만들었다. 당시 뉴욕에서는 이 부문에서 게일 그린, 플로렌스 패브리컨트Florence Favricant, 미미 셰라톤Mimi Sheraton, 브라이언 밀러 등의 기자가 유명세를 얻었고 서부 지역은 캐롤라인 베이츠Caroline Bates, S. 아이린 버빌라S. Irene Virbila, 훗날 동부 지역으로 옮겨가 〈뉴욕 타임스〉에서 평론팀을 이끌었고 그 뒤에는 〈고메Gourmet〉에서 편집장을 맡은 루스 레이클Ruth Reichl이 음식 부문 기사로 두각을 나타냈다. 〈고메〉는 1941년부터 수년간 이 부문의 유일한 선택지였지만 〈보나페티Bon Appetit〉, 〈푸드 앤 와인Food & Wine〉, 음식 작가 콜먼 앤드류스Colman Andrews가 공동 설립한 〈사부어Saveur〉 등 음식 전문 잡지가 우후죽순 늘면서 상황이 바뀌었다. 〈더 뉴요커〉의 캘빈 트릴린Calvin Trillin과 〈타임스〉의 R. W. ("조니") 애플 주니어R. W. ("Johnny") Apple, Jr. 등 '솔직한' 글을 쓰기로 유명한 기자들은 독자를 현혹하는 글을 쓰지 않으려 신경 쓰기도 했다. 2007년에는 한 줄로 쭉 늘어선 가게들 사이에 자리 잡아서 눈에 잘 띄지 않는 소규모의 토속 음식점을 주로 취재했던 〈로스앤젤레스〉의 기자 조나단 골드Jonathan Gold

스타 셰프들이 뜨기 전에, 르 파빌리온의 앙리 술레, 르 시르크Le Cirque의 시리오 마치오니Sirio Maccioni, 맥스웰스플럼Maxwell's Plum의 워너 리로이Warner LeRoy, 커맨더스팰리스의 엘라 브레넌Ella Brennan, 번스 스테이크하우스Bern's Steakhouse의 번 랙스터Bern Laxter, 마이클스의 마이클 매카시, 발렌티노의 피에로 셀바지오 같은 스타 레스토랑 오너들이 먼저 유명세를 날렸다.

마사 스튜어트

바비 플레이

가 음식 전문 기자로는 퓰리처상 비평 부문을 최초로 수상했다.

1990년대는 스타 셰프가 부상한 시대였다. 내가 자주 하는 말이지만, 옛날에는 셰프를 주방 밖으로 나오게 할 수 없었지만, 지금은 주방으로 다시 들여보낼 수 없다! 어느새 셰프들이 유명인의 대열에 합류하게 되었다. 1994년 셰프 데이비드 불리David Bouley가 〈피플〉지로부터 세계에서 가장 섹시한 남성으로 선정되지 않았던가. 이는 비교적 애매한 호칭으로 불리던 '음식계 인사'들도 마찬가지였다. 그러다 케이블 채널 푸드 네트워크Food Network가 개국했다. 그 이전 시대에는 TV나 방송의 대다수 음식 프로그램이 지역 지부에서 제작한 방송이었다. PBS는 줄리아 차일드의 〈더 프렌치 셰프〉 외에 다수의 요리 프로그램을 방송했다. 1973년 첫 전파를 탄 그레이엄 케르Graham Kerr의 〈더 갤로핑 고메The Galloping Gourmet〉, 둘 다 1978년에 첫 방송을 한 마틴 얀Martin Yan 출연의 〈유 캔 쿡You Can Cook〉과 릭 베일리스 진행의 〈쿠킹 멕시칸Cooking Mexican〉, 1982년부터 방송된 〈에브리데이 쿠킹 위드 자크 페팽 Everyday cooking with Jacques Pépin〉 등이었다. 지금은 기억하지 못하는 사람들이 많지만 마사 스튜어트가 〈홀리데이 엔터테인먼트 위드 마사 스튜어트Holiday Entertaining with Martha Stewart〉로 PBS에 처음 출연한 것도 1980년대 중반이었다.

텔레비전 푸드 네트워크Television Food Network에서 개명한 케이블 채널 푸드 네트워크는 1993년 개국했다. 10년 전에 MTV가 음악계에 일대 변혁을 일으켰던 것처럼 푸드 네트워크도 24시간 내내 요리 프로그램, 음식 탐방 예능을 방송하면서 음식계를 크게 변화시켰다. 그 어느 시대보다 음식의 예능성이 크게 두드러졌다.

푸드 네트워크에서 스타덤에 오른 인물 중에는 시청자에게 크리올 음식(강한 향신료를 쓴 루이지애나주 뉴올리언스식 요리―옮긴이)을 소개해준 매력 넘치는 진행자 에메릴 래가시도 있다. 그가 입버릇처럼 쓰던 '짜잔!'이나 '여기서 한 단계 더 높이면!'은 여기저기에서 패러디할 만큼 인기였지만 래가시는 뉴올리언스의 커맨더스팰리스를 지휘하며 셰프로서 본업에 충실하다가 레스토랑 에메릴스Emeril's와 놀라NOLA를 열었다. 푸드 네트워크의 개국 초기 스타로는 〈투 핫 타말리스Two Hot Tamales〉를 통해 시청자에게 자신들만의 국경 지역 요리를 선보인 L.A.의 두 셰프 수잔 페니거와 메리 수 밀리켄, 보스턴 소재의 레스토랑 블루진저Blue Ginger 셰프로 〈이스트 미츠 웨스트East Meets West〉에서 아시아식 퓨전 요리법을 전수해준 밍 차이Ming Tsai도 빼놓을 수 없다. 뉴욕의 호평 자자한 레스토랑 볼로Bolo와 메사그릴Mesa Grill에서 지휘봉을 잡았던, 윈도우즈온더월드 와인 강좌의 졸업생이기도 한 젊은 셰프 바비 플레이Bobby Flay는 〈나인티식스스 그릴링 앤 칠링96's Grillin' and Chillin'〉과 후속 프로그램 〈보이 미츠 그릴Boy Meets Grill〉, 〈비트 보비 플레이Beat Bobby Flay〉에 출연하면서 푸드 네트워크의 그릴링 가이grilling guy라는 별명을 얻었다. 플레이는 이후에도 꾸준한 활동을 했는데 1999년부터 방송한 〈굿 이츠Good Eats〉 시리즈로 음식과 요리 이면의 과학을 알기 쉽게 설명해준 앨턴 브라운Alton Brown도 그에 못지않았다.

레이첼 레이Rachael Ray는 뉴욕주 북부의 한 지역 방송국에서 활동을 시작했지만 2001년 〈서티 미닛 밀스30-Minute Meals〉로 거의 데뷔 신고식을 치르자마자 전국구 스타로 떠오르며 래가시와 마찬가지로 방송 중에 자주 쓰는 '냠냠'과 'EVDO'Everybody Voices Different Opinions(약어로 '사람마다 생각이 다르다'라는 뜻-옮긴이)가 유행어가 되었다. 이후로 현재까지 여러 권의 베스트셀러 요리책을 내고, 잡지를 창간하고, 주간 토크쇼에 출연하는 등 활발하게 활동하면서 미디어 제국을 이뤘다. 레이의 방송 데뷔 1년 뒤에는 이나 가튼Ina Garten이 햄프턴에서 운영 중인 고메 음식점의 이름을 딴 프로그램 〈베어풋 콘테사Barefoot Contessa〉로 전국적인 스타에 등극했다. 이런 유명인사와 히트 프로그램을 다 대자면 끝이 없다. 나도 진행자인 니나 그리스콤Nina Grisxom과 음식 전문 기고가 앨런 리치먼과 함께 레스토랑 평가 프로그램 〈다이닝 어라운드Dining Around〉의 한 코너인 '와인의 모든 것Wine A to Z'(1997~1999)을 진행했다. 우리 셋은 함께 와인을 맛보며 그 와인에 대해 의견을 나누었다. 혹시 궁금한 사람은 유튜브를 둘러보면 운 좋게 예전의 방송분 일부를 볼 수 있다. 내게 이 푸드 네트워크 프로그램은 사람들에게 와인에 대해 꾸준히 알려줄 수 있는 또 하나의 방법이었고, 그 어느 때보다 배울 게 많았다! 1990년대 가장 중대한 사건은 캘리포니아 와인의 맛과 향이 너무 강해졌던 일이다. 급기야 어느 순간부터 'ABC'Anything But Chardonnay(샤르도네만 아니면 된다)가 자주 들려왔다. 당시 캘리포니

"나는 지난 50년간 와인업계에 몸담은 기간이 겨우 20년 조금 넘지만, 그 기간에만 해도 엄청난 변화가 있었다. 이 업계에 처음 들어섰을 때 프로세코는 빛깔이 약간 흐릿한 이탈리아 스파클링 와인이었고, 드라이한 로제 와인은 완전히 칙칙했고, 예외적인 극소수만 제외하면 샴페인 생산자 이름도 잘 알려지지 않았다. 이제는 와인에 관심이 있는 사람 누구든 과거와 달리 선택의 폭이 훨씬 넓어졌다. 좋기도 하고 나쁘기도 한 변화도 없지는 않다는 얘기다. 로제 와인이 많아도 너무 많이 쏟아지게 된 일만 해도 그렇다. 하지만 그동안의 변화 덕분에 원할 때면 언제든 거리의 매장으로 들어가 오스트리아의 맛좋은 그뤼너 펠틀리너나 시칠리아의 끝내주는 에트나 로소를 집어 들 수 있는 한, 나는 인스타그램에 수천 개의 #roseallday 게시글이 쏟아져도 흔쾌히 견딜 마음이 있다."

– 레이 아일Ray Isle, 〈푸드 앤 와인〉 와인 부문 편집국장

1990년대 초, 아메리카 어워드에서 케빈에게 음식 및 음료 부문 상을 수여하고 있는 조 바움

"미국의 음식 문화 부흥은 금주법, 대공황, 2차 세계대전에 발목이 잡혀 마냥 미뤄지다 1960년대에야 때를 맞았다. 1960년대에 〈플레이보이〉와 이 잡지가 표방하는 현대적 라이프스타일이 주류로 자리 잡게 되고, 제임스 본드가 미식가적 사교 수완으로 대중을 전율시키고, 기성 사회의 가치관을 거부하는 반체제 문화로 토속 음식과 제3세계 음식에 새롭게 눈뜨게 되고, TV에 와인 광고가 나오기 시작하고, 하루 5달러로 유럽 여행이 가능해져 수천 명의 미국인이 저가 항공편으로 프랑스·이탈리아·스페인·그리스로 여행을 다녀오게 되었다. 이 모든 변화에 더해 1970년대에 들어서 음식의 질과 여행 관련 보도의 질이 개선되고, 캘리포니아 와인 산업이 신흥 강자로 부상하고, 드디어 미혼 여성도 신용카드 발급이 가능해진 덕분에 사치를 질러볼 여유가 생겼고, 자기일에 아주 진지하게 임하면서 여행 경험도 풍부한 포스트 히피Post-hippie 세대 요리사와 셰프들이 레스토랑 사업에 뛰어들면서 1980년대의 흥미롭고 실험적인 신미국 요리를 견인했다. 1990년대는 음식과 관련해서 생태학 및 영양학적 측면과 지속가능성이 화두로 떠올라 인터넷상에서 활발하게 논의되면서 21세기에 접어들 무렵에는 미국의 미식계에서 더 좋은 재료에 대한 논의가 뜨거운 쟁점으로 폭넓게 전개되었고, TV에서도 음식에 지대한 관심을 쏟았다. 또 일류급 주방에서 수련을 쌓은 젊은 셰프들이 전국 곳곳으로 대거 이동하면서, 미국 요리를 규정할 때 미국 요리에 풍요로움을 선사해준 그 모든 음식 문화만큼 다양하다는 말 밖에는 달리 표현할 수 없게 되었다."
– 존 마리아니John Mariani, 음식 전문 기고가

아의 많은 와이너리는 방법을 잘 몰라서 샤르도네를 너무 오래 오크통에 담아놓고 있었다. 오크 풍미에다 높은 알코올 함량까지 더해지면 묵직하고 쓴 풍미가 생기기 쉬웠다. 이때 지난 수년 사이에 엄청나게 도약을 한 캘리포니아대학 데이비스캠퍼스 포도재배학과와 와인양조학과가 크나큰 역할을 했다. 두 학과의 연구와 실험을 통해 와인을 오크통보다 스테인리스 스틸 탱크에 넣어 발효하면 품질을 훨씬 잘 통제할 수 있음이 밝혀졌다. 덕분에 와인 메이커들이 샤르도네를 부드럽게 누그러뜨리는 요령을 알게 되었지만 나는 샤르도네보다 소비뇽 블랑을 선택하는 편이다.

한편 1990년대에 많은 소비자는 더 상쾌한 레드 와인과 더 산뜻한 화이트 와인을 찾기 시작했다. 와인업계는 그런 소비자의 기호에 발맞추려 적극 나섰다. 특히 이탈리아 와인의 품질이 점점 향상되는 추세였고 그 무렵 미국인들은 이탈리아의 모든 것에 열광하게 된 터여서 이탈리아에서 수출한 와인이라면 덥석 잡아챌 만큼 마음이 열려 있었다. 특히 슈퍼 투스칸, 피노 그리지오, 브루넬로, 프로세코에 환호했다. 미국인은 스페인의 리베라 델 두에로와 오스트리아의 그뤼너 펠틀리너에 푹 빠져들었다. 여기에 더해 우수한 신세계 와인이 시장으로 쏟아져 나왔다. 우리는 아르헨티나의 말벡, 칠레의 카베르네 소비뇽, 남아프리카공화국의 슈냉 블랑, 오스트레일리아의 시라즈, 뉴질랜드의 소비뇽 블랑 등 신세계 와인을 쏟아져 들어오는 대로 접해보게 되었다. 미국 내에서는 오리건주에서 아주 뛰어난 피노 누아르를 빚기 시작했고 뉴욕주의 리슬링은 세계 최고 수준급의 반열에 들었으며 워싱턴주에서도 차츰 훌륭한 레드 와인을 생산하고 있었다. 와인 애호가에게는 신나는 시대였다.

나에게 1990년대는 여러 기복을 겪은 격동적인 시기였다. 1993년에 WTC 폭파 사고가 있었다. 내 세계를 뒤흔들어놓은 끔찍한 사건이었다. 그 일로 윈도우즈온더월드는 1993년부터 1996년까지 문을 닫았지만, 레스토랑 소유주와 뉴욕뉴저지항만관리청Port Authority of New York and New Jersey의 요구에 따라 나는 WTC의 다른 장소에서 와인 강좌를 이어갔고, 덕분에 강좌를 계속하면서 몸과 마음이 바쁘게 지낼 수 있었다. 강좌를 중단하지 않고 이어갔던 그 일은 나에게 큰 치유가 되었다.

1990년대는 앤서니, 니콜라스, 해리슨, 아드리아나, 이렇게 네 자녀를 얻은 시기이기도 했다. 굳이 말 안 해도 짐작이 될 테지만 아이들은 내 삶에서 가장 소중한 일부가 되었다. 나는 아이들을 가르치고 학교 행사에 다니고 음악을 가르치며 눈코 뜰 새 없이 바쁜 나날을 보냈다. 내가 즐겨 하는 말처럼, 우리 아이들의 빈티지는 1991, 1993, 1997, 1999이고 이제는 성인이 되어 독립한 아이들에게 나는 생일 때면 꼬박꼬박 축하 선물로 태어난 해의 와인 한두 병을 보내준다.

윈도우즈온더월드는 폐점 상태(1993~1996)였지만 나는 WTC 복합 단지 내 세 곳으로 장소를 옮겨가며 강좌를 계속했다. 그 힘든 시기에도 와인스쿨이 문을 열었던

것에 자부심이 든다. 와인스쿨의 건재함은 윈도우즈온더월드를 잊지 않게 해주는 동시에 언젠가 윈도우즈온더월드가 다시 돌아오리라는 상징이 되어주기도 했다.

1993년 말, 항만관리청은 새 운영자를 물색했다. 그에 따라 또 한 번 입찰요청서를 발부했는데 이번에는 30명이 넘는 레스토랑 운영자가 윈도우즈온더월드 인수에 관심을 보였다. 심사위원회는 각 제안서를 검토한 후 추천 의견을 내며 후보를 세 사람으로 압축했다. 스미스앤월렌스키Smith & Wollensky, 포스트하우스Post House, 맨해튼오션클럽The Manhattan Ocean Club, 파크애버뉴 카페Park Avenue Café, 시테Cité의 소유주 앨런 스틸먼Alan Stillman, 태번온더그린Tavern on the Green, 맥스웰스플럼Maxwell's Plum 소유자이자 훗날 러시안티룸Russian Tea Room을 소유하게 되는 워너 르로이Warner LeRoy, 윈도우즈온더월드의 창업자이자 당시 레인보우룸Rainbow Room을 운영하던 조 바움이었다. 결국에 항만관리청은 조 바움과 계약을 체결했고 윈도우즈온더월드의 부흥이 시작되었다. 안드레아 이머도 나도 돌아왔다. 안드레아는 와인 리스트와 음료 프로그램을 개발하고 나는 예전처럼 와인스쿨을 맡았다. 이때 채용한 직원은 400명이 넘었는데 출신지도 다양해서 25개국 정도 되었다.

기존 공간들은 혁신의 차원으로 명칭을 바꿨는데 시티라이츠City Lights Bar와 오르되브레리Hors d'Oeuvrerie는 더그레이티스트바온어스The Greatest Bar on Earth로 새롭게 태어났다. 셀러인더스카이Cellar in the Sky는 자유의 여신상이 내려다보이는 위치에서 와일드블루Wild Blue라는 이름의 레스토랑으로 탈바꿈되면서 셰프 마크 머피Mark Murphy가 첫 지휘봉을 잡았다. 윈도우즈온더월드는 처음 문을 연 지 20년하고도 거의 한 달 후인 1996년 6월에 재개업했다. 이는 조 바움 특유의 활동력·생기·인상적 언변으로 이룬 성과였다. 유명인사들이 돌아오면서 파파라치들도 몰려들었다. 전망이 이전보다 더 근사해졌고, 와인은 지난 3년 사이에 기가 막히게 숙성되어 있었다. 이때의 감동은 1976년 개업 때와 거의 흡사했다.

재개업을 한 후 1년이 지나지 않았을 무렵, 윈도우즈온더월드를 미국 스타일의 음

더그레이티스트바온어스(1996년)

레인보우룸에서 식사하고 있는 고객들(1998년 5월)

"1993년 첫 테러 공격 때 일이 아직도 기억 난다. 우리는 점심식사를 하던 고객들과 함께 계단을 통해 내려갔다. 나중에 와인들을 다시 보고 만질 수 있게 되었던 그 순간, 와인스쿨에 다시 돌아온 학생들을 맞이하게 되었던 그 순간, '고향 집'으로 돌아와 모든 것, 그중에서도 특히 사람들의 생기 넘치는 모습과 마주했던 그 순간의 벅찬 기쁨은 평생 잊지 못할 것이다."

– 안드레아 로빈슨Andrea Robinson, 윈도우즈온더월드 셀러마스터(1992~1993), 음료부문 이사(1996~1999), 《간추린 우수 와인 편람Great Wines Made Simple》 저자

"50년 전 미국은 나름대로 아주 잘 먹고 마실 만한 환경이었다. 이란산 벨루가 캐비어는 비쌌지만 돈 자랑을 하며 마구 쓰는 사람에게는 사 먹을 만한 수준이었고, 제대로 된 시저 샐러드가 테이블사이드 서비스로 제공되고 있었고, 크래커 가루를 묻혀 버터로 튀겨낸 전복 요리가 어딜 가든 메뉴에 올라 있었다. 최상급 스테이크와 메인 랍스터Maine lobster를 흔하게 먹을 수 있는가 하면, 가족 소유 포도원에서 빚어낸 최상급 나파밸리 샤르도네와 카베르네 소비뇽이 귀금속처럼 고가가 아닌 보통의 와인 가격이었고, 빈티지 포트나 고급 보르도 와인 1병의 가격이 최상급 스테이크 1인분의 가격보다 크게 높지 않았다. 반면 스시 바는 보기 드문 낯선 곳이었고, 멕시코 음식은 텍사스와 멕시코의 요소가 혼합된 요리로만 한정되어 있었으며, 세파니즈나 스파고 같은 곳이 없었다. 그것은 쉐이크쉑이나 엘폴로로코El Pollo Loco 같은 곳도 마찬가지였다. 마츠히사 노부나 데이비드 창David Chang, 호세 안드레스José Andrés도 없었다. 보통의 미국인은 심지어 음식에 신경을 좀 쓴다는 이들조차 발사믹 식초나 김치, 치포틀레(할라피뇨를 말려 훈제시킨 것─옮긴이)가 뭔지도 몰랐다. 프리오라트나 리베라 델 두에로, 마가렛 리버나 오타고·아르헨티나·오스트리아·칠레·포르투갈·롱아일랜드·태평양 연안 북서 등지에서 만들어진 와인을 마시는 사람은 전무하다시피 했다. (⋯) 따라서 지난 50년 사이에 미국의 음식과 와인 분야에서 일어난 최고의 변화는 미국이 세계에 문을 열었다는 것이다. 비행기 여행, 인터넷과 소셜 네트워크 서비스 이용, 국제 무역이 늘면서 이에 힘입어 전 세계 구석구석의 다양한 음식과 음료를 갈망하며 직접 접해보게 되는 추세가 일어났다. 그렇다고 해서 예전 요리를 더는 즐길 수 없게 된 것도 아니다. 가격이 예전에 비해 더 비싸지긴 했지만 대부분 요리를 현재까지 여전히 즐길 수 있다."

─ 콜먼 앤드류스, 미국 음식 전문 기고가

식과 와인을 즐기는 공간으로 발돋움시키자는 결정이 내려졌다. 이 결정에 따른 가장 인상적인 변화는 유명 레스토랑 21클럽의 수석 셰프 출신인 마이클 로모나코Michael Lomonaco를 채용해 요리 부문의 총괄 감독을 맡기게 된 일이다. 마이클은 연기 활동을 위한 생활비를 마련하려 뉴욕시에서 택시를 몰다 오데온Odeon 셰프이던 패트릭 클라크Patrick Clark를 태우게 되었다고 한다. 이때 이야기를 나누다 패트릭이 마이클에게 요리를 권유했고, 마이클은 이를 따랐다. 뉴욕시립공과대학을 졸업한 후 처음 취업한 곳이 시리오 마치오니의 르 시르크였고 이곳에서 알랭 셀락, 다니엘 블뤼Daniel Boulud와 함께 일했다. 현재는 센트럴파크가 내려다보이는 타임 워너 센터Time Warner Center에 입점한 포터하우스바앤그릴Porter House Bar and Grill의 오너 셰프다. 로모나코의 지휘 아래 윈도우즈온더월드는 〈뉴욕 타임스〉로부터 별 2개, 〈크레인즈〉로부터 별 3개, 〈자갓〉으로부터 30점 만점에 22점을 얻었으며 〈와인 스펙테이터〉의 전반적 식사 평가에서 최상위권에 들었다. 그 뒤로 3년간 윈도우즈온더월드는 특별 행사와 기업 모임 장소로나 결혼식·기념일·생일·성인식을 축하하는 자리로 여전히 높은 인기를 누렸다. 우리는 제니 에밀Jennie Emil 통솔하에 10명부터 1,200명까지 다양한 인원의 파티 고객을 받았다.

더그레이티스트바온어스는 그 자체로도 인기가 상당했다. 이전의 바가 오후 10시면 영업을 종료한 데 반해 새롭게 개장한 이 바는 더 젊고 더 활기찬 사람들이 몰려들어 꼭두새벽까지 뉴욕에서 가장 잘나가는 밴드와 DJ들의 음악과 진행에 맞춰 몸을 흔들었다. 더그레이티스트바언어스는 시내의 심야 유흥지로 부상했다. 윈도우즈온더월드는 시대의 변화에 발맞출 줄 알았다. 셀러인더스카이는 이전 윈도우즈온더월드에서 없어서는 안 될 일부였으나 1996년 즈음 셀러인더스카이뿐 아니라 미국 전역의 레스토랑에서 음식에 어울리는 와인을 같이 서비스하는 것이 하나의 추세로 자리 잡혀 있었다. 시기적으로 셀러인더스카이를 대체할 뭔가가 필요했다. 그래서 와일드블루Wild Blue라는 레스토랑이 탄생하게 되었다. 와일드블루는 레스토랑 내의 레스토랑으로, 마이클과 그 휘하 셰프들이 자신들의 요리 솜씨를 맘껏 과시할 수 있는 곳이었다. 와일드블루는 〈크레인즈〉로부터 별 4개, 〈자갓〉으로부터 25점을 받았다. 〈와인 스펙테이터〉에서 선정한 뉴욕의 10대 레스토랑에 들었으며, 〈에스콰이어Esquire〉에서 뽑은 뉴욕 최고의 레스토랑 중 한 곳에 들기도 했다.

2001년 9월 10일, 윈도우즈온더월드는 최고조에 올라서 있었다. 3,700만 달러 이상의 수입을 올리면서 미국 레스토랑 가운데 최고의 판매고를 기록했으며, 그 3,700만 달러 중 500만 달러 이상이 1,400종에 이르는 와인 판매로 거둔 수입이었다. 우리는 앞날에 대한 기대감이 충만했고 들뜬 기분으로 그다음 달에 새로운 와인 셀러의 개장과 함께 열릴 25주년 기념행사를 준비하고 있었다.

마이클 로모나코, 총괄 셰프(1997~2001)

"지난 50년 사이에 와인 문화에 2가지 충격적 변화가 있었다. 첫째, 로버트 파커가 그 착안자라는 것이 거의 정설인 100점 점수 체계다. (…) 이 체계는 온갖 측면에 영향을 미쳤지만, 특히 와인 구매자가 와인을 맛봐야 할 필요성이 없어졌다는 점이 생각해 볼 만하다. 다시 말해 와인을 잘 몰라도 되고 자신의 기호를 파악하지 않아도 된다는 얘기다. 둘째, 와인 대표 주자들의 가격 인상이다. 재앙 수준으로 가격이 뛴 부르고뉴와 그에 비하면 그래도 덜 재앙적인 수준인 보르도, 일부 캘리포니아산을 말하는 것이다. 나 빼고는 신경 쓰는 사람이 별로 없지만, 독일의 다디단 와인도 가격 인상의 영향을 받았다. 그 바람에 젊은층이 와인에 관심이 있어도 품질을 인정받은 우수한 와인을 맛볼 여유가 안 돼서 오렌지 와인(화이트 와인의 포도 품종을 레드 와인처럼 양조해 만드는 특이한 와인으로 레드도 화이트도 아닌 그 둘을 섞은 듯한 엷은 주황색을 띠어서 붙은 이름—옮긴이)이나 내추럴 와인(포도 재배부터 와인 양조까지 화학첨가물을 넣지 않고 소량 생산하는 와인으로 일반 와인보다 좀 더 시큼하면서도 정제되지 않은, 본연의 맛이 난다—옮긴이) 같은 대체품으로 미각을 키우게 되지 않을까 우려된다. 어이없게 들릴 테지만, 이런 와인이 언젠가 우수 와인의 표본이 될지 모른다. 전쟁·우박·가뭄·범죄·화재·필록세라 등 또 다른 참사들도 숱하게 많지만, 나에게 이 2가지가 두 손가락으로 꼽을 만한 참사다."

– 앨런 리치먼, 음식 전문 기자

2000년대

2000년대에 들어선 지 거의 2년이 다 되어서 일어난 일이지만 2000년대 하면
9·11부터 떠오른다. 그 끔찍한 사건은 나에게나 음식 및 와인업계나 이후의 모든
일에 어두운 그림자를 드리웠다. 나는 화요일에는 보통 윈도우즈온더월드에 나갔지
만 9·11 그날은 큰아들의 10번째 생일 축하 준비를 돕느라 집에 있었다. 그날 윈도
우즈온더월드의 식구를 72명이나 잃었다. 그때 내가 그곳에 없었다는 사실은 그 뒤
로 며칠이 지나고 몇 달이 지나도록 가장 감당하기 힘들었던 일이다. 아마도 살아남
은 이들의 죄책감이리라.

나의 PTSD(심적 외상 후 스트레스 장애)는 감각 상실로 나타났다. 특히 후각에 큰 타
격을 입어 겁이 났다. 와인 시음이 직업인 사람이 후각을 상실하면 뭐가 되겠는가.
나는 슬슬 눈앞이 아찔해졌다. 어린 자식이 넷이나 딸린 상태에서 실업자 신세에 취
직 가망도 불투명했으니 안 그럴 수가 없었다. 윈도우즈온더월드가 사라지면서 더
는 와인스쿨을 진행할 터전이 없었지만 그런 상황에서도 친구·가족·동료 모두가
와인스쿨을 이어갈 길을 찾아보라며 용기를 북돋워주었다.

어떻게 해야 할지 막막한 채로 수소문하고 있던 어느 날, 예전에 뉴욕 와인 익스피
리언스의 운영을 도와주었던 조 코차Joe Cozza가 전화를 걸어와 내 와인스쿨 수강생
이던 마이크 스텐글Mike Stengle과 다리를 놓아주었다. 당시 매리어트마르퀴스호텔
타임스퀘어점의 총지배인이었던 마이크는 고위 간부들과 회의 후 호텔에 나에게 강
의실로 내어줄 공간이 있다며 와인스쿨을 이어가도록 뭐든 도와주겠다고 했다. 그
말을 듣는 순간, 좋아서 믿어지지 않았다. 덕분에 2001년 10월 와인스쿨을 재개할
수 있었다. 1993년의 폭파 테러 직후에도 그랬듯 학생들에게 와인의 묘미를 알려주
고 일깨워주는 일은 힘든 시기를 감당하는 데 도움이 되었다. 끔찍한 상황에 더 잘
대처할 수 있었다는 얘기다. 목적의식도 생겼다. 다시 일하게 되자 PTSD 치료에도
도움이 되어 이윽고 후각이 돌아왔다.

내가 와인 강좌를 이어간 일이 다른 사람들에게 도움이 되었으리라 믿고 싶다. 와인
스쿨은 생존자들과 그 가족들이 윈도우즈온더월드를 다시 느껴보게끔 연결고리가
될 수 있는, 몇 안 되는 곳 중 하나였다. 9·11 후 강좌를 연 뒤로 예전 수료생, 생존
자, 예전 직원의 배우자, 사랑하는 이를 잃은 사람 등이 윈도우즈온더월드를 기억
하기 위해 와인스쿨에 찾아왔다. 그렇게 잠시 들르면 하나같이 안부를 전하며 자신
들의 기억을 털어놓았고 우리는 서로 위안을 얻을 수 있었다.

이 시기에 나는 운 좋게도 스테이크하우스 체인 스미스앤월렌스키의 와인 총책임자
를 맡게 됐다. 이때 소유주인 앨런 스틸먼은 내게 17개 체인점의 와인 리스트를 모
두 미국 와인으로 변경하라는 임무를 맡겼다. 그런 식의 와인 리스트 작성은 당시

기준으로는 굉장한 일이었다. 스미스앤월렌스키는 뉴욕증권거래소에 상장된 최초의 레스토랑 중 한 곳이기도 했다. 2008년 미국의 50개 주 전체의 와인을 다룬 최초의 책 《케빈 즈랠리의 미국 와인 가이드Kevin Zraly's American Wine Guide》를 출간했다.

9·11 이후의 세계가 점점 정치적이고 당파적인 경향이 강해지면서 음식 부문에서도 그런 경향이 나타났다. 2000년대에 출간된 책을 살펴보자. 에릭 슐로서Eric Schlosser의 《패스트푸드의 제국Fast Food Nation: The Dark-Side of the All-American Meal》(2001), 매리언 네슬Marion Nestl의 《식품 정치: 미국에서 식품 산업은 영양과 건강에 어떤 영향을 끼치는가Food Politics: How the Food Industry Influence Nutrition and Health》(2002), 바버라 킹솔버Barbara Kingslover의 《자연과 함께한 1년: 한 자연주의자 가족이 보낸 풍요로운 한해살이 보고서Animal, Vegetable, Miracle: A Year of Food Life》(2007), 마이클 폴란Michael Pollan의 《욕망하는 식물: 세상을 보는 식물의 시선The Botany of Desire》(2002), 《잡식동물의 딜레마Omnivore's Dilema》(2006), 《마이클 폴란의 행복한 밥상: 잡식동물의 권리 찾기In Defense of Food》(2008) 등이 있다. 한편 앤서니 보뎅Anthony Bourdain은 2000년에 획기적이고도 아주 재미있는 《쉐프Kitchen Confidential》를 출간하며 레스토랑업계에 드리워져 있던 베일을 열어젖혔다. 2003년 제임스 코나웨이James Conaway가 나파 3부작의 2번째 시리즈 《에덴의 저편Far Side of Eden》에서 와인 산업의 환경적 영향을 중점적으로 다루었다. 모건 스펄록Morgan Spurlock은 다큐멘터리 영화 〈슈퍼 사이즈 미Super Size Me〉(2004)를 통해 30일간 삼시 세끼를 맥도날드의 패스트푸드만 먹으면 몸에 어떤 변화가 일어나는지 담아냈다. 이 다큐멘터

"미국은 지난 반세기 동안 창의성이 불붙여 준 지속적 변화로 현재와 같은 와인 및 음식 문화의 기틀이 잡혔고, 덕분에 소비자들은 질적으로나 양적으로 더 큰 즐거움을 누렸다. 포도 생산, 와인 양조, 연구, 포장, 관광 여행, 와인 교육, 대중 정책 등에서의 진전이 한데 어우러져 50개 주 전역에서 와인의 양과 질이 향상되는 원동력이 되어주었다. 그 덕분으로 미국 와인 산업이 연간 2,200억 달러에 이르는 경제적 이득을 창출하고 있기도 하다. 무엇보다도 전 세계 와인업계에는 와인에 열정을 갖고 창의성과 헌신을 발휘하는 이상가들로 넘쳐나고 있다는 점에서 향후 50년이 훨씬 더 흥미로워질 것으로 기대된다."

– 짐 트레지스Jim Trezise, 와인아메리카WineAmerica 회장

"내가 40년 전에 이 업계에서 처음 일을 시작한 이후로 와인 세계는 꾸준히 성장해왔다. 예전에 손님들이 원하는 화이트 와인 1잔은 대개 샤블리였다. 부르고뉴의 어느 작은 구석에 있는 키메리지세(쥐라기에 속하는 약 1억 5,410만~1억 5,070만 년 전의 지질 시대–옮긴이) 토양에서 자란 샤르도네가 아니라 화이트 와인이면 되었다. 그에 비해 현재는 와인이 식사 문화의 일부로 자리 잡으면서 와인 지식과 소양의 수준이 그 어느 시대보다 높아졌다.

요즘에는 손님들만 더 해박하고 까다로워진 게 아니라 세계의 와인 생산자들도 미래 세대를 위한 소유지 보호에 더 많은 노력과 헌신을 쏟고 있다. 가능한 한 최상의 포도를 기르려는 일념에 따라 유기농법, 생체역학 농법 같은 포도 재배 관행이 보편화되었다. 이는 40년 전과 50년 전에만 해도 비교적 드문 일이었다. 당시에는 질 좋은 우수 와인에 대한 수요가 없었기 때문에 동기부여 요인이라 하면 양을 늘리는 것이었다.

현재, 세계 도처에서 와인을 양조하고 있으며 원하면 즉시 세계 곳곳의 와인을 고를 수도 있다. 이제는 프랑스·스페인·이탈리아·미국 같은 대표 와인 생산국만이 아니라 크로아티아·그리스·캐나다·카나리아 제도 등에서도 아주 뛰어난 와인을 찾을 수 있다. 예전에는 카베르네 소비뇽, 메를로, 샤르도네를 찾는 것이 보통이었던 반면 현재는 와인 리스트에서 시노마브로Xynomavro, 네렐로 마스칼레제Nerello Mascalese, 르카치텔리Rkatsiteli, 로트기플러Rotgipfler, 플라바치 말리Plavac Mali, 몽되즈Mondeuse같이 비교적 덜 유명한 품종도 볼 수 있다."

– 다니엘 존스, 소믈리에

미국의 요식업과 식품업을 파헤쳐 실상을 들춰내거나 예찬한 책의 일부 사례

2001년 가을, WTC에 대한 9·11 공격으로 사망한 음식·음료·접객업체 종사자들의 가족을 후원해주는 자선단체, 희망의가족구호기금Windows of Hope Family Relief Fund 모금행사가 열린 트라이베카그릴에서 뉴욕시의 최상급 소믈리에들과 함께한 로버트 파커(가운데)와 다니엘 존스(오른쪽)

리에서 스펄록은 개인의 건강 문제에만 그치지 않고, 거대 기업이 미국의 비만 확산에 일조하고 있을 뿐 아니라 미국 소비자를 정신적·경제적으로 지배하고 있다는 점까지 짚어내기도 했다.

1986년쯤 카를로 페트리니Carlo Petrini라는 이름의 남자가 로마에서 스페인 광장 발치에 매장을 열 예정인 맥도날드에 반대하는 항의 시위를 주도했다. 페트리니와 시위 지원자들은 단순히 피켓을 들고 행진하기보다 대형 냄비 여러 개에 직접 파스타를 만들어 새 패스트푸드점이 열릴 자리에 들어서는 사람들에게 한 그릇씩 담아주었다. 이런 항의 행동은 글로벌 편의식 체인이 로마를 장악하도록 허용해서 가족끼리 운영하는 소상인 술집과 식당이 밀려나게 되면 잃을 수 있는 뭔가를 보여주려는 일환이었다. 페트리니가 이탈리아의 음식과 와인을 지키려는 시도로 시작했던 슬로푸드 운동은 현재 그 지부가 전 세계로 뻗어 있다. '식품 체계에 획기적이고 지속적인 변화를 일으키는 것'을 사명으로 내걸고 2000년에 설립한 슬로푸드 미국 지부는 미국인을 '다른 지역 사람, 전통, 동식물, 비옥한 땅, 우리 식량을 길러주는 생명수'와 다시 이어주려는 희망을 품고 있다.

자신이 먹는 식품의 산지가 어디이고, 어떻게 재배되고, 단골 식료품점까지 얼마나 먼 거리를 이동했는지 등을 궁금해하는 미국인이 점차 많아지고 있다. 유기농은 이제 대세로 떠올라 히피들만의 영역이 아니라 사는 도시의 농산물 직판장에서 장을 보는 교외 거주 사커맘(자녀를 스포츠·음악 교습 등의 활동에 데리고 다니느라 여념이 없는 전형적인 중산층 엄마-옮긴이)과 도심지 거주자들에게까지 확산하는 풍조다. 홀푸드 마켓(텍사스에 본점을 둔 미국의 유명 유기농 슈퍼마켓 체인-옮긴이)은 계속 미국 전역으로 매장을 넓히고 있다. 현재 전국 매장 수가 500개에 육박한다. 월마트와 타깃 같은 대형마트 체인도 유기농 식품을 더 많이 들여놓고 있다. 2007년 《옥스퍼드 미국 영어 사전》은 '로커보어'를 올해의 단어로 선정했다.

와인계에도 비슷한 변화가 일어났는데 기후 변화가 큰 역할을 했다. 문득 몇 년 전의 일이 떠오른다. 나는 부르고뉴 최고의 와이너리 중 한 곳의 총책임자 크리스토프 부샤르Christophe Bouchard와 함께 포도밭 사이를 걷다가 수년 사이에 포도 작물에 어떤 변화가 있었는지 물었다. 그러자 그가 지갑에서 접힌 종이 하나를 꺼내 건네주었다. 손글씨로 부르고뉴의 50년간 수확기 개시일을 적은 차트였다. 50년 전에는 수확 개시일이 9월 말이었는데 이제는 9월 첫 주로 빨라져 있었다. 이런 현상은 다른 여러 포도밭의 사례를 통해서도 뒷받침되어온 사실이다. 1969~2009년 부르고뉴의 포도 수확 개시일은 평균적으로 9월 27일이었다. 2000~2018년 차츰 포도 수확 개시일이 9월 첫 주까지 앞당겨졌다. 프랑스의 일부 지역은 8월에 포도를 수확하고 있다. 이런 변화로 인해 8월에 휴가를 내는 프랑스의 라이프스타일이 뒤바

나는 이 책의 25주년판을 낼 때 친구 로빈 켈리 오코노Robin Kelly O'Connor와 세계에서 가장 대표적인 와인 생산지를 탐방했다. 포도 재배와 와인 양조 분야의 전 세계적 추세를 알아보기 위해 1년이 조금 넘는 기간에 걸쳐 탐방을 다녔는데 아주 기분 좋은 여정이었다. 우리가 만나본 정상급 와인 메이커와 포도원 경영자들이 하나같이 꺼낸 단어가 있었는데, 바로 '지속가능성'이었다. 유기농법이든 생체역학적 농법이든 모두가 지속가능성에 얼마나 힘쓰고 있는지 들려주었다. 이런 만남 후 우리 둘 다 세계 역사상 와인 양조의 황금기가 도래했다는 느낌이 들었다! 와인 품질과 좋은 가격에 힘입어 지난 10년 사이에 와인 양조 관행이 더욱 개선되었다.

"캐빈과 나는 세계의 가장 대표적인 와인 생산지를 둘러보는 탐방길에 올랐다. 1년이 좀 넘는 기간 동안 12개국 80개 지역의 200곳에 이르는 아펠라시옹을 돌며 6,500종 이상의 와인을 시음해봤다. 프랑스·이탈리아·스페인·포르투갈·독일·오스트리아·헝가리·오스트레일리아·뉴질랜드·칠레·아르헨티나를 비롯해 당연히 워싱턴주·오리건주·캘리포니아주·뉴욕주를 돌아본 여정이었다."

- 로빈 켈리 오코노

"우리는 소량 생산 와이너리에 맞춘 산업적 가공법과 농기구를 쓰던 초기에서 현대적이고 지속가능한 방식으로 포도를 재배하고 분석에 기반해 와인을 양조하는 오늘날까지 정말 먼 길을 걸어왔다. (…) 동시에 미국 전역에서 음식 혁명이 일기도 했다. 도시 최고의 레스토랑이 하이볼(위스키에 소다수 등을 섞은 음료-옮긴이) 주조 능력과 고깃덩어리 크기로 판가름하던 시대를 벗어나 '누벨 퀴진'과 팜투테이블을 옹호하는 로커보어('지역'을 뜻하는 'local'과 라틴어의 '먹다'를 뜻하는 'voer'를 합쳐 만든 말로, 자기가 살고 있는 지역에서 재배된 식품과 음식을 소비하는 사람이나 그런 행위를 가리킨다-옮긴이)가 대두한 세상으로 바뀌면서 그야말로 대혁명을 맞게 되었다."

– 보 바렛Bo Barrett, 샤토 몬텔레나 와이너리 Chateau Montelena Winery CEO

"대다수는 잘 모르지만, 포도 재배자는 포도밭의 실질적 수명이 30~50년이라는 것을 안다. 경제적 면에서 따지면, 포도밭은 그 정도 나이에 이르면 기존 나무를 뽑고 새로 재식을 해야 한다. 미국은 1960~1980년 금주법 당시 건포도용과 생식용 포도를 심었던 포도밭에 와인 주조용 포도나무로 새롭게 재식했는데, 이는 1970년대와 오늘날 품질이 뛰어난 와인을 빚을 수 있는 견인 역할을 했다. 1930년대와 1940년대에만 해도 미국 와인 대부분이 비웃음거리였는데 오늘날은 유럽의 1등급 와인과 견주어도 뒤지지 않는 와인이 많다는 사실이 놀랍지 않은가."

– 딕 피터슨Dick Peterson, 《와인 메이커The Winemaker》 저자

꿰게 될 가능성이 농후하다! 일부 포도 재배인은 짧아진 생육 기간의 영향을 상쇄하고자 과도한 햇빛을 피하기 위해 수평적 방식보다 수직적 방식으로 포도나무를 심기 시작했다.

오랜 세월에 걸쳐 같은 품종의 포도는 반드시 같은 곳에 심어야 한다는 것이 당연시되었지만 기후 변화 탓에 이런 전통에 큰 타격이 가해져 현재는 와인 메이커들이 신품종 포도를 심는 실험을 진행하고 있다. 이를테면 보르도에서는 카베르네 소비뇽과 메를로를 재배하기에 기후가 너무 더워질 것으로 우려되자 2019년부터 포르투갈 품종인 투리가Touriga와 나시오날Nacional 등 5종의 신품종을 이곳 포도원의 재배 가능 품종으로 허용했다. 캘리포니아대학 데이비스캠퍼스에서 온난한 기후대의 품종을 지속적으로 연구하면서 캘리포니아에서도 유사한 실험을 하고 있다.

한편으로 이 모든 도전 과제에도 불구하고 지난 50년간 와인의 품질은 월등히 향상되었다. 와인 양조 역사상 그 어느 시대보다 품질이 뛰어나다. 바야흐로 세계 와인 양조의 황금기를 맞고 있다! 그간 와인 양조계는 관련 과학과 기술이 크게 진보했고, 포도 재배자들이 다시 자연에 순응하는 친환경 농법을 채택했으며, 세계적인 품종의 포도를 심는 풍조가 널리 확산되었다. 이 세 풍조가 어우러진 결과 전 세계적으로 와인의 인기가 높아졌다. 지속가능성은 어느새 중요한 화두로 대두되면서 이제 포도 재배자들은 제초제와 살충제를 덜 쓰고, 많은 이가 유기농법으로 전환하고 있다. 현재 생체역학 농법으로 와인을 양조하는 곳은 500곳이 넘는다. 아라우호Araujo, 벤지거Benziger, 카스텔로 데이 람폴라Castello dei Rampolla, M. 샤푸티에M. Chapoutier, 샤토 퐁테카네Château Pontet-Canet, 도멘 르플레브Domaine Leflaive, 도멘 르로이Domain Leroy, 그르기치 힐스Grgich Hills, J. 펠프스J. Phelps, 퀸테사Quintessa, 진트 훔부레히트Zind Humbrecht 등의 내로라하는 와인 생산자도 동참하고 있다.

개별 포도밭, 와인 양조에 적합한 클론의 선택, 격자형 울타리 등에 더 많은 관심을 기울였고 와인 메이커들이 특정 재배지에 적합한 포도 품종을 선정하는 데 더 많은 주의도 기울였다. 포도나무의 재식 밀도(에이커당 포도나무 수)가 대폭 높아지면서 포도 재배자들이 더 우수한 포도를 생산할 수 있게 되었다. 와인 메이커들 사이에서 실험실 균주보다 천연 효모를 쓰는 경향이 하나둘 늘었고 와인의 여과 과정을 줄여 더 복잡미묘하고 자연스러운 맛을 끌어내기도 했다. 알코올 도수가 사상 최고치에 이르렀음에도 불구하고 대다수 우수 와인 생산자들은 와인 양조술의 조절을 통해 모든 와인 성분의 균형을 맞춰냈다. 세계적으로 비티스 비니페라 품종의 포도를 심으면서 와인 품질이 크게 높아졌을 뿐 아니라 와인 사업도 큰 이득을 누렸다. 현재 카베르네 소비뇽, 메를로, 피노 누아르, 샤르도네, 소비뇽 블랑, 리슬링 등 친숙한 포도 품종을 세계 곳곳에서 재배하고 있는데 소비자로서는 생소한 생산자의 와

인을 구매하면서도 익숙한 스타일과 꽤 일관성 있는 품질에 기대를 걸기 쉬워졌다. 이 모든 향상을 감안하면 놀랍지 않지만, 2000년대에 전 세계에서 와인 관광 붐이 일었다. 와이너리들은 시음장이 일반 소비자에게 인기 요인임을 순발력 있게 파악해냈다. 토스카나, 부르고뉴, 보르도, 나파, 소노마, 핑거 레이크스, 롱아일랜드 노스포크, 오리건주 윌라메트 밸리 같은 대표 와인 생산지에서는 고급 레스토랑, 여관 등 관광객을 유인하는 시설이 우후죽순 생겨나면서 와인 산업을 떠받혀주기도 했다. 포도나무에 둘러싸인 경치가 근사한 곳에서 와인을 시음해보고 맛 좋은 음식도 먹으며 전원적 분위기의 주말을 보내보고 싶지 않은 사람이 있을까 싶다.

와인업은 그 밖의 분야에서도 차츰 변화가 일어났다. 내가 와인 공부를 막 시작했던 1970년에 유럽은 세계 최고의 와인 생산국으로 군림하면서 전체 시장의 점유율이 78%에 달했다. 그러다 2019년 유럽의 점유율은 67%로 떨어지고 미국은 와인 생산량이 늘어나 전 세계 와인 생산량의 20% 가까이를 차지하게 되었다. 2005년 미국 연방대법원이 소비자에게 주간州間에 직배송하는 것을 허용함으로써 대다수 주가 와인 관련 법을 개정했다. 그래서 현재 페덱스와 UPS를 통해 와인을 소비자에게 직배송하고 있으며, 이런 소비자 직배송 와인으로 발생하는 매출 규모가 20억 달러를 넘어서고 있다. 한편 값싼 와인의 부문을 넘어서까지 스크류 캡이 서서히 코르크를 대체하는 추세다. 오스트레일리아와 뉴질랜드는 2000년대에 이런 추세에

"나는 이 업계에 몸담으면서 포도 재배와 와인 양조의 관계를 근본적으로 다른 관점으로 이해하게 되었다. 와인 양조야말로 테루아에 대한 헌신을 실행할, 단 하나의 의미 있는 방법이라는 점을 배웠다. 지난 20년간 나는 미국의 피노 누아르가 그 자체로 주연급으로 극적 도약하는 과정에 일원으로 동참하게 되는 영광을 누렸다. 내가 소비뇽 블랑에 쏟은 헌신이 소비뇽 블랑의 부활을 촉발한 데 자부심을 느끼기도 한다. 불과 10년 만에 소비뇽 블랑이 논의의 여지가 없을 만큼 인기를 끌면서 이제는 이 품종의 와인이 미국의 와인 리스트에서 최고급 범주에 오르게 되었다."

– 메리 에드워즈Merry Edwards, 메리 에드워드 와이너리 창업자

나파 밸리를 찾은 방문객을 환영해주는 대문짝만 한 나무 표지판에 로버트 루이스 스티븐슨Robert Louis Stevenson 의 명언 '와인은 병에 담긴 시'가 선명히 새겨져 있다.

"배급사 수가 줄어 중소 규모의 신생 공급사가 배급 대행을 체결하기 힘들어졌다. 와이너리와 브랜드 수가 대폭 증가해 시장에서 경쟁이 치열해지기도 한 상황이다. 온라인 판매와 동호회 증가는 업계로서 반가운 일이다. (···) 우리 베이비붐 세대는 호시절을 누렸다. 근사한 라이프스타일을 선호했고 그런 라이프스타일을 누릴 여유가 있었다. 하지만 이제 우리 아이들 대다수에게는 이루기 쉽지 않은 라이프스타일이 되었다. 이런 현실은 와인업계의 앞날에도 영향을 미치기 마련이지만 앞으로 일이 어떻게 될지 또 누가 알겠는가. 지켜볼 일이다."
– 에드 스브라지아Ed Sbragia, 나파 밸리의 와인 메이커

서 명실상부한 선두주자였고 현재 오스트레일리아 와인의 75%와 뉴질랜드 와인의 90% 이상이 스크류 캡 마개로 밀봉되어 나온다. 하지만 전 세계 와인의 약 70%는 여전히 코르크 마개다.

당연히 와인 애호가들이 읽을 만한 도서와 글도 계속 늘고 있다. 《와인 바이블 Windows on the World Complete Wine Course》(1985)과 잰시스 로빈슨Jancis Robinson의 《옥스퍼드 컴패니언 투 와인Oxford Companion to Wine》(1994), 카렌 맥네일Karen MacNeil의 방대한 분량의 책 《더 와인 바이블The Wine Bible》(2001), 이 3권을 많은 사람이 현대 와인의 '필독서'로 꼽아주고 있다. 근래 들어 나는 저스틴 해먹Justin Hammack과 마들린 푸켓Madeline Puckette이 함께 쓴 《와인 폴리Wine Folly》(2015)도 필독서에 넣고 있다. 2004년 에릭 아시모프Eric Asimov가 〈뉴욕 타임스〉의 평론팀 팀장이 되며 뛰어난 실력의 와인 전문 기고가 프랭크 프라이얼Frank Prial로부터 지휘권을 인계받았다. 호기심과 탐구열로 끊임없이 또 다른 새로운 와인을 발견하려는 아시모프의 열정은 다른 기고가와 소믈리에들에게도 지대한 영향을 미쳐왔다.

2010년대

현재 미국인은 예전보다 다양한 환경에서 그 어느 때보다 푸짐하게 먹고, 그 어느 때보다 많은 종류의 음식을 즐기고 있다. 이런저런 다양한 스타일을 띤 셰프들이 세계의 길거리 음식에서 기찬 영감을 얻으면서, 이렇게 탄생한 가벼운 스타일의 요리 덕분에 레스토랑의 가능성이 크게 확대되었다. 셰프들은 본인이 원치 않으면 이제 더는 주방에서 서열을 차곡차곡 밟으며 성공을 꿈꾸지 않아도 된다. 약간의 배짱 두둑한 자부심과 어느 정도의 밑천이 있다면 자기 발로 독립해 푸드트럭이나 작은 길거리 가게를 차려놓고 소셜 미디어를 활용해 홍보하는 방법도 열려 있다. 뉴욕시의 르 베르나댕Le Bernardin 같은 하얀 식탁보가 깔린 고급 레스토랑과 시카고의 걸 앤더고트Girl & the Goat처럼 비교적 캐주얼한 식당은 겉보기에는 극과 극처럼 느껴질 수 있지만 '최고' 순위에 나란히 올라 있을 뿐 아니라 최고의 재료를 위한 헌신 면에서도 똑같다. 2020년 최고 레스토랑 순위(55쪽 참조)와 40년 전 순위(37쪽 참조)를 비교하며 요즘에 선정된 레스토랑들의 면면을 보면 훨씬 더 다양성이 느껴진다. 여성 셰프와 유색 인종 셰프가 늘었고, 음식 종류가 더 많아졌으며, 전국적으로 고급 식당과 캐주얼 식당 가릴 것 없이 퓨전 요리가 폭증했다.

"식음료계의 지난 50년을 되짚어보면 정말 많은 변화가 있었다. 그중에서도 가장 큰 사건이라면 고급 식당, 그러니까 우리 업계 사람들끼리의 말마따나 하얀 테이블보가 깔린 레스토랑의 소멸이 아닐까 싶다."
– 래리 슈프닉Larry Shupnick, 호텔리어이자 와인 수집가

"1970년 나파 밸리에서 포도밭을 일구기 시작했을 때 우리는 그저 농사꾼이었다. 그 후 1990년에 필록세라의 확산에 대응하면서 포도 재배자로 거듭났고 현재는 환경을 생각하는 '땅 관리인'으로 발전했다."
– 앤디 벡스토퍼Andy Beckstoffer, 벡스토퍼 빈야즈 Beckstoffer Vineyards

나파 밸리의 토칼론 빈야드To Kalon Vineyard

"프리차드 힐Pritchard Hill의 첫 빈티지 당시 나파의 와이너리 수는 30개에 불과했다. 지금은 550개의 보세 와이너리가 들어서 있다. 이곳에서는 초반에 모든 포도를 건지농법(연간 강우량이 적은 지대에서 농경지에 인위적인 관개를 하지 않고 작물을 재배하는 방식-옮긴이)으로 재배했다. 현재는 기술을 활용해 포도나무 한 그루 한 그루의 수분을 측정해 기후상의 필요성과 포도나무의 건강 상태에 맞춰 조정 작업을 한다. 우리의 계단식 지형은 늘 상당한 수작업이 필요하지만 수확기에는 광학 선별기 덕분에 노동력과 시간을 덜고 있다.

최근에 우리는 프리차드 힐에서 와인 양조 50주년을 축하하며 샤플렛의 50개 빈티지 모두를 맛볼 기회가 있었다. 나에게는 각각의 모든 빈티지를, 그것도 심지어 예전에는 미처 알아보지 못하고 넘겼을지 모를 빈티지까지 모두 새롭게 평가해볼 수 있는 감동적인 경험이었다."

– 몰리 샤플렛Molly Chappellet, 샤플렛 와이너리 Chappellet Winery 공동 창업자

"그야말로 절정기였다. 시대의 양념처럼 생동감이 더해진 시기였다. 지난 50년 사이에 양질의 와인에 대한 열정과 관심이 폭발했고 캘리포니아가 미국의 다른 여러 주와 함께 세계 와인 무대에 진입하게 되었다. 대성장 뒤에는 뒤탈도 따랐다. 이제 와인 소비자들에게는 셀 수 없이 더 많은 기회가 생겨났지만 전 세계의 생산자들은 채산성 있는 틈새시장을 찾기가 갈수록 힘들어졌다. 규모가 크고 잔혹할 만큼 효율적인 생산자들이 수많은 중견 와이너리를 밀어냈고 소규모의 영세 와이너리들은 서로 치열한 경쟁을 벌이고 있다. 자신의 스토리를 설득력 있게 전하며 자신만의 소비층을 찾는 일을 가장 잘하는 사람들이 성공하는 시대다."

– 랜달 그램Randall Grahm, 보니 둔 빈야드Bonny Doon Vineyard 창업자

지난 10년 사이에는 쉐이크쉑, 치폴레Chipotle, 스위트그린Sweetgreen 같은 패스트 캐주얼 레스토랑이 폭발적으로 늘기도 했다. 이런 체인들은 한동안 주변부에 머물다 2010년대 들어와 주류로 올라서면서 방문 손님들에게 해안 지방과 대도시풍 음식 외의 더 넓은 미각 세계를 선사해주었다. 게다가 쉐이크쉑 매장의 서빙 와인은 정말 우수하다.

언제나 그렇듯 음식의 발전은 와인의 발전과 손에 손을 잡고 일어난다. 내가 공부를 시작했을 때만 해도 와인은 제대로 이해받거나 평가받지 못하던 상태였고 미국 내 소비량도 아주 낮았다. 미국 내 문을 연 와이너리는 몇백 개에 불과했고 그나마도 동해안과 서해안 지역에 치중되어 있었다. 현재는 전국적으로 와이너리 수가 1만 개를 넘어섰고 50개 주 전역에 있다! 이제는 미국이 세계 최고의 와인 소비국으로 올라서 있다. 1970년에 전무하다시피 했던 와인 수출이 현재는 17억 달러가 넘는 규모로 성장했다! 더 우수해진 품질, 친숙해진 포도 품종명, 전문 마케팅을 통해 전 세계 소비자에게 역대 최고 품질급에 들 만한 와인들을 가장 적정한 가격대로 공급하고 있다. 현재는 모든 가격대의 와인 구매에서 과거의 그 어느 때보다 더 나은 선택권을 누리고 있다.

미국에서 와인 자선경매에 대한 관심이 뜨겁게 불붙고 있다. 2001년 네이플스 윈터 와인 페스티벌Naples Winter Wine Festival이 첫 개막을 한 후 2억 달러 이상을 모금했는데 2020년에는 모금액이 2,000만 달러가 넘었다. 2019년 옥션 나파 밸리Auction Napa Valley는 1,200만 달러를 모금하며 1980년 이후의 나파 밸리 지역 경매 수입 누적액이 총 1억 8,500만 달러에 이르렀다.

2018년 미국의 와인 소비가 36억 5,670만 7,783리터를 기록하며 1970년 이후 26억 4,600만 2,837리터 이상 증가했다. 1인당 와인 소비는 4.96리터(1970)에서 11.89리터(2019)로 늘었다. 한편 중국이 세계 5위의 와인 소비국으로 부상했고 앞으로 미국에 이어 2위의 와인 소비국으로 올라설 것으로 예상한다. 행운의 색인 붉은색 레드 와인을 주로 마시는 중국은 레드 와인의 1위 소비국이자 세계 최고의 보르도 와인 수입국이다. 현재 중국에는 와이너리 수가 200개를 넘어섰다. 2018년 샤토 라피트 로칠드가 중국 동부 지역에서 양조한 도멘 드 펑라이Domaine de Penglai의 첫 빈티지를 출시했는가 하면 2013년산 아오 윤 샹그릴라 카베르네 소비뇽Ao Yun Shangri-La Cabernet Sauvignon(윈난성) 와인이 미국에서 1병당 250달러에 팔리고 있다.

이 모든 변화와 더불어 미국 와인 리스트도 지금껏 최고 수준으로 향상되었다. 하지만 내가 툭하면 하는 말처럼, 우수한 와인을 만드는 나라가 몇 군데 안 되었던 예전이 와인 리스트를 짜기에 훨씬 편했다. 와인의 세계에 처음 발을 들였던 1970년에 내가 공부한 분야는 프랑스 와인과 약간의 독일 와인이었다. 당시에는 품질이 뛰어

르 베르나댕의 식사 공간

2004년 매디슨 스퀘어 파크에 문을 연 쉐이크쉑 1호점

2019년 요식업계의 총 고용 인원은 1,500만 명
이 넘어 미국인 근로자 10명당 약 1명꼴이었다.

"젊은 와인 소비층 사이에서 와인을 가르는 기준은 포도 품종이 아니다. 심지어 원산지도 아니다. 이 소비층은 순수한 '내추럴' 와인은 일부이고 대부분은 그렇지 않다는 식의 생각을 하고 있다. 대다수 와인은 상업적이고, 심지어 산업적이기까지 해서 어떤 식으로든 오염되어 있다고들 말한다. 이런 생각이 고조되고 있고 앞으로도 더욱 고조될 듯한 추세다. 와인에 대한 이런 태도 변화가 어떤 결과로 이어질지는 아직 미지수다."

– 더그 프로스트Doug Frost, 와인 마스터이자 마스터 소믈리에

마스터소믈리에협회는 1969년 영국에서 창설되었고 미국에는 1977년에 들어왔다. 현재 전 세계의 마스터 소믈리에는 269명이다. 1970년대에 미국인 마스터 소믈리에는 3명뿐이었지만 2020년에는 172명이 되었다.

와인마스터협회는 1953년 영국에서 창설되었다. 현재 전 세계의 와인 마스터는 396명이다. 2000년이 되어서야 미국에서 최초의 와인 마스터가 배출되었고 현재는 48명이 있다.

〈와인 경제학 저널Journal of Wine Economics〉에 따르면, 진보파가 보수파보다 술을 더 많이 마신다고 한다. 그런데 그 음주량이 2016년 대선 이후 크게 늘기도 했단다!

난 와인을 생산하는 곳이 그 두 곳뿐이었다. 50년 전에는 와인 마스터가 되는 일도 지금보다 쉬웠다. 부르고뉴와 보르도의 차이, 샤토뇌프 뒤 파프와 시농의 차이를 말할 수 있고, 독일 와인을 살짝 알아야 하는 정도였다. 지금은 지구 구석구석에서 쉽게 구할 수 있을 만큼 와인이 보편화되면서 예전과는 다른 유형의 소믈리에가 등장했다. 요즘 소믈리에는 다양한 여러 시장의 동향을 샅샅이 따라잡아야 한다. 게다가 밀레니얼 세대 소믈리에들은 근처 레스토랑들과 와인 리스트가 똑같은 것을 싫어해서 항상 덜 유명한 와인을 찾는다. 나도 뉴욕시의 어느 레스토랑에 들어가서 와인 리스트를 보면 모르는 와인이 절반이나 되는 경우가 더러 있다.

와인 리스트를 짤 때 전체 구상은 늘 한결같았다. 리스트의 80%는 '기존의 규칙 안'에 드는 즉, 소비자에게 친숙한 와인으로, 나머지 20%는 기존의 규칙을 벗어난 즉, 생소하고 더 틈새를 파고든 도전적인 와인으로 짠다. 요즘의 소믈리에들은 이 비율을 확 뒤집어서 와인 리스트의 절반 이상을 거의 알려지지 않은 소믈리에 애호 취향으로 채우기도 한다. 이렇게 되면 소비자로서 난감해질 수 있다.

다행히도 디지털 기술이 이런 단절을 메워주고 있다. 이용자 평점과 리뷰가 올라오는 트립 어드바이저Trip Advisor 같은 웹사이트와 옐프 같은 앱이 괜찮은 식당을 더 찾기 쉽게 해주는 것처럼, 와인 사이트들도 행동을 취했다. 덕분에 eRobertParker.com, Vinous.com, DrVino.com, winefolly.com, 와인 스펙테이터 블로그 같은 사이트를 통해 온라인 평론가에게 질문해볼 수 있다. 아니면 바로바로 해당 정보와 견해를 보여주는 앱을 스마트폰으로 다운받는 방법도 있다. 이런 앱 중 Delectable, Vivino, Decanter Know Your Wine, and Pocket Wine을 비롯한 몇몇 앱은 와인 병 라벨을 스캔하면 시음평, 등급, 유사한 와인 등을 알려주기도 한다. 와인의 전 세계 가격을 알려주는 사이트 wine-searcher.com도 있다. 이런 투명성은 소비자에게 좋은 일이다. 한편 자신의 와인 셀러 목록을 작성해놓고 특정 와인을 개봉할 최적기의 알림을 받는 데 유용하게 활용할 만한 앱도 있다.

미국의 와인 소비는 지난 20년 사이에 60% 이상 증가했다. 와인의 인기가 높아지면서 이제 와인은 훨씬 더 편안하게 즐기는 주류가 되었다. 이제는 야구장이나 뮤직 페스티벌에서도 전통 레스토랑에서처럼 편안하게들 마신다. 현재 코스트코는 미국의 최대 와인 소매점으로, 연간 와인 판매액이 20억 달러가 넘는다. 미국의 소매점에서 판매하는 와인의 평균 가격은 10달러 선이다. 소비자 입장에서 볼 때 와인의 가성비가 역사상 최고 수준에 올라서 있는 셈이다.

소셜 미디어, 그중에서도 인스타그램이 특정 와인의 인기를 끌어올리고 있다. 가장 대표적인 사례가 프로세코, 로제(#roseallday로 검색해보면 어느 정도인지 실감 날 것이다), 일명 내추럴 와인이다. 나는 이 내추럴 와인이라는 말이 아직도 와닿지 않는다!

프랑스 보르도, 샤토 무통 로칠드의 지붕이 보이는 포도밭 풍경

내가 뉴욕 공립도서관의 자선 행사에서 두 친구 피터 비엔스톡Peter Bienstock, 마이클 애론Michael Aaron과 함께 걸작 와인을 따르고 있는 모습. 사진에서 내가 디캔팅 중인 와인은 샤토 무통 로칠드 1934년산으로, 도서관의 자선 행사를 위해 필리핀 드 로칠드가 마이클 애론에게 선물해준 것이다. 우연히 내가 처음 맛본 걸작 와인은 20살 때 피터 비엔스톡이 데퓨이 캐널 하우스에서 내게 주었던 것이다. 부르고뉴 그랑 에셰조Burgundy Grands Echezeaux 1943이었다. 그 와인을 맛본 순간 이후로 즐겨 마시는 주종이 버드와이저에서 부르고뉴로 바뀌었다!

"1950년대와 1960년대까지만 해도 와인 전문 기고가는 극히 드물었고 대다수 소매상이 와인보다 스피릿을 판매하는 데 주력했으나 1970년대에 와인 전문 간행물뿐 아니라 와인 판매상에게도 부흥기가 열렸다. 미국인들이 고품질 와인에 입맛을 들이게 되었을 뿐 아니라 와인 지식에도 목말라한 덕분이다. 와인이 더는 상류층의 전유물이 아니게 되면서 미국 전역의 와인 판매상들이 한 번도 경험한 적 없는 큰 호황을 누렸다."
– 마이클 애론, 셰리 레흐만 와인앤스피리츠Sherry-Lehmann Wine & Sprits

"맥주를 마시고 스테이크나 먹던 풋내기였던 나는 지난 50년 사이에 여러 나라의 훌륭한 요리와 세계 도처의 뛰어난 와인에 열광하는 사람으로 변모했다. 그 반세기 동안 요리사는 '셰프'가 되었고, 와인 웨이터는 '소믈리에가' 되었으며, 바텐더는 '믹솔로지스트Mixologist'가 되었다. 그리고 음식, 와인, 수제 맥주와 위스키 분야의 새로운 개념에 활짝 마음을 열게 되었고 이는 문화적 차이에 다리를 놓고 자신과 다른 문화에 대한 존중의 자세를 북돋는 데 이바지했다."
– 피터 비엔스톡, 와인과 음식을 즐기는 향락주의자

"지난 50년간 와인과 음식의 페어링(짝맞추기)이 하나의 예술로 발전했다. 셰프와 소믈리에들이 서로 긴밀히 협력하면서 전 세계 곳곳의 음식과 와인 문화를 아우르는 완벽한 미식 교향악을 이뤄냈다."

– 로이 야마구치Roy Yamaguchi, 셰프

"우리는 란세르나 마테우스(한때 세계적 인기를 구가했던 포르투갈의 로제 와인-옮긴이)에 황홀해할 만한 시대를 지나 나름 혁신했다고 흡족해하지만, 여전히 갈 길이 멀다. 와인을 일상생활과 떼어놓고 생각하는 미국인들이 아직도 많다. 우리가 젊었을 때는 케빈 즈랠리 같은 와인광이 있어서 그 열정을 우리에게 불어넣어 주었다. 현재는 그 어느 때보다 와인 '전문가'로 넘친다지만 과연 그들이 가슴속에 열정을 품고 사람들에게 열정을 불어넣을 수 있을까? 우리가 정말로 아주 멀리까지 왔다면 와인 앞에서 '덜 주눅 들게' 해주겠다는 약속을 내거는 블로그, 칼럼, 책이 왜 그렇게 많은가."

– 도로시 게이터Dorothy Gaiter, 존 브레처John Brecher, 와인 평론가이자 오픈댓보틀나이트Open That Bottle Night 창업자들

"내가 1960년대와 1970년대에 만들었던 리저브 카베르네는 풀바디의 보르도 스타일 와인이어서 10~20년의 셀러 보관이 필요했고 최장 30년까지 숙성이 가능했다. 와인이 어릴 때 너무 부드러우면 아무도 그런 와인을 사고 싶어 하지 않았다.

요즘에는 와인 애호가들이 바로바로 즐기기 위한 레드 와인을 구매하는 추세라 우리의 와인 스타일도 변화가 필요하다. 미국인의 식습관도 변했다. 신선하고 질 높은 음식을 먹기가 더 수월해져서 더 상쾌한 스타일에 균형감이 좋은 와인과 잘 맞는다. 그래야 다양성과 신선함이 특징인 요즘 음식의 맛을 더욱 살려준다."

– 마이클 몬다비Michael Mondavi, 마이클 몬다비 패밀리 에스테이트Michael Mondavi Family Estate 공동 창업자

2020년 2월 29일, 〈월스트리트저널〉의 전 시음 담당 편집장들이 캘리포니아대학 데이비스캠퍼스 도서관에 시음 노트를 비롯한 문헌을 기증해준 데 대해 나파의 코피아에서 경의를 표해준 자리. 왼쪽부터 케빈 즈랠리, 스택스립 와인 셀러스의 창업자 워런 위니아스키, 도로시 게이터, 존 브레처, 《더 와인 바이블》 저자 카렌 맥네일이다.

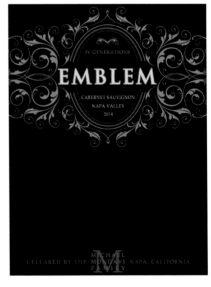

와인의 포장 방식 또한 더 평등주의적으로 바뀌었다. 이제는 높은 품질의 와인이 스크루 캡의 차원을 넘어서 종이곽과 캔에 담겨 나오는 사례가 점점 늘고 있는데 이는 더 편하게 즐기는 와인 소비 경향에 따른 변화다.

종이곽 와인은 특히 캘리포니아의 대규모 와인 생산자 사이에서 유리병 운송의 필요성을 없애 온실가스 배출량을 낮추고 탄소 발자국을 줄이려는 일환으로 인기를 끌고 있다. 시장조사업체 닐슨에 따르면, 3리터들이 종이곽의 가치 점유율이 2010~2015년 무려 95%나 뛰었다.

캔 와인 역시 업계 내 비중이 갈수록 높아지고 있다. 2020년에는 캔 와인 판매가 70%나 늘었다. 이렇게 캔 와인이 인기를 끄는 데는 다 그럴 만한 이유가 있다. 우선 더 작아진 크기, 즉 캔의 표준 용량이 와인 2잔 분량인 덕분에 2020년의 저알코올 선호 바람에 들어맞았다. 대다수의 캔 와인이 아주 착한 가격이라는 점도 매력 요소로 작용하고 있는데, 특히 과거의 같은 연령층 세대에 비해 와인을 많이 마시는 밀레니얼 세대의 구미를 끌고 있다.

캔 와인은 휴대가 용이해 극장이나 콘서트장, BYO_{Bring your own}(주류 지참 파티), 해변이나 캠핑에 가져가기 편한 데다 알루미늄 캔은 재활용도 쉽다. 뭐니 뭐니 해도 대다수 캔 와인의 품질이 몇 년 사이에 좋아졌다는 점이 가장 좋다. 마지막으로 꼭 짚어야 할 이유가 또 있다. 캔 와인도 수제 맥주처럼 대체로 라벨 디자인이 인상적이고 독창적이라는 것이다. 정말 눈길을 끈다!

2010년대는 험난하게 시작되었고 미래를 내다보면 여전히 불확실 요소가 많다. 내가 2019년 여름에 책의 이 부분을 쓸 무렵에는 코로나 팬데믹으로 뉴욕이 서서히 멈춰가는 듯하던 시기였지만, 앞으로도 이 팬데믹은 수년간 경제적·환경적·정서적·사회적으로 그 영향을 남길 것이다.

확실히 이 팬데믹은 내 삶의 방향을 바꿔놓았다. 주 의뢰객이 유람선·레스토랑·호텔·금융사이다 보니 나는 2020년 3월 초에 상급자 과정 와인 강좌를 취소하고, 모든 강의를 연기할 수밖에 없어서 50년간 지켜온 업무 모델을 접어야 했다. 그렇다 해도 좌절하기에는 일렀다. 4월에 하나둘 의뢰 이메일이 들어왔고 전 세계에서 비대면 와인 시음회가 열리기 시작했다. 줌_{Zoom}을 통한 시음회에서는 정장을 갖춰 입거나 타이를 맬 필요가 없다. 이제는 멀리 출장을 다녀올 일이 없어서 처음으로 여행 가방을 벽장에 집어넣었다!

다시 정상 궤도에 들어섰지만 다른 세상에서 다른 궤도를 타고 있다. 나에게는 지금이 1969년 이후 50년 뒤에 새롭게 맞는 물병자리 시대인 것 같다. 미국의 음식 및 와인업계도 변화가 불가피할 테지만 어떤 변화가 닥칠지는 콕 집어 말하기 힘들다. 매출량만 달라져도 전국의 와인 양조 방식에 상당한 변화가 일어날 수 있는 것이 이

"지난 50년간 음식계를 견인한 원동력은 예측불허였다. 다시 말해 음식계가 질서 잡힌 상태에서 극도의 무질서 상태로 변해갔다. 에스코피에Georges Auguste(프랑스의 요리장으로 현대 프랑스 요리를 체계화한 책을 저술−옮긴이)의 질서에서 벗어나 혼돈으로 들어섰다. 예를 들어 훈제 콘비프 카니타스 반미 샌드위치에 야채와 사프란 망고 아이올리(프로방스식 마요네즈의 일종−옮긴이) 소스를 넣은 요리가 등장하는 식이었다. 규칙에 따른 음식에서 규칙에 따르지 않는 음식으로 넘어온 셈이다. 와인광 사이에서 소중히 여겨 마지 않는 '테루아' 개념은 셰프들과 가정의 주방에서 쓸 수 있는 요리 재료들이 글로벌화되면서 설 자리를 잃었다.

정치에서는 우리가 현재 겪고 있는 예측불허가 파괴적이고 곤혹스러운 면이 있다. 하지만 음식에 관한 한 이런 일종의 무법상태는 우리의 미각을 돋우고 온갖 기분 좋은 감각 자극을 일으켜준다."

− 마이클 휘트먼Michael Whiteman, 바움+휘트먼 푸드 앤 레스토랑 컨설턴츠Baum+Whiteman Food and Restaurant Consultants

"언젠가 백신이 나올 것이다. 그래서 사람들이 다시 레스토랑과 바를 찾을 만큼 안심하게 되면 그때 우리는 지금은 기억으로만 추억하는 예전의 그 생활방식을 되찾게 될 것이다."

− 드류 니포렌트Drew Nieporent

업계의 특징이다. 실리콘 밸리 뱅크Silicon Valley Bank에 따르면, 앞으로 5년 후에 미국 와이너리의 30%가 매각될 것으로 예측하지만 이 비율도 현 상황으로 인해 크게 바뀔지 모른다.

잠깐만 내게 장단을 맞춰주며 이 모든 상황에서 내가 느끼는 지극히 개인적인 감회를 들어봐 주었으면 한다. 나는 와인과 연애를 이어온 지 어느새 60년째에 들어서면서 진부한 말이지만 '인생은 짧다'라는 것을 새삼 깨달았다. 이 말은 찬찬히 음미해볼 필요가 있다.

우리는 자신에게 즐거움을 주는 것을 찾아 즐길 수 있을 때 즐겨야 한다. 그런 꿈과 경험을 훗날로 미뤄봐야 쓸데없는 짓이다. 그 훗날이 끝내 안 올 수도 있다. 나도 즐길 수 있을 때 즐기기 위해 요즘 내 와인 셀러에 들어가 특별한 날을 위해 아껴둔 와인을 따기 시작했다. 살아 있고 건강한 것만도 축하할 만한 일이라는 사실을 깨달았다. 독자 여러분도 그렇게 해보기를 권한다! 이쯤에서 내가 항상 마음에 간직하고 다니는, 오래전 어머니의 말씀을 들려주고 싶다. "너무 빨리 날려고만 하다 꽃향기를 맡는 것도 잊은 채 인생을 보내서는 안 된다."

바로 지금이 그때다. 무엇을 기다리는가. 병을 개봉하라, 아니면 캔이나 종이곽도 괜찮다!

초보자를 위한
기초상식

세계의 포도 ✳ 와인병과 와인잔 ✳ 와인 라벨 읽기 ✳
와인 시음의 생리학 ✳ 와인의 아로마와 풍미 ✳ 와인 시음 ✳ 60초 와인 감별

세계의 포도 ❧

전 세계에서 재배되는 레드 와인용 포도는 수백 종에 이른다. **캘리포니아 한 곳만 해도 레드 와인용 포도 품종이 30종이 넘는다.**

우선은 여러분이 내 이야기를 수월하게 따라올 수 있도록 내가 와인스쿨에서 가장 자주 받는 질문과 그 답부터 살펴보자. 와인을 공부하는 데 가장 유용한 것은 무엇일까? 주요 포도 품종과 포도 재배지를 알아두는 일이다.

적포도 품종

그러면 레드 와인을 이해하기 위해 알아야 할 세 가지 주요 품종부터 살펴보자. 이 세 품종이 전 세계 우수 와인의 70%를 차지한다.

피노 누아르　　　메를로　　　카베르네 소비뇽

레드 와인용의 주요 포도 품종들을 라이트 바디부터 풀 바디 스타일의 순서대로 나열하면 다음과 같다. 이번 도표와 다음의 도표를 잘 보아두면 와인 스타일에 대한 개념이 정리될 뿐만 아니라 무게감, 빛깔, 타닌, 숙성 가능성에 대한 감을 잡는 데도 도움이 될 것이다.

옆 도표 외의 적포도 품종
포도 품종 – 최상의 재배지
그르나슈Grenache, **가르나차**Garnacha – 프랑스 론 밸리, 스페인
네렐로 마스칼레세 Nerello Mascalese – 시칠리아
네로 다볼라 Nero d'Avola – 시칠리아
돌체토Dolcetto – 이탈리아
말벡Malbec – 프랑스의 보르도와 카오르, 아르헨티나
모나스트렐Monastrell – 스페인
바르베라Barbera – 이탈리아, 캘리포니아
블라우프랜키슈Blaufränkisch – 오스트리아
상크트 라우렌트 St. Laurent – 오스트리아
생소Cinsault – 프랑스 론 밸리
시노마브로Xinomavro – 그리스
아이오르이티코Agiorgitiko – 그리스
카다르카Kadarka – 헝가리
카르메네르Carménère – 칠레
카리녜나Cariñena – 스페인
카베르네 프랑 Cabernet Franc – 프랑스의 루아르 밸리와 보르도
켁프란코시Kékfrankos – 헝가리
콩코드Concord – 미국
포르투기저Portugieser – 헝가리
프티 시라 Petit Syrah – 캘리포니아
피노 뫼니에 Pinot Meunier – 프랑스 샹파뉴

포도 품종	최적의 재배지	빛깔 농도	바디 (무게감)	타닌 강도	숙성 가능성
		옅은 편	라이트 바디	낮음	어릴 때 음용하기 좋음
가메Gamay	프랑스 보졸레				
피노 누아르Pinot Noir	프랑스 부르고뉴, 프랑스 샹파뉴, 캘리포니아, 오리건				
템프라니요Tempranillo	스페인 리오하 스페인 리베라 델 두에로				
산지오베제Sangiovese	이탈리아 토스카나				
메를로Merlot	프랑스 보르도, 캘리포니아 나파				
진판델Zinfandel	캘리포니아				
카베르네 소비뇽 Cabernet Sauvignon	프랑스 보르도, 캘리포니아 나파, 칠레				
네비올로Nebbiolo	이탈리아 피에몬테				
시라Syrah/시라즈Shiraz	프랑스 론 밸리, 오스트레일리아, 캘리포니아				
		짙은 편	풀 바디	높음	숙성시킬 만한 와인

청포도 품종

상급 화이트 와인의 90% 이상이 바로 이 품종으로 만들어지는데, 라이트한 스타일에서 풀한 스타일 순서로 소개하면 다음과 같다.

리슬링Riesling　소비뇽 블랑Sauvignon Blanc　샤르도네Chardonnay

그렇다고 세계적 수준의 와인이 모두 이 세 품종으로만 만들어지는 것은 아니다. 다만 우선은 이 세 품종을 알아두면 유익할 것이다.

포도 품종	최적의 재배지	빛깔 농도	바디 (무게감)	타닌 강도	숙성 가능성
		옅은 편	라이트 바디	낮음	어릴 때 음용하기 좋음
리슬링	독일, 프랑스 알자스, 뉴욕, 워싱턴, 오스트레일리아				
소비뇽 블랑	프랑스 보르도, 프랑스 루아르 밸리, 뉴질랜드, 캘리포니아(퓌메 블랑Fumé Blanc)				
샤르도네	프랑스 부르고뉴, 프랑스 샹파뉴, 캘리포니아, 오스트레일리아				
		짙은 편	풀 바디	높음	숙성시킬 만한 와인

그 외의 다른 지역들에서도 리슬링, 소비뇽 블랑, 샤르도네가 재배되고 있지만, 대체로 위의 지역들이 이 품종 와인들의 주력 생산지로 꼽힌다.

와인을 만드는 과정에서 수반되는 온갖 변수나 만들어낼 수 있는 스타일의 다양성을 감안하면, 이런 도표를 작성하기란 상당히 만만찮은 일이다. 모든 법칙에는 예외가 존재하듯, 이 도표에 실리지 않은 국가와 와인 생산지에서도 위의 적포도 품종으로 세계적 수준의 와인이 생산되고 있다. 이런 사실은 앞으로 여러 가지의 다양한 와인을 맛보다 보면 저절로 깨닫게 될 것이다.

전 세계 와인 대다수의 원료로 쓰이는 품종은 20종 미만이다.

옆 도표 외의 청포도 품종

포도 품종 − 최상의 재배지

게뷔르츠트라미너Gewürztraminer, **피노 블랑**Pinot Blanc, **피노 그리**Pinot Gris − 프랑스 알자스

그뤼너 펠틀리너 Grüner Veltliner − 오스트리아

마카베오Macabeo − 스페인

모스코필레로Moschofilero − 그리스

베르데호Verdejo − 스페인

비달Vidal − 캐나다, 뉴욕

비오니에Viognier − 프랑스 론 밸리, 캘리포니아

세미용Sémillon − 프랑스 보르도(소테른), 오스트레일리아

쉬르케버라트Szürkebarát − 헝가리

슈냉 블랑 Chenin Blanc − 프랑스 루아르 밸리, 캘리포니아

아시르티코Assyrtiko − 그리스

알바리뇨Albariño − 스페인

올라스리즐링Olaszrizling − 헝가리

토론테스 리오하노 Torront Riojano − 아르헨티나

트레비아노Trebbiano − 이탈리아

푸르민트Furmint − 헝가리

피노 그리지오 Pinot Grigio(피노 그리) − 이탈리아, 캘리포니아, 오리건, 프랑스 알자스

하르슐레벨뤼Hárslevelü − 헝가리

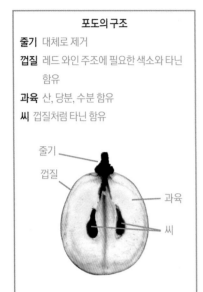

줄기
껍질
과육
씨

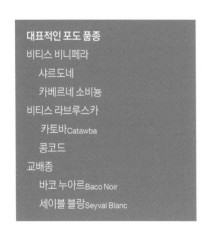

와인의 향과 풍미

와인의 향과 풍미는 어떻게 생겨날까? 발효통에 과일이나 풀을 섞어 넣거나 인공 향료를 첨가한 것도 아닌데 포도로 만든 와인에서 어떻게 체리나 레몬그라스 혹은 사과의 향이 날까? 바로 다음의 세 가지가 와인에 풍미를 부여해주는 주된 원천이다.

포도　　발효　　숙성

와인에서 다양한 음식, 향신료, 광물질을 연상시키는 복합적인 향이 발산되고 와인 특유의 맛(단맛, 시큼한 맛, 아주 간혹 느껴지는 쓴맛)이 느껴지는 이유는 이 3대 요소들의 생물학적, 화학적 작용 덕분이다. 와인의 복합적 향을 맡고 있으면 진짜 체리, 레몬그라스, 사과 냄새 같다고 느껴질 때가 많은데 그 모두는 포도의 복잡한 생물학적 작용, 효모의 신진대사 활동을 비롯해 양조 및 숙성 과정에서의 수많은 화학적 상호작용이 빚어낸 결과다. 이제부터 포도 재배부터 병입까지 와인 양조의 과정을 살펴보며, 와인의 맛과 향이 어떻게 생성되는지 알아보자.

포도에서 우러나는 맛

와인 주조용 포도는 주로 '비티스 비니페라Vitis vinifera'라는 종에 속한다. 이 비티스 비니페라에는 적포도뿐만 아니라 청포도의 다양한 품종이 있다. 그렇다고 비티스 비니페라만이 와인 주조용 포도는 아니다. 예를 들어, 미국의 대표적 자생종인 비티스 라브루스카Vitis labrusca도 그 한 종으로, 동해안 및 중서부 지방뿐만 아니라 뉴욕주까지 넓은 지역에 걸쳐 재배되고 있다. 비티스 라브루스카 같은 미국의 자생종과 비티스 비니페라를 교배한 교배종도 와인의 원료로 이용되고 있다.

포도 품종은 와인의 풍미를 크게 좌우한다. 품종의 특성(특정 포도의 통상적이거나 으레 예상되는 맛과 향)은 와인 양조에서 중요하게 생각할 요소이며, 포도마다 특유의 특성들이 있다. 예를 들어 껍질이 두꺼운 적포도로 와인을 빚으면 대체로 타닌 함량이 높아지는데 이 타닌 때문에 와인이 어릴 때 쓰고 떫은맛이 나기도 한다. 리슬링이라는 포도 품종은 산도(시고 시큼한 맛)가 높은 와인을 만들고 뮈스카 품종은 오렌지 꽃 냄새가 나는 그윽한 향의 와인을 만든다. 이렇게 품종에 따라 와인에 아주 다양한 특징이 나타난다. 그래서 균형이 잘 잡힌 와인을 만들기 위해 포도 특유의 특성을 살리느냐 죽이느냐는, 와인 메이커가 풀어야 할 어려운 숙제 중 하나다.

적포도 품종	포도 특유의 풍미
카베르네 소비뇽	카시스(블랙커런트), 블랙베리, 바이올렛
가르나차/그르나슈	체리, 산딸기, 향신료
메를로	블랙베리, 블랙 올리브, 플럼
네비올로	플럼, 산딸기, 트러플, 신맛
피노 누아르	향수 냄새, 산딸기, 레드체리, 신맛
산지오베제	블랙체리, 블랙베리, 바이올렛, 향신료
시라/시라즈	향신료, 블랙 프루트black fruit, 블루베리
템프라니요	포도 향미, 체리
진판델	향신료, 잘 익은 딸기류, 체리
청포도 품종	포도 특유의 풍미
샤르도네	사과, 멜론, 배
리슬링	광물성, 시트러스(감귤류 과일), 열대 과일, 신맛
소비뇽 블랑	토마토 줄기, 베어낸 풀냄새, 자몽, 시트러스, 그윽한 향

와인 주조용 포도나무의 재배는 **8000년도 더 전에** 그루지야 등지의 북해 인근 지역과 중국에서 처음 시작되었다.

와인 메이커들이 흔히 말하듯 **와인 양조는 포도밭에서 포도를 재배하는 일에서 시작**된다.

포도나무는 보통 포도의 휴면기인 4~5월에 심는다. **포도나무는 대부분 40년이 넘어서까지 양질의 포도를 생산해낸다.**

포도나무는 대개 심은 지 **3년은 되어야** 주조용으로 적합한 포도를 생산해낸다.

포도원의 생산량

와인은 해마다 포도원 한 곳당 5병, 포도 1000kg당 720병, 포도밭 1에이커당 5500병이 생산된다.

출처: 나파밸리양조업자협회Napa Valley Vinters

"프랑스어로 테루아란 포도나무의 생태에 영향을 미치면서 결과적으로 포도 자체의 성분에 영향을 미치는 모든 자연환경을 포괄하는 개념이다. 말하자면 테루아는 기후, 토양, 지형을 아우르는 것으로써 밤과 낮의 기온, 강우량, 일조 시간, 경사도, 배수로 등 무수한 요소로 이뤄진다. 이 모든 요소가 서로 영향을 주고받으면서 포도원 일정 지대에 프랑스 와인 생산자들이 테루아라고 칭하는 환경을 형성하는 것이다."

– 브뤼노 프라Bruno Prats, 샤토 코스 데스트루넬 Château Cos d'Estournel 전 소유주

재배 위치

포도는 재배 위치가 중요한 작물이다.

메인주에서 오렌지를 재배할 수 없는 것처럼 북극 같은 기후에서 포도를 재배할 수는 없다. 포도나무가 잘 자라는 데는 몇 가지 조건이 있다. 발육기, 일조일, 태양이 비추는 각도, 평균 기온, 강수량 등이 적절해야 한다. 토양 또한 중대한 영향을 미치며 적설한 배수로도 반드시 갖추어야 한다. 적절한 일조량은 포도를 직딩히 숙성시켜 당분을 생성시킨다.

대다수의 포도 품종은 특정 지역에서 재배될 경우 더 고품질의 와인을 만들어낸다. 구체적인 예를 들자면 적포도는 대체로 청포도보다 더 긴 발육기가 필요하기 때문에 비교적 따뜻한 지역에서 재배되고 있다.

그래서 비교적 추운 북부 지역인 독일이나 프랑스 북부에서는 대부분의 포도밭에서 청포도를 재배하며 이탈리아, 스페인, 포르투갈, 캘리포니아의 나파 밸리같이 따뜻한 지역에서는 적포도가 잘 자란다.

테루아

테루아terroir는 과학적인 개념이 아니기 때문에 이해하기가 다소 까다롭다. 어쨌든 테루아란 어느 특정 지역이나 포도원의 토양 구조와 지형, 일조량과 기후, 강우량, 지역 특유 토착 식물을 비롯해 그 외의 수많은 환경적 요소를 아우르는 '막연한' 개념이다. 테루아가 와인의 풍미에 영향을 미친다고 믿는 와인 메이커들이 많은데, 실제로 일조 상태나 토양 배수같이 테루아의 특정 요소의 경우엔 포도 품질에 미치는 영향이 확연히 드러난다.

토양의 풍미 테루아의 요소 중에서도 토양의 유형은 최종 와인까지 그 자취를 남긴다는 것이 보편적인 의견이다. 쉽게 풀어 말하면 이러한 풍미를 '광물성 풍미'라고 할 수 있다. 특정 와인 생산지들은 와인에서 토양의 기운이 고스란히 느껴지기로 유명하다. 독일의 리슬링에서는 더러 재배지 토양의 점판암 맛이 느껴지는가 하면, 석회암 토양에서 재배되는 부르고뉴의 샤르도네 포도에서는 부싯돌이나 강가의 젖은 조약돌 냄새가 나타나곤 한다. 한편 포도나무가 뿌리를 통해 토양을 직접 흡수하는 것도 아니고 토양에서의 광물질 흡수량도 미량에 불과하므로, 광물성 풍미는 테루아의 다른 요소나 지역 특유의 와인 양조 과정에 따른 결과라는 주장이 더 일리 있게 들리기도 한다.

그럼에도 테루아 옹호론자들은 와인에서의 토양의 풍미를 맹신한다. 실제로 대서양에 인접한 프랑스 루아르강 어귀에서 재배되는 무스카데에서 바닷물 향이 확연히 느껴지기도 하니, 정말 어느 쪽의 주장이 맞는지 알쏭달쏭하다.

인근 식물의 풍미 한편 와인에서 느껴지는 지역 특유 식물들의 향은 정말로 그 식물의 영향인 듯하다. 와인의 유칼립투스 향을 예로 들면 인근 나무의 유칼립투스 오일이 포도에 옮겨지는 경우가 간혹 있다. 지중해 연안 론 밸리 남부는 상록 식물과 로즈마리, 백리향 같은 풀들이 한데 섞여 일명 가리그garrigue라는 관목군락을 이루고 있는데, 앞의 경우와 마찬가지로 그 향이 와인에 전해지곤 한다(와인 감정가들과 평론가들은 와인의 향을 표현할 때 곧잘 마른 풀과 향신료에 비유한다).

수확

당도와 산도의 비율이 와인 양조업자가 만들고 싶은 와인 스타일에 적합한 수준에 이르렀을 때 수확해야 한다. 6월에 포도밭에 가서 조그만 청포도 알을 하나 따먹어 보라. 아주 시고 떫어 절로 입이 오그라들 것이다. 9월이나 10월에 같은 포도밭에 가서 똑같은 포도나무의 포도를 맛보면 매우 달콤할 것이다. 태양이 강렬하게 내리쬐던 몇 달 동안 광합성 작용에 의해 포도에 당분이 축적된 것이다.

날씨

날씨는 포도 수확물의 양뿐만 아니라 질에도 해를 끼칠 수 있다. 포도나무가 휴면기에서 깨어나는 봄에 꽃샘추위가 찾아오면 개화가 멈추어버림으로써 생산량이 줄어들 소지가 있다. 이런 중대한 시기에 극심한 악천후라도 닥친다면 그 역시 포도에 악영향을 미친다. 비가 적게 내리거나 너무 많이 내릴 경우 혹은 부적절한 시기에 내릴 경우에도 피해를 주게 된다.

수확기 직전에 비가 내리면 포도에 수분이 증가한다. 이런 포도로 만든 와인은 엷고 묽어진다. 강우량이 부족하면 와인의 밸런스에 영향을 미쳐 강하고 진한 와인을 만들 수 있는 반면 포도 수확량은 줄어든다. 갑작스러운 기온 저하는 발육기가 지나서까지 영향을 미친다.

하지만 포도 재배자 입장에서 나름대로 취할 수 있는 조치들이 있기도 한데 그 시기에 따라 포도를 재배하는 중에 취할 수 있는 조치와 와인을 양조하는 과정에서 취할 수 있는 조치로 나뉜다.

캘리포니아 보니둔 빈야드Bonny Doon Vineyard의 소유주 랜들 그렘Randall Grahm은 어느 날 그야말로 단순 무식한 **광물성 실험**을 해보기로 마음 먹었다.

"우리는 그냥 흥미가 끌리는 돌들을 주워 와서 아주 깨끗이 씻어 깨뜨린 다음에 일정 기간 와인통에 담가놓았다."

결과가 어떻게 되었는지 궁금한가? 와인의 질감이 달라지고 향이 깊어졌으며 더 복잡한 풍미를 띠게 되었다.

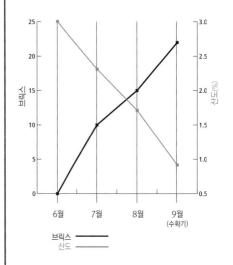

브릭스는 와인 메이커가 포도 당도를 측정할 때 기준으로 삼는 단위다.

오스트레일리아, 뉴질랜드, 칠레, 아르헨티나, 남아프리카공화국 같은 **남반구의 계절**은 북반구와 반대다.

평균적으로 개화기에서 **100일** 후면 수확기에 이른다.

문제점	여파	해결책
혹한	수확량 감소	윈드 머신, 스프링클러 설비, 난방 설비
부족한 일조량	설익어 풋풋한 풀 냄새가 나며 높은 산도와 낮은 당도를 띰	가당
과도한 일조량	너무 익어 알코올 함량이 높으며 짙은 적자색을 띰	물 첨가하기
과도한 비	연하고 묽은 와인	포도밭을 더 건조한 기후대로 옮기기
노균병	썩음	황산구리 살포
가뭄	포도송이가 말라붙음	물 주기
높은 알코올 함량	성분의 밸런스에 변화가 생김	알코올분 제거하기
높은 산도	아주 시큼한 와인이 됨	산도 줄이기
필록세라	포도나무가 죽어버림	내성이 있는 접본接本에 접붙이기

악천후 피해 사례

2001년 샹파뉴 지역이 9월 들어 비가 자주 내리면서 1873년 이후 가장 강수량 높은 수확기를 겪었다.

2002년 샹파뉴에 꽃샘추위가 닥쳐 당해 포도 작물의 80%가 못쓰게 되었다. 이탈리아 피에몬테에서는 9월에 우박을 동반한 폭우가 내리는 바람에 최상급 포도원 몇 곳이 손쓸 수 없을 정도로 망가졌다. 한편 토스카나는 악천후 탓에 키안티 클라시코 리제르바를 아예 생산하지 못했다.

2003년 유럽에 이례적일 정도의 살인적 폭염이 기승을 부리며 대다수 생산지에서 전통적 스타일에서 벗어난 밸런스의 와인이 생산되었다. 뉴욕주에서는 2002~2004년 겨울에 50년 만의 최악의 혹한이 닥친 여파로 와인 생산량이 크게 줄었다. 일부 포도원은 2004년 빈티지의 작물 중 50% 이상을 잃었다.

2004년 부르고뉴가 7월과 8월에 우박을 동반한 폭우로 피해를 입으며 포도 작물의 최소 40%가 손상되거나 못쓰게 되었다.

2007년 아르헨티나 멘도사에 12월부터 2월 동안 우박을 동반한 폭우가 수차례 이어지며 수확량이 크게 감소했다. 그해 7월 프랑스 알자스에서도 우박 동반 폭우가 쏟아져 전체 포도원이 피해를 입었다.

2008년 캘리포니아 전역의 포도원이 1970년대 초반 이후 최악의 꽃샘추위로 인해 피해를 입었다. 그해 오스트레일리아는 전 지역이 악천후로 몸살을 앓아, 남부 지역

1989년 보르도에서는 1989년 이후 10년 동안 8번의 해에 비가 내리면서 포도를 따는 시기, 수확량, 와인의 품질에 타격이 가해졌다.

은 사상 최악의 가뭄과 찜통더위에 시달렸는가 하면 헌터 밸리에는 기록적 강우량의 비가 쏟아져 극심한 홍수가 발생했다.

2010년 칠레에 지진이 발생하여 그해의 빈티지에 심각한 타격이 가해졌다.

2012년 허리케인 샌디Sandy가 미국 동부 해안을 사정없이 할퀴고 지나가면서 와인 보관창고 여러 곳이 침수 피해를 입었다. 지하 와인저장실의 와인을 모두 잃은 사람들도 많았다.

2013년 우박, 폭우, 폭풍, 한파가 프랑스 전역을 휩쓸었고 특히 부르고뉴, 샹파뉴, 보르도가 가장 큰 피해를 입으며 근 40년 동안 가장 낮은 포도 수확량을 기록했다.

2014년 캘리포니아가 100년 사이에 유례없는 수준의 최악의 가뭄을 겪었다. 동해안 지역에서는 혹한의 기온으로 2014년의 수확에 악영향이 가해졌다. 보르도, 샹파뉴, 론, 부르고뉴에 우박을 동반한 폭풍이 닥쳐 막대한 손실을 초래했다.

2016년 부르고뉴에 30년 만에 최악의 혹한이 찾아왔다. 엘니뇨 기후 변화로 인해 아르헨티나가 1957년 이후 최악의 수확을 거두었다.

2017년 전 세계 와인 생산량이 반세기를 통틀어 가장 낮은 수준으로 떨어졌다. 캘리포니아 북부 지역이 유독 심한 타격을 입긴 했으나 와인을 생산하는 여러 국가와 지역들 역시 나름의 시련을 겪었다. 키안티는 서리 피해를 입어 생산량이 35% 감소했다.

칠레는 1월과 2월에 걸쳐 산불이 참담할 지경으로 번지며 100곳이 넘는 포도원이 망가지거나 피폐화되었다. 이때 수령 100년의 포도나무들도 불길에 휩싸여 소실되었다. 칠레 대통령이 "사상 최악의 산림 재난"으로 명명했을 정도로 피해가 막대했다. 프랑스는 전역이 기록적인 꽃샘추위, 우박 동반 폭우, 폭염으로 몸살을 앓았다.

4월에 닥친 꽃샘추위는 1991년 이후 최악이라 할 만큼의 맹위를 떨쳤다. 우박, 꽃샘추위, 가뭄이 겹치면서 포도 재배자들은 1940년대 이후 가장 낮은 수확량을 냈다. 그라브, 생테밀리옹, 포므롤의 보르도 샤토 중에는 수확물을 하나도 건지지 못한 곳도 많았다. 샤블리와 샹파뉴에서는 꽃샘추위로 피해와 손실이 이만저만이 아니었다. 2016년의 흉작에 이은 2017년의 이 모든 피해 역시 심각한 악천후 탓이었다.

뛰어난 포트 와인의 본거지인 포르투갈의 도루Douro 지역에서는 가뭄으로 인해 8월 말 역대 가장 이른 수확을 진행하게 되었다. 스페인 역시 뜨겁고 습한 가뭄 기후가 이어져 수확량이 반으로 감소했고 특히 리베라 델 두에로 같은 지역에서의 수확량 피해가 심각했다. 이탈리아인들은 2017년을 '루시퍼의 해'라고 불렀다. 여름의 낮 기온이 32~38도를 넘나들고 전국적으로 가뭄이 기승을 부리며 와인 생산에 타격이 예상되었기 때문이다. 실제로 이탈리아의 2017년도 수확량은 그전까지 50년이 넘는 기간 중 최저 기록을 찍었다.

우박이 포도나무와 포도에 **어떤 피해를** 입히는지 직접 확인해보고 싶다면 다큐멘터리 영화 〈부르고뉴에서의 한 해A Year in Burgundy〉를 추천한다.

1991년 4월의 꽃샘추위로 보르도가 포도 수확량이 반 토막 나는 피해를 입었다.

오리건주와 워싱턴주에는 7월에 산불이 수십 차례나 발생했으나 다행히 포도원들은 연기 피해 외에 별다른 타격을 입지 않았다.

미국 북부 연안과 나파 밸리에서는 9월에 폭염이 맹위를 떨쳤다. 기온이 38도를 넘어서는 고온 현상이 계속되었다. 그다음 달인 10월에는 캘리포니아 북부에 대형 산불이 발생해 1012제곱킬로미터에 달하는 면적의 포도나무가 화마에 휩쓸렸고 42명이 목숨을 잃었다. 12곳 이상의 와이너리를 비롯해 피괴된 건물이 8000채에 달했고 재산 피해를 입은 와이너리들도 수백 곳에 이르렀다.

산불이 처음 발생되었을 당시 이 지역 전체 포도원의 90%는 이미 포도 수확을 마친 뒤였다. 하지만 일부 와이너리는 전력이 끊겨 발효조의 온도 조절 장치가 작동되지 못해 와인에 손상이 생기면서 2017년 빈티지의 전체나 일부를 잃었을 수 있다. 연기 오염, 재, 불길에 타버린 포도 싹 등의 피해로 인해 2018년도 수확물에 타격이 가해졌을 우려도 있다. 이마저도 추측일 뿐 실제 타격 규모는 시간이 지나봐야 확실해질 것이다.

2018년 전 세계적으로 아주 힘든 빈티지를 맞은 2017년 다음 해인 2018년은 와인 메이커, 포도 재배자, 포도원 경영자와 소유주 모두의 얼굴에 웃음꽃을 피워주었다. 2018년 빈티지는 질과 양 면에서 역대 2번째 수확을 거둔 해였다. 부르고뉴, 보르도, 상파뉴, 알자스, 루아르 밸리, 론 밸리 생산자 다수의 견해에 따르면, 프랑스에서는 사상 최고의 빈티지였을 수 있다.

캘리포니아주는 2017년에 화재로 치명타를 입었던 나파 밸리와 소노마 모두 완벽에 가까운 수확을 거뒀다. 워싱턴주와 오리건주는 무더운 여름을 나며 대풍년을 맞았다. 독일은 예년보다 훨씬 따뜻한 기후와 가뭄을 겪었지만 뛰어난 빈티지 해가 되었으며, 이는 오스트리아도 마찬가지였다. 어쩌면 이 해에 포도 재배에 최상의 날씨를 축복받은 지역이라면 현재 인상적인 스파클링 와인을 더러 양조하고 있는 영국이 아닐까 싶다.

이탈리아는 2017년에는 기록상 가장 적은 수확을 거둔 해에 들었지만, 이 해에는 토스카나와 베네토에서 포도 숙성이 이상적이어서 와인 생산량이 20% 증가했다. 남아프리카공화국은 가뭄 탓에 수확량이 아주 낮아 2005년 이후 최저 수확을 기록했다. 칠레는 특히 카베르네 소비뇽이 질과 양에서 모두 훌륭했고, 아르헨티나의 멘도사는 양에서는 평년작이지만 질에서는 뛰어난 수확을 거뒀다.

프랑스·독일·오스트리아·캘리포니아주 북부 연안은 뛰어난 빈티지에 들었다. 보르도는 5·6월에 우박이 내렸다. 이탈리아는 대체로 더운 편이었다. 피에몬테는 우박을 동반한 폭풍이 몰아치기도 했다. 캘리포니아주는 이상적인 날씨를 누렸다. 영국은 역대 최고의 빈티지였다! 남아프리카공화국은 2016년 이후 쭉 가뭄 날씨를 보냈다. 프랑스는 뜨거운 기온·우박·서리·가뭄 탓에 와인 생산량이 12% 줄었다.

2019년 북부 연안 지역에서는 '전형적인 해'였다. 유럽은 폭염과 가뭄으로 극한 기온을 겪었다. 보르도는 뛰어난 빈티지를 맞았고, 부르고뉴는 뛰어난 빈티지 해였으나 폭염과 가뭄으로 수확량은 낮았다. 상파뉴는 서리 피해를 봤다. 이탈리아는 뛰어난 빈티지였다. 스페인과 독일은 수확량은 낮았지만, 질적으로는 좋은 빈티지였다.

숙성도

"2015년은 보르도에서 훌륭한 빈티지였다"라는 식으로 표현되는 와인의 빈티지는 생육기 중 포도밭의 날씨를 비롯하여 기타 상황들을 망라하는 개념이지만, 궁극적으로는 다음과 같이 수확 시 포도의 숙성 상태를 판단하는 기준이 된다. 포도를 생장 중의 완벽한 순간에 따서 산도, 당도, 풍미가 최고조에 달해 있었는가? 포도의 수확 시기가 첫 된서리가 내리기 전이었는가? 수확 전에 폭우가 닥쳐 과즙이 묽어지거나 썩을 위험에 노출되지는 않았는가?

포도는 숙성이 되면서 당도가 점점 더 높아지며, 대체로 당도가 높을수록 발효 시에 알코올 농도가 더 높아져서 최종 와인의 바디가 더 묵직해진다. 또한 잘 익은 포도일수록 더 깊고 복합적인 맛의 와인을 빚기에 최적이다. 설익은 포도로 만들어진 와인은 산도가 높아 와인 풍미의 균형이 무너지고 충분히 익지 못한 포도껍질 때문에 타닌 함량이 높을 수도 있다. 뿐만 아니라 발효 시에 와인 메이커가 원하는 알코올 도수를 맞추는 데 애를 먹기도 한다. 와이너리(와인 양조장)에서는 이런 문제를 개선하기 위해 나름대로 조치를 취하기도 하지만, 덜 익은 포도로 인한 영향을 완벽하게 제거하기란 대체로 불가능하다.

포도나무의 수령

수령이 높은 포도나무일수록 포도송이가 덜 열리며 포도알이 작아 그만큼 풍미가 농축된다. 그래서 이런 포도로 빚은 와인은 확실히 더 깊은 맛과 향이 난다.

그렇다면 향후에는 어떨까? 여러 생태학 연구 결과에 근거하자면 앞으로 20년 사이에 유럽의 일부 와인 생산지는 기온이 너무 뜨거워져서 포도를 재배하지 못하게 될 것으로 예측된다. 현재도 벌써 수확 일꾼들이 수영복 차림으로 포도를 따는 상황이 더러 벌어지고 있다. 코트에 모자와 장갑까지 착용하고 수확하던 과거의 모습과는 대비된다. 이러다간 수확하느라 8월 휴가는 포기해야 될지 모른다!

보르도는 2019년에 기온이 섭씨 41도까지 오르**는 기록적 고온을 겪었다.**

> 와인 라벨을 보면 '오래된 포도나무', 혹은 프랑스어로 'vieilles vignes'이라는 문구가 간혹 눈에 띄는데, 이 문구에 대한 법적 규정은 없지만 대다수 와인 메이커들은 포도나무의 수령이 최소한 **35년**은 되어야 그런 문구를 붙일 수 있다는 데 의견을 같이하고 있다.

포도나무는 **100년이 넘어서까지도** 잘 자라, 양은 적지만 계속 포도송이를 맺기도 한다. 샴페인 하우스 볼랭제Bollinger에서는 아직도 1800년대 중반에 심은 나무에서 포도를 수확하고 있다.

필록세라의 피해로부터 안전한 나라는 칠레를 비롯하여 극소수에 불과하다. 칠레의 와인 생산자들이 프랑스에서 포도나무를 들여온 시기는 1860년대인데, 그때는 필록세라가 프랑스의 포도원을 공격하기 전이었다.

캘리포니아의 포도원들도 1980년대 초 필록세라 때문에 애를 먹었다. 포도원 주인들은 1만 5000~2만 5000달러를 들여 포도나무를 다시 심어야 했고, 그로 인해 캘리포니아 와인 산업이 치른 비용은 **10억 달러**가 넘었다.

속도 늦추기
발효는 많은 열을 발생시킨다. 이때 온도가 너무 뜨거워지면 스턱 현상(포도당이 완전히 알코올로 전환되기 전에 발효조건이 맞지 않아 발효가 중단되는 것-옮긴이)이 일어나 풍미에서 익은 맛이 날 소지가 있다. 온도를 조절하면서 저온 발효를 시키면 더 풍부한 아로마와 색이 우러지고 더 다양한 특징을 끌어낼 수도 있다.

잘 익은 포도 속의 천연 당분 가운데 발효 후에도 효모에 의해 소화되지 않고 남아 있는 당분이 있다. 이것을 와인의 **잔당**residual sugar **혹은 RS**라고 부른다. RS가 없거나, 법으로 규정된 기준 미만인 와인이 '드라이dry'한 와인이다.

필록세라

필록세라Phylloxera는 포도에 기생하는 해충으로, 종국에는 나무 전체를 죽이는 포도나무의 최대 적 가운데 하나다. 1870년대에는 이 기생충이 창궐하여 유럽의 포도원 전체가 거의 초토화된 적이 있다. 다행히도 미국의 자생종 포도나무들은 이 기생충에 면역성이 있다. 이 사실이 알려지자 당시 유럽 전역에서 필록세라에 내성이 있는 미국종 포도나무의 뿌리에 유럽종 포도나무의 줄기를 접붙이기했다.

귀부병

어떠한 종류의 와인이든 대개 포도의 부패는 바람직하지 않은 요소이며 더러는 심각한 품질 저하를 초래하기까지 한다. 그러나 스위트 와인들 중에 세계적 명품으로 꼽히는 와인은 거의 예외 없이 보트리티스 시네레아, 즉 말 그대로 '귀한 부패noble rot'인 귀부병이 꼭 필요하다. 스위트 와인의 대명사격인 프랑스의 소테른, 독일의 베렌아우스레제와 트로켄베렌아우스레제, 헝가리의 토카이도 모두 이런 유의 부패 덕분에 유난히 달콤한 맛을 지니게 되는 것이다. 귀부병에 걸리면 포도껍질에 구멍이 뚫리면서 수분이 빠지고 당분과 산도가 농축된다. 또한 이 병에 걸린 포도로 빚은 와인은 보통 상태에서 수확한 포도로 빚은 와인에서는 느낄 수 없는 강한 풍미를 띠게 된다. 귀부병은 포도송이에 서서히 퍼지므로 재배자의 선택에 따라 부분적으로만 감염되었을 때 포도를 따기도 하고, 완전히 감염될 때까지 기다렸다가 따기도 한다. 다시 말해 와인에서 귀부병의 풍미를 살짝만 느낄 수도 있고 한껏 느낄 수도 있다.

발효에서 우러나는 풍미

'발효'란 포도즙이 와인으로 변하는 과정으로 다음과 같은 공식에 따라 일어난다.

당분 + 효모 = 알코올 + 탄산가스

발효 과정은 파쇄된 포도의 당분이 모두 알코올로 바뀌거나, 바뀐 알코올 농도가 15%에 달하여 알코올이 효모를 제거하는 시점에 이르면서 끝이 난다. 포도는 광합성을 통해 익으면서 당분이 자연적으로 축적되며, 효모도 포도껍질에 흰 가루가 피면서 자연적으로 생겨난다. 하지만 오늘날의 와인 메이커들은 이런 천연 효모만 사용하진 않는다. 천연 효모에서 분리 배양된 실험실 균주들의 사용도 흔하며 각 균주는 와인의 스타일에 저마다 다른 영향을 미치고 있다.
한편 탄산가스는 공기 중으로 날아가버린다. 단, 샴페인 및 그 밖의 스파클링(발포

성) 와인은 예외적인 경우로, 특별한 과정을 거쳐 탄산가스를 보존하는데 이에 대해서는 Class 11에서 자세히 소개하겠다.

와인 양조 중 효모가 머스트(포도 파쇄액)의 당분을 먹고 알코올과 탄산가스를 내놓는 발효 과정 역시 와인의 아로마와 풍미를 끌어내는 데 중요한 역할을 한다. 발효 기간은 온도에 따라 (레드 와인의 경우) 일주일이 채 걸리지 않을 수도 있고 (화이트 와인과 스위트 와인의 경우엔) 몇 주에서 몇 달까지 걸리기도 한다. 발효 방법에는 고온 발효나 저온 발효가 있어서 온도에 따라서도 풍미에 다른 개성이 부여된다.

뿐만 아니라 와인을 스테인리스 스틸 탱크(화학 작용을 일으키지 않아 와인에 향을 부여하지 않음)에서 발효시키느냐 오크통(와인에 미세한 오크의 맛이나 타닌을 더해줌)에서 발효시키느냐, 또 와인 메이커가 발효에 어떤 효모를 사용하는가 등에 따라서도 풍미가 달라진다.

알코올 함량, 풍미, 바디

와인의 알코올 함량이 높을수록 바디(입 안에서 느껴지는 무게감)가 더 묵직하다. 알코올은 물보다 농도가 높아서 와인의 알코올 함량이 높을수록 바디가 더 묵직해지기 마련이다. 수확 시의 숙성도가 높은 포도일수록 천연 당분이 더 많이 함유되어 있으며 발효 과정에서 그만큼 알코올 함량이 높아진다. '와인 추출물(와인 속에 녹아 있는 모든 고형물)' 또한 바디에 영향을 미친다. 타닌과 단백질 같은 미세 고형물들도 이 추출물에 해당되며, 발효 전이나 후에 포도의 메서레이션(77쪽 참조)을 거치거나 와인의 여과 과정을 생략하게 되면 추출물은 더 늘어나게 된다. 발효 후에 와인에 남는 잔당도 추출물의 일종으로서 바디에 큰 영향을 준다. 그래서 일반적으로 스위트 와인이 드라이한 와인보다 바디가 더 묵직하다.

스파클링 와인
알코올 함량 8~12%

테이블 와인
알코올 함량 8~15%

주정강화 와인
알코올 함량 17~22%

발효 과정

포도밭에서 수확한 포도는 으깨져서 때 이른 발효가 시작되지 않도록 작은 나무상자에 살살 담아서 옮겨야 한다. 상급의 와인을 빚을 땐 가지, 이파리, 돌멩이 등의 MOG를 제거하기 위해 포도를 컨베이어 벨트에 실어놓고 손으로 직접 골라낸다.

와인 양조 시에 와인 메이커가 가장 먼저 결정해야 할 일은 포도 줄기를 제거할지 말지이다. 청포도는 거의 예외 없이 줄기를 제거하는 기계를 거친다. 레드 와인은 타닌이 더 우러나오도록 줄기의 일부나 전체를 그대로 둔 채로 포도즙에 포도껍질과 줄기를 같이 담가놓는다. 포도를 파쇄기에 넣어 포도알을 으깨기도 한다.

포도 선별과 줄기 제거, 경우에 따라 파쇄 작업까지 끝나고 나면 이때부터 레드 와인과 화이트 와인은 양조 방식이 달라진다. 주된 이유는 포도껍질 때문이다. 모든 포도껍질에는 좋은 와인을 빚는 데 필수불가결한 복합적 풍미가 담겨 있다. 하지만 포도껍질과 씨에 함유된 타닌은 어린 와인에 쓰고 떫은맛을 띠게 할 수도 있다. 화이트 와인의 경우엔 특정 시점이 지나면 타닌은 달갑지 않은 존재가 된다. 이런 이유로 청포도는 즙만 따로 분리하여 발효하기 위해 파쇄 후에 곧바로 머스트를 압착하는 것이 보통이다.

청포도 중에도 일정 시간 동안 포도즙에 포도껍질을 같이 담가놓아도 괜찮은 품종들이 있는데, 이 과정을 스킨 콘택트skin contact라고 부른다. 이 과정을 거치면 껍질에서 품종 특유의 아로마와 풍미가 우러나와 와인이 더 깊은 풍미를 지니게 된다.

적포도와 화이트 와인

와인 색은 전적으로 포도껍질에서 나온다. 따라서 수확 후에 바로 껍질을 제거하면 와인에 아무 색도 우러나오지 않아 화이트 와인이 된다. 실제로 프랑스 샹파뉴에서 재배되는 포도는 대부분 적포도이지만 생산되는 와인은 화이트 와인이 주를 이룬다. 캘리포니아의 화이트 진판델도 적포도 품종인 진판델로 만든다.

메서레이션(침용)

발효 전에 껍질과 즙을 분리하는 청포도와 달리, 적포도는 머스트를 바로 발효통에 넣는다. 이때 일어나는 과정이 '메서레이션maceration', 즉 향, 타닌, 빛깔을 우려내는 과정이다.

메서레이션을 거치면 향과 마우스필mouthfeel(와인을 입 안에 머금었을 때의 무게감과 질감)이 더 강해진다. 와인 메이커는 발효 전이나 후에 머스트의 메서레이션 여부를 정할 수 있다.

카보닉 메서레이션

프랑스 부르고뉴의 보졸레는 갓 으깬 딸기나 라즈베리(산딸기)의 향이 나며 유독 가볍고 과일 풍미가 진하다. 이것은 카보닉 메서레이션carbonic maceration 덕분이다. 카보닉 메서레이션이란 포도알들을 파쇄하지 않고 그대로 발효통에 넣어 효모의 도움 없이 '포도알 하나하나에서 자체적 발효'를 일으키는 과정을 말한다. 결과적으로 발효가

청포도 머스트의 압착은 세심한 주의가 필요한 과정이라, 대체로 강한 압착으로 껍질과 씨에서 **쓴맛의 타닌이 추출되지 않도록 해주는 첨단 장비**를 이용한다.

꿱

"와인은 긴장을 풀어주고
참을성을 더해줌으로써
나날의 삶을 느긋하고
여유롭게 해준다."

꿱

– 벤자민 프랭클린

일어나는 방식은 보통의 발효와 다를 바 없지만, 발효가 시작될 때부터 포도알을 통째로 넣어서 와인의 빛깔이 더 선명하고 과일 풍미가 진해지는 것이다.

당분의 첨가

법으로 허용된 지역에서는 간혹 발효 전에 당분이 첨가되기도 한다. 이런 당분이 첨가를 샤프탈리제이시옹chaptalization(가당)이라고 하는데 1800년대 초에 최초로 제의한 장 앙트완 샤프탈Jean-Antoine Chaptal의 이름을 따서 붙인 명칭이다. 머스트에 당분을 첨가하면 효모 작용이 촉진되어 최종 와인의 알코올 함량을 더 높일 수 있다. 즉 포도 자체의 천연 당분만으로는 와인에 흡족한 수준의 알코올 함량을 끌어낼 수 없을 때, 부족한 당분을 채워주기 위해 덜 익은 포도의 단점을 메워주기 위해, 첨가하는 것이다. 따라서 가당을 하더라도 모든 당분이 알코올로 변환되기 때문에 스위트 와인이 되지는 않는다.

효모에도 풍미가 있는가?

갓 구운 빵을 냄새 맡거나 먹어본 적이 있다면 알겠지만 효모(이스트)에도 풍미가 있다. 와인 양조에서는 효모가 최종 와인의 풍미에 어느 정도 영향을 미치게 마련이지만, 그 영향을 감지할 수 있느냐 없느냐는 와인 메이커의 선택에 달려 있다. 와인에 효모의 향을 만들어내는 확실한 방법 한 가지가 앙금 콘택트lees contact다.

앙금은 발효 후에 와인의 바닥에 가라앉는 죽은 효모균과 그 밖의 고형물을 말한다.

화이트 와인의 양조에서는, 나무통에서 발효할 경우에 발효가 끝나고 최대 1년까지 와인을 앙금과 함께 통 안에 묵혀두기도 한다. 이런 앙금 콘택트를 거치면 와인에 풍부한 마우스필과 브리오슈, 즉 롤빵의 향이 부여되며 샴페인 양조에서도 효모가 이와 똑같은 영향을 미친다. 앙금의 영향은 통 속의 앙금을 섞어주면 더 높아지기도 하는데 이 과정을 바토나주bâtonnage라고 부른다.

타닌

타닌은 천연 방부제이며 와인에 긴 수명을 부여해주는 여러 성분 가운데 하나다. 타닌의 느낌은 '떫다astringent'는 말로 표현된다. 특히 어린 와인은 타닌이 아주 떫어서 와인에 쓴맛을 내기도 한다. 그러나 타닌은 미각의 느낌이 아니라 촉각의 느낌이다. 레드 와인은 화이트 와인보다 타닌 함량이 높은데, 이는 통상적으로 포도껍질째 발효시키기 때문이다. 타닌은 포도의 껍질, 줄기, 씨에서도 나오며 오크통 속에서 발효나 숙성을 거치는 경우에는 나무에서도 타닌이 우러나온다.

유럽연합법의 규정에 따르면 리터당 잔당 4그램까지만 라벨에 'dry'라는 문구를 넣을 수 있다. 'sweet'은 리터당 잔당 45그램이 기준이다.

'쉬르 리sur lie'는 죽은 효모 세포, 포도껍질, 씨 같은 **침전물(앙금)과 함께 숙성**된 와인을 가리킬 때 사용한다.

야생효모는 전 세계 모든 포도원의 공중에 떠다니고 있으며 수확 시의 포도껍질에 붙어 있는 효모만으로도 와인을 발효시킬 수 있다. 그러나 와인 메이커들 가운데는 일부러 **배양효모를 쓰는 이들도 있다**. 풍미를 예측하기가 더 용이하기 때문이다.

타닌 함량이 높기로 손꼽히는 3대 포도
네비올로
시라/시라즈
카베르네 소비뇽

호두에도 타닌이 들어 있다.

타닌은 진한 차에도 들어 있다. 그런데 차의 떫은맛을 덜고 싶을 때 무엇을 넣는가? 바로 우유다. 우유 속의 지방과 단백질이 타닌을 부드럽게 해준다. 타닌 함량이 높은 와인도 이와 다르지 않다. 치즈 같은 유제품과 함께 와인을 마시면 타닌이 부드러워지면서 와인에 감칠맛을 더해준다. 소고기요리를 소스 없이 먹거나 크림소스를 곁들여 먹을 때 타닌의 떫은맛이 강한 어린 레드 와인을 맛보면서 직접 차이를 느껴볼 수 있다.

산도

모든 와인에는 일정 수준의 산도가 있다. 와인 메이커들이 과일맛과 신맛의 밸런스를 맞추려고 애쓰고 있긴 하지만 대체로 화이트 와인이 레드 와인보다 산도가 높다. 지나치게 산도가 높은 와인은 시큼하기도 하다. 산도는 와인의 숙성에서 아주 중요한 성분이다.

유산 발효

유산 발효는 알코올 발효와 앙금 콘택트 후의 과정이다. 거의 모든 레드 와인은 병입 후의 안정성을 높이기 위해 이 유산 발효를 거치지만, 화이트 와인은 아주 특별한 경우를 제외하고 유산 발효 과정을 생략한다.

수확 시기의 포도는 시큼한 사과산malic acid이 다량 들어 있어서 청사과만큼 산도가 높다. 대부분의 레드 와인과 일부 화이트 와인의 경우, 와인 메이커는 자연 생성 유산균이 유산 발효를 시작하면 내버려두어 시큼한 사과산 일부를 더 부드러운 유산

기원전 1327년 사망한 파라오 투탕카멘은 레드 와인을 즐겨 마셨던 것 같다. 과학자들에 따르면 그의 무덤에서 발견된 단지 안에서 **고대의 레드 와인 잔류물**이 나왔다고 한다.

산도가 높기로 손꼽히는 5대 포도

리슬링(청포도)

바르베라(적포도)

산지오베제(적포도)

슈냉 블랑(청포도)

피노 누아르(적포도)

당도가 높을수록 신맛으로 '인지되는' 산도는 떨어진다.

대체로 **빛깔이 옅을수록** 신맛이 더 강하다.

malic은 **사과를 뜻하는 라틴어** mālum에서 유래된 단어다.

"나는 곧잘 와인의 일생에 대해 생각해봐요. 가만 보면 와인은 정말 살아 있는 생물 같아요. 와인을 보면서 포도가 자라던 해가 어땠을지 생각해보죠. 태양이 얼마나 찬란했을지, 비가 내렸을지 따위를요. 또 포도를 기르고 땄을 사람들을 생각해보기도 하는데, 그래서 오래된 와인을 보면 지금쯤 그들 중 얼마나 많은 이가 세상을 떠났을지 궁금해지곤 하죠. 와인이 얼마나 더 발전할지를 생각해보기도 해요. 그러니까 오늘 와인 한 병을 딴다고 치면 다른 날에 따는 것과는 맛이 다를 거라고 말이에요. 한 병의 와인은 살아 있는 생명이나 다름없어요. 그래서 와인은 계속 발전하면서 점점 복잡해지죠. 당신이 가져온 61년산 와인처럼 정점에 달할 때까지 말이에요. 그 후론 어쩔 수 없이 차츰 쇠퇴하기 시작하는 거죠."

– 영화 〈사이드웨이〉(2004) 중 마야의 대사

(젖산)으로 변환시킨다. 화이트 와인의 경우엔 일부 샤르도네를 제외하면 대부분 유산 발효가 생략된다.

화이트 와인에서는 대체로 신맛이 바람직한 특성인데 유산 발효를 거치면 와인에 버터의 풍미가 생기기 때문이다. 혹시 캘리포니아의 버터 풍미가 진한 샤르도네를 마셔본 적이 있다면 유산 발효의 영향을 이미 음미해본 셈이다.

숙성에서 우러나는 풍미

와인의 발효, 숙성, 운반에 나무통이 이용된 지는 수천 년이 되었다. 나무통을 사용하기 시작한 초반부터 와인 메이커들이 감지해냈던 사실이지만 나무통의 종류, 크기, 숙성 시간을 달리하면 와인에 일정한 풍미가 우러난다. 통의 목재와 제작 방법에 따라 나무 풍미부터 바닐라나 코코넛의 풍미까지 다양한 풍미를 우려낼 수 있다.

비교적 최근에 나무통 대신 시멘트 탱크나 스테인리스 스틸 탱크 등으로 와인에 오크 풍미 없이도 신선하고 포도의 향이 풍부한 풍미를 살릴 수 있게 되었다.

세계적으로 대다수의 와인이 오크통 숙성 없이 빚어지고 있는데, 오크통으로 와인에 어떤 영향을 줄 것인지는 와인 메이커의 결정에 달려 있다.

적포도 품종	와인의 양조 및 숙성 과정에서 생성되는 맛과 향
가르나차/그르나슈	농축성, 농후함
네비올로	진한 차, 육두구, 야생동물의 향
메를로	연필 깎은 부스러기, 토스트
산지오베제	삼나무, 플럼, 바닐라
시라/시라즈	토스트, 바닐라, 커피
진판델	감칠맛, 타르, 초콜릿
카베르네 소비뇽	연필 깎은 부스러기, 토스트, 담배, 마른 잎
템프라니요	오크(미국산), 담배
피노 누아르	훈연, 흙냄새
청포도 품종	**와인의 양조 및 숙성 과정에서 생성되는 맛과 향**
리슬링	쇠 같은 단단함, 청사과, 휘발유
샤르도네	바닐라, 토스트, 버터스카치 캔디
소비뇽 블랑	코코넛, 훈연, 바닐라

나무통의 크기 나무통의 크기는 1000리터나 1200리터짜리의 초대형부터 100리터 이하의 소형까지 다양하다. 통이 클수록 부피에 대한 표면적의 비율은 감소한다. 즉 부피가 클수록 통의 표면에 직접 닿는 와인의 비율이 줄어든다는 얘기다. 나무통이 와인의 풍미에 어떤 영향을 미치든지 초대형의 통은 그 영향의 정도가 미미하기 마련이다. 소비자들이 나무통 크기에 따른 영향을 가장 잘 느낄 수 있는 통은 보르도에서 사용하는 225리터짜리 오크통, 바리크barrique다.

오크 풍미/통 숙성 통 속의 나무 세포들이 와인의 알코올과 닿으면 그 특유의 풍미와 타닌이 우러나 와인에 오크의 풍미가 더해진다. 통이 새것일수록 풍미는 더 진하게 우러난다. 통이 재사용되는 횟수가 늘면 그만큼 와인이 나무 세포에서 뽑아간 풍미와 타닌이 많아져서 그 통은 '중성 상태'가 되어간다. 하지만 이렇게 풍미와 타닌만 빠져나가는 것이 아니라 와인이 산소와 점점 더 많이 접촉할 수 있는 상태가 되기도 한다.

그래서 처음 3년 동안은 풍미를 우려내기 위해 사용하다가 와인의 저속 산화를 위한 용도로만 수년을 더 쓰기도 한다. 또한 많은 와인 메이커가 일정 비율의 와인은 새 통에서, 그 나머지는 중성 상태의 통에서 숙성시킨 후에 두 와인을 블렌딩하여 원하는 스타일의 와인을 만들어내고 있다.

토스트(구운 빵) 풍미 통을 제작할 때는 나무를 구부리기 쉽도록 유연하게 만들기 위해 열처리를 가한다. 이때 통 안쪽의 나무를 불에 굽기도 한다. 나무 안쪽을 더 많이 구울수록 나무 세포와 와인 사이의 장벽이 더 탄탄해진다. 다시 말해 와인에 타닌과 나무 풍미가 덜 우러나오게 된다는 얘기다. 한편 이런 열처리 과정을 거치면 그 자체의 풍미가 생긴다. 와인 메이커들은 나무통을 주문할 때 자신들이 원하는 풍미에 따라 굽기의 정도를 다양하게 요구한다. 살짝만 구우면 그 자체적인 풍미는 거의 띠지 않지만 와인에 나무 세포의 타닌을 풍부하게 우려내주고 중간 정도로 구우면 와인에 바닐라나 캐러멜 풍미를 더해준다. 세게 구우면 와인에서 정향, 계피, 훈연, 커피의 맛이 느껴질 수도 있다.

미국산 오크, 프랑스산 오크 혹은 동유럽산 오크 나무통의 목재인 오크는 미국과 유럽 전역에서 생산된다. 미국산 오크통은 가격이 비교적 저렴한 데 비해 유럽산 오크는 와인에 다양한 깊이와 풍미를 더해준다. 와인 메이커들은 와인의 원하는 풍미와 타닌의 특성에 맞추어 목재를 고른다. 오크의 종류, 목재의 조직, 통 제작의 방법에 따라 와인의 풍미가 달라진다. 내 견해를 밝히자면, 뛰어난 와인을 양조하기에 최고의 오크는 프랑스산이다.

비여과 와인

나무통 숙성이 끝난 후 와인을 병입하기 전에 와인 안에 잔류하는 효모균, 포도의 미세입자 등의 고형물은 와인의 안정성을 해칠 소지가 있다. 그래서 이런 고형물을 제거하기 위해 여과 과정을 거치기도 한다. 이때 와인 메이커의 선택에 따라 가볍게 여과하기도 하고 철저하게 여과하기도 한다.

철저한 여과는 와인의 고형물을 너무 많이 제거하여 풍미와 질감마저 잃을 위험이 있어서, 일부 와인 메이커와 소비자들은 더 묵직하고 본연에 가까운 풍미를 느끼기 위해 와인을 인공적인 여과 없이 자연스러운 상태로 놔둬야 한다고 믿는다. '비여과 unfiltered' 와인은 여과된 와인보다 빛깔이 조금 덜 투명하거나 병의 바닥에 침전물 (찌꺼기)이 가라앉을 수 있다.

빈티지

빈티지vintage는 포도를 수확한 해를 말한다. 따라서 매해가 빈티지 해다. 빈티지 차트를 보면 여러 해의 기후 상태를 알 수 있다. 일반적으로 기후가 좋을수록 빈티지 등급이 높으며 잘 숙성될 가능성도 그만큼 높다.

와인은 모두 숙성시켜야 하는가?

아니다. 와인은 무조건 숙성될수록 맛이 더 좋다고 오해하는 사람들이 많지만 전 세계의 모든 와인 중 90% 이상은 1년 안에 마셔야 하며 5년 이상 숙성시켜야 하는 와인은 1%도 되지 않는다. 와인은 숙성되면서 변하는데, 더 좋아지는 와인도 있지만 대개는 그렇지 않다. 그래도 다행인 점은 이 1%의 와인이 매 빈티지별로 3억 5000만 병 이상의 와인을 뜻한다는 것이다.

숙성이 레드 와인의 풍미에 미치는 영향

와인은 살아 있는 유기물과 같아서 만들어지는 순간부터 끊임없이 변한다. 심지어

특정 빈티지에 대해 처음 언급한 사람은 로마의 과학자 플리니우스로 알려져 있다. 그는 기원전 121년산 와인을 '**최상급**'이라고 평가했다고 한다.

2005년, 2010년, 2015년은 **전 세계의 주요 와인 산지 어디에서나 훌륭한 빈티지였다!**

미국에서 팔리는 와인의 90%가량은 **구매 후 3일 내에** 음용되고 있다.

내가 장기 숙성용으로 선호하는 와인

레드 와인

나파 밸리의 카베르네 소비뇽
론 밸리 와인(시라/그르나슈)
바롤로, 바르바레스코
보르도 레드 와인
빈티지 포트(그해 수확한 포도로만 만든 포트 와인)

화이트 와인

루아르 밸리의 슈냉 블랑
리슬링(아우스레제 이상급)
보르도 화이트 와인(소테른)
코트 드 본의 부르고뉴 와인
헝가리의 토커이

병입을 하고 나서도 산소의 영향으로 숙성이 일어나며, 타닌이 침전물이 되어 병 바닥으로 가라앉게 만드는 여러 반응 때문에 새로운 풍미가 생기고 불투명하던 빛깔이 반투명해진다. 타닌이 침전물로 가라앉으면 와인 속의 타닌 함량은 점점 줄어든다. 그래서 과일맛, 타닌, 신맛의 밸런스가 더 잘 맞게 되어 와인의 맛이 더 부드러워진다. 와인은 어릴 땐 신선한 과일의 풍미가 나다가 숙성이 되면서 건조 과일(말린 체리, 프룬, 대추야자)의 맛이 나거나 (버섯, 통조림 콩, 아스파라거스 같은) 채소 향이 생겨나기도 한다. 산소 또한 그 존재감을 드러내면서 와인은 점차 빛깔이 갈색으로 변하면서 견과류의 풍미를 띠게 된다.

5년 이상 숙성시킬 수 있는 와인은 어떤 와인인가?

색깔과 포도 일반적으로 타닌 성분 때문에 레드 와인을 화이트 와인보다 더 오래 숙성시킬 수 있다. 카베르네 소비뇽 같은 몇몇 적포도는 피노 누아르Pinot Noir 같은 포도에 비해 타닌 함량이 더 많다.

포도원 특정 위치는 포도 재배에 최적의 조건을 갖추고 있다. 포도 재배 조건으로는 토양, 기후, 배수 상태, 땅의 경사도 등이 있는데 이 모두는 숙성을 거치며 맛이 더 좋아지는 상급 와인을 만드는 데도 기여한다.

빈티지 기후 상태가 좋을수록 그해 빈티지의 와인은 과일맛, 신맛, 타닌의 밸런스가 환상적으로 어우러질 가능성이 높고 그만큼 더 오래 숙성시킬 수 있다.

와인 양조 과정 발효(메서레이션) 과정에서 껍질을 같이 담가두는 시간이 길수록, 또 오크통에서 발효와 숙성을 시킴으로써 천연 방부제인 타닌의 함량이 높아질수록 장기 숙성에 유리하다. 이것은 와인 양조법 중 와인의 숙성에 영향을 미치는 두 가지 예에 불과하다.

와인의 보관 상태 아무리 세계적인 최상급 와인이라도 적절히 보관하지 않으면 잘 숙성되지 않는다(최적의 보관 조건: 온도 12도, 상대습도 75%).

나쁜 풍미의 사례

좋은 와인이 만들어지기까지는 특정 미생물의 협력도 중요하지만 다른 방해 요소들도 없어야 한다. 그런데 간혹 탈이 나고 만다. 와인에서 가장 흔하게 나타나는 다섯 가지 결함과 흠, 그로 인한 맛을 소개하면 다음과 같다.

코르키드 와인 코르키드 와인corked wine은 잔에 코르크 조각이 둥둥 뜨는 그런 와인을 가리키는 말이 아니다. 'corked'는 보통 트리클로로아니솔, TCA라고 부르는 유기화합물로 인해 와인에서 곰팡내가 날 때 쓰는 표현이다. 코르크가 TCA에 오염되는 과정에 대해서는 이론이 분분하다. 그러나 코르크 속의 TCA가 병 속의 와인과 접촉하게 되면 젖거나 곰팡내 나는 마분지와 비슷한 냄새가 생긴다는 것만큼은 분명하다. 이런 냄새는 좀처럼 감지되지 않는 수준(단지 와인의 풍미를 무뎌지게 하는 수준)에 그칠 수도 있고 방 전체에 악취가 진동할 만큼 심할 수도 있다.

코르키드 와인은 구제 방법이 없다. 코르키드 와인으로 해마다 와인업계가 입는 손실이 막대해서 요즘엔 많은 와인 메이커가 천연 코르크 마개 대신 스크류캡 마개로 바꾸고 있다.

산화 잘라놓은 사과가 공기에 노출되면 산화되는 것과 마찬가지로 포도즙도 산소와 접촉하면 변하게 된다. 산소와 포도즙과의 상호작용은 포도가 수확되어 와이너리로 옮겨지는 순간부터 시작되며, 와인 양조 동안에는 대체로 와인을 산소로부터 보호하기 위한 세심한 주의가 필요하다. 한편 와인 메이커가 의도하는 와인 스타일에 따라 와인에 특별한 풍미를 더하기 위해 제어하에 일부러 산화를 시키는 경우도 많다. 다만 뜻하지 않게 산소에 과다 노출되면 와인이 갈색으로 변하면서 견과류와 셰리 같은 풍미가 난다.

황 이산화황은 천연의 산화 방지제이자 방부제이며 살균제로서 대다수의 와인 메이커가 원치 않는 포도즙의 산화를 막기 위해, 또 세균이나 야생효모의 작용을 억제하기 위해 여러 단계의 양조 과정에서 이용하고 있다. 최종 와인 속 황의 함량이 주의 깊게 조정되지 않고 이산화황이 과다 사용된 와인에서는 특유의 냄새(불붙은 성냥 냄새)를 맡을 수 있다. 나는 와인에서 이산화황 냄새가 느껴지면 결함 있는 와인으로 여긴다.

브렛 헛간의 냄새, 특히 땀에 젖은 안장이나 땀 흘린 말의 냄새가 나는 와인을 맛본 적 있다면 그것이 바로 브렛brett의 맛이다. 브렛은 브레타노마이세스Brettanomyces의 약자로 와이너리, 특히 꼼꼼하게 청소하지 않은 장비나 나무통에서 잘 자라는 나쁜 효모이며 와인이 이 효모와 접촉하는 순간 감염된다. 그렇다고 브렛이 나쁘기만 한 것은 아니다. 감정가들 중에는 그 감염 정도만 낮다면 브렛이 와인의 풍미에 복합성을 더해주어 나쁘지 않다고 생각하는 이들도 많다. 브렛 감염은 레드 와인에서 가장 많이 발견된다.

휘발성 산 모든 와인에는 휘발성 산Volatile Acidity, VA이 함유되어 있고 이 VA는 어느 정도까지는 괜찮지만 초산균 박테리아가 활동하게 되면 흠으로 작용한다. 초산균은 와인에 과도한 초산을 생성하며 이 농도가 높아지면 식초 냄새가 나게 된다.

TCA는 와인에만 있는 것이 아니라 가공 포장 음식에서도 **곰팡내를 피우는** 주범이다.

와인에서 산화의 풍미를 구분해보려면 **셰리를 떠올려보면 된다.** 셰리는 양조 과정에서 일부러 산화를 시키는 와인이다.

와인 메이커 재량에 따라 황을 첨가하지 않기도 하지만 모든 와인에는 적어도 미량의 황이 들어 있다. 황은 발효 과정에서 효모에 의해 생겨나는 부산물이기 때문이다.

황은 건조 과일 등의 **방부제로 많이 쓰인다.**

- 더 자세한 정보가 들어 있는 추천도서 -

제임스 할리데이의 《와인의 예술과 과학The Art and Science of Wine》

제프 콕스의 《포도나무에서 와인까지From Vines to Wine》

에릭 밀러의 《와인 양조의 기초The Vintner's Apprentice》

리처드 피터슨의 《와인 메이커The Winemaker》

병의 모양은 어떤 와인인지를 한눈에 감별하는 데 유용한 기준이 되어주지만 **빛깔 역시 유용한** 와인 감별 기준으로 삼을 만하다. 한 예로 독일의 화이트 와인은 특정 와인별로 갈색 병에 담겨 출시되기도 하고 녹색 병에 담겨 나오기도 한다.

와인병의 명칭은 제로보엠의 대용량부터 **구약성경**에 등장하는 왕들의 이름을 따서 붙여진다.

와인병과 와인잔

와인병

크기와 명칭

명칭	표준형 대비 비율	용량
스플리트split	1/4	187.5 ㎖
데미demi/하프half	1/2	375 ㎖
표준형standard	1	750 ㎖
매그넘Magnum	2	1.5 ℓ
제로보엠Jeroboam	4	3 ℓ
르호보암Rehoboam	6	4.5 ℓ
살마나자르Salmanazar	12	9 ℓ
발타자르Balthazar	16	12 ℓ
느부갓네살Nebuchadnezzar	20	15 ℓ
멜키오르Melchior	24	18 ℓ

와인별 병의 형태

리슬링
플루트형

카베르네 소비뇽 메를로
각진 어깨형

샤르도네 피노 누아르
경사진 어깨형

샴페인 스파클링 와인
경사진 어깨에 더 두꺼운 유리 두께형

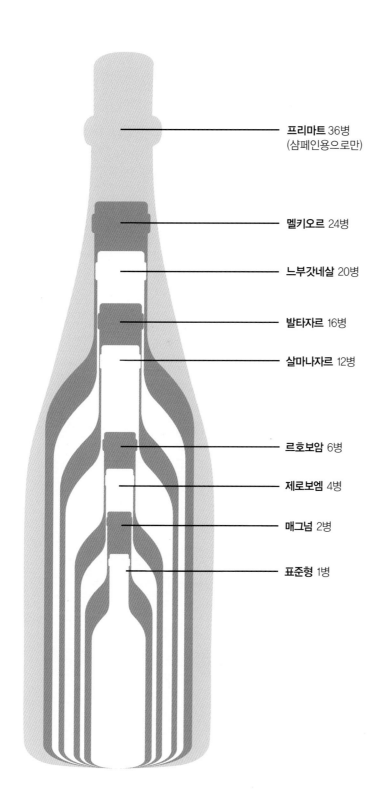

프리마트 36병
(샴페인용으로만)

멜키오르 24병

느부갓네살 20병

발타자르 16병

살마나자르 12병

르호보암 6병

제로보엠 4병

매그넘 2병

표준형 1병

세계 5대 와인 생산국(단위:백만 헥토리터)

이탈리아	54.8
프랑스	49.1
스페인	39.3
미국	23.9
아르헨티나	14.5

세계 5대 와인 소비국(단위:백만 헥토리터)

미국	33
프랑스	26.5
이탈리아	22.6
독일	20.4
중국	17.8

해마다 **360억 개에 달하는 병**이 생산되면서 314억 개의 병이 매매되고 있다.

수집가들이 **숙성용 와인**을 고를 때 주로 선호하는 와인병의 크기가 궁금하다면 407쪽을 참조하라.

데미/하프   스플리트

미국 성인의 26%가 술을 입에 대지 않으며
34%는 와인을 마시지 않고
40%는 와인을 마신다.

와인 한 병에 함유되는 성분들

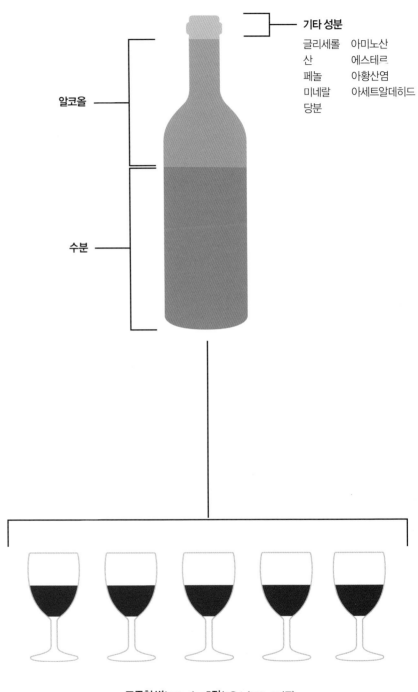

기타 성분

글리세롤	아미노산
산	에스테르
페놀	아황산염
미네랄	아세트알데히드
당분	

알코올

수분

와인 한 병(750㎖)당 포도알은 600~800개(약 1kg)가 들어가며 평균적으로 **86%가 수분이다.**

225ℓ들이의 표준형 나무통은 와인 **240병**의 분량이다.

표준형 병(750ml) **= 5잔**(5온스/150ml 기준)

와인잔

와인잔과 와인의 스타일

진한 레드 와인용
예: 카베르네 소비뇽

가벼운 레드 와인용
예: 피노 누아르

달콤한 레드 와인용
예: 포트

진한 화이트 와인용
예: 샤르도네

섬세한 화이트 와인용
예: 소비뇽 블랑

플루트형
예: 스파클링 와인

달콤한 화이트 와인용
예: 소테른

소개한 잔들은 유리잔 제조사들이 여러 스타일의 와인에 맞추어 내놓은 전용 잔의 몇 가지 사례에 불과하다. **10~12온스**(약 295~355㎖)의 범용 잔을 갖추어놓으면 모든 스틸 와인(와인을 잔에 따랐을 때 기포가 생기는지에 따라 스파클링 와인과 스틸 와인으로 구별–옮긴이)에 잘 맞는다.

"와인은
건강에 가장 유익하고도
가장 위생적인 음료다."

– 루이 파스퇴르

와인 라벨 읽기

라벨은 그 와인에 대해 알아야 할 모든 것, 아니 그 이상까지 알려준다.
지금부터 여러분이 즐겨 찾는 매장에 가서 선반을 훑어볼 때 유용하게 활용할 만한
간단한 팁들을 소개해주려 한다. 아래의 러드 리벨을 예로 삼아 하나씩 살펴보자.

국가 미국
주 캘리포니아
카운티 소노마
포도 재배지AVA 러시안 리버 밸리
포도원 바시갈루피Bacigalupi
와이너리 러드
포도품종 샤르도네
빈티지 2006

신대륙 VS 구대륙의 라벨 표기
미국, 아르헨티나, 오스트레일리아, 칠레, 뉴질랜드, 남아프리카공화국에서 생산하는 와인은 대체로 라벨에 포도 품종을 표기한다. 반면 프랑스, 이탈리아, 스페인의 와인은 포도 품종이 아니라 와인이 생산된 지역이나 마을 또는 포도원 명칭을 표기하는 것이 보통이다.

앞으로 차차 알게 될 테지만 와인은 라벨에 지역명이나 포도 품종명 또는 상표명을 와인명으로 표기할 수 있으며 생산국별로 그 적용 규칙에 차이가 있다. 라벨 표기의 또 다른 사례가 궁금하다면 333쪽의 '독일 와인의 라벨 읽는 요령'을 참조해보기 바란다.

라벨에서 가장 중요한 정보는 생산자 이름이다. 위 라벨에서는 생산자가 '러드'다.
위의 라벨에는 와인이 샤르도네로 만들어졌다는 사실이 명시되어 있다. 미국 와인의 경우엔 라벨에 포도 품종이 명시될 경우 와인의 원료 중 그 품종이 최소한 75%여야 하지만 위의 사례와 같은 샤르도네 와인은 대다수가 샤르도네 100%다.
빈티지가 명시되어 있다면 포도의 95%가 그해에 수확된 것이다.
'캘리포니아'라는 산지명이 표시되어 있다면 캘리포니아산 포도 100%로 만든 것이어야 하지만 위의 사례와 같은 샤르도네 와인은 대다수가 샤르도네 100%다.
위 라벨처럼 러시안 리버 밸리같이 연방정부에서 부여한 AVA가 명시되어 있다면 그 지역에서 재배된 포도가 최소한 85% 사용되었다는 의미다.
알코올 함량은 퍼센트로 표시된다. 와인은 대체로 알코올 함량이 높을수록 더 '풀바디'한 스타일을 띤다.
'생산 및 병입자produced and bottled by'의 문구가 찍혀 있으면 그 와인의 최소 75%는 라벨에 명시된 그 와이너리에서 발효되었다는 의미로 이해하면 된다.
라벨에 따라 와인의 원료로 쓰인 포도 품종의 정확한 함량, 수확 당시의 포도당 함량, 잔당殘糖(얼마나 스위트하거나 드라이한 와인인지를 알려주기 위한 정보)이 명시되기도 한다.

와인 시음의 생리학

케빈 즈랠리·웬디 더빗

와인이 일으키는 가장 놀라운 일 중 하나는 우리의 감각을 일깨우는 능력이다. 와인을 음미하는 데는 우리의 모든 감각이 관여하지만 특히 후각을 통해 가장 강하고 유쾌한 경험을 만끽할 수 있다.

와인을 음미하는 사람들은 대부분 과학적 이해의 진보에 힘입어 입증되고 있는 사실 한 가지를 자주 체험하고 있다. 즉, 냄새가 중요한 역할을 하고 있으며 학습과 사랑부터 노화와 건강까지 모든 부분에 영향을 미치고 있다는 사실을 몸소 느끼고 있는 것이다.

우리 두 사람은 와인 사랑과 후각 세계에 대한 관심을 공통분모로 삼아 이번 '와인 시음의 생리학'을 함께 마련해보았다. 이 글을 읽으며 와인 한 잔을 곁에 두고 멋진 추억을 떠올리길, 더 많은 추억을 만들 수 있기를 바란다.

케빈 즈랠리의 말

나는 줄곧 후각에 매료되어왔다. 할아버지의 농장에 대한 유년기의 기억도 부엌의 장작난로 위에서 끓던 캐모마일차의 달콤한 향으로 다가온다. 나는 뉴욕시에서 멀지 않은 작은 마을의, 상쾌하고 향긋한 소나무 숲에 둘러싸인 집에서 자랐다. 내가 훗날 커서 소나무 숲에 들어와 있는 듯한 집을 새로 지은 것도 틀림없이 유년의 기억 때문일 것이다.

나는 어린 시절 시내의 수영장에서 살다시피 했다. 그래서 긴 여름 내내 몸에 염소鹽素 냄새를 풍기고 다녔다. 성인이 된 지금까지도 뜨거운 버터 팝콘의 맛과 냄새가 영화를 재미있게 보는 데 지대한 역할을 한다고 믿는다. 물론 장미향처럼 달콤하거나 유쾌한 기억을 떠올리는 것과는 거리가 먼 냄새도 있다. 집 앞뜰에 은행나무 한 그루를 심은 적이 있는데 그 나무에서 1년에 한 번씩 고약한 냄새가 나는 열매가 떨어지곤 했다.

나는 호르몬 활동이 왕성하던 10대 시절 잉글리시 레더English Leather사의 향수를 잔뜩 뿌리고 다녔는데, 지금까지도 향수병을 열면 곧바로 그 재미 가득하던 청소년기로 돌아가곤 한다. 그런데 어찌된 영문인지 모르겠으나 진정한 와인 냄새를 맡게 되면서부터 향수를 뿌리지 않았다.

최근 향수 비평가 챈들러 버Chandler Burr가 세계에서 가장 향기로운 도시 열 곳의 순위를 매겼는데 **감격스럽게도** 내 고향 마을인 **뉴욕주의 플레즌트빌이 2위로 뽑혔다!**

9·11 테러 참사 후 뉴욕의 도심을 떠돌던 그 냄새 역시 평생 못 잊을 듯하다. 그때의 그 냄새는 몇 달 동안이나 뇌리에서 지워지지 않았고 1년이 지난 어느 한순간 갑자기 확 풍겨온 적도 있다. 심지어 20년이 지나서까지도 유독 그 연기 냄새를 떨쳐내지 못하고 있다. 그 냄새가 기억 속에 지울 수 없게 각인되어버린 것이다.

나는 청년기에 와인용 포도의 냄새, 흙냄새, 와인 자체의 냄새에 유독 마음이 끌렸다. 50년이 지난 지금도 그 냄새에 가슴이 떨린다. 막 쟁기질한 흙에서 풍기는 매혹적인 사향 냄새, 수확 직후 발효에 들어간 포도에서 나는 향긋한 냄새, 갓 출시된 보졸레의 생기 넘치는 부케는 아직도 마음을 들뜨게 한다. 오래된 레드 와인에서 풍기는 담배, 버섯, 낙엽의 은근한 냄새, 나의 12.7도 와인셀러의 축축한 땅에서 올라오는 냄새를 맡으면 아직도 기분이 상쾌해진다.

마늘 익히는 냄새를 맡으면 식욕이 돌고 해안가의 냄새를 맡으면 신경이 안정되듯 서늘한 가을 공기의 냄새가 풍겨오면 수확 시기가 되었고 1년 중 내가 좋아하는 시기가 끝났음을 떠올리게 된다.

후각은 목숨을 보존하는 데 중요한 요소며 가장 원시적인 감각 중 하나다. 그런데 우리 인간은 자연 세계와의 관계가 근본적으로 변한 요즘에 이르면서 후각을 하찮게 여기곤 한다.

나는 앞으로도 계속 냄새와 맛이 나의 삶에서 어떤 역할을 하는지 설명하려 한다. 아무쪼록 여기에서 펼쳐지는 후각의 신비로운 매력을 즐겁게 탐구하길, 그로 인해 여러분의 생활이 풍요로워지고 와인을 한층 더 즐길 수 있기를 바란다.

웬디 더빗의 말

나는 언제나 오감을 충실히 따르며 살았다. 그중에서도 코의 감각에 가장 많이 의존했다. 그런 삶의 방식이 나의 관심 분야로, 특히 와인 산업으로 이끌어주었다.

나는 여덟 살 때부터 은연중에 후각을 학구열에 결부시켰다. 가령 공부하다가 머리를 식혀야 할 때는 탄제린(미국과 남부 아프리카에 흔히 나는 귤) 껍질을 까고, 라일락 덤불이나 보리수나무 옆에 가서 앉아 있었다. 고등학교 시절에는 이런 방법을 좀 더 명시적으로 활용하면서 최상의 학습과 감각 경험을 위해 냄새에다 색깔과 음악까지 뒤섞기 시작했다.

공부하면서 배우는 개념과 응용이 시트러스와 소나무 색깔과 향, 비발디와 쇼팽의 가락과 연결되면서 나중에 그것들을 보면 그 개념과 응용이 떠오르게 되었다. 나는 사진처럼 선명하게 남은 기억은 부족하지만, 대체로 이렇게 감각에 기댄 회상을 통해서 그 부족한 기억을 메우곤 한다.

웬디 더빗 Wendy Dubit 감각연구소 www.thesenses-bureau.com와 버건트 미디어 www.vergant.com의 창설자 웬디 더빗은 잡지 〈와인의 친구들Friends of Wine〉과 〈와인광Wine Enthusiast〉의 편집장을 지내다가 음반사부터 TV 시리즈 제작까지 여러 미디어 사업에 착수했다. 그녀는 꾸준히 와인과 음식, 라이프스타일에 관한 집필 활동과 강연을 하고 있으며 와인 시음을 감각, 기억, 정신을 증진시키는 한 방법으로 활용하는 '와인 워크아웃 Wine Workout' 같은 세계적인 시음단체를 이끌고 있다.

10대 시절 나는 아버지와 어머니가 연 디너파티에 초대받은 적이 있다. 부르고뉴와 보르도의 모든 것을 좋아했던 아버지는 내게 와인을 조금 따라주면서 어떤 냄새가 나냐고 물었다. 그때의 느낌은 평생 잊을 수가 없다. 강바위 냄새, 안장 아래쪽에서 나는 축축한 가죽 냄새, 야생화 속에 드문드문 섞여 있는 건초 냄새, 살구 냄새가 어우러져 있었다. 그런 느낌을 말하자 아버지는 고개를 끄덕이며 격려해주셨다. "그래, 이건 퓔리니 몽라셰란다."

그때 나는 웃었다. 와인이 내 코와 입에 주었던 느낌과 똑같이 이름조차 시적인 분위기로 나를 감싸주었기 때문이다. 그 어린 시절 부엌과 뒤뜰, 숲, 개울, 농장에서 나는 순수한 냄새들을 한껏 맡으며 지냈는데도 단 한 잔의 와인에서 맡은 그 벅차고 복잡미묘한 냄새가 나에게는 가장 인상 깊었다. 훌륭한 와인 한 잔이 온갖 냄새를 겹겹이 둘러싸고 있었다.

그 디너파티 이후로 퓔리니 몽라셰는 내가 좋아하는 와인이자 아버지와 나 사이의 끈끈한 유대감을 증명해주는 상징이 되었다. 아버지를 마지막으로 본 곳은 병원이었다.

디너파티 이후 몇십 년이 흘러 있었지만 나는 지금도 그러하듯 그날도 아버지가 퓔리니 몽라셰를 권했던 저녁을 기억하고 있었다. 나는 간호사들이 아버지의 저녁식사에 와인을 가져다줄 리 없다는 것을 알고는 아버지에게 와인 이야기를 들려드렸다. 그날 저녁 맛보았던 부르고뉴 화이트 와인에서 느꼈던 광물질 향취와 산도, 생생한 과일 향, 토스트 향과 오크 냄새의 어우러짐은 정말 매혹적이었다고 말했다. 코트 드 뉘와 코트 드 본을 함께 여행하던 얘기를 꺼내면서 그때 사왔던 와인들이 선사했던 특별한 기쁨에 대해서도 이야기했다.

이야기를 들려드리는 사이 아버지는 점차 안정을 되찾았다. 내가 이야기를 마치자 아버지의 혈중 산소치가 크게 향상되어 있었다. 아버지는 고개를 끄덕이며 조용히 말씀하셨다. "고맙구나. 너에게 그 얘길 듣고 싶었다."

와인은 오감, 기억, 지력의 훈련장이자 놀이터다.

좀 더 주의를 기울여 관찰하고 냄새 맡고 맛을 보고 느끼고 분석하고 기억하면, 와인을 시음할 때 그 기쁨과 이해도가 크게 높아진다. 좋은 와인은 한 번 시음할 때마다 잠시 멈춰서 음미해야 그 풍부한 오감의 이야기를 더욱 완벽하게 들을 수 있다.

와인은 어떤 와인이라도 오감을 모두 동원하여 마실 필요가 있다. 그중에서도 기억과 느낌을 불러일으키는 후각이 와인을 즐기는 데 가장 큰 역할을 한다.

수많은 연구를 통해 입증되었다시피 **향기는 분위기와 기억에 영향을 미친다.** 라벤더 향기는 마음을 가라앉히는 효과가 있으며 시트러스향은 주의력을 높여준다. 실제로 현재 일본에서는 시트러스향을 뿌려놓는 사무실이 많다. 셰익스피어의 《햄릿》에는 다음과 같은 구절이 있다. "이 로즈마리는 기억력에 좋답니다. 부디 내 사랑 그대여, 나를 잊지 말아주오."

가장 행복감을 안겨주는 냄새: 빵 굽는 냄새, 뽀송뽀송 잘 마른 빨래 냄새, 해변의 내음.
출처: 〈USA 투데이〉

냄새를 맡는 원리

코는 숨을 들이쉴 때마다 주변 세계의 중요한 정보, 즉 그곳의 즐거운 분위기, 기회, 위험 따위를 감지한다. 눈을 감고 입을 다물며 손을 가만히 놔두고 귀를 막을 수는 있지만, 코만은 그럴 수 없다. 코는 쉬지 않고 활동하면서 위험 요소나 쾌감의 기회를 탐지한다.

우리의 후각은 학습을 돕고 기억을 환기시키며 치료를 촉진하고 열망을 굳히고 행동을 촉구한다. 또 생명의 보존과 유지에 아주 중요해서 후각이 수집한 순간적 정보는 다른 감각들을 처리하는 시상視床을 거치지 않고 바로 대뇌변연계로 이동한다. 대뇌변연계는 우리의 감정과 감정적 반응, 정서, 동기, 고통 및 즐거움의 기분을 조절하고, 후각적 자극을 분석하는 곳이다.

대뇌변연계는 인간의 뇌에서 감정, 동기, 정서적 연상을 관여하는 체계를 총체적으로 아우르는 명칭이나 마찬가지다. 또한 감정 상태를 냄새 같은 육체적 지각에 대한 기억과 융합함으로써 기억의 형성에도 이바지하면서 가장 중요하면서 가장 원시적인 학습 형태, 즉 작업기억working memory(현재 작업 중인 정보를 일시 저장했다가 활성화시켜 결론을 산출하는 기능—옮긴이)을 유발한다. 우리가 냄새를 기억하는 방식은 장면, 소리, 맛, 감촉을 기억하는 방식과는 다르다. 냄새에 대한 반응 방식은 오히려 감정에 대한 반응 방식과 비슷하여 심박동이 증가하고 더 민감해지며 호흡이 가빠진다. 이러한 감정과의 연관성 덕분에 후각은 기억을 강하게 자극하는 힘이 있어서 한 번 냄새 맡는 것으로도 즉시 특정 시간과 장소로 되돌아갈 수 있다.

2004년, 컬럼비아대학의 리처드 액설 교수와 허친슨 암연구센터의 린다 벅 교수는 후각에 대한 획기적인 발견으로 노벨의학상을 수상했다. 액설과 벅 교수는 코 상부의 상피 세포에서 거대한 유전자군, 즉 후각수용체olfactory receptor라는 독특한 단백질 수용체의 생성을 제어하는 유전자군을 발견했다. 후각수용체는 들어오는 수천 가지 특정 냄새 분자를 인지하여 그 분자에 들러붙는다.

후각망울

대뇌변연계

인간의 뇌에서 후각을 담당하는 영역은 가장 오래전부터 발달된 부분에 속한다.

인간의 유전자 중 1~2%는 후각에 관여하는데, 이는 면역 체계에 관여하는 유전자 수치와 비슷한 수준이다. 이런 사실은 곧 냄새의 진화론적 중요성을 말해주는 증거다.

암묵적 기억은 지각적, 감정적, 감각적인 기억으로 종종 무의식적으로 각인되었다가 상기되곤 한다. 명시적 기억은 사실적, 우연적, 일시적인 기억으로 의식적으로 저장되었다가 상기된다. 좋은 와인은 제대로 감별되고 묘사되면 이 두 가지 형태의 기억 모두에 남게 된다.

액설과 벅은 1만 가지에 이르는 냄새를 구별해냈다.

과학자와 전문가들 사이에서 공감하는 견해에 따르면, 대다수 사람이 맛과 입 안의 감촉으로 인식하는 것의 90%는 냄새에 해당된다고 한다.

크기와 모양은 중요하다. 리델Riedel사의 제품같이 운두가 깊고 훌륭한 와인잔에 와인을 따라 마시면 포도 품종 특유의 아로마가 크게 살아난다.

코는 알고 있다! 기억이 형성되는 중에 인상적인 냄새에 노출되면 그 기억과 그 냄새가 서로 연결된다. 예를 들어 (웬디가 소녀 시절 은연중에 간파했듯이) 시험공부를 하면서 탄제린을 먹으면 시험을 치를 때 탄제린 냄새를 떠올림으로써 그 정보를 더 쉽게 떠올릴 수 있다.

와인은 포도 품종, 와인 양조 방법, 숙성에 따라 **서로 다른 냄새**가 생성된다.

후각수용체에 붙들린 화학분자는 전기신호로 변환되고, 이 전기신호는 후각망울의 뉴런(신경단위)으로 전해진다. 후각신경을 따라 대뇌변연계의 일부분으로 분석과 반응을 담당하는 일차 후각피질primary olfactory cortex로 이동한다. 냄새의 전기신호가 대뇌변연계에 이를 무렵, 젖은 가죽 냄새와 야생화 냄새, 살구 냄새, 강바위 냄새 같은 냄새의 구성성분들은 이미 파악이 완료된다.

대뇌변연계는 이렇게 파악된 구성성분들을 다시 종합한 뒤 기억의 거대한 데이터뱅크에서 그에 걸맞는 것을 탐색함으로써 분석을 한다. 분석이 완료되면 대뇌변연계는 적절한 생리적 반응을 유발한다.

퓔리니 몽라셰 와인을 예로 들면 대뇌변연계는 이 와인을 샤르도네 포도로 빚은 기분 좋은 화이트 와인으로 인식할 수 있다. 한편 와인을 비교적 많이 시음해본 사람이라면 기억의 데이터뱅크가 더욱 고도로 개발되어 있어서 이 와인을 그동안 마셨던 다른 퓔리니 몽라셰 와인들과 결부시킴으로써 그것을 퓔리니 몽라셰로 인식하게 된다. 전문 시음가들의 경우엔 포도원, 제조사, 생산 연도까지 상기할 수 있다. 시음과 테스트를 많이 해보고 공부를 많이 할수록 그만큼 와인을 더 잘 감별하고 음미할 줄 알게 되기 마련이다.

와인병에서 뇌까지 이르는 후각 경로

퓔리니 몽라셰의 냄새가 병에서 뇌까지 이르는 과정은 다음과 같다.

- 기대감에 부풀어 병을 딴다.

- 적당한 잔에 와인을 따른다.
- 잔을 흔들어 와인의 아로마를 발산시킨다.
- 수차례 와인의 부케를 깊이 들이마신다.
- 와인 속의 화학성분(에스테르, 에테르, 알데히드)이 공기를 타고 콧구멍 속으로 들어간다.
- 코의 중간쯤에서 특정 단백질 수용체를 지닌 수백만 개의 후각수용체 뉴런(후각상피)이 그 와인 특유의 성분을 이루는 냄새에 붙는다.
- 적절한 수용체와 짝을 이룬 특정 냄새 분자들의 상호작용으로 수용체 모양이 변한다.
- 수용체가 변하면서 유발된 전기 신호가 후각망울로 갔다가 뇌의 영역으로 들어간다. 그러면 뇌에서는 이 전기 신호를 어떤 냄새나 냄새들의 집합으로 파악한다.
- 뇌에서는 그 냄새들을 지각, 느낌, 감정, 기억, 지식 등에 연계시킨다.

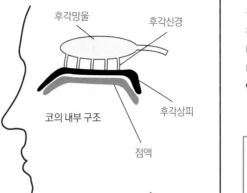

후각망울 / 후각신경 / 코의 내부 구조 / 후각상피 / 점액

냄새의 생리학

우리의 코는 연골로 이뤄진 비중격(코사이막)을 사이에 두고 두 부분, 즉 2개의 콧구멍으로 나뉜다. 각 구멍마다 세밀한 망으로 짜인 상피와 후각망울이 있다. 2개의 콧구멍은 서로 맡는 역할도 다르며 최대 능력을 발휘하는 시간대도 서로 다르다. 아주 건강한 코라도 두 콧구멍이 동시에 최대의 능력을 발휘하는 경우는 드물며, 비중격 만곡증이 있는 사람들도 하나의 콧구멍으로 숨을 쉴 수 있다는 보고가 발표되기도 한다.

《냄새를 맡는 또 하나의 코 야콥슨 기관Jacobson's Organ and the Remarkable Nature of Smell》의 저자 라이얼 왓슨에 따르면, "왼쪽과 오른쪽 콧구멍은 밤낮으로 3시간마다 번갈아 역할을 교대한다. 밤에는 수면 운동에 기여한다." 왓슨의 가정에 따르면, 우리가 의식이 있는 낮 동안에 오른쪽과 왼쪽의 두 콧구멍은 정보를 뇌의 적절한 부분으로, 즉 암묵적인 지각, 직관, 기호화, 저장은 우뇌로, 명시적인 분석, 명명, 상기는 좌뇌로 보낸다고 한다. "이상적으로 우리에게는 2개의 콧구멍이 필요하다. (…) 하지만 특이한 상황에 처해 선례보다는 예측에 따라 행동해야 한다면 명료한 쪽인 왼쪽 콧구멍으로 맞서야 유리하다."

과학자들이 와인의 복합적인 향을 성분명으로 구분해내기 시작했지만, 와인 감정가들은 여전히 기존의 표현을 선호할 듯하다. **누가 '청피망' 대신 메톡시피라진**methoxypyrazine**을, '꽃의 풍미' 대신 리날로올**linalool**이나 게라니올**geraniol**을 기억하고 싶겠는가?**

향이 그윽한 대표적 포도

게뷔르츠트라미너Gewüztraminer

뮈스카Muscat

토론테스Torrontés

2개의 콧구멍은 **각각 다른 냄새를 감지한다.**

정상적인 호흡과 코 분비물에 문제를 일으키기도 하는 **비중격 만곡증**은 두 비강을 나누는 연골이 비정상적인 형태를 이루고 있는 질환이다. 완전히 치료하려면 수술을 받아야 하지만, 점막 등의 충혈완화제, 항히스타민제, 비강에 뿌리는 비분비액, 비강세척액을 이용하거나 심지어(막힌 코를 터지게 할 정도로 매운) 할라피뇨나 와사비를 먹음으로써 일시적인 도움을 얻을 수도 있다.

맛을 느끼는 원리

맛 역시 냄새와 마찬가지로 화학적 감지 시스템에 속한다. 맛은 미뢰라는 특별한 기관을 통해 감지되는데, 인간에게는 보통 5000~1만 개의 미뢰가 있다. 미뢰는 대부분 혀에 분포되어 있으나 목 안쪽이나 입천장에도 약간씩 있다. 미뢰는 감각세포로는 유일하게 평생 주기적으로 재생성되어 약 10일마다 전면적으로 재생된다. 과학자들은 이러한 현상을 연구 중인데, 그 원리를 이용해 손상된 감각세포 및 신경세포를 재생시키려고 하는 것이다.

각각의 미뢰에는 미각세포들이 밀집되어 있으며, 이 미각세포에는 수용체를 지닌 작은 미모味毛들이 있다. 미각수용체는 후각수용체와 마찬가지로 특정 유형의 용해 화학물을 감지한다. 우리가 먹고 마시는 모든 것은 (주로 침을 통해) 용해되어야만 미각수용체가 그 맛을 구별해낼 수 있다. 미각수용체는 용해된 화학물을 읽고 음식의 화학적 구조를 해석한 뒤 그 정보를 전기신호로 변환한다. 이 전기신호가 안면 신경 및 혀인두신경을 통해 코를 거쳐 중이中耳에 이르면 뇌가 그것을 해독하여 특정한 맛으로 파악한다.

인간의 타액

타액은 음식의 소화나 구강위생뿐 아니라 맛을 보는 데도 중요한 요소다. 타액이 미각 자극물을 용해하여 그 화학물을 미각수용체 세포로 보내주기 때문이다.

음식을 천천히 씹으면 더 맛있게 먹을 수 있다는 사실을 아는가. 음식을 천천히 씹거나 음료를 천천히 음미하며 먹으면 좀 더 많은 화학 성분이 용해되어 많은 아로마가 발산된다. 이렇게 되면 미각수용체나 후각수용체가 분석할 것들을 더 많이 제공함으로써 뇌에 좀 더 복잡한 정보를 보내게 되고, 그로써 한층 높은 차원의 지각을 경험하게 된다. 더 강한 맛과 냄새를 느낄 수 있다는 말이다.

미뢰의 대다수가 입 안에 분포되어 있으나 인간에게는 질감과 온도를 지각하고 여러 요소를 평가함으로써 찌르는 듯한 황의 느낌, 민트의 시원한 느낌, 후추의 타는 듯한 느낌 등을 인식하는 신경종말이 그 외에도 수천 개가 더 있으며 목, 코, 눈의 축축한 상피 부분에 몰려 있다. 인간은 10만여 종의 냄새 및 복합적 냄새를 감지할 수 있으나, 맛은 4~5개의 기본적인 맛, 즉 단맛, 짠맛, 신맛, 쓴맛, 감칠맛(우마미)밖에 감지하지 못한다. 이 중에서도 와인에서 느낄 수 있는 맛은 단맛과 신맛 정도이며 쓴맛은 이따금 느낄 수 있을 뿐이다.

풍미란 우리가 음식과 음료를 먹고 마시면서 지각하는 냄새와 맛과 느낌의 총체적 경험이지만 이 중에서도 냄새가 두드러지는 지각 경험이기 때문에 와인 시음은 '와인의 냄새 맡기'라고 말해도 과언이 아니다. 그런 이유로 우리 두 사람은 와인 시음

잘 구성된 와인의 아로마는 잔 안에서 서서히 진화한다. 그런데 우리의 코는 금세 냄새에 익숙해진다. **시음 시 와인의 아로마를 몇 차례 다시 맡아보게 하는 이유가 여기에 있다.** 일부 시음가들은 그 옛날 향수 판매상들이 썼던 수법, 즉 하루 동안 맡았을 법한 수많은 향수가 뿌려져 있는 채로 소매에서 냄새를 맡았던 식의 수법에서 힌트를 얻기도 한다. 다시 말해 완전히 관련 없는 것에 기대기, 난센스에서 센스(감각) 유도해내기다.

맛을 보고 씹는 활동은 타액 분비율을 증가시킨다.

와인에는 소금 성분이 함유되어 있지 않다.

을 '와인의 냄새 맡기'나 다름없다고 여기며 몇몇 화학자들은 와인을 '심원한 향기가 있는 무미의 음료'라고 묘사하기도 한다.

지금 먹고 있는 것이 사과인지 배인지 또는 지금 마시고 있는 것이 퓔리니 몽라셰인지 오스트레일리아의 샤르도네인지를 알게 해주는 것은 풍미다. 맛을 구분하는 데 냄새가 중대한 역할을 한다는 점에 의심이 든다면 코를 막고 초콜릿이나 치즈를 먹어보라. 그러면 마치 분필을 먹는 기분이 들 테니까.

맛을 느끼는 위치

이전의 구식 미각 지도에서는 단맛의 수용체는 혀끝에 집중되어 있으며, 쓴맛은 혀 뒤쪽에, 신맛은 혀의 양옆에 몰려 있다고 표시되어 있으나 미뢰는 입 전체에 광범위하게 분포되어 있다. 와인을 시음할 때는 와인에 공기를 쐬어주는 것이 중요하다. 공기가 입 안에 들어오면 더 많은 아로마를 발산시키고 풍미를 더 진하게 해주기 때문이다. 그러려면 혀로 와인을 굴려주고 잠시 혀 위에 머금고 있으면 된다. 이렇게 하면 와인을 미각수용체에 더 넓게 퍼뜨려주고 맛을 분석할 시간도 더 준다. 좋은 와인이라면 초반, 중반, 후반의 느낌이 다르게 다가오기 마련인데 이런 느낌은 주로 아로마와 마우스필에 따라 결정된다.

마우스필

마우스필은 말 그대로 입 안에서 느껴지는 감촉을 말한다. 이러한 느낌들은 혀, 입술, 뺨을 기분 좋게 하거나 톡 쏘거나 통증을 주는 감각이다. 삼키거나 뱉어낸 후에도 입 안에 남아 있는 감각도 해당된다. 예를 들자면 샴페인의 기포가 주는 톡 쏘는 찌릿함부터 타닌이 주는 이를 조이는 듯한 떫음까지, 멘톨이나 유칼립투스같이 시원하고 싸한 느낌에서 알코올 도수가 높은 레드 와인의 후끈거림까지, 저알코올 화이트 와인의 물리도록 단맛에서부터 풍부한 론 밸리 와인의 벨벳으로 감싸는 듯한 느낌까지 다양하다.

와인의 물리적 느낌은 마우스필에도 중요한데, 틴thin 바디부터 풀 바디까지, 가벼운 것에서 묵직한 것까지의 무게감, 질감, 떫음, 기름짐, 매끄러움, 씹힘 등이 여기에 속한다. 이 모두는 와인의 전반적인 밸런스에 영향을 미친다. 느낌만이 아니라 신체 반응(건조함, 오므라듦, 타액 분비)을 유발하여 말 그대로 와인이 혀 위에서 춤을 추거나 이에 척 들러붙는 듯한 감촉이 일어나기도 한다.

와인의 쓴맛은 알코올과 타닌의 높은 함량의 결합으로 비롯되는 것이다.

쓴맛은 어느 부위에서 느껴질까?
목 안쪽
입의 측면
혀의 뒤쪽

흔히 맛이라고 표현되는 것의 상당 부분(80~90% 또는 그 이상)은 후각수용체에서 감지하고 감별해낸 아로마 혹은 부케이거나 후각수용체의 주변 기관에서 감지한 입 안의 느낌이나 질감이다.

와인의 질감
라이트 바디: 스킴밀크(탈지유) 느낌
미디엄 바디: (지방질을 제거하지 않은) 전유 ____ 느낌
풀 바디: (유지가 다량 함유된) 생크림 느낌

미각과민증, 미각감퇴증, 미각상실은 드문 병이며, 알고 보면 후각상실인데 미각상실로 착각하기 일쑤다.

하루 동안에도 후각 능력이 변한다는 과학적 증거는 없지만, **대다수 와인 메이커와 와인 전문가들은 다른 때보다 아침에 감각이 더 예민하고 미각이 예리하다고 믿는다.** 내 경우에도 와인을 평가할 때는 오전 11시 무렵을 선호한다. 한편 어떤 이들은 약간 배가 고플 때 시음하길 좋아한다. 그때가 더 민감해지는 것 같다는 것이다. 여러분도 자신의 적당한 주기를 찾아보기 바란다.

냄새와 맛을 동시에

최근의 연구 결과, 미각은 혼자 작동하는 경우가 드물다는 사실(와인 시음가들은 이미 수세기 전부터 알았던 사실이다)을 뒷받침하는 새로운 증거가 밝혀졌으며, 후각만이 유일한 이중 체제라는 점에 대한 최초의 과학적 증거도 나왔다. 인간은 종종 코와 입으로 동시에 공기를 들이마시는 식으로 냄새 맡으면서 냄새를 더욱 복합적으로 느낀다.

냄새는 다음의 두 경로를 통해 후각수용체에 도달한다.

정비측 자극 Orthonasal stimulation 향화합물(냄새)이 '외비공(콧구멍)'을 통해 후각망울에 이른다.

후비측 자극 Retronasal stimulation 향화합물이 입 안(목 안쪽의 기도)에 있는 '내비공'을 통해 후각망울에 이른다. 그래서 코를 틀어막아도 강한 치즈 냄새가 입을 타고 들어올 수 있다. 후각수용체를 자극하는 분자들이 입 안에서 떠다니다가 내비공으로 올라가 후각망울에 있는 뉴런을 자극하기 때문이다.

과학 잡지 〈뉴런〉 최신호에 초콜릿 냄새가 코를 통해(정비측을 거쳐) 후각계에 이를 때와 입을 통해(후비측을 거쳐) 후각계에 이를 때, 서로 다른 뇌의 영역을 자극한다는 연구 결과가 실린 적이 있다. 이 연구에 따르면, 코를 통해 냄새를 감지하면 음식의 섭취 가능성을 판단하는 데 유리하고, 입을 통해 감지하면 음식의 조리법을 판단하는 데 도움이 된다고 한다.

후각 능력

전문가들의 공통된 견해에 따르면, 인간은 뇌질환이나 뇌손상 같은 드문 경우를 제외하고는 비교적 비슷한 후각 능력을 타고나며, 다만 냄새를 구별해내는 능력이 사람에 따라 다를 뿐이라고 한다. 대체로 여성은 평생에 걸쳐 남자보다 냄새를 감지하고 구별하는 능력이 앞선다. 아직 명백한 이유는 밝혀지지 않았으나, 여성은 아이를 임신하고 키우는 막중한 책임이 있어서 배우자를 선택하는 것부터 가족을 돌보는 일까지 모든 것을 지원하는 수단으로 예리한 후각을 키우게 된다는 것이 이론가들의 주장이다.

후각및미각치료연구재단Smell & Taste Treatment and Research Foundation의 앨런 허슈 박사와 모넬화학감각연구소Monell Chemical Senses Center의 전문가들은 생애 주기에 따른 후각의 변화를 설명함으로써 후각의 진보와 퇴보에 대해 다음과 같은 새로운 해명을 제시했다.

엄마 뱃속의 아기는 태반을 통해 혈액을 공급받는다. 이를 통해 출생 시 엄마를 알

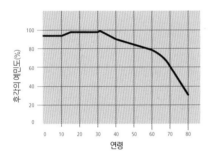

후각및미각치료연구재단에서는 **여성과 남성에게 흥미를 유발하는 냄새가 다음과 같이 서로 다르다**고 발표했다.

흥미 유발 냄새

여성	남성
베이비 파우더	계피 롤빵
견과가 들어간 바나나 빵	도넛
초콜릿	라벤더
오이	감초
사탕	호박파이
라벤더	

흥미를 잃게 하는 냄새

여성	남성
바비큐용숯 연기	발견되지 않았음!
체리	
남자 화장수	

후각의 예리함은 32세 무렵에 최절정기를 맞는다.

성별 **미각 과민자들**의 비율은 여성과 남성이 각각 35%와 15%다.

아볼 수 있게 하는 냄새를 받는 한편 엄마가 먹거나 마시는 것에 대한 음식 기호가 발달하기도 한다. 출생 후에 영아는 엄마 젖을 통해 음식의 맛과 냄새를 감지한다. 그러면서 단것을 좋아하고 쓴것을 싫어하는 기호가 생긴다.

아이들은 자라면서 여러 가지 다른 냄새를 인식하고 기억하는 능력도 발달한다. 특히 정서적인 사건과 연관된 냄새들을 잘 인식하고 기억한다. 대체로 냄새를 말로 표현하는 것은 힘들어하지만 평생에 걸쳐 이어질 감각적·정서적 인상을 형성해나간다. 예를 들어 정원에서 엄마와 함께 장미 냄새를 맡는 경우와 처음 장미꽃 냄새를 맡은 경우는 훗날 그 냄새를 맡을 때의 느낌에 확연히 다른 영향을 미친다.

사춘기는 남성과 여성 모두 후각이 가장 예민해지는 시기인데, 여성은 생리를 시작할 무렵부터 훨씬 더 예민해진다. 이렇게 고도로 예민해진 후각은 가임 기간 동안 이어진다. 성인기에 들어서도 냄새를 구분하는 능력은 여성이 남성보다 월등하다. 그래서 여성들은 즐겁고 강렬한 냄새에는 더 후한 평가를 하고 불쾌한 냄새에 대해서는 낮은 평가를 한다. 여성의 후각은 배란기나 임신 중에 더 예민해진다.

남성과 여성 모두 35~40세에 서서히 후각의 예리함을 잃어간다. 하지만 냄새를 판별하고 기억하는 능력은 평생에 걸쳐 계속 향상될 수 있다. 65세에 접어들면 2명 중 1명꼴로 후각 능력이 평균 33% 하락한다. 더 나이가 들어 65세가 넘으면 4명 중 1명이 후각 능력을 상실한다. 80세쯤 되면 대다수가 후각 능력의 50%를 상실한다.

미각 능력별 유형

자넷 짐머만이 논문 〈부엌의 과학, 맛과 질감Science of the Kitchen: Taste and Texture〉에서 밝힌 바에 따르면, 미각 능력에 따라 구분할 때 전체 인구의 약 4분의 1이 '무력자'에 해당되고 절반은 '정상인'이며 4분의 1은 '과민자'라고 한다. 과민자는 미뢰 수가 정상인에 비해 상당히 많으며 무력자는 과민자와 정상인보다 미뢰 수가 적다. 세 그룹별 평균적인 미뢰 수를 보면, 무력자는 1cm²당 96개이고, 정상인은 184개이며, 과민자는 무려 425개다.

무력자는 까다로운 것이 아니라 다만 먹는 것과 마시는 것에 대한 관심과 흥미가 상대적으로 약한 것 같다. 가장 많은 사람이 해당되며 서로 간에 동질성이 가장 약한 정상인 그룹은 개인적 성향이 저마다 다르긴 하지만, 세 그룹 중 즐기는 음식과 음료의 폭이 가장 넓으며 먹고 마시는 일을 가장 즐겁게 여긴다.

과민자는 모든 맛을 더 강하게 느끼는 경향을 보인다. 단것은 더 달게, 쓴것은 더 쓰게 느껴서 대부분의 음식과 알코올을 비롯한 음료의 맛을 불쾌할 만큼 강하게 느낀다.

냄새와 맛에 대한 취향

인종별, 문화별로 냄새와 맛에 대한 능력, 지각, 취향 등에 차이가 나는 이유는 뭘까? 모넬화학감각연구소의 인류학자 클로디아 담휘스Claudia Damhuis에 따르면, 냄새에 대한 관념 및 취향은 선천적인 경우는 일부(예컨대 썩은 음식 냄새에 대한 혐오감 등)일 뿐이며 대부분은 학습되는 것이라고 한다.

학습의 방식

냄새에 대한 취향뿐만 아니라 냄새를 구별하고 지각하는 능력도 환경, 문화, 관습, 배경, 여러 사회문화적 요소 등 수많은 변수를 통해 암묵적으로나 명시적으로 학습된다. 냄새에 대한 취향에서 문화적 차이를 유발하는 요소로는 다음과 같은 것들이 있다.

- 신장, 분비샘의 유무 같은 인종마다 다른 신체적 차이
- 위생 습관의 차이
- 문화적 규범과 예법에 따른 냄새의 수용과 거부
- 특정 냄새에 대한 친밀성
- 특정 냄새에 기인하는 역할이나 기능
- 음식을 준비하는 과정과 그에 관련된 후각적 경험 및 연상에서 나타나는 문화적 차이
- 냄새에 대한 관념과 연상을 표현하는 언어의 정밀성

보편적인 취향

자연, 인간, 문명, 음식, 음료 등과 관련된 냄새가 여러 민족 사이에서 보편적 연상 작용을 일으키기도 한다. 〈내셔널 지오그래픽〉과 모넬화학감각연구소에서 냄새를 초점으로 삼아 세계적 규모의 조사를 실시해본 결과, 배설물과 체취, 부패 중인 물질, 메르캅탄(가스는 본래 색깔도 냄새도 없기 때문에 누출됐을 때 쉽게 알 수 있도록 불쾌한 냄새가 나는 부취제를 넣는데, 메르캅탄은 천연가스에 부취제로 첨가되기도 한다)의 냄새에 대해서는 9개 지역이 똑같이 불쾌감을 연상시켰다.

그러나 식물, 라벤더, 아세트산아밀(바나나 냄새), 갈락소라이드(인공 사향), 유제놀(인공 정향)을 비롯한 대부분의 냄새는 유쾌한 냄새로 분류되었다.

문화적 차이

생리적 조건, 환경, 식습관, 언어는 모두 문화적 취향에 영향을 미치는 요소다. 아시아인들이 엄마 젖 냄새와 맛까지 비슷한 유제품보다 콩을 더 선호하는 것은 아시아

미각 과민자에게 타닌이 함유되어 있고 알코올 함량이 높은 와인은 너무 쓰게 느껴질 수 있다. 따라서 카베르네 소비뇽 같은 와인은 입맛에 맞지 않을 것이다. 단맛이 조금이라도 있는 와인 역시 싫어할 것이다. 반면 미각 무력자는 타닌이나 알코올 도수에 별로 개의치 않으며, 달콤한 와인이 가장 입맛에 맞을 것이다.

라이얼 왓슨이 《낌새를 맡는 또 하나의 코 야콥슨 기관Jacobson's Organ and the Remarkable Nature of Smell》에서 기술한 바에 따르면, 인간의 피부 2㎠당 300만 개의 땀샘이 분포되어 있다고 한다. 그런데 유럽 및 아프리카계 인종은 겨드랑이에 아포크린 땀샘이 대거 몰려 있는 반면, **아시아계 인종은 비교적 적은 편으로 겨드랑이에 땀샘이 아예 없는 경우도 있다.** 일례로 일본인의 90%는 암내가 없다. 그래서 일본인들은 19세기에 유럽의 무역상들을 처음 접촉했을 때 그들에게서 '바타 쿠사이バタ臭い', 즉 '고약한 버터 냄새'가 난다고 말했다. 한편 프랑스인들은 자신들의 체취에 빠져 있었다. 실제로 나폴레옹은 조세핀에게 보낸 편지에 이렇게 썼다. "내일 저녁이면 파리에 도착하오. 씻지 말고 있으시오."

흔히 **스컹크 같은 고약한 냄새**가 난다고 표현되는 메르캅탄은 발효 중에 자연스럽게 생기는 부산물이다. 이 냄새는 와인 양조 시 통풍을 하면 제거할 수 있다.

칠리페퍼같이 인기가 높아져서 다른 문화권으로 빠르게 퍼지는 음식이 있는가 하면, 그다지 호감을 사지 못해 그 문화권의 음식으로만 남는 음식도 있다. 한국의 김치, 노르웨이의 루트피스크(알칼리용액에 훈제하여 젤라틴에 가깝게 만든 마른 대구요리-옮긴이), 미국 서부의 프레리 오이스터(날계란의 노른자에 소금, 후추, 식초 등을 친 숙취해소용 음료-옮긴이), 와인 세계에서는 그리스의 **나무 송진내가 나는 와인인 레치나**retsina가 그런 경우다.

영국의 와인 전문 작가들은 와인의 아로마를 묘사할 때 간혹 '구스베리gooseberry'라는 말을 사용하지만, **미국인들은 대부분 구스베리에 친숙하지 않아**서 어떤 냄새인지 제대로 감을 잡지 못한다.

문화권에서 향이 강한 치즈를 질색하는 원인일 수 있다.

실제로 아시아계 미국인 사회나 가족 또는 개개인의 경우 이런 관습을 얼마나 고수하느냐 또는 현지 관습을 얼마나 채택하느냐에 따라 혐오감을 나타낼 수도 있고 나타내지 않을 수도 있다.

문화 간의 차이란 자신들의 냄새를 좋은 냄새, 우유 비린내 냄새, 썩은 냄새, 오줌 냄새, 신 냄새의 다섯 범주로만 분류해놓은 세네갈의 세러 앤더트Serer N'Dut의 조사에서 나타나듯이 환경적인 차이일 수도 있다.

아니면 서로 다른 문화권인 프랑스, 베트남, 미국 간의 공동 조사에서처럼 조사 참가자들의 냄새 분류가 각국 사이의 언어적 분류와 일치하지 않은 것처럼 언어적 차이일 수도 있다.

맛과 냄새의 공용어를 찾아서

'냄새'는 인간의 가장 원시적이고도 가장 강한 감각인 후각에게는 다소 부족한 단어다. 우리의 후각이 지각하는 영역은 우리 자신의 냄새(먹고 마시는 것이 곧 그 사람이다)뿐만 아니라 주위의 온갖 냄새까지 광범위하기 때문이다. 와인 시음가들은 오랜 시간에 걸쳐 공통의 언어를 착안해냄으로써 활기 있고 뚜렷한 감각들이 기억, 기대, 연상, 개인적 취향을 만나는 교차점을 음미하도록 많은 기여를 해왔다.

빛깔이 그러하듯 아로마 역시 근본적으로 여러 부분으로 분류되며 이러한 부분들이 서로 어우러지면서 와인이라는 웅장한 교향곡을 만들어낸다. 앤 노블Ann Noble의 와인 아로마 휠Wine Aroma Wheel을 예로 들면 과일 계열 아로마를 기본적으로 시트러스류, 베리류, 나무과일류, 열대과일류, 건과일류, 통조림 과일류로 나눠 분류해놓고 있다. 과일 계열 외에 견과류 계열, 캐러멜화(당류가 일으키는 산화 반응 등에 의해 생기는 현상으로 요리에 고소함과 진한 색의 원인이 되는 중요한 현상-옮긴이) 계열, 나무 계열, 흙 계열, 화학물 계열, 꽃 계열, 얼얼한 자극성 계열, 향신료 계열의 아로마에 대한 분류도 잘 정리되어 있다. 와인의 묘사에 유용한 단어에 대해 더 자세히 알고 싶다면 106~107쪽의 표를 참조하길 권한다.

하지만 두 사람이 똑같은 식으로 냄새를 지각하는 경우는 없다. 냄새를 맡는다는 것은 개인차가 크며 경험에 따라 다르기 마련이다. 다음은 우리 두 사람이 냄새를 느끼는 방식과, 냄새가 우리에게 어떤 의미인지를 전하고자 덧붙이는 말이다.

웬디는 '필리니 몽라셰'를 혼잣말로 되뇌곤 한다. 그 단어를 와인만큼이나 사랑하기 때문이다. 그렇게 하면 그 단어가 마치 귀환의 신호처럼 작용하여 그녀를 자기 자신에게 돌아가게 하며, 그녀가 사랑해 마지않는 시간과 장소, 와인과 그녀를 지탱시켜주는 인연들에게 마음을 모으도록 해준다.

나는 좋아하는 와인 중 특별한 빈티지를 한 잔 따라서 현관으로 나가 밤하늘을 쳐다본다. 한 모금 마실 때마다 내가 윈도우즈온더월드에 대해 소중히 여기고 기리는 모든 것이 구체화된다. 그것이 별을 올려다보는 이유이기도 하다.

우리 두 사람은 여러분이 이러한 와인이나 증류주를 찾길, 그로써 얻은 느낌을 다른 사람들과 공유해보길 바란다. 그리고 여러분의 건강과 행복을 위하여, 모든 감각을 동원해 와인과 삶을 음미하길 염원하며 건배를 든다!

챈들러 버는 《냄새의 제왕 The Emperor of Scent》에서 **유독 코를 톡 쏘는 부르고뉴의 치즈** 소맹트랭 Soumaintrain을 통해 문화적 취향을 다음과 같이 설명했다. "소맹트랭의 냄새에 대해서는 민족마다 반응이 다르다. 미국인들은 '맙소사!', 일본인들은 '지독해 죽겠군', 프랑스인들은 '어디에서 나는 빵 냄새지?'라고 한다."

와인의 아로마와 풍미

과일 계열		꽃 계열	캐러멜화 계열	견과류 계열	식물 계열		향신료 계열	
열대 과일류	바나나 구아바 허니듀 멜론 리치 망고 패션프루트 파인애플	아카시아 캐모마일 제라늄 산사나무꽃 히비스커스 아이리스 재스민 라벤더 라일락 린덴 오렌지꽃 모란 포푸리 장미 제비꽃 야로우(야생화)	밀랍 브리오슈 버터스카치 캐러멜 초콜릿 꿀 맥아 당밀 토피 화이트 초콜릿	아몬드 비스킷 헤이즐넛 호두	생허브류	회양목 딜 유칼립투스 풀 민트 타임	달콤한 향신료류	계피 징향 바닐라
시트러스류	자몽 레몬 라임 오렌지				말린 허브류	홍차 녹차 건초 담배	얼얼한 향신료류	아니스 후추 생강 감초 당귀 육두구
나무과일류	사과 살구 엘더베리 청사과 복숭아 배				생채소류	피망 할라피뇨 햇볕에 말린 토마토 토마토		
볶은 과일류	체리 라즈베리 레드커런트 딸기				조리 채소류	아티초크 아스파라거스 그린빈 통조림 완두콩		
검은 과일류	블랙베리 블랙체리 블랙커런트 플럼							
건과일류	대추 말린 살구 말린 무화과 프루트케이크 말린 자두 건포도							

광물질 계열	나무 계열		생물 계열		유제품 계열	화학물 계열	
부싯돌	삼나무		동물 관련	쥐를 연상시키는	버터	자극성 관련	네일 리무버 (아세트산에틸)
자갈	이끼			말을 연상시키는	크림		식초 (아세트산)
강가의 돌멩이	참나무			젖은 개			
석판	소나무			젖은 양털		황 관련	태운 성냥
돌	송진		토양성 관련	치즈 같은			익힌 양배추
	백단향			숲의 바닥			마늘
	훈연류	베이컨		버섯			천연가스 (메르캅탄)
		커피		간장			썩은 계란 (황화수소)
		가죽	우유 관련	사우어크라우트			고무
		타르		땀냄새 같은			스컹크
		토스트		요거트			이산화황
			효모 관련	빵 효모		석유 관련	디젤
				붕대			등유
				빵			플라스틱

전문적인 와인 시음가들은 와인의 아로마, 부케, 풍미, 맛을 표현하기 위해 수백 개에 이르는 단어를 동원한다. 그 표현 중에는 별 이상한 소리 같은 것들도 더러 있지만 이 표의 묘사어는 어린 와인이나 오래된 와인, 화이트 와인이나 레드 와인 등 모든 와인에 적용될 만한 것들이다. 대다수 와인은 이 가운데 세 가지 정도만의 특징을 띠고 일부 묘사어는 해당 사항이 없는 경우가 보통이니 묘사어 전체를 일일이 살펴볼 필요는 없다. 이 묘사어들을 전부 다 알아놓을 필요도 없다. 다만, 와인을 맛보다 보면 쉽게 접하게 될 만한 비교적 보편적인 특징들을 맛보기 차원에서 봐두면 된다.

와인 시음

와인 전문서를 읽으면 와인을 이해하는 데 도움이 되긴 한다. 하지만 와인을 제대로 이해하기 위한 가장 좋은 방법은 가능한 한 많은 와인을 맛보는 것이다. 와인의 지식을 늘리려면 책을 읽는 것이 좋지만, 즐거움과 실용성 면에서는 시음이 책보다 더 유익할 것이다. 결국 책도 보고 시음도 하는 것이 가장 좋은 방법이다.

와인 시음은 기본적으로 '색깔 보기', '스월링', '냄새 맡기', '맛보기', '음미' 이렇게 다섯 단계로 이뤄진다.

색깔 보기

와인 색깔을 구분하는 가장 좋은 방법은 하얀색 배경, 이를테면 흰 냅킨이나 식탁보 따위에 와인잔을 비스듬히 대보는 것이다. 물론 기준이 되는 색깔은 시음하는 와인이 화이트 와인인지 레드 와인인지에 따라 다르다.

다음은 화이트 와인과 레드 와인의 색상표로, 위에서 아래로 갈수록 더 오래된 와인 색이다.

화이트 와인		레드 와인
흐린 연두색		심홍색
담황색		진홍색
황색		적색
황금색		
적황색		붉은 벽돌색
황갈색		적갈색
마데라이즈드		
갈색		갈색

색깔에는 와인에 대한 많은 정보가 담겨 있다. 예를 들어 화이트 와인이 유독 짙은 색깔을 띨 경우엔 다음의 세 가지 이유 때문이다.

1. 오래된 경우.

2. 포도 품종 때문인 경우. 포도 품종이 다르면 와인 색깔도 다르게 나타난다. 예를 들면, 샤르도네가 소비뇽 블랑보다 더 깊은 색깔을 띤다.

3. 나무통에서 숙성된 경우.

강의를 진행해보면 어떤 수강생들은 화이트 와인의 색을 옅은 연두색이라고 말하는 반면 또 어떤 수강생들은 황금색이라고 말하는 경우가 흔하다. 다들 같은 와인을 마시면서도 색깔에 내한 인식이 서마다 다르다. 그렇다고 누가 옳고 그르다고 말할 수는 없다. 인식은 주관적인 것이기 때문이다. 이처럼 색깔을 보는 것에서도 저마다 인식이 다르니 실제로 와인을 시음할 때는 어떠하겠는가!

스월링(잔 돌리기)

잔을 돌리는 이유는 와인에 산소를 공급해 맛과 향이 더 발산되게 하기 위한 것이다. 와인잔을 휘휘 돌리면 에스테르, 에테르, 알데히드가 나와 산소와 결합하여 와인의 부케가 발산된다. 즉, 와인을 공기에 노출시킴으로써 더 풍성한 아로마를 발산시킨다. 와인잔 위쪽에 손을 가져다 댄 상태에서 잔을 돌려주면 부케와 아로마가 더욱더 풍성하게 발산된다.

냄새 맡기

냄새 맡기야말로 와인 시음에서 가장 중요한 부분이다. 사람은 다섯 가지 맛, 즉 단맛, 신맛, 쓴맛, 짠맛, 감칠맛밖에 느낄 수 없다. 하지만 후각의 경우 인간이 맡을 수 있는 냄새는 2000가지가 넘으며 와인에서 맡을 수 있는 냄새도 200가지 이상이다. 와인잔을 스월링하여 부케를 발산시켰다면 이제 최소한 세 번 정도 와인의 냄새를 맡아볼 차례다. 세 번째 냄새를 맡을 때는 첫 번째 냄새를 맡았을 때보다 더 많은 정보를 얻을 것이다.

와인에서 어떤 냄새를 맡을 수 있는가? 어떤 유형의 노즈가 나는가? 냄새는 시음 과정에서 가장 중요한 단계인데도 대부분의 사람이 냄새 맡기에 시간을 충분히 할애하지 않는다.

와인의 노즈를 정확히 구분하게 되면 특정한 특성을 감별하는 데 유용하다. 나는 와인의 냄새를 묘사할 때 주관적인 표현은 피하고 싶어서 프랑스의 부르고뉴 화이트 와인의 향이 난다는 식으로 말한다. 하지만 대다수 사람은 이런 식의 묘사에 아쉬워한다. 더 구체적으로 듣고 싶어 한다. 그러면 나는 수강생들에게 스테이크와 양파에서 어떤 냄새가 나느냐고 물어본다. 수강생들은 이렇게 답한다. "스테이크와 양파 냄새요." 이제 내가 말하려는 요점을 이해하겠는가? 자신이 좋아하는 와인 스타일을 파악하는 데 가장 좋은 방법은 포도 품종별 냄새를 '기억'해두는 것이다. 화

'아로마'는 포도 자체의 향을 말하고 **부케**는 와인의 총체적인 향을 가리킨다. 와인 시음가들은 와인의 이런 부케와 아로마를 합해 '노즈'라고 통칭한다.

내가 가장 좋아하는 와인 향은 보통 20년 넘은 오래된 와인에서 나는 향이다. 그 향을 한마디로 '낙엽' 냄새라고 표현하고 싶다. 정말로 낙엽 냄새 그윽한 그런 가을의 향이라고.

이트 와인의 경우, 대표 품종인 샤르도네, 소비뇽 블랑, 리슬링 세 가지만 기억해두면 된다. 각각의 차이를 구분할 수 있을 때까지 냄새를 몇 번이고 맡고 또 맡아보라. 레드 와인은 좀 더 까다롭지만, 이 역시 세 가지 대표 품종을 꼽을 수 있다. 바로 피노 누아르, 메를로, 카베르네 소비뇽이다. 미사여구를 이용하지 않은 채 그 냄새 자체를 기억하려고 애쓴다면 내 말이 이해될 것이다.

그래도 여전히 자신 없어 하는 독자가 있을까 봐 와인을 묘사하는 데 통상적으로 활용되는 500여 개의 단어 리스트에서 몇 가지만 발췌해보았으니 참고해보라.

가벼운light	갈변maderized	감칠맛이 나는rich
갓 구운 빵 냄새가 나는yeasty	거친austere	견과 맛nutty
고혹적인seductive	균형 잡힌balanced	금속성의 맛metallic
기운 없는tired	깊이가 엷은thin	나무향이 나는woody
나쁜 냄새off odors	넝쿨 냄새stalky	노즈nose
뒷맛aftertaste	떫은astringent	맛이 강한hard
바닐라향vanilla	바디body	부케bouquet
생기 있는bright	산화된oxidized	숙성된mature
시큼한tart	신acetic	신맛이 부족한flat
싱싱한fresh	씁쓸한bitter	아로마aroma
어린young	여운finish	영롱한pétillant
와인의 다리legs	유황의sulfury	진전(숙성)된developed
짧은short	코르크향이 밴corky	타는 듯한hot
탄 빵 같은baked-burnt	특성character	포도향이 나는grapey
풋풋한green	흙냄새가 나는earthy	

이 리스트의 와인 묘사어들을 더 많이 일고 싶다면 106~107쪽을 참조하기 바란다.

후각을 통해서는 와인의 결점도 감지할 수 있다.

와인에서 맡을 수 있는 안 좋은 냄새 몇 가지를 소개하면 다음과 같다.

냄새	원인
식초 냄새	와인에 초산이 과다 함유됨
셰리향	산화
눅눅한 곰팡이 냄새 (지하실 냄새 같은)	불량 코르크 (이런 와인을 보통 '코르키드 와인'이라고 부른다)
유황 냄새(성냥 타는 냄새)	이산화황이 과다 함유됨

어떤 냄새나 맛을 **그 냄새와 맛에 딱 들어맞는 말로 표현하기**란 인생에서 가장 어려운 도전으로 꼽을 만한 일이다.

버나드 클렘Bernard Klem이 펴낸 《와인스피크 WineSpeak》에 보면 **와인 시음과 관련된 표현 3만 6975개**가 실려 있다. 이렇게나 많은 표현이 있다니 놀랍지 않은가?

산소는 와인의 가장 좋은 친구가 될 수도 있지만 최악의 적이 될 수도 있다. 소량의 산소는 (스월링할 때처럼) 와인 냄새가 발산되도록 해주지만, 산소에 오래 노출되면 오히려 와인에 해가 되며 특히 오래된 와인일수록 더하다. 한편 스페인산의 정통 셰리는 적절한 통제하에 산화를 시키는 양조 방식에 따라 만들어지는 와인이다.

이산화황은 사람에 따라 민감도가 다르며, 대부분의 사람에게는 부작용이 없지만 천식이 있는 사람에게는 문제가 될 소지가 있다. 미국에서는 아황산염에 민감한 이들을 보호하기 위해 규정된 연방법에 따라 와인을 출시할 때 라벨에 아황산염이 들어 있다는 경고문을 명시한다. 한편 모든 와인에는 일정량의 아황산염이 들어 있는데 이 아황산염은 발효 과정에서 자연스럽게 생기는 부산물이다.

맛보기

와인을 맛볼 때 그냥 한 모금 마셨다가 바로 삼키고 마는 사람들이 많은데 이것은 맛을 보는 것이 아니다. 제대로 맛을 보려면 미뢰를 활용해야 하며 미뢰는 입 전체에 퍼져 있다. 혀의 양면과 밑과 끝에, 목 안쪽에까지 뻗어 있다. 그런데 와인을 들이켜고 바로 삼켜버리는 것은 그 중요한 미각수용체를 무시하는 셈이다.

와인을 맛볼 때는 와인을 입 안에 3~5초 정도 머금고 있다가 삼키길 권한다. 그러면 와인이 데워지면서 부케와 아로마에 대한 신호들이 콧구멍을 타고 뇌의 후각 영역인 후각망울에 닿았다가 다시 대뇌변연계로 옮겨간다. 냄새가 시음의 90%를 차지한다는 사실을 명심하자.

와인을 맛볼 때 생각해야 할 요소들

와인을 맛볼 때는 와인의 가장 두드러진 맛과 그런 맛에 대한 자신의 민감성에 유의하라. 그런 맛이 혀나 입의 어느 부분에서 느껴지는지도 파악하라. 앞서도 언급했듯이 사람은 단맛, 신맛, 쓴맛, 짠맛, 감칠맛만 감지할 수 있는데 와인에는 짠맛이 없으니 네 가지 맛만 살펴보면 된다. 와인의 쓴맛은 보통 알코올과 타닌의 높은 함량으로 인해 생성된다. 단맛은 잔당이 남아 있는 와인에서만 난다. '시큼한 맛'으로도 표현되는 신맛은 와인의 산도를 가리킨다.

단맛 혀끝에서 가장 민감하게 감지된다. 와인에 단맛이 조금이라도 있다면 바로 감지해낼 수 있다.

산도 혀의 양옆, 볼과 목 안쪽에서 감지된다. 일반적으로 화이트 와인과 비교적 가벼운 스타일의 레드 와인은 산도가 높다.

쓴맛 타닌이 많이 함유되어 있고 알코올 도수가 높은 와인에서 느껴지는 맛으로 혀 안쪽에서 감지된다.

타닌 타닌에 대한 지각은 혀의 중간 부분에서 시작된다. 타닌은 흔히 나무통에서 숙성된 화이트 와인이나 레드 와인에 들어 있다. 너무 어리면 와인의 타닌은 입 안이 마르는 듯한 느낌을 준다. 와인에 타닌이 너무 많으면, 타닌이 입 전체를 덮어버려 과일맛을 느끼지 못하게 한다. 타닌은 미각이 아니라 촉각으로 느낀다!

과일향 및 포도 품종 특유의 특성 이것은 미각이 아니라 후각으로 느끼는 것이다. 혀의 중간에서 과일의 무게감이나 바디를 감지하게 된다.

뒷맛 와인의 전반적인 맛과 성분의 밸런스가 입 안에 남아 있게 된다. 그런 밸런스가 얼마나 오래 지속될까? 오랫동안 유쾌한 뒷맛이 남는 와인은 대체로 고품질이다. 뛰어난 와인은 대부분 1~3분쯤 후에도 뒷맛이 이어지면서 모든 성분이 조화를 이루고 있다.

음미

와인을 맛본 후에는 잠시 가만히 음미해보라. 방금 느낀 맛에 대해 생각하면서 느낌을 명확히 잡는 데 도움이 될 만한 다음의 질문을 자신에게 던져보라.

- 와인의 바디가 라이트인가, 미디엄인가, 풀인가?
- 레드 와인이라면 와인에 함유된 타닌이 너무 강하거나 떫지는 않은가?
- 화이트 와인이라면 산도가 어느 정도인가? 너무 약한가, 딱 좋은가, 과한가?
- (잔류 당분, 과일맛, 신맛, 타닌 중에서) 가장 두드러진 성분은?
- 성분의 밸런스가 얼마나 지속되는가?(10초, 60초 등)
- 마시기 좋게 숙성되었는가, 아니면 더 숙성시켜야 하는가?
- 어떤 음식이 어울릴 것 같은가?
- 자신의 취향에서 평가할 때 와인이 제 값어치를 하는가?
- 이번엔 가장 중요한 질문을 던져볼 차례다. 그 와인이 마음에 드는가? 당신의 스타일인가?

와인 시음은 화랑에서 작품을 둘러보는 것에 비유할 만하다. 화랑에 가면 이리저리 돌아다니며 그림을 본다. 어떤 작품이 맘에 드는지 안 드는지는 첫 느낌이 말해준다. 마음에 드는 작품을 발견하면 그 작품에 대해 더 많은 것을 알고 싶어진다. 화가가 누구일까? 작품 속에 감추어진 배경은 무엇일까? 어떻게 그려진 걸까? 등. 이런 궁금증은 와인의 경우에도 마찬가지다. 와인 애호가 역시 일단 마음에 드는 와인을 발견하면 그 와인에 관해 모든 것이 알고 싶어진다. 와인 메이커와 포도 품종, 원산지뿐만 아니라 블렌딩 와인이라면 블렌딩 내용도 궁금할 것이고, 와인에 얽힌 역사까지 알고 싶어진다.

쓴맛: 치커리나 아루굴라를 먹는 느낌이다.

타닌: 모래처럼 깔깔한 느낌을 준다.

시음 종류

수평 시음 같은 빈티지의 와인들을 시음하는 것

수직 시음 다른 빈티지의 와인들을 비교해보는 것

블라인드 테이스팅 와인에 대해 아무런 정보가 없는 상태에서 시음하는 것

세미블라인드 테이스팅 와인의 스타일(포도 품종)이나 원산지만 아는 상태에서 시음하는 것

"훌륭한 와인을 판가름하는 핵심 요소는 밸런스다. 맛이 좋을 뿐만 아니라 완벽하고 매력적이며 숙성의 가치가 있는 와인을 만들어내는 것은 바로 여러 성분 간의 총합이다."
– 피오나 모리슨M. W. Fiona Morrison

"가장 실천하기 힘든 일은… 교만함을 버리고 차이를 인정하는 일이다."
– 조지 세인츠버리George Saintsbury, 《셀러노트에 대하여Notes on a Cellar-Book》

훌륭한 와인을 탄생시키는 요소

성분의 밸런스
와인 음용자의 감성
장소의 분위기
풍미의 복잡미묘함
포도 품종의 특성

"훌륭한 와인은 또다시 맛보고 싶어지도록 마음을 끄는 뉘앙스, 놀라움, 섬세함, 느낌, 품질을 갖추고 있다. 바디가 충분치 않아서 마시고 싶지 않은 와인은, 너무 짧아서 읽기 싫은 책이나 너무 작아서 듣기 싫은 음악과 같다."
– 커밋 린치,《와인 루트를 따라서Adventures on the Wine Route》

와인의 기초 상식을 테스트해보고 싶다면 430쪽 문제를 풀어보기 바란다.

– 더 자세한 정보가 들어 있는 추천도서 –
마이클 브로드벤트의《휴대용 와인 시음 가이드Pocket Guide to Wine Tasting》
앨런 영의《와인 제대로 이해하기Making sense of Wine》
잰시스 로빈슨의《빈티지 타임차트Vintage Timecharts》

오감(시각, 청각, 후각, 미각, 촉각)을 다 느껴보려면 잊지 말고 잔을 부딪쳐 **가족과 친구들을 위해 건배하라.** 이 전통은 고대로부터 유래한 것이다. 그리스인들은 적에게 독살될까 봐 두려운 마음에 와인을 조금씩 나눠 마셨다고 한다. 누군가 와인에 뭔가를 집어넣었다면 그 자리의 모든 사람에게 짧은 밤이 될 테니까! 잔을 부딪치는 것은 다음 날의 숙취를 일으키는 '악귀'를 쫓아내기 위한 것이라는 설도 있다.

좋은 와인인지 아닌지를 어떻게 구분하는가?

좋은 와인이란 자신이 즐겁게 맛보는 와인이라고 정의 내릴 수 있다. 자신의 느낌이야말로 가장 정확히 와인을 감별할 수 있는 잣대다. 다른 이들의 취향을 무턱대고 따르지 말고 자신의 미각을 믿자.

와인의 음용 적기

와인의 모든 성분이 자기 고유의 취향에 맞게 밸런스를 이루고 있을 때가 마시기에 가장 좋은 시기다.

60초 와인 감별

나는 와인스쿨 수강생들에게 '60초 와인 감별' 시음 용지를 나누어주면서 와인을 맛보고 느낀 점을 적도록 한다.

이 60초 와인 감별은 15초 단위로 구성된 체계적인 시음법이니 여러분도 앞으로는 다음과 같은 식으로 시도해보길 권한다.

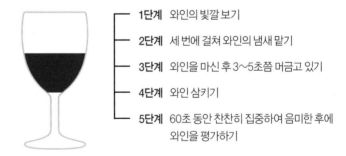

1단계 와인의 빛깔 보기
2단계 세 번에 걸쳐 와인의 냄새 맡기
3단계 와인을 마신 후 3~5초쯤 머금고 있기
4단계 와인 삼키기
5단계 60초 동안 찬찬히 집중하여 음미한 후에 와인을 평가하기

와인을 처음 맛볼 때는 미뢰에 충격이 가해지게 된다. 이는 와인에 함유된 알코올과 산 때문이며 더러는 타닌이 그 원인이 되기도 한다. 알코올이나 산 함량이 높을수록 더 큰 충격이 가해진다. 그러니 와인 시음 시 첫 모금에서는 입 안에서 굴려주기만 하며 성급히 맛을 평가하지 않는 것이 좋다. 첫 모금을 맛보고 나서 30초쯤 시간을 두었다가 다시 한 모금 더 맛보면서 그때 60초 와인 감별에 들어가면 된다.

0~15초 와인에 발효되지 않고 남은 당분(단맛)이 있다면 이때 느낄 수 있다. 단맛이 전혀 없다면 이때 가장 강하게 느껴지는 맛은 보통 신맛이다. 또한 과일맛의 정도와 신맛이나 단맛의 밸런스도 느낄 수 있다.

15~30초 단맛이나 신맛에 이어 이번엔 인상적인 과일의 풍미를 느껴볼 차례다. 어쨌든 그런 풍미야말로 우리가 와인이라는 술을 마시면서 궁극적으로 느끼고자 하는 바 아니겠는가? 자, 그다음으로 30초쯤 되면 이제는 모든 성분의 밸런스를 느껴볼 차례인데 바로 이때쯤 와인의 무게가 감지된다. 즉 바디가 라이트인지, 미디엄인지, 풀인지 구별된다. 비로소 이 와인이 어떤 음식과 잘 어울릴지 생각해볼 수 있는 시기에 이른 것이다(395~396쪽 참조).

30~45초 그 와인에 대한 나름의 판단을 슬슬 내려본다. 와인에 대한 판단을 내리는 데 늘 60초가 다 필요한 것은 아니다. 리슬링처럼 좀 가벼운 스타일의 와인은 이때가 제 모습을 드러내는 최적기다. 뛰어난 독일 리슬링이라면 과일맛, 신맛, 단맛이 이때부터 완벽한 조화를 이뤄야 한다. 우수한 레드 와인이나 화이트 와인이라면, 아주 강하게 느껴지는 성분인 신맛이 이때부터 과일맛과 밸런스를 이뤄야 한다.

45~60초 와인 전문 작가들은 여러 성분의 밸런스가 입 안에서 얼마나 오래 머무는지를 표현할 때 흔히 '길이length'라는 용어를 사용한다. 이 마지막 15초가 바로 이런 와인의 길이에 집중해볼 순간이다. 보르도, 론 밸리, 캘리포니아, 이탈리아의 바롤로와 바르바레스코에서 양조된 풀 바디의 강한 레드 와인을 맛보는 경우라면 와인의 타닌 정도에 집중해봐야 한다. 이는 몇몇 풀 바디의 샤르도네를 마실 때도 예외가 아니다.

처음 30초 동안 가장 관심을 가져야 할 부분이 신맛과 과일맛의 밸런스라면 마지막 30초 동안에는 타닌과 과일맛의 밸런스에 주목해야 한다. 60초가 되었을 때 과일맛, 타닌, 신맛이 모두 밸런스를 이루고 있다면 그 와인은 마시기 적절한 시기에 이른 것이다. 반면 타닌이 과일맛을 압도한다면 지금 마셔야 할지 더 숙성시켜야 할지를 고민해볼 만하다.

와인의 맛을 제대로 음미하고 싶다면 적어도 1분을 할애하여 와인의 모든 성분에 집중해봐야 한다. 단, 여기에서 말하는 60초라는 시간은 와인에 대한 평가를 내리기 전에 기다려야 할 최소한의 시간을 뜻한다. 훌륭한 와인 중에는 120초가 지나서까지 계속 밸런스를 유지하는 와인도 많다. 나에게 지금껏 맛본 최고의 와인을 꼽으라면 3분이 지나도록 모든 성분의 밸런스가 완벽하게 어우러지면서 여운이 이어지던 와인을 들겠다!

나는 어떤 와인 스타일이 맘에 드는지 안 드는지를 45~60초 사이에 결정한다.

"와인은 최고의 음료다. 물보다 순수하고 우유보다 안전하며 청량음료보다 산뜻하고 독주보다 순하며 맥주보다 생기 넘칠 뿐 아니라 우리 인간이 알고 있는 어떤 음료보다 예리한 시각, 후각, 미각에 큰 즐거움을 주기 때문이다."

– 안드레 사이먼, 작가 겸 와인앤푸드소사이어티 창설자

CLASS 1

미국의 와인과
캘리포니아의 레드 와인

미국의 와인 산업 ✽ 캘리포니아 와인의 기초상식 ✽ 캘리포니아의 주요 적포도 품종 :

카베르네 소비뇽, 피노 누아르, 진판델, 메를로, 시라

미국의 와인 산업

지난 50년 사이에 미국의 와인 소비량은 3배로 뛰었고 미국인의 약 30%는 일주일에 최소한 한 잔의 와인을 마시고 있다. 미국인들은 국내에서 생산되는 와인을 선호하기 때문에 미국인들이 소비하는 모든 와인의 4분의 3 이상이 미국산이다. 한편, 미국의 와이너리 수는 20여 년 사이 3배로 늘어나 이제 그 수가 1만 개를 넘어섰으며, 미국 역사상 처음으로 50개 주 전역에서 와인이 생산되고 있다. 미국 시장에서 미국 와인의 지배력이 이토록 높은 점을 감안하면 잠시 미국의 와인 양조에 대해 자세히 살펴보는 것도 좋을 듯하다. 미국에서의 와인 산업을 '신생'산업이라고 생각하는 이들이 많지만, 그 뿌리를 짚어보면 약 400년 전으로 거슬러 올라간다.

미국의 초창기 와인

순례자들과 초기 개척자들은 미국에 발을 디딘 초반기부터 식사에 와인을 곁들여 마시는 것이 습관화되어 황무지에서 자라고 있는 포도나무들을 발견했을 때 매우 기뻐했다. 검소하고 자립적이던 그들은 자신들이 발견한 품종들(주로 비티스 라브루스카)을 보고는 직접 와인을 만들 수 있겠고, 비싼 유럽산 와인에 의존하지 않아도 되겠다고 생각했다. 그들은 자생종 포도나무를 재배하여 포도를 수확한 뒤 최초의 미국 와인을 만들었다. 그러나 그 빈티지의 풍미는 유럽의 포도로 빚은 와인과는 완전히 달랐다(무척 실망스러운 맛이었다). 결국 유럽에서 비티스 비니페라종 포도나무의 꺾꽂이용 가지를 주문하면서, 수백 년 전부터 세계 최상급 와인을 만드는 데 쓰여온 품종인 비티스 비니페라를 들여오게 되었다. 주문한 지 얼마 후 꺾꽂이용 어린 가지

미국의 와인 소비량 변화

1970년: 2억 6700만 갤런

2020년: 10억 갤런

포도는 미국에서 **가장 가치가 높은** 과일 작물이다.

레이프 에릭손 Leif Eriksson은 북아메리카를 발견한 뒤 그곳을 '**바인랜드**Vineland'라고 명명했다. 이런 사실이 말해주듯 북아메리카에는 자생종 포도나무가 다른 어떤 대륙보다 많았다.

들을 실은 배가 도착하자, 개척자들은 힘들게 번 귀한 돈으로 구입한 새 품종의 포도나무를 정성껏 심고 길렀다. 북아메리카의 토양에서 자란 유럽산 포도로 만들어진 첫 와인을 맛볼 날을 손꼽아 고대했다. 하지만 들인 정성이 무색하게도 제대로 자란 유럽산 포도나무는 거의 없었다. 대부분의 포도나무가 시들시들하다 죽고, 살아남은 나무도 열매를 거의 맺지 못했다. 그나마 얻은 빈약한 수확량으로 애써 와인을 만들어보았으나 품질이 아주 형편없었다. 초기 개척자들은 추운 기후를 탓했으나, 오늘날 밝혀진 바에 따르면 들어온 유럽의 포도나무들이 신대륙의 식물병과 해충에 대한 면역력이 부족했던 탓이었다.

식민지 개척자들이 해충과 질병에 대한 현대의 방제법을 이용했더라면 비티스 비니페라종 포도는 오늘날과 같이 잘 자랐을 것이다. 그러나 그 뒤로 200년 동안 개량 없이 그대로 혹은 자생종과의 교배를 통해 비티스 비니페라종을 정착시키려는 식의 시도가 이어졌고 매번 실패로 끝났다. 북동부 및 중서부의 재배자들은 달리 방법이 없자, 다시 북아메리카 자생 포도나무인 비티스 라브루스카를 심음으로써 소규모 와인 산업을 겨우겨우 이어나갔다.

결국 비싼 가격에도 불구하고 여전히 유럽 와인이 선호되었다.

미국에 와인 산업을 정착시키려는 초창기의 시도가 실패로 끝난데다, 수입 와인의 비싼 가격까지 더해지면서 와인 수요가 줄어드는 결과로 이어졌다. 그 후 미국인의 취향은 점차 바뀌어 식사에 와인이 같이 나오는 경우는 몇몇 특별한 날로 제한되었고, 와인이 전통적으로 차지해온 자리를 맥주와 위스키가 대신 꿰차게 되었다.

미국에서 생산되는 주요 와인은 다음과 같은 품종으로 만든다.

미국종 콩코드, 카토바, 델라웨어Delaware 같은 비티스 라브루스카종과 흔히 '스커퍼농Scuppernong'이라고 불리는 비티스 로툰디폴리아Vitis rotundifolia종.

유럽종 리슬링, 소비뇽 블랑, 샤르도네, 피노 누아르, 메를로, 카베르네 소비뇽, 진판델, 시라 같은 비티스 비니페라종.

교배종 세이블 블랑, 비달 블랑Vidal Blanc, 바코누아르BacoNoir, 챈슬러Chancellor 같은 비니페라와 미국 자생종 간의 교배종.

와인의 서부 입성

서부의 와인 생산은 스페인 사람들이 시초였다. 스페인 정착자들이 멕시코에서 북쪽으로 밀고 들어오면서부터 가톨릭교가 같이 따라왔고 미션(18세기에 스페인이 세운 일종의 '선교기지'—옮긴이) 건설 시대도 시작되었다. 초창기 선교회는 단순한 교회 이상의 역할을 해서, 남서부와 태평양 연안에서의 스페인 식민지 주민들의 이익을 보호

초기 독일인 이주민들은 리슬링 포도를 수입하여 자신들이 만든 와인을 호크Hock(라인 지방산 화이트 와인)라고 불렀다. 그런가 하면 프랑스인 이주민들은 자신들이 만든 와인을 부르고뉴나 보르도라고 이름 지었고, 이탈리아 이주민들은 자신들의 와인 명칭에 키안티를 차용했다.

비티스 라브루스카는 북동부와 중서부에서 모두 자생하는 포도 품종으로 독특한 풍미가 있다. 이 포도는 슈퍼마켓 판매용의 병에 든 포도주스를 만드는 데도 쓰인다. 라브루스카종 포도로 만든 와인은 일명 '여우향foxy'이라고 칭하는 포도 특유의 향이 더 짙다.

초창기 선교사들은 캘리포니아의 서부 지역에 와이너리를 세웠다. 현재의 로스앤젤레스가 캘리포니아 최초의 상업적 와이너리가 세워진 곳이다.

오거스톤 하라즈시는 소노마의 부에나 비스타 와이너리Buena Vista Winery를 소유하고 있었고, 그가 1857년에 세운 이 와이너리는 캘리포니아에서 가장 오래된 상업적 와이너리다.

1861년 영부인
메리 토드 링컨은
백악관 식탁에
미국 와인을 냈다.

로버트 스티븐슨(영국의 소설가이자 시인)은 1880년 나파 밸리로 신혼여행을 갔다가 토양과 기후에 최고로 적합한 품종을 찾으려는 지역 와인 양조업자들의 노력을 이렇게 묘사했다. "땅의 구석구석을 살펴보며 (…) 이건 글렀고, 이건 그나마 좀 낫고, 그래 이게 가장 좋아 보이는군 하며 찾아나갔다. 그들은 그런 식으로 조금씩 자신들 나름의 클로 드 부조Clos de Vougeot와 라피트Lafite를 더듬더듬 찾아나가고 있다. (…) **결국 와인도 병 안에 담기는 '시'다.**"

하는 자급자족적 방어 시설이나 다름없는 공동체이기도 했다. 이 초창기 정착자들은 스스로 식량과 옷을 구하고 만들었을 뿐 아니라 와인도 직접 주조했는데 주로 교회에서 쓰기 위한 것이었다. 초기의 교회 의식에서 성찬식 와인은 특히 중요한 것이었다. 와인 수요가 늘자 파드레 주니페로 세라Padre Junípero Serra는 1769년 (스페인인이 멕시코로 들여온) 비티스 비니페라종 포도나무를 멕시코에서 캘리포니아로 들여왔다. 캘리포니아에서 이 포도나무는 온화한 기후 덕분에 잘 자라났다. 이로써 소규모이긴 했으나 진정한 캘리포니아 와인 산업이 산업다운 산업으로 자리를 잡았다.

1800년대 중반에는 양질의 와인 생산을 폭발적으로 증가시키는 계기가 된 두 가지 사건이 일어났다. 첫 사건은 1849년에 있었던 캘리포니아의 골드러시였다. 골드러시에 이끌려 유럽과 동해안에서 이주해온 사람들이 와인 양조 전통도 함께 가져왔던 것이다. 그들은 캘리포니아에서 포도나무를 재배했고, 이내 양질의 상업용 와인을 생산해냈다.

두 번째 중대 사건은 1861년에 일어났다. 캘리포니아주 주지사가 경제성장의 측면에서 포도 재배의 중요성을 깨닫고는, 오거스톤 하라즈시Agoston Haraszthy에게 유럽에서 비티스 비니페라종 중 리슬링, 진판델, 카베르네 소비뇽, 샤르도네 같은 대표적인 포도나무의 꺾꽂이용 가지를 선별하여 수입해오라고 지시했다. 하라즈시는 유럽으로 가서 포도나무 10만여 그루를 가지고 돌아왔다. 이 품종들은 잘 자랐을 뿐만 아니라 양질의 와인을 생산해냈다! 이로써 캘리포니아의 와인 양조 산업이 본격적으로 시작되었다.

캘리포니아 와인 산업이 번창하던 1863년, 유럽의 포도원들에 곤경이 닥쳤다. 미국의 동해안이 원산지로 포도 작물에 치명타를 입히는 해충 필록세라가 유럽의 포도원들을 공격하기 시작한 것이다. 필록세라는 실험 목적으로 수출된 미국 자생 포도나무들의 꺾꽂이용 가지에 붙어 들어온 것이었는데 포도나무의 성장에 파괴적인 피해를 입혔다. 그 후 20년에 걸쳐 필록세라는 수천 에이커에 달하는 유럽의 포도밭을 황폐화시켰고 유럽의 와인 생산은 대폭 감소했다. 그것도 수요가 급격히 증가하고 있던 시기에 말이다.

결국 캘리포니아가 세계에서 유럽종 포도로 와인을 생산하는 유일한 지역이 되면서 와인 수요가 치솟았다. 덕분에 캘리포니아 와인계의 대규모 시장 두 부문이 일약 성장세를 타게 되었다. 그 하나는 저렴하면서도 마실 만한 좋은 와인을 대량 생산하는 부문의 시장이었고 또 하나는 더욱 고품질의 와인을 구비한 시장이었다.

캘리포니아는 이 두 가지 요구에 모두 대응했다. 1876년에 이르자 캘리포니아는 매년 870만 리터 이상의 와인을 생산했다. 그중에는 주목할 만한 품질의 와인도 더러 있었다. 캘리포니아는 어느덧 세계 와인 양조의 새로운 중심지로 부상했다.

그런데 불행하게도 바로 그해에 필록세라가 캘리포니아에 들이닥쳤다. 캘리포니아에 당도한 필록세라는 유럽에서처럼 급속도로 퍼져나갔다. 수천 그루의 포도나무가 죽어나가면서 캘리포니아 와인 산업은 재정적 파탄을 맞았다. 당시의 필록세라병은 현재까지 가장 파멸적인 작물병의 사례로 꼽힐 만큼 위력이 대단했다.

다행스럽게도 다른 주들에서는 라브루스카종 포도로 만든 와인을 계속 생산해냈고, 덕분에 미국의 와인 생산이 전면 중단되는 비극은 발생하지 않았다. 한편, 유럽의 와인 메이커들은 수년간의 연구 끝에 치명적인 필록세라에 대한 방제책을 찾아냈다. 비티스 비니페라종 포도나무를 필록세라에 내성이 있는 라브루스카종 포도나무의 접본에 접붙이는 데 성공함으로써 와인 산업을 구한 것이다.

미국인들도 이러한 선례를 따랐고, 그 뒤로 캘리포니아 와인 산업은 재기했을 뿐만 아니라 이전의 그 어떤 때보다 더 좋은 품질의 와인을 생산하기 시작했다. 1800년대 말경 캘리포니아 와인은 국제적인 경쟁에서 상을 획득하면서 세계의 관심과 감탄을 자아냈다. 이것은 불과 300년 만에 이룬 성과였다!

금주법, 또 한 번의 역경

1920년 미국의 수정헌법 제18조가 제정되어 미국의 와인 산업에 또 한 차례 역경이 닥쳤다. 전국금주법National Prohibition Act, 일명 볼스테드법Volstead Act(제안자인 하원의원의 이름을 딴 것임-옮긴이)이 발효되면서 음주 목적으로는 주류를 제조, 판매, 운송, 수입, 수출, 배달, 소유하지 못하게 되었다. 13년간이나 시행된 이 금주법으로 인해 전국적으로 번성해가던 산업이 거의 파탄 지경에 처하고 말았다.

하지만 볼스테드법에는 예외 규정이라는 허점이 있었다. 즉, 성찬용 와인의 제조 및 판매는 허용되었으며, 의사의 처방만 받으면 의료용으로 약국에서 구입할 수 있었고, 강장제용 와인(주정강화 와인)은 처방전 없이도 구입할 수 있었다. 어쩌면 이보다 더 치명적인 허점이라면 과일즙이나 사과즙은 누구나 매년 약 750리터까지 생산할 수 있도록 허용한 규정이었을지 모른다. 과일즙은 더러 농축액으로 만들어지기 때문에 와인 양조용으로는 이상적이었다. 사람들은 캘리포니아에서 포도 농축액을 구입해 동해안 지역으로 수송하곤 했는데 이런 수송 컨테이너 위쪽에는 크고 굵은 글씨로 다음과 같은 문구가 찍혀 있었다.

"주의! 당분이나 효모, 기타 발효를 일으킬 만한 것은 뭐든 첨가를 금함."

이 중 일부가 미국 전역의 밀조자들에게 흘러들어 갔다. 하지만 이런 식의 밀조는 오래가지 못했다. 정부가 개입하여 포도즙 판매를 금지하면서 불법적인 와인 생산을 봉쇄했기 때문이다. 결국 포도 재배자들은 포도 재배를 그만두었고, 이로써 미

웰치 포도주스는 1800년대 말부터 생산되었다. 원래 엄격한 금주론자들이 만들어 라벨에 '웰치 박사의 비발효 와인'이라는 명칭이 붙어 있었다. 그러다 1892년 '웰치 포도주스'로 개명되었고 1893년에는 시카고 박람회에 출품되었다.

1900년에 열린 파리 박람회에서 캘리포니아, 뉴저지, 뉴욕, 오하이오, 버지니아 출신을 비롯하여 미국의 와이너리 40곳이 상을 받았다.

1920년에 캘리포니아 와이너리는 700개가 넘었다. 하지만 금주법이 폐지될 무렵 그 수가 160개로 줄었다.

"금주법 시절, 나는 여러 날을 음식과 물만으로 삶을 연명해야 했다."

– 필즈W. C. Fields(미국의 희극배우)

국의 와인 산업은 중지되고 말았다. 한편 주정강화 와인, 즉 의료용 강장 와인은 알코올 함량 20% 정도로 보통 와인보다 증류주에 더 가까웠고, 금주법 시행 중에도 구입할 수 있었기 때문에 미국에서 제일 잘 팔리는 와인이 되었다. 미국의 와인이 빠르게 대중화된 데는 그 맛보다는 효과가 큰 몫을 했다. 와이노wino(와인 중독자)라는 말도 대공황 중에 생겨난 것으로 시름을 덜기 위해 주정강화 와인에 기댔던 불운한 영혼들을 지칭하던 이름이었다.

금주법은 1933년에 폐지되었으나 여파는 수십 년 동안이나 지속되었다. 금주법 폐지 무렵 미국인들은 양질의 와인에 대하여 관심을 잃고 있었다. 금주법 시행 동안 전국에서 수천 에이커 상당의 우수한 포도나무들이 갈아엎어졌다. 전국 곳곳의 와이너리들이 폐업하면서 와인 양조 산업이 쇠했으며, 버티고 살아남은 곳은 주로 캘리포니아와 뉴욕에 소재한 소수에 불과했다. 동해안의 재배자들 대부분은 포도주스 생산 쪽으로 돌아섰다. 미국의 라브루스카종은 포도주스용으로 이상적이다.

1933년부터 1968년까지 포도 재배자들과 와인 메이커들은 개인적 차원이 아닌 한 양질의 와인을 생산해낼 동기가 없었다. 그래서 와인을 그저 항아리형jug 병에 담아 값싸고 별 특징 없는 '저그 와인'을 대량 생산했다. 더러 몇몇 와이너리에서, 특히 캘리포니아에 있는 와이너리에서 양질의 와인을 생산하기도 했으나 이 시기에 생산된 미국 와인은 대부분이 별 특징도 없는 그저 그런 와인들이었다. 금주법으로 미국의 와인 생산자 대다수가 타격을 입었으나 성찬용 와인을 만들며 버텨낸 곳들도 있다. 베린저, 보리우, 크리스천 브라더스Christian Brothers가 금주법 시행기를 용케 견뎌낸 몇 안 되는 와이너리다. 이 와이너리들은 금주법이 시행되는 동안에도 생산을 계속할 수 있었기 때문에 처음부터 다시 시작해야 했던 곳들보다 유리했다. 연방정부는 금주법을 폐지하면서 알코올 판매와 운송에 대한 권한을 주정부에 일

임했다. 그런데 몇몇 주는 그 통제권을 카운티, 더러는 심지어 시당국에 넘겨주었다. 이 방식이 오늘날까지 이어져서 시 혹은 카운티마다 통제권 보유처가 다르다. 이것은 미국에서 와인이 3단계를 거쳐 배급되는 체계가 생겨나는 시초가 되기도 했다.

미국 와인의 르네상스

미국 와인의 르네상스가 언제 시작되었는지 정확히 짚을 수는 없으나, 금주법 이후 처음으로 테이블 와인(알코올 도수가 7~14%)이 주정강화 와인(알코올 도수 17~22%)보다 많이 팔렸던 1968년부터 살펴보자. 당시 미국 와인은 품질이 향상되고 있는 중이었지만 소비자들은 여전히 유럽, 특히 프랑스에서 만든 와인을 최고로 여기고 있었다. 1960년대 중반에서 1970년대 초반에 캘리포니아의 헌신적인 몇몇 와인 메이커들은 함께 뜻을 모아 유럽의 최상급 와인에 견줄 만한 와인을 생산하는 데 전심전력을 기울이기 시작했다. 이들이 초창기에 만든 와인들은 가능성을 보여주면서 차츰 전국의 예리한 와인 전문 작가와 와인 애호가들의 관심을 모았다.

이 와인 메이커들은 꾸준히 제품의 질을 높여나가며 점차 깨달은 바가 있었다. 부르고뉴, 샤블리, 키안티 같은 범칭으로 불리던 캘리포니아의 대량 생산 와인들과 차별성을 보여야 한다는 것이었다. 적어도 와인 구매자와 소비자들의 뇌리에 자신들의 와인이 유럽 와인과 동류로 인식되도록 만들어야 한다고 판단했다. 그리하여 내놓은 기막힌 해법이란 그들이 만든 최상급 와인의 라벨에 와인명으로 포도 품종을 붙이자는 것이었다.

포도 품종을 와인명으로 쓸 때는 샤르도네, 카베르네 소비뇽, 피노 누아르 등 주원료가 된 포도의 이름을 붙인다. 따라서 영리한 소비자라면 샤르도네라는 이름이 붙은 와인을 보면 그 품종의 포도로 만든 와인의 보편적인 특징을 지닌 와인임을 파악할 수 있게 되었다. 그에 따라 와인 구매자와 판매자 모두에게 와인 구매가 더 쉬워지기도 했다.

포도 품종을 와인명으로 쓰는 관행은 업계에 빠르게 확산되며 대성공을 거두었다. 1980년대에 이르러 포도 품종의 와인명이 미국 와인 산업계의 표준이 되자 연방정부는 라벨 규정을 수정할 수밖에 없게 되었다.

현재 포도 품종을 와인명으로 쓰는 것은 미국의 최상급 와인의 표준이 되었고 다른 많은 국가도 채택하고 있으며 캘리포니아 와인이 세계적 관심을 받는 데도 이바지했다. 미국은 현재까지도 와인 생산량의 90%를 캘리포니아가 점유하고 있지만, 미국의 다른 지역 와인 메이커들도 캘리포니아의 성공에 자극을 받아 우수 품질 와인 생산에 다시 관심을 기울이고 있다.

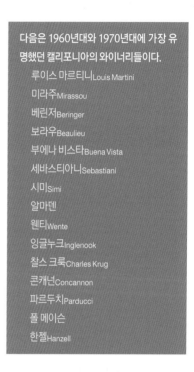

－ 더 자세한 정보가 들어 있는 추천도서 －

다니엘 오크렌트의 《금주법 시대의 흥망성쇠 The Rise and Fall of Prohibition》
프랭크 슈메이커의 《미국 와인의 미국적 명칭 American Names for American Wines》

다음은 1960년대와 1970년대에 가장 유명했던 캘리포니아의 와이너리들이다.

루이스 마르티니Louis Martini
미라주Mirassou
베린저Beringer
보라우Beaulieu
부에나 비스타Buena Vista
세바스티아니Sebastiani
시미Simi
알마덴
웬티Wente
잉글누크Inglenook
찰스 크루그Charles Krug
콘캐넌Concannon
파르두치Parducci
폴 메이슨
한젤Hanzell

1970년대 초 베스트셀러 화이트 와인은 **슈냉 블랑**, 베스트셀러 레드 와인은 **진판델**이었다.

미국에서 소비되는 와인의 3대 포도 품종
1. 샤르도네
2. 카베르네 소비뇽
3. 메를로

미국의 5대 와인 시장
1. 뉴욕
2. 로스앤젤레스
3. 시카고
4. 보스턴
5. 샌프란시스코

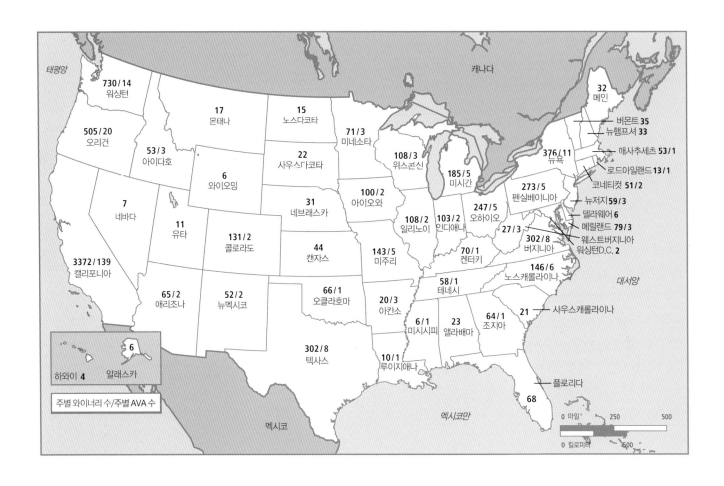

태평양 / 캐나다 / 대서양 / 멕시코 / 멕시코만

730/14 워싱턴
505/20 오리건
53/3 아이다호
17 몬태나
15 노스다코타
71/3 미네소타
22 사우스다코타
6 와이오밍
7 네바다
11 유타
131/2 콜로라도
31 네브래스카
100/2 아이오와
108/3 위스콘신
185/5 미시간
108/2 일리노이
103/2 인디애나
247/5 오하이오
273/5 펜실베이니아
376/11 뉴욕
32 메인
버몬트 35
뉴햄프셔 33
매사추세츠 53/1
로드아일랜드 13/1
코네티컷 51/2
뉴저지 59/3
델라웨어 6
메릴랜드 79/3
웨스트버지니아 27/3
302/8 버지니아
워싱턴D.C. 2
3372/139 캘리포니아
65/2 애리조나
52/2 뉴멕시코
44 캔자스
66/1 오클라호마
143/5 미주리
70/1 켄터키
58/1 테네시
146/6 노스캐롤라이나
사우스캐롤라이나 21
20/3 아칸소
6/1 미시시피
23 앨라배마
64/1 조지아
302/8 텍사스
10/1 루이지애나
플로리다
68
6 하와이
4 알래스카

주별 와이너리 수/주별 AVA 수

0 마일 250 500
0 킬로미터 500

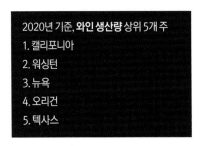

2020년 기준, 와인 생산량 상위 5개 주
1. 캘리포니아
2. 워싱턴
3. 뉴욕
4. 오리건
5. 텍사스

미국에는 **240곳 이상의 포도 재배 지역**이 있으며, 그중 139곳이 캘리포니아에 있다.

출처: WineInstitute.org

미국의 우수 와인들

미국 와인을 영리하게 구입하려면 각 주나 각 주의 생산 지역과 관련된 상식을 어느 정도 익혀야 한다. 주에 따라서 혹은 주 내의 생산 지역에 따라서 화이트 와인이나 레드 와인만 생산하는 곳도 있으며, 심지어 어떤 지역은 특정 포도만 원료로 쓰기도 한다. 따라서 주별 혹은 지역별로 특별히 규정된 포도 재배 지역, 즉 AVAAmerican Viticultural Areas(미국 정부 승인 포도 재배 지역)를 알고 있으면 유용하다.

AVA란 연방정부에 승인되고 등록된 주나 지역 내에 속하는 특정 포도 재배 지역을 말한다. AVA 지정은 1980년대부터 시작되었으며 유럽의 지역별 관리 제도를 본떠서 만든 제도다. 프랑스의 경우, 보르도와 부르고뉴는 AOC라는 원산지 표기제를 엄격히 시행한다. 이탈리아도 토스카나와 피에몬테는 DOCDenominazione di Origine Controllata라는 이름으로 지정되어 있다. AVA 지정을 예를 들어 설명하자면, 나파 밸리는 캘리포니아주에서 승인된 포도 재배 지역이다. 컬럼비아 밸리Columbia Valley 는 워싱턴주 소재의 AVA이며, 오리건주의 윌라미트 밸리Willamette Valley와 뉴욕주의 핑거 레이크스도 그와 유사한 승인을 받은 지역이다.

와인 양조업자들은 수년 전의 유럽 양조업자들이 그러했듯이 특정한 토양과 기후 조건에서 포도가 가장 잘 자란다는 사실을 터득하고 있다. AVA 개념은 와인 구매에서 중요한 요소이며, 사람들이 특정 포도 품종이나 와인 스타일에 친숙해지고 있는 만큼 앞으로도 여전히 중요시될 것이다. AVA가 와인 라벨에 명시되어 있다면 최소한 그 와인을 만든 포도의 85%는 그 지역에서 재배된 것이다.

구체적인 예를 들면 미국에서 가장 유명한 AVA인 나파 밸리는 카베르네 소비뇽으로 유명하다. 그런데 나파 밸리 내에는 로스 카네로스Los Carneros라는 더 작은 구역이 있는데 이곳은 비교적 기온이 차다. 샤르도네와 피노 누아르는 제대로 숙성되려면 비교적 차가운 생육 시기가 필요한 만큼 이 두 포도 품종은 그런 AVA에 특히 적합하다. 한편 뉴욕주에는 리슬링으로 유명한 핑거 레이크스 지역이 있다. 영화 〈사이드웨이〉를 본 사람이라면 알 테지만 산타바버라가 피노 누아르로 유명하다.

AVA 승인은 그것이 꼭 품질의 보증이 되는 것은 아니지만, 와인에 관해서라면 정평이 나 있는 유명한 지역임을 알려주는 표시다. 와인 메이커나 소비자들로서는 유용하게 참고할 만한 지리적 정보인 셈이다. 그 근원, 즉 원산지는 와인을 더 잘 이해하는 데 도움을 준다. 원산지와 포도 품종을 통해 와인의 근원에 대해 더 많이 알수록 잘 알려지지 않은 브랜드의 와인을 사더라도 자신 있게 고를 수 있다. 주요 포도 품종이나 와인의 스타일에 대한 특징을 더 많이 익혀둘수록, 자신이 선호하는 와인의 특징을 더 많이 숙지할수록 자신의 기호에 맞는 와인을 생산하는 AVA를 현명히 가려낼 수 있다.

최근 들어 기존의 표준을 무시하고 최상급 와인에 상표명을 붙여 출시하는 것이 세계적 트렌드로 자리 잡았는데 우수 와이너리들은 이런 식의 상표명 와인 출시를 같은 AVA에서 내놓는 다른 와인들, 심지어 자신들의 다른 상품들과 차별화시키는 데 유용하게 활용하고 있다. 미국에서는 상표명이 붙은 와인들 상당수가 메리티지Meritage(145쪽 참조)라는 범주에 속한다. 미국의 상표명 와인proprietary wines의 예를 소개하자면 도미누스Dominus, 오퍼스 원Opus One, 루비콘Rubicon 등이 있다.

기준과 라벨을 통제하는 연방법은 고급 와이너리들이 상표명을 점점 더 많이 사용하고 있는 또 다른 이유가 되고 있다. 예를 들어 연방법에 따르면 라벨에 포도 품종을 표시하려면 와인의 원료가 된 포도의 최소한 75%가 그 포도 품종이어야 하기 때문이다. 이런 이유로 '화이트 블렌드white blend'나 '레드 블렌드red blend'가 표기된 라벨의 와인 출시가 점점 늘고 있기도 하다.

워싱턴주 컬럼비아 밸리 지역에 재능 있고 혁명적인 와인 메이커가 있다고 가정해보자. 그는 카베르네 소비뇽 60%에 다른 몇 가지 포도를 섞어서 풀 바디의 뛰어난 보

캘리포니아에서 가장 유명한 AVA

나파 밸리Napa Valley

드라이 크리크 밸리Dry Creek Valley

러시안 리버 밸리Russian River Valley

로스 카네로스Los Carneros

리버모어 밸리Livermore Valley

산타크루즈 마운틴Santa Cruz Mountain

소노마 밸리Sonoma Valley

스택스립Stag's Leap

알렉산더 밸리Alexander Valley

앤더슨 밸리Anderson Valley

에드나 밸리Edna Valley

초크 힐Chalk Hill

파소 로블스Paso Robles

피들타운Fiddletown

하웰 마운틴Howell Mountain

1970년 500개에도 못 미치던 미국의 보세保稅 와이너리는 2020년에 이르러 8,200개 이상으로 늘었고 이 중 90%가 가족 단위의 영세 업체다.

2020년 기준, 미국의 와인 수입국 순위

1. 이탈리아
2. 프랑스
3. 뉴질랜드
4. 오스트레일리아
5. 아르헨티나
6. 칠레
7. 스페인
8. 독일
9. 포르투갈
10. 남아프리카공화국

르도 스타일 와인을 생산하기로 마음먹는다. 야심에 찬 그는 상당한 시간과 노력을 쏟아부어서 정말로 훌륭한 와인을 만들어낸다. 숙성시키기에도 적합하여 5년 후면 마시기에 적절한 시기가 되지만, 10년 후에 마시면 더욱 좋은 와인이다.

5년 후 이 와인 메이커는 자신이 들인 노력의 열매를 맛보고 뿌듯해한다! 맛이 기막힐 뿐더러 정말로 뛰어난 와인만이 가진 모든 요소를 갖추고 있는 것이다. 하지만 이 와인을 어떻게 다른 와인들과 차별화시킬까? 어떻게 해야 알려지지도 않은 와인에 선뜻 고가의 가격을 지불하도록 소비자를 유인할 수 있을까? 원료로 쓰인 카베르네 소비뇽이 75%가 못 되기 때문에 라벨에 카베르네 소비뇽을 표기할 수도 없다. 이러한 이유로 양질의 와인을 생산하는 생산자들 중 상표명을 사용하는 이들이 늘어나는 것이다. 이런 현상은 미국 와인 산업이 건전하다는 지표가 되기도 한다. 그만큼 더 좋은 와인을 생산하는 와인 메이커들이 점점 늘고 있으며, 계속하여 최고의 와인을 만들기 위해 애쓰고 있다는 말이기 때문이다.

미국 와인의 미래

이제 미국인들은 미국의 와인을 마시고 있다!

미국에서 소비되는 와인의 75% 이상이 국내산이며 그것도 캘리포니아, 워싱턴, 오리건, 뉴욕주의 4대 생산 주 와인에만 국한되어 있지 않다. 내가 와인 공부를 시작하던 1970년 무렵만 해도 미국 주의 3분의 2에서는 와이너리라고는 구경도 할 수 없던 상황이었으나, 현재는 50개 주 전역에서 와인을 생산 중이다.

프랑스, 이탈리아, 스페인 등지의 와인을 다룬 와인 서적들은 넘쳐나는 데 반해 미국의 와인을 다룬 서적은 상대적으로 드물다. 그러나 최근 20년 사이에 일어난 와인의 괄목할 만한 품질 향상에 힘입어 미국의 와인 소비는 늘어나고 있다. 품질 향상과 소비 증가라는 이 두 가지 트렌드가 상호 보완 관계에 있는 만큼 앞으로도 수년간 미국의 와인 양조업계에서 주목할 만한 일들이 이어질 것으로 기대된다.

미국의 와인에는 '흥밋거리'도 쏠쏠하다.

미국 전역에서 생산되는 와인을 공부하고 직접 맛보다 보면 정말로 흥미롭다! 미국의 지리, 역사, 농업은 물론이고 미국의 포도 재배자와 와인 메이커들의 열정에 대해서도 체득하게 되니 말이다. 한편 미국의 와이너리들은 아주 매력적인 관광지로 부상했다. 역사적 유적지를 둘러보면서 '와인 탐방'을 병행하는 여행 프로그램이 미국 전역에 속속 생겨나고 있다. 확실히 이제 미국에서는 와인이 대세로 자리 잡았다. 마침내 미국이 전성기를 맞은 것이다. 나는 이제 자랑스럽게 말할 수 있다. 미국 생산자들의 신념과 결의, 미국 소비자들의 수요에 힘입어 미국에서도 세계 최고의 와인들이 많이 생산되고 있다고.

캘리포니아 와인의 기초상식

캘리포니아만큼 빠른 기간 내에 큰 성과를 올린 와인 생산지도 없다. 역사적으로 와인에 그다지 관심이 없었던 미국인들이 처음 와인에 눈뜨게 된 순간부터 캘리포니아의 와인 메이커들은 도전을 시작했다.

40년 전까지만 해도 사람들은 캘리포니아 와인이 유럽의 와인에 견줄 수 있겠느냐고 의아해했다. 그런데 이제 캘리포니아 와인은 세계 전역으로 유통되는 와인이 되었고, 최근 몇 년 사이에 일본, 독일, 영국 같은 나라에 대한 수출이 대폭 증가했다. 또한 평균적으로 미국 와인의 90%가 캘리포니아산인데 미국의 주를 나라로 쳐서 따진다면 캘리포니아는 세계에서 네 번째 규모의 와인 생산국이다!

캘리포니아의 주요 포도 재배지

옆의 지도를 보면 와인 생산지들을 숙지하는 데 도움이 될 것이다. 다음과 같이 네 구역으로 구분해서 보면 기억하기가 쉽다.

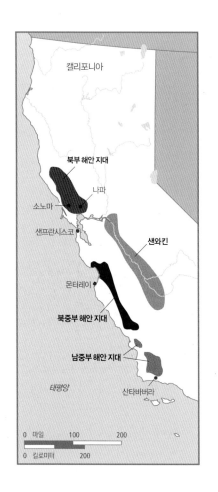

지역	카운티	최고의 와인
북부 해안 지대	나파, 소노마	카베르네 소비뇽, 샤르도네
	멘도시노 레이크	메를로, 소비뇽 블랑, 진판델
샌와킨 밸리		저가의 저그 와인으로 유명
센트럴 밸리		로디 진판델
북중부 해안 지대	몬터레이	샤르도네, 그르나슈
	산타클라라	마르산Marsanne, 루산Roussane
	리버모어	시라, 비오니에
남중부 해안 지대	샌 루이스 오비스포	샤르도네, 피노 누아르
	산타바버라	소비뇽 블랑, 시라

여러분은 아마도 나파나 소노마라는 이름이 가장 귀에 익겠지만, 이 두 지역에서 생산되는 와인은 다 합해봐야 캘리포니아 와인의 10%에도 못 미친다. 그렇더라도 판매액 기준으로 본다면 나파 지역 한곳만 해도 캘리포니아 와인 판매액의 30% 이상을 차지하고 있다.

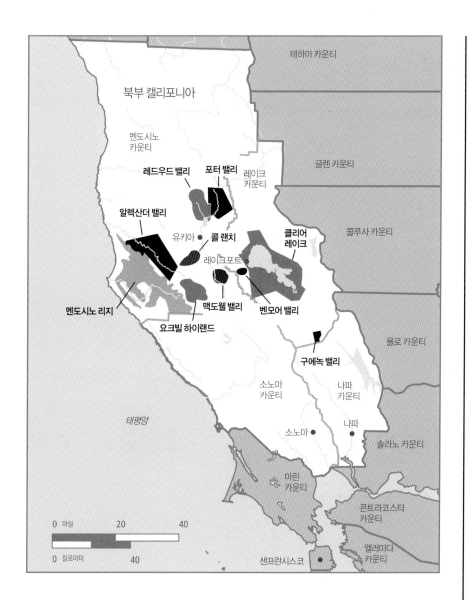

북부 캘리포니아

테하마 카운티

멘도시노
카운티

레드우드 밸리　포터 밸리　레이크
카운티

글렌 카운티

알렉산더 밸리

유키아 ●　콜 랜치

클리어
레이크

콜루사 카운티

레이크포트

멘도시노 리지

맥도웰 밸리　벤모어 밸리

요크빌 하이랜드

구에녹 밸리

울로 카운티

소노마
카운티

나파
카운티

태평양

소노마 ●

나파 ●

솔라노 카운티

마린
카운티

콘트라코스타
카운티

0 마일　20　40

0 킬로미터　40

앨러미다
카운티

샌프란시스코 ●

미국 와인 양조 초창기의 유럽인 와인 메이커

프랑스

폴 메이슨: 1852년

에디엔 테Étienne Thée와 샤를 르프랑Charles
LeFranc(알마덴): 1852년

피에르 미라주: 1854년

조르주 드 라투르Georges de Latour(보리우):
1900년

독일

베린저 형제: 1876년

카를 벤테Carl Wente: 1883년

이탈리아

주세페와 피에트로 시미Giuseppe and Pietro
Simi 형제: 1876년

존 포피아노John Foppiano: 1895년

사무엘레 세바스티아니Samuele Sebastiani:
1904년

루이스 마르티니: 1922년

아돌프 파르두치Adolph Parducci: 1932년

핀란드

구스타프 니바움Gustave Niebaum(잉글누크):
1879년

아일랜드

제임스 콘캐넌James Concannon: 1883년

캘리포니아 와인의 대부분을 생산하는 지역은 샌와킨 밸리로 주로 저그 와인을 생산하고 있다. 와인용 포도 재배량의 58%를 차지하고 있기도 하다. 어찌 보면 저그 와인의 생산이 캘리포니아의 와인 양조 역사를 지배하고 있다는 사실이 그리 흥미롭지는 않을지 모르겠으나, 미국인들은 대체로 이런 종류의 와인을 선호하고 있음을 주목해야 한다. 프랑스의 와인 소비 경향을 살펴보면 AOC 와인은 45%에 불과하며 나머지는 평범한 테이블 와인이다.

캘리포니아, 과거와 현재
1970년: 와이너리 수 240개
2020년: 와이너리 수 3372개

캘리포니아의 와인용 **포도밭 면적은 총 63만 7000에이커**를 넘어선다.

매년 약 400만 명의 관광객이 나파를 찾고 있다.

나파에서 가장 많이 재배되는 포도

1. 카베르네 소비뇽(2만 4045에이커)
2. 샤르도네(7300에이커)
3. 메를로(4294에이커)

이앤제이 갤로 와이너리E & J Gallo Winery는 캘리포니아에 **2만 3000에이커가 넘는** 경작지를 소유하고 있으며 연간 와인 생산량이 7500만 상자에 달하는 세계 최대의 와이너리다.

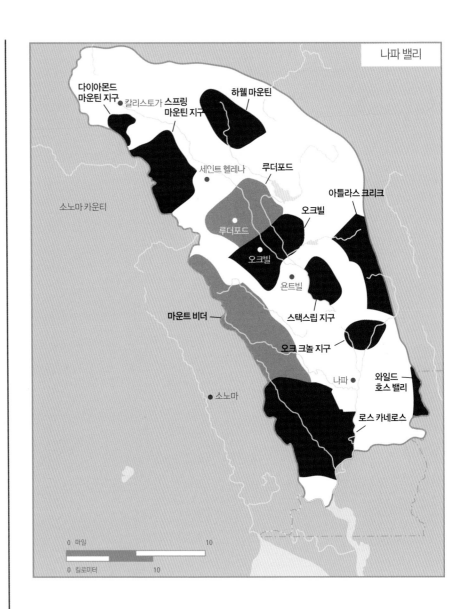

저그 와인과 품종명 와인

저그 와인은 단순하고 복잡하지 않은 일상 와인을 가리킨다. 이런 와인들은 더러 샤블리나 버건디 같은 일반 명칭이 붙어 나오기도 한다. 값싸면서도 품질이 괜찮은데 출시 초반 당시에 전통적인 와인병이 아닌 항아리형 병에 담겨 나오면서 '저그 와인'이란 이름이 붙게 되었다. 저그 와인은 아주 인기가 높아 미국에서 팔리는 캘리포니아 와인의 상당 비율을 차지하고 있다. 캘리포니아의 저그 와인은 세계 최고의 저그 와인으로 꼽힐 만하며 매년 맛과 품질에서 일관성을 잘 유지하고 있다.

캘리포니아에서 저그 와인의 대표적인 생산자로는 1933년 와이너리를 시작했던 어

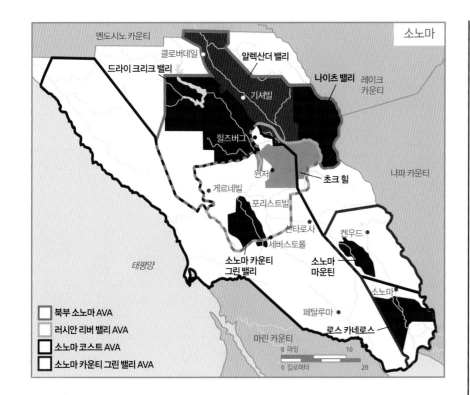

북부 소노마 AVA
러시안 리버 밸리 AVA
소노마 코스트 AVA
소노마 카운티 그린 밸리 AVA

멘도시노 카운티
클로버데일
드라이 크리크 밸리
알렉산더 밸리
나이츠 밸리
레이크 카운티
기셔빌
힐즈버그
윈저
초크 힐
나파 카운티
게르네빌
포리스트빌
산타로사
세바스토폴
켄우드
소노마 카운티 그린 밸리
소노마 마운틴
소노마
태평양
페탈루마
로스 카네로스
마린 카운티

0 마일 10
0 킬로미터 20

소노마의 와인용 포도 경작 면적: 6만 2000에 이커 이상

소노마에서 가장 많이 재배되는 포도
1. 샤르도네(1만 6000에이커)
2. 피노 누아르(1만 3800에이커)
3. 카베르네 소비뇽(1만 3100에이커)

2020년 기준으로 소노마의 **와이너리 수** 는 425개를 넘어섰다.

소노마 카운티에는 알렉산더 밸리, 드라이 크릭, 러시안 리버, 소노마 코스트 등 **18개의 AVA**가 있다.

개별 포도원의 이름이 라벨에 명시되어 있다면, 그 포도원은 AVA 부여 지역 내에 있으며 와인 에 쓰인 포도의 95%가 그 포도원에서 재배된 것이다.

알마덴, 갤로, 폴 메이슨은 현재도 여전히 **저그 와인**을 생산하고 있다.

니스트와 줄리오 갤로Ernest and Julio Gallo 형제가 꼽힌다. 많은 사람이 미국인의 음 주 습관을 증류주에서 와인으로 바꿔놓은 공로를 이 형제에게 돌리기도 한다. 저그 와인을 생산하는 와이너리는 그 외에 알마덴, 폴 메이슨, 테일러 캘리포니아 셀러즈 Taylor California Cellars 등도 있다.

일찌감치 1940년대에 수입업자 겸 작가이자 미국의 최초 와인 전문가에 드는 프랭 크 슌메이커Frank Schoonmaker는 캘리포니아의 몇몇 와이너리 소유주를 설득하여 최 상급 와인들에 품종명을 붙여 출시하도록 유도했다.

품종명 와인의 얘기가 나와서 하는 말이지만 로버트 몬다비Robert Mondavi야말로 품 종명 와인의 생산에만 주력하는 와인 메이커 중 최고의 모범에 들만 한 인물이다. 몬다비는 1966년에 가족이 운영하는 찰스 크룩 와이너리를 나와 로버트 몬다비 와 이너리를 설립했고 캘리포니아에서 품종명을 와인명으로 쓰게 되는 데 중요한 역할 을 했다. 와인 양조 방식을 전면적으로 바꾸어 와인의 품질을 높이는 데 누구보다 앞장섰던 대표 인물이기도 하다. 그런가 하면 캘리포니아 와인 산업을 크게 신장시 키도 했다. 웬티 와이너리의 에릭 웬티Eric Wente는 이렇게 말했다. "그는 업계 내의 사람들이 이미 알고 있던 사실을 대중에게 입증해냈다. 캘리포니아도 세계적 와인 을 생산할 수 있음을 실제로 증명해 보였다."

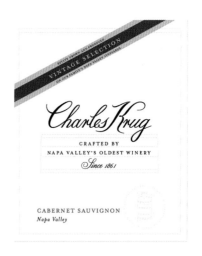

불과 50년 만에 세계적인 와인 생산지로 떠오른 캘리포니아

캘리포니아가 와인 생산에서 성공을 거둔 데는 다음과 같은 이유가 있다.

2019년 한 해 동안 2300만 명 이상이 캘리포니아의 와인 생산지를 찾았다.

와인은 캘리포니아의 가장 귀중한 최종 농산물로, 576억 달러에 이르는 경제적 파급 효과가 있다. 이는 영화 산업의 300억 달러를 능가하는 파급 효과다.

초창기의 캘리포니아 와인 메이커들은 와인 양조학을 공부시키기 위해 자녀들을 독일 가이젠하임이나 프랑스 보르도로 보냈다. 캘리포니아대학 데이비스캠퍼스는 1966년에만 해도 포도재배학이나 와인 양조학 졸업생이 5명에 불과했으나 현재는 입학하려는 대기자가 전 세계에서 몰려들고 있다.

위치 나파와 소노마 카운티는 뛰어난 와인 산지로 꼽히는 지역이며, 둘 다 샌프란시스코에서 차로 2시간이 채 안 걸리는 위치에 있다. 샌프란시스코와 인접한 덕에 샌프란시스코만 연안의 주민이나 관광객 모두 이 두 카운티 소재의 와이너리를 많이 방문하는데, 와이너리 대부분이 와인 시음을 제공하며 직접 운영하는 가게에서 와인을 팔기도 한다.

날씨 풍부한 햇볕, 따뜻한 낮 기온, 서늘한 저녁, 긴 생육기, 이 모두가 여러 포도 품종의 재배에 좋은 조건이다. 때때로 갑작스러운 날씨 변화를 겪긴 하지만 변덕스러운 기후가 크게 걱정할 만한 수준은 아니다.

캘리포니아대학 데이비스캠퍼스와 캘리포니아주립대학 프레즈노캠퍼스 이 두 학교는 캘리포니아의 젊은 와인 메이커들을 대거 양성하는 곳으로 와인에 대한 과학적 공부, 포도 재배학, 특히 기술을 중점으로 커리큘럼을 구성하고 있다. 토양, 다양한 종류의 효모, 교배, 온도 조절 발효 등을 비롯한 여러 포도 재배 기술을 중점적으로 연구함으로써 전 세계 와인 산업에 혁명을 일으켜왔다.

자본과 마케팅 전략 마케팅은 비록 와인을 만드는 일과는 상관없으나 확실히 와인을 파는 데 도움이 된다. 가능한 한 최상의 와인을 만들기 위해 열정을 바치는 와인 메이커들이 점점 늘면서 미국의 소비자들은 그에 대한 감사를 표했다. 품질이 향상되는 것에 맞추어 기꺼이 더 많이 사고, 더 많은 돈을 지불했다. 와인 메이커들은 소비자의 기대에 부응하려면 더 많은 연구와 개발이 필요하다고 생각했고, 그러려면 가장 중요한 것이 운영 자본임을 깨달았다. 와인 산업은 회사로서나 개인으로서나 투자가 되었다.

지금은 없어져버린 주류 제조업체 내셔널 디스틸러즈National Distillers사가 알마덴을 매수했던 1967년 이후 다국적 기업들은 대규모 와인 양조에 대한 수익 가능성을 인지하고 와인 사업에 공격적으로 뛰어들었다. 이들 기업은 거대 자본과 전문 기술을 끌어들여 광고와 판촉을 벌임으로써 국내 및 세계적으로 미국 와인의 판매를 촉진시켰다. 내셔널 디스틸러즈 외에 초창기에 와인 사업에 뛰어든 기업으로는 필스버리Pillsbury와 코카콜라 등이 있다.

규모 면에서 대비되는 개인 투자자 및 재배자들도 캘리포니의 와인 산업 성장에 한몫했다. 이들은 와인에 대한 애정과 와인 양조를 생활로 삼고 싶은 열정으로 사업에 들어선 사람들이다. 양질의 와인을 생산하려는 측면에서는 이런 개인 투자자들이 더 많은 열정을 쏟는다.

이처럼 투자 기업이나 개인 모두의 노력에 힘입어 1990년대에 캘리포니아 와인 산업은 세밀히 재편되었다. 그 결실로 현재 캘리포니아에서는 맛있고 신뢰할 만큼 질이 높을 뿐 아니라 진정으로 탁월하여 투자 가치까지 지닌 와인들을 다수 생산하고 있다.

와인계에 뛰어들어 자연으로의 회귀 운동에 앞장선 이들

이름	원래 직업	운영 중인 와이너리
제임스 배렛James Barrett	변호사	샤토 몬텔레나Château Montelena
톰 버제스Tom Burgess	공군 비행사	버제스
브룩스 파이어스톤Brooks Firestone	이름만 들어도 유수의 타이어업체가 연상되지 않는가!	파이어스톤
제스 잭슨Jess Jackson	변호사	켄달 잭슨Kendall-Jackson
톰 조단Tom Jordan	지질학자	조단
데이비드 스태어David Stare	토목기사	드라이 크리크Dry Creek
로버트 트래버스Robert Travers	투자상담가	마야카마스Mayacamas
워런 위니아스키Warren Winiarski	대학교수	스택스립Stag's Leap

1970년에 나파의 땅값은 에이커당 평균 2000~4000달러였다. 현재는 **포도 재배 최적지의 땅값이 에이커당 약 40만 달러**이며, 여기에 포도나무를 심으려면 에이커당 10만 달러의 추가비용을 들여야 한다. 이렇게 투자를 하더라도 3~5년 동안은 수익을 기대하지 못한다. 게다가 와이너리를 만들고, 장비를 구입하며 와인 메이커를 고용할 비용까지 필요하다.

할리우드와 포도나무
프랜시스 포드 코폴라, 캔데이스 카메론Candace Cameron과 발레리 부레Valeri Bure 부부, 에밀리오 에스테베즈Emilio Estevez, 퍼기Fergie, 존 레전드John Legend를 비롯하여 많은 영화배우, 감독, 프로듀서들이 캘리포니아 전역의 포도원과 와이너리들에 투자해왔다.

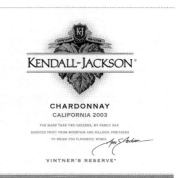

언젠가 나파 밸리의 욘트빌에 있는 **레스토랑에서
우연히 엿들은 대화**다. "거액을 들여 와이너리를
사버리면 되지."

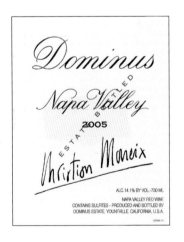

캘리포니아와 유럽의 와인 양조 방식 차이

유럽의 와인 양조 방식에서는 탄탄히 자리 잡힌 전통이 수백 년 동안 변화 없이 이어지고 있다. 그에 따라 포도의 재배나 수확 방법부터 와인 양조법이나 숙성 과정까지 전통 방식이 지켜지고 있다. 반면 캘리포니아에는 전통이 거의 없어서 와인 메이커들이 현대 기술을 최대한 이용할 수 있다. 게다가 자유로운 실험을 통해 새로운 상품을 만들 수도 있다. 캘리포니아의 와인 메이커들이 시도하는 실험들 가운데 다른 포도 품종끼리 섞는 것 같은 실험은 유럽에서는 와인 통제법에 위배된다. 따라서 캘리포니아의 와인 메이커들은 아이디어를 시도해볼 기회가 더 많다.

캘리포니아의 와이너리들이 대개 일련의 상품을 생산한다는 점 또한 캘리포니아와 유럽의 와인 양조 방식에서 나타나는 차이점이다. 캘리포니아에서 규모가 큰 와이너리들은 대부분 20종 이상의 와인을 생산한다. 하지만 보르도에선 대다수 샤토가 한두 종류만 생산한다.

현대적 방법과 실험 외에 와인 생산의 근본 조건 역시 무시할 수 없다. 캘리포니아는 강우량, 날씨 유형, 토양이 유럽과 아주 다르다. 캘리포니아는 일조량이 풍부해 알코올 함량이 높은 와인을 만들 수 있다. 평균 13.5~14.5% 되지만, 유럽은 12~13%대다. 알코올 함량이 높아지면 와인의 밸런스와 맛도 달라진다.

한편 명성 높고 존경받는 유럽의 와인 메이커들 다수가 캘리포니아 포도원에 투자하여 직접 와인 양조에 뛰어들고 있기도 하다. 유럽인, 캐나다인, 일본인 기업들이 캘리포니아에 소유하고 있는 와이너리는 45개가 넘는다. 다음이 그 몇 가지 사례다.

- 보르도 샤토 무통 로칠드Château Mouton-Rothschild의 소유자이던 바롱 필립 드 로칠드와 나파 밸리의 로버트 몬다비가 손을 잡고 오퍼스 원이라는 와인을 생산하면서 걸출한 합작 사업을 펼치고 있다.
- 보르도에 있는 샤토 페트뤼스Château Pétrus의 소유주인 무엑스Moueix 일가도 캘리포니아에 포도원 몇 곳을 소유하고 있다. 이들은 도미누스라는 보르도 스타일의 블렌딩 와인을 만든다.
- 모에 & 샹동은 나파 밸리에 도멘 샹동Domaine Chandon을 소유하고 있다.
- 뢰데르는 멘도시노 카운티에서 포도를 재배하면서 뢰데르 에스테이트 Roederer Estate를 생산하고 있다.
- 멈에서는 멈 퀴베 나파Mumm Cuvée Napa라는 스파클링 와인을 생산하고 있다.
- 테탱제Taittinger에서도 도멘 카네로스Domaine Carneros라는 스파클링 와인을 생산한다.
- 스페인의 스파클링 와인 생산자인 코도르니우Codorníu는 아르테사Artesa라는

이름의 와이너리를 소유하고 있다.

- 프레시넷Freixenet은 소노마 카운티에서 와이너리를 운영하면서 글로리아 페레르Gloria Ferrer라는 캘리포니아산 와인을 생산하고 있다.
- 스페인의 토레스Torres 일가는 소노마 카운티에 마리마르 토레스 에스테이트Marimar Torres Estate라는 와이너리를 소유하고 있다.
- 프랑스인 로베르 스칼리Robert Skalli(포르탕 드 프랑스 와인의 제조자)는 최근까지 6000에이커가 넘는 나파 밸리의 땅과 세인트 슈페리 와이너리를 소유하고 있었다.
- 토스카나의 와인 생산자 피에로 안티노리Piero Antinori는 나파 밸리에 아틀라스 피크라는 와이너리를 소유하고 있으며 나파의 스택스립 와인 셀러즈, 워싱턴주의 생 미셸Ste. Michelle과 합작해 콜 솔라레Cole Solare를 생산하고 있다.

캘리포니아 와인의 다양한 스타일

스타일이란 포도와 와인의 특징을 가리키는 말이다. 각 와인 메이커들의 시그니처인 셈이다. 와인 메이커는 포도의 가능성을 최대한 탐구하려고 다양한 기술을 시도하는 '예술가'와 다름없다. 와인 메이커라면 대부분 와인의 스타일을 결정하는 것은 95%가 포도의 품질에 달렸다고 말할 것이다. 나머지 5%는 와인 메이커 '특유의 방식'에 따라 결정된다고 할 것이다. 와인 메이커가 자신의 와인 스타일을 개발할 때는 수백 가지의 선택과 결정을 내려야 한다. 그 수백 가지 중 몇 가지만 소개한다.

- 포도를 언제 수확해야 하는가?
- 어떤 품종의 포도를 어떤 비율로 블렌딩할까?
- 포도즙의 발효는 스테인리스 스틸 탱크에서 해야 하는가, 오크통에서 해야 하는가? 얼마나 오래 발효시켜야 할까? 발효 온도는 어느 정도가 적당할까?
- 와인을 숙성시켜야 할까? 숙성시킨다면 기간은 어느 정도가 좋을까? 오크통은 어떤 오크를 쓸까? 미국산, 아니면 프랑스산?
- 병입 후 얼마나 숙성시켰다가 출시할까?

이런 식으로 결정할 일들이 줄줄이 이어진다. 와인 양조에는 변수가 아주 많아서 생산자들은 같은 품종의 포도로도 여러 스타일을 만들 수 있다. 덕분에 소비자가 각자의 취향에 맞는 와인을 선택할 수 있는 것이다. 미국은 와인 양조에 대한 규제가 상대적으로 느슨해 캘리포니아 와인의 '스타일'은 계속 '다양'해지고 있다.
하지만 이런 다양성은 혼동을 유발시키기도 한다. 캘리포니아 와인 산업의 르네상스

캘리포니아 와인에는 유럽의 등급 체계에 상응하는 **등급 체계가 없다.**

"유럽 와인이 양식화되어왔듯이 그렇게 캘리포니아 와인이 양식화되는 일은 없을 것이다. 캘리포니아에서는 유럽보다 더 많은 실험의 자유를 누리고 있기 때문이다. 나는 이렇게 내가 원하는 와인의 스타일을 만들 자유를 AOC의 품질보증보다 더 소중하게 여긴다. 그런 법은 실험을 방해할 뿐이다."
- 루이스 마르티니

스테인리스 스틸 탱크는 온도가 조절되기 때문에 와인 메이커들이 와인의 발효 온도를 조절할 수 있다. 예를 들면 과일의 풍미와 섬세함은 살리고 갈변과 산화를 막고 싶다면 저온에서 와인을 발효시킬 수 있다.

헨젤 와이너리를 창립했던 젤러바흐 대사는 캘리포니아에서 최초로 **프랑스산 소용량 오크통을 숙성통**으로 사용했는데, 이유는 부르고뉴 스타일을 재현하고 싶은 마음에서였다.

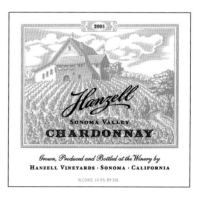

캘리포니아의 이름난 개인 포도원

그레이블리 메도우Gravelly Meadow

더튼 랜치Dutton Ranch

듀렐Durell

로버트 영Robert Young

마사즈 빈야드Martha's Vineyard

맥크리어McCrea

몬테 로소Monte Rosso

바시갈루피

밴크로프트 랜치Bancroft Ranch

벡스토퍼Beckstoffer

비엔 나시도Bien Nacido

토캘론To-Kalon

하이드Hyde

허드슨Hudson

S.L.V.

키슬러 빈야즈Kistler Vineyards에서는 2018년 빈티지에 **11곳의 특정 포도원**에서 재배된 포도로 **샤르도네**를 빚어냈다.

는 불과 40년 전에 시작되었다. 캘리포니아에는 짧은 기간에 무려 1700여 개의 와이너리가 생겨났다. 현재 3000개가 넘는 와이너리가 있는데, 대부분이 한 가지 이상의 와인을 생산하면서 스타일별로 가격대가 다양하다(같은 카베르네 소비뇽인데 투 벅 척Two Buck Chuck의 1달러 99센트부터 할란 에스테이트Harlan Estate의 500달러 이상 가격대 중 아무거나 고를 수 있다면, 어떤 것을 고를 텐가?). 와인 산업은 실험을 통해 계속 변하므로 캘리포니아의 와인 양조는 앞으로도 변하게 되어 있다.

그렇다고 해서 반드시 가격이 품질을 대변하는 것은 아니다. 캘리포니아에서 생산되는 뛰어난 품종명 와인varietal wines 중 보통 소비자의 예산으로 여유 있게 살 수 있는 것들도 있다. 반면 몇몇 품종(주로 샤르도네와 카베르네 소비뇽)은 꽤 비쌀 수 있다.

어느 시장이나 그러하듯 가격은 대개 수요와 공급에 따라 결정된다. 그러나 신생 와이너리는 착수 비용의 부담을 안게 마련이라 그 비용이 와인 가격에 반영되기도 한다. 반면 비교적 오래되어 자리가 잡힌 와이너리들은 오래전에 투자비에 대한 상각이 이뤄져 수요·공급의 비율에 따라 가격을 낮춰야 할 때 값을 낮출 여력이 된다. 캘리포니아 와인을 살 때는 가격이 꼭 품질을 대변하는 것이 아님을 명심하라.

필록세라의 재습격

1980년대에 필록세라 진디가 캘리포니아 포도원의 상당 지역을 황폐화시키면서 새 포도나무를 심는 데 10억 달러 이상이 들었다. 그런데 이 당시의 필록세라 습격은 오히려 전화위복이 되었다. 포도원 소유주들은 이번엔 해결책을 찾을 때까지 기다리지 않아도 되었다. 죽은 포도나무를 대체하기 위해 무엇을 해야 할지 이미 알고 있었다. 필록세라에 내성이 있는 다른 접본을 다시 심으면 되었다. 그래서 단기적으로 큰 비용이 들었으나 장기적으로 더 질 좋은 와인이 생산되었다. 왜일까?

캘리포니아에서 포도가 재배되던 초창기에는 특정 포도가 어디에서 가장 잘 자랄지의 문제는 거의 고려되지 않았다. 그래서 대부분 샤르도네는 너무 따뜻한 기후대에서 경작되었고, 카베르네 소비뇽은 너무 추운 기후대에서 재배되었다.

그런데 필록세라의 공격을 계기로 포도원 소유주들은 실수를 바로잡을 수 있었다. 다시 포도나무를 심으면서 기후와 토양에 가장 적합한 포도 품종을 고를 수 있게 된 것이다. 포도 재배자들은 다른 클론clone의 포도를 심을 기회도 얻었다. 그러나 가장 큰 변화는 포도나무의 재식栽植 밀도에 있었다. 대부분의 와이너리에서 지키던 전통적인 재식 간격은 에이커당 400~500그루였으나, 현재 새로 나무를 심을 때 에이커당 1000그루가 보통이다. 에이커당 2000그루 이상을 심는 포도원도 많다.

현재 당신이 캘리포니아 와인을 좋아한다면 시간이 지나면 더욱 좋아하게 될 것이다. 캘리포니아 와인은 지금도 품질이 좋고 가격이 저렴해 누구에게나 무난하다.

레드 와인이냐, 화이트 와인이냐?

아래는 지난 50년간 미국의 와인 소비 트렌드를 나타낸 것이다. 1970년에 미국인들은 화이트 와인보다 레드 와인을 훨씬 더 많이 마셨다. 그러다 1970년대 중반부터 1990년대 중반에 화이트 와인으로 옮겨갔다가 다시 레드 와인으로 기울어졌다.

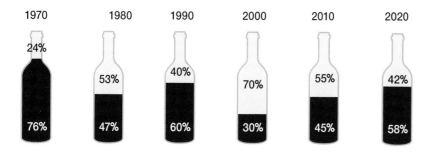

1980년대 들어 건강과 운동에 대한 관심이 높아지면서 많은 사람이 고기와 감자 위주의 식습관을 바꿔 생선과 야채를 먹게 되었고 가벼워진 식습관에 따라 레드 와인보다 화이트 와인을 찾는 수요가 높아졌다. '샤르도네'는 '화이트 와인 한 잔'을 주문하는 통용어가 되었다. 예전까지만 해도 와인 서비스는 전혀 하지 않던 바들조차 잔당 판매하는 화이트 와인을 구색 좋게 갖추었고 그중에서 샤르도네가 가장 많이 팔려나갔다. 현재는 카베르네 소비뇽, 메를로, 피노 누아르가 새로운 유행어로 떠올랐다. 이런 변화에는 프렌치 패러독스와 매스컴의 영향도 중요한 역할을 했다.

미국의 레드 와인 소비의 증가를 이끈 가장 중요한 원인은 따로 있을지 모른다. 바로 캘리포니아가 전보다 뛰어난 품질의 레드 와인을 생산하고 있다는 사실이다. 기억할 테지만 1980년대에 필록세라 전염병이 캘리포니아를 덮쳤다. 이 사태로 포도원 소유자들은 포도나무를 다시 심었고 덕분에 적포도의 생산량이 늘었다. 게다가 포도 재배자들은 기후, 미세기후, 토양, 격자시렁 등의 포도 재배 양식과 관련해서 수년간의 경험으로 쌓은 요령을 실행에 옮기기도 했다.

이러한 과정의 결과로서 이제 캘리포니아의 몇몇 레드 와인은 세계 최고의 와인 대열에 끼게 되었고 앞으로도 전망이 밝다.

프렌치 패러독스

1990년대 초 TV 시사 프로그램 〈60분〉에서 '프렌치 패러독스French Paradox' 현상에 대한 보도를 두 차례 방영했다. 프렌치 패러독스란 프랑스인이 미국인에 비해 지방 섭취가 높은데도 심장질환 발병률이 낮은 사실을 가리키는 말이다. 일부 연구가들은 프랑스인과 비교해 미국인의 식사에서 부족한 한 가지가 레드 와인인 점을 내세워, 레드 와인의 소비와 심장질환 발병률 감

최근 20년 사이에 미국의 레드 와인 판매량은 **125% 이상** 증가했다.

이제는 미국인이 미국 와인을 마시고 있다! 미국에서 판매되는 와인 중 수입산 와인의 비중이 26%에 불과하다.

적포도에는 타닌 외에 **레스베라트롤** resveratrol이 함유되어 있는데, 레스베라트롤은 여러 의학 연구를 통해 그 항암 효능이 밝혀지고 있다.

알코올은 **적당히 섭취하면 몸에 좋은 HDL** 콜레스테롤을 늘리고 좋지 않은 LDL 콜레스테롤은 줄여준다.

와인에는 **지방이 없으며** 콜레스테롤도 없다.

나파는 그야말로 레드 와인의 고장으로, 적포도와 청포도의 경작면적이 각각 3만 3784에이커와 1만 614에이커다. 적포도의 주요 재배 품종은 재배면적이 2만 4045에이커에 달하는 카베르네 소비뇽, 4294에이커인 메를로다.

시중에 출시되는 캘리포니아산 **카베르네 소비뇽**은 1000여 종이 넘는다.

소 사이에 연관이 있다고 보았다. 당연한 얘기겠지만, 이 보도가 방영되고 그해 미국인의 레드 와인 구매가 39%나 증가했다.

캘리포니아의 주요 적포도 품종

캘리포니아에서 재배되는 와인용 포도 품종은 40종이 넘지만 카베르네 소비뇽, 피노 누아르, 진판델, 메를로, 시라가 가장 대표적인 5대 품종이다.

캘리포니아의 레드 와인용 포도

포도 품종	1970년	1980년	1990년	2010년	2020년
카베르네 소비뇽	3,200	21,800	24,100	77,602	93,242
피노 누아르	2,100	9,200	8,600	37,290	46,832
진판델	19,200	27,700	28,000	49,136	41,894
메를로	100	2,600	4,000	37,982	39,394
시라	0	0	400	19,283	15,904

카베르네 소비뇽

캘리포니아에서 가장 성공적인 적포도로 꼽히며, 세계 최상급 레드 와인 몇 가지가 바로 이 품종으로 빚는다. 이 카베르네 소비뇽이 샤토 라피트 로칠드나 샤토 라투르 같은 최상급 보르도 레드 와인의 양조에서도 주된 품종으로 쓰인다는 사실을 잊으면 안 된다. 캘리포니아의 카베르네 소비뇽은 거의 모두 드라이한 편이며 생산자나 빈티지에 따라 가벼워서 바로 마실 수 있는 스타일부터 수명이 긴 풀 바디의 스타일까지 다양하다. 다음은 내가 선호하는 캘리포니아의 카베르네 소비뇽이다.

갤로 오브 소노마 에스테이트 Gallo of Sonoma Estate

그레이스 패밀리 Grace Family

다우Daou

덕혼Duckhorn

데리우시Darioush

델라 발레 Dalla Valle

그로스 리저브 Groth Reserve

뉴튼Newton

다이아몬드 크리크 Diamond Creek

던 하웰 마운틴 Dunn Howell Mountain

데이비드 아서 David Arthur

라크미드Larkmead

라 호타 La Jota
라베나 Ravena
렐름 Realm
루이스 셀러스 Lewis Cellars
마틴 레이 Martin Ray
베리테 Vérité
보리우 프라이빗 리저브 Beaulieu Private Reserve
브라이언트 패밀리 Bryant Family
샤토 몬텔레나 Chateau Montelena
샤토 생 장, 생크 세파주 Pine Ridge Château St. Jean, Cinq Cépages
샤플렛 Chappellet
슈래더 Schrader
스브라지아 패밀리 빈야즈 Sbragia Family Vineyards
스크리밍 이글 Screaming Eagle
스택스립 캐스크 Stag's Leap Cask
실버 오크 Silver Oak
아이슬 Eisele
알파 오메가 Alpha Omega
애쉬스 앤 다이아몬즈 Ashes & Diamonds
오비드 Ovid
오퍼스 원 Opus One
조단 Jordan
카터 Carte
컨티뉴엄 Continuum
코라 Corra
콜긴 Colgin
퀸테사 Quintessa
트레프던 Trefethen
파비아 Favia
파인 리지 Pine Ridge
폴 홉스 Paul Hobbs
프라이드 마운틴 Pride Mountain
플럼 잭 Plump Jack
하이츠 Heitz
헌드레드 에이커 Hundred Acre
호닉 Honig
화이트홀 레인 Whitehall Lane

로렐 글렌 Laurel Glen
로버트 몬다비
루이 마티니 Louis Martini
리지 몬테 벨로 Ridge Monte Bello
몬다비 리저브 Mondavi Reserve
베반 Bevan
본드 Bond
센티넬 Sentinel
셰이퍼 힐사이드 셀렉트 Shafer Hillside Select
스노든 Snowden
스케어크로우 Scarecrow
스태글린 Staglin
스파츠우드 Spottswoode
아로호 Araujo
알타무라 Altamura
애로우드 Arrowood
어도비 로드 와이너리 Adobe Road Winery
오데트 Odette
잉글누크 루비콘 Inglenook Rubicon
조셉 펠프스 Joseph Phelps
케이머스 Caymus
케이크브레드 Cakebread
코리슨 Corison
콩스가르드 Kongsgaard
턴불 Turnbull
트레프던 스털링 Trefethen Sterling
파우스트 Faust
팔메이어 Pahlmeyer
푸토 Futo
프랭크 패밀리 Frank Family
피터 마이클 Peter Michael
할란 에스테이트 Harlan Estate
헤스 컬렉션 Hess Collection
홀 Hall
휴이트 Hewitt

나파 밸리 카베르네 소비뇽		
연도	브릭스	알코올 함량
1976	22.9	13.6%
2020	25.69	15.4%

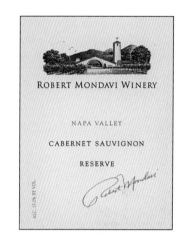

미국 와인의 라벨에 표기된 'RESERVE'에는 **법적인 의미가 없지만** 보리우 빈야드나 로버트 몬다비 와이너리 같은 몇몇 와이너리에서는 자신들의 특별한 와인에 이 'Reserve'를 표기한다. 보리우 빈야드에서 표시하는 'Reserve'는 특정 포도원의 포도로 빚은 와인을 뜻한다. 로버트 몬다비 와이너리는 최고의 포도들로 특별히 블렌딩된 와인을 가리킨다. 'Reserve' 외에도 '캐스크Cask(숙성 나무통)' 와인이니 'Special Selection(특별판)'이니 'Proprietor's Reserve(포도원 소유주가 생산한 와인)' 등의 모호한 의미의 용어들도 라벨 표기에 사용되고 있다.

> **대부분의 카베르네 소비뇽은 다른 포도와 블렌딩**되는데, 주요 품종은 메를로다. 라벨에 포도 품종을 표기하려면 카베르네 소비뇽을 최소한 75%는 사용해야 한다

비교적 오래전의 추천 빈티지
1985, 1986, 1987, 1990, 1991

— 나파 밸리 카베르네 소비뇽의 추천 빈티지 —

1994* 1995* 1996* 1997* 1999** 2001** 2002** 2005* 2006** 2007** 2008**
2009** 2010** 2012** 2013** 2014** 2015** 2016** 2017* 2018* 2019*

*는 특히 더 뛰어난 빈티지   **는 이례적으로 뛰어난 빈티지

피노 누아르

피노 누아르는 워낙 까다로운 품종이라 재배해서 와인으로 빚기까지 비용도 많이 들고 다루기가 힘들어서 종종 '골치 아픈' 포도라는 별명이 따라붙는다. 프랑스 부르고뉴 지방의 중요한 품종일뿐 아니라 샹파뉴의 주요 포도 품종에 들기도 한다. 캘리포니아에서는 수년간 피노 누아르를 심기에 적당한 위치를 찾는 실험을 하고 발효 기술을 개선함으로써 피노 누아르를 위대한 와인으로 승급시켜놓았다. 피노 누아르는 카베르네 소비뇽보다 타닌이 적고 숙성 기간도 빨라 보통 2~5년 후면 숙성이 된다. 재배에 들어가는 추가적인 비용 때문에 캘리포니아의 최상급 피노 누아르는 다른 품종보다 비싸다. 다음은 피노 누아르의 3대 재배 지역이다.

몬터레이(9720에이커)   **산타바버라**(5272에이커)   **소노마**(1만 3800에이커)

다음은 내가 선호하는 캘리포니아 피노 누아르 와인이다.

개리 패럴Gary Farrell	골든아이Goldeneye	델링어Dehlinger
도눔Donum	도멘 드 라 코트Domaine de la Côte	램스 게이트Ram's Gate
로버트 신스키Robert Sinskey	로어ROAR	로키올리Rochioli
루시아Lucia	리토레Littorai	마운트 에덴Mount Eden
마카신Marcassin	맥머레이MacMurray	메리 에드워즈Merry Edwards
멜빌Melville	모건Morgan	바이런Byron
벨 글로스Belle Glos	브루어-클립톤Brewer-Clifton	비엔 나시도 에스테이트
샌포드Sanford	세인츠버리Saintsbury	시 스모크Sea Smoke
시두리Siduri	시르크CIRQ	아르테사
아리스타Arista	아카시아Acacia	에튀드Etude
오 봉 클리마Au Bon Climat	오베르Aubert	윌리엄스 셀리엄Williams Selyem
칼레라Calera	켄 브라운Ken Brown	코스타 브라운Kosta Browne
쿠치Kutch	키슬러Kistler	탤리Talley
파파피에트로-페리Papapietro-Perry	팍슨Foxen	패츠 & 홀Patz & Hall
폴 라토Paul Lato	폴 홉스 플라워스Flowers	피조니Pisoni
피터 마이클	하트포드 패밀리Hartford Family	한Hahn
호나타Jonata	J. 로키올리J. Rochioli	

– 캘리포니아 피노 누아르의 최근 추천 빈티지 –

소노마 : 2010** 2013** 2014* 2015** 2016** 2017* 2018 2019*
카네로스 : 2012* 2013* 2014 2015* 2016* 2017* 2018 2019*
산타바버라 : 2010** 2014* 2015* 2016* 2017* 2018 2019*
몬터레이 : 2009* 2012* 2013* 2014** 2015 2016* 2017** 2018 2019*

*는 특히 더 뛰어난 빈티지 **는 이례적으로 뛰어난 빈티지

카네로스, 몬터레이, 소노마, 산타바버라는 비교적 서늘한 기후여서 피노 누아르를 재배하기에 매우 적합하다. 소노마는 피노 누아르에 관한 한 재배면적이나 생산 와이너리 보유에서 캘리포니아 **최고**로 꼽힌다.

남부 캘리포니아, 특히 산타바버라 지역은 피노 누아르 생산에 최적의 입지 조건을 갖추게 되면서 최근 10년 동안 경작량이 200% 이상 증가했다.

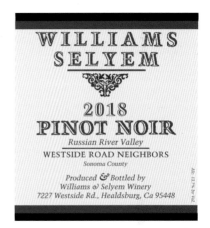

"피노 누아르가 제임스 조이스라면 카베르네 소비뇽은 디킨스라고 할 만하다. 둘 다 인기 있지만 한쪽이 더 이해하기 쉽다."
- 〈디캔터〉

"알다시피 피노는 재배하기가 어려워요. 껍질도 얇고 온도에 민감하고 빨리 여물죠. 어디에서든 잘 적응하고, 돌보지 않고 내버려둬도 저 혼자 잘 자라는 그런 카베르네같이 생명력이 강하지 못하죠."
- 영화 〈사이드웨이〉 중 마일즈의 대사

캘리포니아에는 수령이 **150년**이 넘었는데 도 여전히 와인을 빚기에 손색없는 포도를 맺고 있는 진판델 포도나무들이 있다.

진판델 중에는 알코올 함량이 **16% 이상**인 와인도 있다.

마티넬리 와이너리Martinelli Winery에는 **1880년 대에 심은** 진판델 포도나무가 아직도 자라고 있다.

최근 실시한 DNA 조사 결과, 진판델은 이탈리 아의 **프리미티보**Primitivo**와 같은 품종**임이 밝혀 졌다.

진판델 화이트 와인은 미국에서 6:1의 비율로 진 판델 레드 와인보다 많이 팔리고 있다.

진판델

진판델은 캘리포니아의 와인 양조 초창기만 해도 '제네릭' 와인이나 '저그' 와인의 원 료로 쓰였다. 지난 50년 사이에 적포도 품종 중 최고 품종의 하나로 도약했다. 진판 델 와인을 고를 때 단 하나의 문제점이라면 스타일이 너무 다양하다는 것이다. 생산 자에 따라 타닌이 다량 함유되어 있어서 묵직하고 풍부하고 원숙하며 알코올 함량 이 높고 스파이시하며 연기 냄새가 나고 진하며 풍미가 강한 스타일부터 아주 가볍 고 과일 풍미가 나는 와인까지 다양하다. 심지어 진판델은 화이트 와인도 있다. 다음은 내가 선호하는 진판델 와인이다.

델링어Dehlinger	드라이 크리크 와이너리Dry Creek Winery	라파넬리Rafanelli
레이거 메르디스Lagier Meredith	레이븐스우드Ravenswood	로버트 비알Robert Biale
로샴보Roshambo	로젠블럼Rosenblum	리머릭 레인Limerick Lane
리지Ridge	마조코Mazzocco	마티넬리Martinelli
메리 에드워즈	베드락Bedrock	산 로렌소San Lorenzo
세게지오Seghesio	세인트 프랜시스St. Francis	스브라지아Sbragia
시뇨렐로Signorello	칼라일Carlisle	콘Cohn
클라인Cline	털리Turley	
하트포드 패밀리Hartford Family	J. 로키올리J. Rochioli	

– 북부 해안 지대 진판델의 추천 빈티지 –

2003*	2006*	2007*	2008**	2009**	2010	2012*
2013*	2014**	2015**	2016**	2017	2018**	2019

*는 특히 더 뛰어난 빈티지 **는 이례적으로 뛰어난 빈티지

메를로

메를로는 수년간 카베르네 소비뇽의 블렌딩용으로만 쓰였다. 메를로의 타닌이 더 부드럽고 질감도 더 유순하다는 이유에서였다. 그러나 이제는 슈퍼 프리미엄급 품종으로 독자적인 정체성을 얻게 되었다. 메를로로 빚은 와인은 지나치게 자극적이지 않고 부드러워서 카베르네 소비뇽과 같은 숙성이 필요치 않다. 조기 숙성과 음식과의 조화로 레스토랑에서 최고로 잘 팔리는 와인이다.

다음은 내가 선호하는 북부 해안 지대의 메를로 와인이다.

뉴턴Newton	덕혼Duckhorn	라 호타La Jota
루나Luna	루이스 셀러즈Lewis Cellars	마컴Markham
마탄자스 크리크Matanzas Creek	베렌스 패밀리Behrens Family	베린저Beringer
샤플렛Chappellet	세인트 프랜시스	셰이퍼Shafer
스택스립Stag's Leap	아워글래스Hourglass	하이드 드 빌렌Hyde de Villaine
카터Carter	코호COHO	파인 리지Pine Ridge
팔라모Palamo	팔메이어Pahlmeyer	프라비넌스Provenance
프라이드 마운틴Pride Mountain	플럼잭Plumpjack	헤이븐스Havens
화이트홀 레인Whitehall Lane		

– 북부 해안 지대 메를로의 추천 빈티지 –

2012** 2013** 2014** 2015* 2016** 2017* 2018* 2019*

*는 특히 더 뛰어난 빈티지 **는 이례적으로 뛰어난 빈티지

1960년대에 캘리포니아 전역에서 **메를로 재배지는 2에이커**에 불과했으나 현재는 나파 밸리가 4만 에이커에 육박하고 소노마는 4948에이커에 이른다.

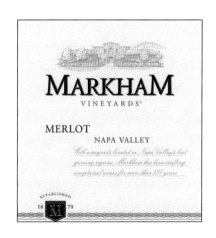

시라

시라는 프랑스 론 밸리의 대표 품종으로서 세계 최상급의 최장기 숙성 와인들의 원료로 사용되고 있다. 오스트레일리아에서는 '시라즈'라고 불리며 품종 특유의 강렬한 풍미로 미국에서 굉장한 판매고를 올리고 있으며 일조량이 풍부하고 따뜻한 캘리포니아의 기후에서 잘 자라난다.

다음은 내가 애호하는 시라 와인이다.

론 밸리에서와 마찬가지로 시라는 대개 그르나슈를 비롯한 여러 세계적 재배품종과 블렌딩되고 있다.

샌 루이스 오비스포와 소노마 카운티는 캘리포니아에서 시라 품종의 최대 재배지다.

네이어즈 Neyers
듀몰 Dumol
루이스 셀러스 Lewis Cellars
비엔 나시도 에스테이트
색섬 Saxum
에드먼스 세인트 존 Edmunds St. John
오하이 Ojai
저스틴 Justin
케이크브레드 Cakebread
타블라스 크리크 Tablas Creek
팍슨 Foxen
펠프스 Phelps

데너 Denner
라디오 코토 Radio-Coteau
보니 둔 Bonny Doon
산귀스 Sanguis
신 쿠아 논 Sin Qua Non
에폭 Epoch
와일드 호스 Wild Horse
졸리 레이드 Jolie Laide
코페인 Copain
텐슬리 Tensley
페스 파커 Fess Parker
프루엣 Pruett

델링어 Dehlinger
레이거 메르디스 Lagier Meredith
비아더 Viader
산디 Sandhi
알반 Alban
엔필드 Enfield
자카 메사 Zaca Mesa
칼라일 Carlisle
퀴페 Qupe
팍스 Pax
페이 Peay
하이드 드 빌렌 Hyde de Villaine

— 캘리포니아 시라의 추천 빈티지 —

남동부 해안 지대: 2006* 2007* 2008* 2009**
2010** 2012 2013** 2014** 2015** 2016** 2017 2018 2019

북부 해안 지대: 2004** 2006** 2007** 2008* 2009**
2010* 2011* 2012** 2013** 2014** 2015** 2016** 2017 2018 2019

*는 특히 더 뛰어난 빈티지 **는 이례적으로 뛰어난 빈티지

메리티지 와인

'메리티지'는 '헤리티지'와 운을 맞춘 명칭으로, 미국에서 보르도의 전통적 와인용 포도 품종을 블렌딩하여 빚은 레드 와인 및 화이트 와인을 일컫는다. 이런 메리티지 와인은 와인 메이커들이 품종명 표기에 요구되는 포도 함량의 최소 규정 비율(75%)을 맞추는 일에 숨막혀 하면서 탄생하게 되었다. 일부 와인 메이커들은 주 품종 60%와 보조 품종 40%를 섞는 식의 블렌딩을 하면 더 우수한 와인을 만들 수 있다는 사실을 알고 있었으니 그럴 만도 했다. 메리티지 와인의 생산자들은 이런 식의 블렌딩을 통해 보르도의 와인 메이커들이 와인 양조에서 누리는 것과 같은 자유를 얻고 있다.

레드 와인의 블렌딩에 쓰이는 품종은 다음과 같다.

말벡　　　　메를로　　　　카베르네 소비뇽　　　　카베르네 프랑　　　　프티 베르도

다음은 화이트 와인의 블렌딩에 쓰이는 품종이다.

세미용　　　　소비뇽 블랑

캘리포니아 레드 와인의 스타일

캘리포니아산의 카베르네 소비뇽, 피노 누아르, 진판델, 메를로, 시라 또는 메리티지 와인을 구입할 때는 라벨만 보고 와인의 스타일을 감 잡을 만한 좋은 방법이 딱히 없다. 해당 포도원에 대해 잘 알지 못하는 한 시행착오를 거치며 시음을 해보는 수밖에 없다. 단, 같은 포도 품종으로 확연히 다른 스타일의 와인이 만들어질 수 있다는 사실만 알고 있어도 더 현명한 구매가 가능하다.

캘리포니아에는 3372개가 넘는 와이너리가 있으며 이 중 절반 이상이 레드 와인을 생산하고 있다. 따라서 이 많은 와이너리에서 생산하는 와인들의 끊임없는 스타일 변화 트렌드를 따라잡기란 불가능하다. 그나마 최근에는 와인의 음용 적기, 숙성 가능성, 추천 음식 등 중요한 정보를 라벨에 추가해 넣는 와이너리들이 점점 늘고 있다. 뜻밖의 낭패를 겪고 싶지 않다면 와인업계의 흐름과 당신의 취향을 이해하는 소매상에게서 구매하길 권한다.

2020년 기준으로 캘리포니아의 적포도와 청포도 재배면적은 각각 30만 2836에이커와 17만 6879에이커였다.

캘리포니아의 메리티지 와인
도미누스(크리스티앙 무엑스)
마그니피카트Magnificat(프란시스칸)
베리테Vérité
오퍼스 원(몬다비/로칠드)
인시그니아Insignia(펠프스 빈야즈)
케인 파이브
트레프던 헤일로Trefethen Halo

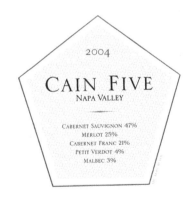

로버트 몬다비와 필립 드 로칠드 남작은 **와인계의 대단한 열광이 쏟아지는 가운데 윈도우즈온더월드에서 '오퍼스 원'을 첫선 보였다.** 오퍼스 원은 나파 밸리에서 재배되는 포도를 사용해 보르도 스타일의 블렌딩으로 빚은 이른바 나파의 보르도 와인이다. 원래는 나파 밸리에 있는 로버트 몬다비 와이너리에서 생산했으나 현재는 29번 고속도로 건너편에 별도로 마련된 멋들어진 와이너리에서 생산하고 있다.

캘리포니아의 소규모 와이너리들에서 빚은 카베르네 소비뇽을 엄청난 가격도 마다하지 않고 구입하는 **광적인 와인 수집가들이 하나둘씩 늘고 있다.** 이러한 '컬트cult' 와이너리들은 아주 소량의 와인만 고가에 생산한다.

달라 벨라Dalla Valle

본드Bond

브라이언트 패밀리Bryant Family

슈래더Schrader

스캐어크로우Scarecrow

스크리밍 이글 슬론Screaming Eagle Sloan

슬로안Sloan

시네 쿠아 논Sine Qua Non

아라우호Araujo

아브로Abreau

콜긴 셀러즈Colgin Cellars

할란 에스테이트Harlan Estate

캘리포니아 레드 와인의 숙성

대체로 캘리포니아 와인은 어릴 때 마셔도 같은 빈티지의 보르도보다 더 편안한 맛을 선사한다. 보르도에 비해 더 힘차고 과일 풍미가 풍부하며 타닌이 적기 때문이다. 캘리포니아 와인이 레스토랑에서 잘 팔리는 데는 이런 특징도 한몫한다.

그런가 하면 캘리포니아의 레드 와인은 숙성이 잘되기도 한다. 특히 최상급 와이너리에서 생산되는 카베르네 소비뇽과 진판델일수록 숙성이 잘된다. 실제로 1960년대, 1970년대, 1980년대에 생산된 카베르네 소비뇽은 대체로 아직도 마시기에 무난하며 몇몇 와인은 맛이 아주 훌륭해서 그 수명이 긴 것을 입증해주고 있다. 최상급 와이너리에서 훌륭한 빈티지에 빚은 진판델과 카베르네 소비뇽은 최소한 5년의 숙성 뒤에 마셔야 하며, 10년이 지나면 더 훌륭한 맛이 난다. 환상적인 기쁨을 맛보려면 최소한 15년은 기다려야 한다.

캘리포니아의 50년 전과 현재

특정 포도 품종이 특정 지역AVA은 물론 더 나아가 개별 포도원과 결부되는 추세가 나타나고 있다. 이를테면 카베르네 소비뇽과 메를로는 나파 밸리, 피노 누아르는 카네로스·소노마·산타바버라·몬터레이가 연상되는 식이다. 또 시라는 남중부 해안 지대, 특히 샌 루이스 오비스포와 결부되고 있다.

캘리포니아 와인 양조 업계에 불어닥친 혁신의 바람은 진정 국면에 들어섰지만 그렇다고 해서 캘리포니아 와인 메이커들이 실험을 아주 그만두었다는 얘기는 아니다. 여전히 다양성을 추구하는 트렌드가 이어지면서 요즘 캘리포니아에서는 새로운 포도 품종이 여럿 재배되고 있다. 그에 따라 앞으로 바르베라, 카베르네 프랑, 말벡 같은 품종으로 빚은 와인들이 더 많이 나올 것으로 기대된다. 특히 시라로 만든 와인의 생산 증가가 두드러질 듯하다.

지난 50여 년 사이의 또 다른 변화는 알코올 도수로서 레드 와인에서의 변화세가 뚜렷하다. 전 세계의 대다수 와인이 알코올 함량을 높이긴 했으나 캘리포니아만큼 많이 높인 경우는 없다. 많은 와인 메이커가 알코올 도수 15도 이상의 와인을 생산하고 있다! 알코올 도수를 그렇게까지 높이면 알코올로 우아한 풍미가 잡히기보다 품종 특유의 특징이 압도될 경우 자칫 와인의 밸런스가 바뀔 소지가 있다.

보리우의 프라이빗 리저브 와인 50주년 기념 행사 때 우리는 이틀 동안 와인 메이커 앙드레 첼리체프Andr Tchelistcheff와 함께 1936년부터 1986년까지의 모든 빈티지를 맛보는 기회를 얻었다. 그 시음에 참석한 사람들 모두 훌륭하게 숙성된 빈티지 와인들에 대해 경외감을 느낄 수밖에 없었다.

나파 밸리, 과거와 현재
1970년: 에이커당 2000~4000달러
2020년: 에이커당 40만 달러

최근에 다음을 비롯한 캘리포니아의 우수 와이너리 몇 곳이 매각되었다.
마야카마스, 클로 페가스Clos Pegase, 퀴페, 아라우호, 페라리 카라노Ferrari Carano

30달러 이하의 캘리포니아 레드 와인 중 가성비 최고의 와인 5총사

Beaulieu Cabernet Sauvignon • Bonny Doon "Le Cigare Volant" • Frog's Leap Merlot • Louis M. Martini Sonoma Cabernet Sauvignon • Ridge Sonoma Zinfandel

전체 목록이 궁금하다면 414~416쪽 참조.

시음 가이드

처음의 6개 와인을 같이 따라놓은 다음 피노 누아르, 진판델, 메를로의 확실한 빛깔 차이를 직접 확인하는 것이 좋다. 이 6개의 와인을 시음하고 나면 취향에 잘 맞는 포도 품종을 정할 수 있게 될 것이다. 자, 이제부터 '유레카'의 순간을 맞아보시라.

미국의 피노 누아르 같은 빈티지의 피노 누아르 두 가지를 같이 시음

    1. 카네로스산 피노 누아르

    2. 오리건산 피노 누아르

캘리포니아의 진판델 같은 빈티지의 진판델 두 가지를 같이 시음

    3. 소노마산 진판델

    4. 나파산 진판델

미국의 메를로 같은 빈티지의 메를로 두 가지를 같이 시음

    5. 워싱턴산 메를로

    6. 나파산 메를로

캘리포니아의 카베르네 소비뇽 한 가지 와인만 단독 시음

    7. 나파 밸리산 카베르네 소비뇽(중간 스타일의 중간 가격대)

캘리포니아산 카베르네 소비뇽 세 가지를 비교 시음(블라인드 테이스팅)

    8. 9. 10. 서로 빈티지나 가격대가 다르든가 아니면 캘리포니아의 다른 지역에서 만들어진 것들로 세 가지를 선택

숙성된 카베르네 소비뇽 한 가지만 단독 시음(8년 이상 숙성된 것이 적당함)

11. 나파 밸리산 카베르네 소비뇽

음식 궁합

"카베르네 소비뇽에는 양고기 또는 뇌조와 순록 같은 야생 사냥고기가 잘 어울리고, 피노 누아르에는 돼지고기 허릿살이나 가축용 꿩, 코코뱅 같은 고기가 잘 맞아요."

– 마그릿 비버, 로버트 몬다비

"양고기구이는 카베르네 소비뇽의 풍미와 복잡성에 환상적으로 어울립니다. **카베르네 소비뇽**은 얇게 저민 오리가슴살이나 야생버섯을 곁들인 비둘기구이와도 잘 맞습니다. 숙성된 카베르네 소비뇽을 치즈와 함께 먹으려면 신선한 염소젖 치즈, 생 탕드레, 탈레지오 같은 순한 치즈가 와인의 미묘한 풍미와 잘 어울립니다."

– 톰 조단

"어린 **메를로**에는 바삭바삭한 폴렌타(옥수수 가루로 만든 요리)를 곁들인 양 정강잇살 요리나 줄풀을 곁들이고 포트소스를 뿌린 오리구이를 권합니다. 저희는 순하고 향긋한 과일 소스와 곁들여 먹는 양다리 바비큐도 즐겨 먹지요. 식사 마무리 시 먹는 좀 숙성된 메를로에는 캄보졸라 치즈나 따끈한 호두가 좋아요."

– 마거릿과 댄 덕혼 부부

"카베르네 소비뇽에는 최상품 소고기를 충분히 숙성시켜서 구운 요리를 권하고 싶어요. 믿든 말든 자유지만, 여기에 초콜릿과 초콜릿칩 쿠키를 같이 먹어도 괜찮아요. 피노 누아르에는 껍질을 벗긴 키위 과육으로 속을 채운 뒤 구워서 마데이라 소스를 뿌린 메추라기요리를 추천합니다."

– 자넷 트레프던

"**진판델**은 페탈루마식 오리고기를 넣어 만든 리소토와 잘 어울려요. 숙성된 **카베르네 소비뇽**에는 모로코의 무화과를 곁들인 양고기요리가 좋은 짝이에요."

– 폴 드레이퍼, 리지 빈야드

"**카베르네 소비뇽**에는 담백한 소스를 곁들인 양고기나 송아지고기가 좋아요."

– 워런 위니아스키, 스택스립 와인 셀러즈

"**피노 누아르**는 닭, 칠면조, 오리, 꿩, 메추라기 같은 가금류 고기와 먹기를 추천합니다. 될 수 있으면 구이요. 연어, 참치, 도미 같은 생선요리와 먹어도 좋습니다."

– 조쉬 젠슨, 칼레라 와인

"**카베르네 소비뇽**의 추천 음식으로는 소노마 카운티식 스프링램(늦겨울이나 이른봄에 나서 7월 1일 이전에 육용으로 팔리는 어린양)요리나 로즈마리소스로 조리한 양갈비를 권하고 싶어요."

— 리처드 애로우드

"제가 **진판델**에 즐겨 먹는 음식은 살을 나비꼴로 갈라 펴서 재워둔 양다리요리입니다. 정육점에서 양다리를 나비꼴로 갈라서 비닐봉지에 담아달라고 합니다. 그 안에 드라이 크리크 진판델 반 병, 올리브 오일 힌 깁, 으깬 마늘 여섯 쪽을 넣고 소금과 후추로 간을 하지요. 이걸 냉장고에서 대여섯 시간 재워뒀다가 미디엄 레어로 불에 굽지요. 고기를 익히는 동안 재운 양념을 가져다가 버터 몇 조각을 넣고 더 진하게 졸이면 정말 맛있어요!"

— 데이비드 스태어, 드라이 크리크 빈야드

"**카베르네 소비뇽**에는 데리야키소스, 간장, 생강, 참깨를 섞은 양념을 발라 구운 립 아이(꽃등심) 바비큐, 사슴고기, 올리브 오일과 로즈마리를 넣은 타프나드(블랙 올리브, 앤초비 등을 넣어 만든 일종의 퓌레)로 조리한 소고기나 양고기가 어울려요. 하지만 뛰어난 카베르네 소비뇽이라면 한 잔 따라서 아무것도 없이, 그저 좋은 책을 벗 삼아 마셔도 기분 좋죠."

— 보 배렛, 샤토 몬텔레나 와이너리

"**카베르네 소비뇽**에 야생 버섯을 얹은 진한 리소토를 한번 드셔보십시오."

— 패트릭 캠벨, 로렐 글렌 빈야드

"**케이크브레드 셀러즈 나파 밸리 카베르네 소비뇽**에는 양식 연어에 감자를 얹어 바삭하게 구운 요리나 허브를 얹은 나파 밸리식 양갈비요리에 으깬 감자와 레드 와인 소스를 곁들여 먹으면 좋습니다."

— 잭 케이크브레드

"제가 **카베르네 소비뇽**과 함께 즐겨 먹는 요리는 양갈비, 소고기 또는 설익은 오리고기입니다."

— 에드 스브라지아, 스브라지아 패밀리 빈야드

"**세인트 프랜시스 메를로** 소노마 카운티에는 게살 케이크, 양갈비, 돼지고기구이, 토르텔리니(소를 넣은 초승달 모양의 껍질 양 끝을 비틀어 붙여 고리 모양으로 만든 페이스트 요리)를 추천합니다. 세인트 프랜시스 메를로 리저브에는 이탈리아식 야채수프 미네스트로네, 렌즈콩 수프, 사슴고기, 필레미뇽을 추천합니다. 아니면 시저 샐러드(상추, 치즈, 앤초비, 날달걀 따위를 버무린 샐러드)와 먹어도 괜찮습니다."

— 톰 매키, 세인트 프랜시스

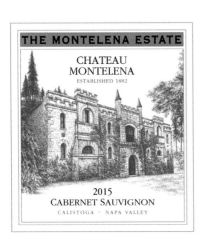

캘리포니아 레드 와인의 **상식을 테스트**해보고 싶다면 431쪽의 문제를 풀어보기 바란다.

– 더 자세한 정보가 들어 있는 추천도서 –

마이크 드시몬과 제프 제슨의 《캘리포니아의 와인, 특별판》

메트 크레이머의 《캘리포니아 와인 제대로 알기 Making sense of California Wine》

밥 톰슨의 《캘리포니아와 태평양 북서연안의 와인지도The Wine Atlas of California and the Pacific Northwest》

제임스 로브의 《와인 스펙테이터의 캘리포니아 와인Wine Spectator's California Wine》

제임스 할리데이의 《캘리포니아의 와인지도》

존 보네의 《새로워진 캘리포니아 와인》

CLASS 2

캘리포니아의
화이트 와인 및
그 외의 미국 와인

캘리포니아의 화이트 와인 ✻ 워싱턴주, 뉴욕주, 오리건주의 와인 ✻

남부 지역의 와인 ✻ 오대호 지역의 와인

2020년에 캘리포니아에서 재배된 3대 청포도 품종
1. 샤르도네(9만 3148에이커)
2. 피노 그리(1만 6928에이커)
3. 소비뇽 블랑(1만 5215에이커)

샤르도네는 가장 많이 재배되는 품종이다.

몬터레이 카운티는 캘리포니아에서 샤르도네를 **가장 많이 재배하는 곳으로** 총 재배면적이 1만 6969에이커에 이른다.

캘리포니아의 화이트 와인

샤르도네

샤르도네는 캘리포니아에서 재배되는 화이트 와인용 포도 가운데 가장 대표적인 품종이며 주요 재배지는 다음의 네 곳이다.

나파   산타바버라   소노마   카네로스

비티스 비니페라종의 이 청포도는 많은 이에게 화이트 와인용 포도 품종 가운데 세계 최상으로 꼽히고 있다. 뫼르소, 샤블리, 퓔리니 몽라셰 같은 프랑스 부르고뉴의 훌륭한 화이트 와인도 샤르도네로 만든다. 캘리포니아에서는 샤르도네가 지금까지 가장 성공적인 화이트 와인용 포도로 훌륭한 특징과 환상적인 풍미의 와인을 만들고 있다. 하지만 포도원에서의 수확량이 아주 낮아서 높은 가격대를 호가한다. 와인 양조 과정에서는 대체로 작은 오크통에 담겨 숙성을 거치면서 복잡성이 더해진다. 샤르도네 와인은 예외 없이 드라이하며 미국의 그 어떤 화이트 와인보다 숙성에 유리하다. 최상급으로 꼽히는 와인들은 병입 후 5년 이상이 되어도 질이 떨어지지 않고 잘 숙성된다.

최상급 와이너리들은 샤르도네 와인을 나무통에서 숙성시키기도 하며 더러 1년 이상 숙성시키기도 한다. 프랑스산 오크통은 최근 5년간 가격이 2배로 올라서 한 통당 평균 1000달러다. 게다가 포도 가격과 와인이 시장에 나오기까지의 시간까지 보태져서 최상급 캘리포니아 샤르도네는 25달러가 넘게 된다.

캘리포니아의 샤르도네가 저마다 제각각인 이유

시중에는 수많은 브랜드의 아이스크림이 나와 있다. 이 브랜드는 비슷한 성분을 사용하여 아이스크림을 만들지만, 벤앤제리스Ben & Jerry's는 하나뿐이다. 와인도 마찬가지다. 차이를 만드는 요소는 많지만 특히 다음의 선택사항에 따라 달라진다. 포도의 원산지가 어디인가? 와인이 오크통에 담겨 발효되었는가? 유산 발효를 거쳤는가? 숙성이 오크통에서 이뤄졌는가 아니면 스테인리스 스틸 탱크에서 이뤄졌는가? 오크통에서 숙성되었다면 어떤 오크인가? 오크통 숙성 기간은 얼마나 되는가?

내가 선호하는 캘리포니아의 샤르도네

그르기치 힐스Grgich Hills	다이아톰Diatom	더튼 골드필드Dutton Goldfield
라 크레마La Crema	랜드마크Landmark	러드 에스테이트Rudd Estate
레이미Ramey	로버트 몬다비Robert Mondavi	로키올리Rochioli
롬바우어Rombauer	루이스Lewis	리지Ridge
리토라이Littorai	마운트 에덴Mount Eden	마카신Marcassin
마티넬리Martinelli	메리베일Merryvale	메리 에드워즈Merry Edwards
베린저Beringer	브루어-클립톤Brewer-Clifton	샤토 몬텔레나Chateau Montelena
샤토 세인트 진Château St. Jean	세인츠버리Saintsbury	소노마 뢰브Sonoma-Loeb
쉐이프Shafer	스브라지아 패밀리Sbragia Family	쓰리 스틱스Three Sticks
실버라도Silverado	아리스타Arista	아카시아Acacia
애로우드Arrowood	오 봉 클리마Au Bon Climat	오버트Aubert
초크 힐Chalk Hill	칼레라Calera	케이크브레드Cakebread
콩스가드Kongsgaard	키슬러Kistler	탈보트Talbott
테스타로사Testarossa	토르Tor	팔메이어 리지Pahlmeyer Ridge
페라리 카라노Ferrari-Carano	펠프스Phelps	폴 홉스Paul Hobbs
플라워즈Flowers	피터 마이클Peter Michae	하이드 드 빌렌Hyde de Villaine
한젤Hanzell		

– 캘리포니아 샤르도네의 최근 추천 빈티지 –

카네로스: 2007** 2009* 2012* 2013* 2014* 2015* 2016 2017** 2018* 2019

나파: 2007* 2008* 2009** 2010** 2012** 2013** 2014** 2016 2017 2018* 2019

소노마: 2004** 2005** 2009* 2010** 2012** 2013** 2014** 2015* 2016 2017** 2018* 2019

산타바버라 2009* 2012 2013* 2014* 2015* 2016 2017** 2018* 2019

*는 특히 더 뛰어난 빈티지 **는 이례적으로 뛰어난 빈티지

캘리포니아는 **세계에서 샤르도네를 가장 많이** 재배하는 곳이다!

시중에 유통되는 **캘리포니아산 샤르도네** 는 약 800종에 이른다.

샤르도네는 미국에서 판매되는 품종명 와인 중 가장 많은 인기를 누리고 있다.

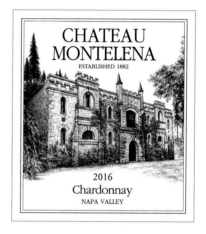

2018년은 아주 양질의 포도를 428만 톤이나 거두어들인, 기록적 수확의 해였다.

로버트 몬다비는 소비뇽 블랑이 소비자의 외면을 받자 이름을 **퓌메 블랑**으로 바꾸었다. 순전히 마케팅 전략으로 이름만 다를 뿐 같은 와인이었지만 판매가 상승세를 타게 되었다. 몬다비는 그 명칭을 상표등록하지 않기로 결정하면서 실제로 많은 생산자가 사용할 수 있게 되었다.

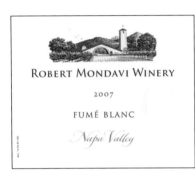

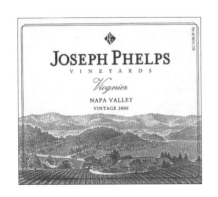

캘리포니아에서 재배되는 화이트 와인용 포도의 또 다른 주요 품종

소비뇽 블랑 소비뇽 블랑은 라벨에 간혹 '퓌메 블랑'으로 명시되기도 한다. 보르도의 그라브 지역에서 생산되는 드라이한 화이트 와인, 뉴질랜드뿐 아니라 프랑스 루아르 밸리의 상세르나 푸이 퓌메에서 생산되는 화이트 와인도 소비뇽 블랑을 원료의 하나로 쓰고 있다. 캘리포니아의 소비뇽 블랑은 세계 최고의 드라이 화이트 와인 가운데 하나로 꼽힌다. 이 중 일부 와인은 작은 오크통에 담겨 숙성되거나 세미용 포도와 블렌딩된다.

피노 그리 지난 20년간 가장 잘 팔리는 이탈리아 화이트 와인으로 꼽혀온 피노 그리지오의 또 다른 이름이 피노 그리다. 지난 10년 사이에 피노 그리의 재식이 50% 넘게 증가했다. 마시기에 편안한 이 캘리포니아 피노 그리의 성공 원인은 가벼운 데다 오크 숙성을 거치지 않아 단순한 풍미를 지녀 아페리티프로 아주 잘 맞는 데 있다.

슈냉 블랑 루아르 밸리에서 가장 많이 재배되는 품종 가운데 하나다. 캘리포니아에서 수확되는 슈냉 블랑은 아주 매혹적이고 부드러운 라이트 바디의 와인을 만들어낸다. 대체로 아주 드라이하거나 약간 스위트한 맛을 내며, 단순하고 과일 풍미가 풍부하다.

비오니에 프랑스 론 밸리의 대표적 화이트 와인용 품종 중 하나인 비오니에는 비교적 따뜻하고 일조량이 많은 기후에서 잘 자란다. 그래서 캘리포니아 몇몇 지역의 기후 조건에 완벽하게 들어맞는 포도 품종이다. 비오니에는 향긋한 부케가 특징적이다. 대부분의 샤르도네처럼 풀 바디도 아니고 대부분의 소비뇽 블랑 같은 라이트 바디도 아니므로 식사용 와인으로 제격이다.

내가 선호하는 캘리포니아의 비오니에

노비Novy   데리우시Darioush   로어Roar
제이퍼스Jaffurs   조셉 펠프스Joseph Phelps   파비아Favia
페스 파커Fess Parker   하이드Hyde   J. 로어J. Lohr

내가 선호하는 캘리포니아의 소비뇽 블랑

그레이 스택Grey Stack   드라이 크리크Dry Creek   레일Lail
로버트 몬다비Robert Mondavi   마탄자스 크리크Matanzas Creek   메리 에드워즈Merry Edwards
메이슨Mason   보겔장Vogelzang   브랜더Brander
샤토 세인트 진Chateau St. Jean   스파츠우드Spottswoode   어린 스위프트Orin Swift

조셉 펠프스 　　지라드Girard 　　초크 힐Chalk Hill

켄우드Kenwood 　　쿤데Kunde 　　퀴비라Quivira

퀸테사Quintessa 　　파비아Favia 　　페라리 카라노Ferrari-Carano

피터 마이클Peter Michael 　　호닉Honig 　　홀Hall

화이트홀 레인Whitehall Lane

캘리포니아 와인의 추세

캘리포니아의 와인 산업에서 1960년대는 팽창과 발전의 10년이었다. 1970년대는 성장의 시기였고, 특히 캘리포니아에 세워진 와이너리의 수, 캘리포니아의 와이너리에 투자한 기업과 개개인들의 성장세가 두드러졌다. 한편 1980년대와 1990년대는 실험의 시기로서 포도 재배에서뿐 아니라 와인 양조와 마케팅 기법에서도 실험이 이뤄졌다.

한편 최근 20여 년은 와인 메이커들이 마침내 한 걸음 물러서서 자신들의 와인을 미세 조정할 기회를 얻게 된 시기였다. 그로써 현재 그들은 놀라운 구조, 섬세함, 우아함을 갖춘 와인을 생산하고 있다. 이런 특징은 캘리포니아 와인 양조의 르네상스기 초반기만 해도 대다수의 와인에 결여되어 있던 요소였다. 캘리포니아의 와인 메이커들은 어린 와인일 때 즐거움을 선사하는 와인들은 물론이요, 내 손자 손녀들과 둘러앉아 같이 마시고 싶어질 정도의 훌륭한 와인도 빚고 있다. 품질의 기준은 높아져서 최상급 와이너리들은 이미 기존의 기준을 뛰어넘은 상태다. 그러나 소비자 입장에서 더 솔깃할 만한 점도 있으니 20달러 이하의 와인들조차 이전의 그 어느 때보다 품질이 좋아졌다는 것이다.

최근에는 와이너리들이 특정 포도 품종만 전문으로 다루는 새로운 추세가 일어나고 있기도 하다. 50년 전이라면 나는 캘리포니아에서 어떤 와이너리들이 최고라는 식의 말을 했을 테지만, 요즘 들어서는 어떤 와이너리나 AVA 또는 개인 포도원이 최고의 샤르도네를 만드는가, 어떤 와이너리가 최고의 소비뇽을 만드는가에 대해 이야기하고 싶어진다.

캘리포니아에서는 지금도 여전히 샤르도네가 화이트 와인의 주요 품종이다. 아직은 샤르도네만큼 높은 명성은 얻지 못하고 있지만 소비뇽 블랑·퓌메 블랑도 와인의 품질이 크게 향상되면서 어린 와인을 예전보다 더 편하게 마실 수 있게 되었고, 내가 마셔본 바로는 대다수 음식과의 궁합도 더 좋아졌다. 그 외에 리슬링, 슈냉 블랑 같은 다른 품종의 화이트 와인들은 이에 필적할 만한 성공을 거두지 못하여 판매가 부진하다. 그럼에도 일부 와인 메이커들이 비오니에, 피노 그리를 비롯하여 더 다양한 유럽종 품종을 재배하고 있어 앞으로도 흥미 있게 지켜볼 만하다.

10년 단위별로 본 캘리포니아 와인의 추세

1960~1970년대 **저그 와인**(샤블리, 부르고뉴)

1980년대 **포도 품종명 와인**(샤르도네, 카베르네 소비뇽)

1990년대 **생산 지역과 품종명 표기 와인**(나파 카베르네 소비뇽, 산타바버라 피노 누아르)

2000년대 **특정 품종을 재배하는 특정 포도원 표기 와인**

현재 캘리포니아 전역에서 **꾸준히 훌륭한 와인들이 생산됨**

음식 궁합

"샤르도네에는 굴, 랍스터, 뵈르 블랑을 뿌린 좀 복잡한 생선요리, 송로를 곁들인 꿩고기 샐러드가 잘 맞고 **소비뇽 블랑**에는 전통적인 흰살코기요리나 생선 코스, 튀기거나 구운 생선(단, 기름진 생선은 피할 것)이 어울립니다."

– 마그릿 비버, 로버트 몬다비

"샤르도네는 뉴올리언스 스타일 양념인 자타레인Zatarain's사의 게찜양념으로 요리한 왕꽃게찜요리, 프랑스식 발효빵과 녹인 버터를 같이 곁들이면 좋고 **소비뇽 블랑**에는 신선한 연어면 거의 어떤 식으로 요리하든 궁합이 좋아요. 제 입맛에는 신선한 통연어나 스테이크용 연어를 알루미늄 호일에 싸서 바비큐 틀에 넣고 익혀 먹는 식의 요리가 잘 맞던데 한번 해서 드셔보세요. 먼저 알루미늄 호일에 연어, 얇게 썬 양파와 레몬, 신선한 딜(열매나 잎이 향미료로 쓰임) 듬뿍, 소금, 후추를 넣은 뒤 호일을 감싸준 다음 바비큐 틀에 올려놓고 거의 익을 때까지 구워주세요. 그렇게 익힌 연어를 오븐에 넣어 알루미늄 호일 속에 고여 있는 즙을 졸이고 나서 플레인 요구르트를 살짝 뿌리면 됩니다. 정말 맛있을 거예요!"

– 데이비드 스태어, 드라이 크리크

"**샤르도네**에는 세비체(페루의 대표적인 전채요리로 흰살생선과 양파, 올리브 등의 야채를 레몬을 기본으로 한 소스에 절여서 먹는, 일본의 회와 비슷한 음식), 조개, 네덜란드 소스에 살짝 버무린 연어요리가 좋은 짝이죠."

– 워런 위니아스키, 스택스립 와인 셀러즈

"**샤르도네**와 어울리는 음식은 괭이밥소스를 뿌린 통연어 바비큐이고 화이트 리슬링에는 잘게 썬 야채와 가리비볶음이 잘 맞습니다."

– 자넷 트레프던

"**샤르도네**를 마실 땐 소노마 연안에서 갓 잡아올린 왕꽃게를 회향풀 버터에 찍어 먹으면 좋아요."

– 리처드 애로우드

"**샤르도네**는 연어, 송어 또는 전복에 올리브 오일, 레몬 조각과 잎을 곁들인 바비큐 요리와 같이 먹으면 좋습니다."

– 보 배럿, 샤토 몬텔레나 와이너리

"저희 케이크브레드 셀러즈 나파 밸리 **샤르도네**Cakebread Cellars Napa Valley Chardonnay는 야생버섯, 리크(서양부추)를 얹은 브루스케타(바게트 같은 딱딱한 빵에 치즈나 과일, 샐러드, 여러 소스 등을 얹은 요리), 속에 버섯을 채워 요리한 닭가슴살, 기름에 살짝 볶은 꽃상추와 살구버섯을 곁들인 넙치요리와 잘 어울립니다."

— 잭 케이크브레드

"샤르도네에는 버터를 듬뿍 바른 랍스터나 연어요리가 좋습니다."

— 에드 스브라지아, 스브라지아 패밀리 빈야즈

2020년 기준 주별
포도 경작면적과 와이너리 수

캘리포니아
63만 7000에이커
3372개

뉴욕
3만 2000에이커
376개

워싱턴
5만 9200에이커
730개

오리건
3만 4000에이커
505개

워싱턴주, 오리건주, 아이다호주, 브리티시컬럼비아주는 모두 **태평양 북서쪽에 위치한 와인 생산지**다.

워싱턴주의 와인 생산 비율

41% 화이트 와인
59% 레드 와인

워싱턴주, 과거와 현재

1970년: 와이너리 수 10개, 포도 경작면적 9에이커
2020년: 와이너리 수 730개, 포도 경작면적 5만 9200에이커

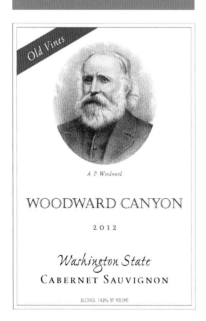

Old Vines

A. P. Woodward

WOODWARD CANYON

2012

Washington State
CABERNET SAUVIGNON

ALCOHOL 14.9% BY VOLUME

워싱턴주의 와인

워싱턴주의 와인 산업은 50년 사이에 괄목할 만한 성장을 이루면서 주 내에 몇몇 지역이 세계 최고의 와인 생산지로 도약했다. 워싱턴주의 와인은 사람들의 선입견 탓에 제대로 이해받으며 그 진가를 인정받기까지 얼마간의 시간이 흘러야 했는데, 이런 선입견의 형성에는 다른 무엇보다 날씨가 큰 이유로 작용했다. 일반인 와인 애호가들에게 미국 북서부 지역인 이곳에서의 와인 양조에 대해 어떻게 생각하는지 물어보면 대부분은 이렇게 대답할 것이다. "시애틀같이 비가 많이 오는 기후에서 어떻게 훌륭한 와인이 나오겠어요?"

물론 워싱턴은 2개의 활화산 레이니어산과 세인트헬렌산이 있는 캐스케이드산맥을 경계로 동부와 서부의 두 지역으로 나뉜다. 그중 산맥의 동부 지역은 지질적 격변, 즉 1500만 년 전의 엄청난 용암 분출과 빙하기 말기 중의 거대한 홍수로 인해 우수한 포도를 재배하고 상급의 와인을 빚기에 이상적인 토양 조건이 갖추어졌다.

서해안의 해양성 기후와 동부의 대륙성 기후 간에 차이가 크며, 연간 강우량만 비교해도 태평양 연안은 약 1524mm인 데 비해 건조하고 뜨거운 여름철에 와인 양조용 포도들이 쑥쑥 자라는 동부 지역은 약 203mm다. 게다가 동부의 와인 양조 지역은 컬럼비아강에서 물줄기가 흘러드는 등 이상적인 관개 체계가 갖추어져 있어 잘 여문

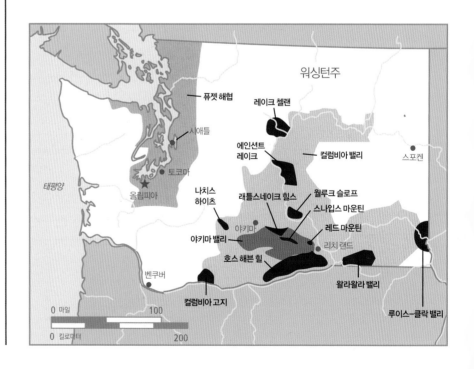

워싱턴주

퓨젯 해협
레이크 첼란
시애틀
에인션트 레이크
컬럼비아 밸리
스포켄
태평양
토코마
올림피아
나치스 하이츠
래틀스네이크 힐스
월루크 슬로프
스나입스 마운틴
야키마
레드 마운틴
야키마 밸리
리치랜드
호스 해븐 힐
벤쿠버
왈라왈라 밸리
컬럼비아 고지
루이스-클락 밸리

0 마일 100
0 킬로미터 200

2016년에 루이스 클락 밸리Lewis-Clark Valley가 **AVA로 승격**되면서 워싱턴주의 AVA는 총 14곳이 되었다.

샤토 생 미셸은 **리슬링 와인의 세계 최대 생산자**이며 최근엔 독일의 유명한 와인 생산자 닥터 루젠과 파트너십을 맺으면서 에로이카Eroica라는 새로운 리슬링 와인을 내놓았다.

워싱턴주에 와이너리를 소유한 미식축구 쿼터백 선수들: 드류 블레드소Drew Bledsoe(뉴잉글랜드 패트리어츠), 댄 마리노Dan Marino(마이애미 돌핀스), 데이먼 휴어드Damon Huard(캔자스시티 칩스)

워싱턴주는 2016년에 **역대 최고의 수확량**을 기록했다.

– 더 자세한 정보가 들어 있는 추천도서 –
론 어바인의 《와인 프로젝트The Wine Project》
폴 그레구트의 《워싱턴주의 와인과 와이너리 가이드Washington Wines & Wineries: The Essential Guide》

포도를 생산하기에 유리하다. 컬럼비아 밸리는 연중 일조일이 300일 이상이다.

워싱턴은 캘리포니아와 달리 와인 양조의 역사에 관한 한 과거사는 내세울 거리가 없지만 현재와 미래는 풍성하다. 1970년에만 해도 10개에 불과했던 와이너리 수가 현재는 700개에 육박한다. 현재 워싱턴의 풍경은 밀 재배에서 포도 재배로, 과수원에서 포도원으로, 리슬링에서 (카베르네 소비뇽, 메를로, 시라 같은) 레드 와인용 품종으로 변화되었다. 1970년대부터 최근까지 리슬링과 샤르도네 같은 화이트 와인이 주로 생산되다가 요즘 레드 와인의 생산이 점점 늘고 있다. 그러나 워싱턴은 여전히 미국에서 리슬링을 가장 많이 재배(4400에이커)하는 주이며, 이곳에서 재배되는 샤르도네는 밸런스, 뛰어난 과일향, 상쾌한 신맛으로 미국 전역에서 최고로 꼽는다.

워싱턴에서 재배되는 주요 적포도 품종은 다음과 같다.

카베르네 소비뇽(1만 8608에이커)　　**메를로**(9071에이커)　　**시라**(4572에이커)

주요 청포도 품종은 다음과 같다.

샤르도네(7782에이커)　　**리슬링**(6695에이커)

내가 선호하는 워싱턴주 소재의 와인 생산자

그래머시 셀러즈Gramercy Cellars	노 걸스No Girls	노벨티 힐Novelty Hill
두아엔Doyenne	디스테파노DiStefano	레오네티 셀러즈Leonetti Cellars
레이턴Leighton	레인반Reynvaan	레콜 No. 41L'Ecole No. 41
롱 쉐도우즈Long Shadows	맥크리어 셀러즈McCrea Cellars	베츠 패밀리Betz Family
본 오브 파이어Borne of Fire	샤토 생 미셸Château Ste. Michelle	세븐 힐스Seven Hills
세비지 그레이스Savage Grace	스파크맨 셀러즈Sparkman Cellars	스프링 밸리Spring Valley
앤드류 힐Andrew Hill	오웬 로Owen Roe	우드워드 캐년Woodward Canyon
자눅Januik	찰스 스미스Charles Smith	찰스 앤 찰스Charles & Charles
카누 리지Canoe Ridge	카이유스Cayuse	
컬럼비아 크레스트Columbia Crest	컬루 셀러즈Kerloo Cellars	콜 솔라레Col Solare
퀼세다 크리크Quilceda Creek	페퍼 브리지Pepper Bridge	피델리타스Fidelitas
호그 셀러즈Hogue Cellars	홀스파워Horsepower	K 빈트너스K Vintners

뉴욕주의 와인

뉴욕은 미국의 주 중 세 번째 규모의 와인 생산지로 9개의 AVA가 있다. 다음은 뉴욕에서 프리미엄급으로 꼽히는 와인 생산지다.

핑거 레이크스 캘리포니아 동부 지역 중 최대의 와인 생산지
허드슨 밸리 프리미엄급의 와인 농장이 몰려 있음
롱아일랜드 뉴욕의 레드 와인 생산지

핑거 레이크스의 포도 재배 경작지 1만 1000에이커 가운데 비니페라 품종이 심어진 곳은 3000에이커도 채 되지 않으며 그 나머지 땅에서는 라브루스카 품종과 교배종이 재배되고 있다. 뉴욕주의 허드슨 밸리는 미국에서 가장 오래된 와인 생산지다. 1600년대에 프랑스의 위그노교도들이 이곳에 포도나무를 심었다. 허드슨 밸리는 미국에서 실질적인 와이너리로는 가장 오래된 와이너리 브라더후드가 터를 잡고 1839년 빈티지부터 와인을 생산한 곳이기도 하다. 1973년에는 알렉스 하그레이브Alex Hargrave와 루이자 하그레이브Louisa Hargrave가 뉴욕주 롱아일랜드에서 첫 와이너리를 열었다. 2015년에 와인 전문지 〈와인광〉에서는 샹파뉴, 키안티, 소노마, 워싱턴을 제치고 뉴욕을 올해의 와인 생산지로 선정한 바 있다.

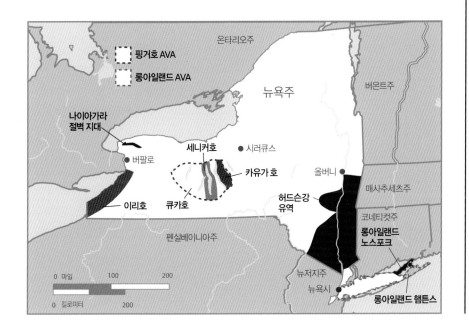

뉴욕주의 와이너리는 1970년에만 해도 10개도 채 못 되었지만 현재는 무려 **376개**로 늘었다.

뉴욕주에서는 지난 20년 사이에 **200개 이상의 와이너리**가 새로 문을 열었다.

뉴욕주의 **주요 와인 생산지**인 핑거 레이크스, 허드슨 밸리, 롱아일랜드의 와이너리 수는 각각 145개, 59개, 73개다.

롱아일랜드의 기후는 일조일이 200일 이상 되며 생육기가 비교적 길어서 **메를로, 카베르네 프랑, 보르도 스타일의 와인**에 이상적이다.

뉴욕주 와인의 **85%**는 핑거 레이크스의 와이너리에서 생산한다.

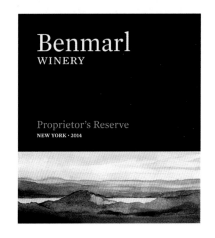

다음은 뉴욕주에서 재배되는 주요 포도 품종이다.

미국 자생종	**유럽종**	**프랑스와 미국**
비티스 라브루스카	비티스 비니페라	교배종

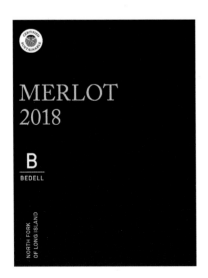

미국 자생종

비티스 라브루스카종 포도나무는 뉴욕의 포도 재배자들에게 아주 인기가 높다. 추운 겨울을 견딜 수 있는 내한성의 포도 품종이기 때문이다. 비티스 라브루스카종 가운데 가장 잘 알려진 품종은 콩코드, 카토바, 델라웨어다. 10여 년 전에만 해도 뉴욕의 와인 대다수가 이 품종의 포도로 만들어졌다. 이런 와인들은 종종 'foxy(여우 냄새 같은)', 'grapey(포도 맛이 나는)', 'Welch's(포도주스 같은)' 등의 말로 표현되곤 하는데 이런 표현은 비티스 라브루스카종임을 증명하는 확실한 표시다.

유럽종

약 50년 전 몇몇 뉴욕 와이너리에서 전통적인 유럽종 포도(비티스 비니페라)에 대한 실험을 시작했다. 추운 기후에서 포도를 재배하는 데 능력이 뛰어난 러시아의 포도 재배자 콘스탄틴 프랭크 박사가 미국으로 와서 뉴욕의 비티스 비니페라 재배를 도와주었다. 이는 당시로는 전례 없던 일로 사람들에게 비웃음을 샀다. 회의적이던 와인 양조업자들은 뉴욕의 춥고 변덕스러운 기후에서 비니페라종을 재배하기란 불가능하다며 그가 실패하리라 생각했다. 이에 대해 프랭크는 "불가능하다니요? 저는 훨씬 더 추운 러시아에서 왔습니다"라고 대답했다. 그때 골드 실 빈야즈Gold Seal Vineyards의 찰스 푸르니에Charles Fournier가 큰 흥미를 보이며 프랭크에게 그의 이론을 증명해 보일 기회를 주었다. 프랭크는 비니페라 재배에 성공하여 세계적인 수준의 와인 몇 가지를 만들어냈고, 그중에서도 리슬링과 샤르도네로 빚은 와인의 품질이 특히 뛰어났다. 프랭크와 찰스 푸르니에의 통찰력과 용기 덕분에 뉴욕의 다른 많은 와이너리도 성공을 거두었다.

프랑스와 미국의 교배종

뉴욕 및 동해안 지대의 일부 와인 메이커들은 유럽종 특유의 맛에 북동부의 추운 겨울을 버틸 수 있는 미국종의 강인함을 결합한, 프랑스와 미국의 교배종을 재배해 왔다. 이 교배종은 원래 프랑스의 포도 재배자들이 19세기에 개발한 것이다. 화이트 와인용으로는 세이블 블랑과 비달, 레드 와인용으로는 바코 누아르와 챈슬러가 가장 유명하다.

뉴욕주 와인의 50년 전과 현재

뉴욕주의 와인에서 가장 괄목할 만한 발전을 이룬 곳을 꼽자면 롱아일랜드와 핑거 레이크스로, 주 내에서 신설 포도원의 증가 속도가 가장 빠르다. 두 지역 모두 신생 포도원이 크게 증가했다. 특히 롱아일랜드는 1973년에 100에이커에 불과하던 포도 경작지가 2000에이커 이상으로 늘었으며 앞으로 더 늘어날 것으로 예상된다.

핑거 레이크스의 와인은 와인 메이커들이 리슬링, 샤르도네, 피노 누아르 같은 유럽 종 포도와 추운 기후에서 잘 자라는 포도를 이용하면서 품질이 꾸준히 향상 중이다. 롱아일랜드의 와이너리들은 비티스 비니페라 품종에 주력하면서 세계 시장에서 비교적 유리한 경쟁 입지를 갖추고 있으며, 롱아일랜드의 생육기가 비교적 긴 덕분에 레드 와인용 포도에서도 잠재성이 높다. 허드슨 밸리의 와이너리 밀브룩과 화이트클리프는 이 지역이 피노 누아르나 카베르네 프랑 같은 포도로 화이트 와인만이 아닌 레드 와인까지 세계적 수준급을 생산해낼 수 있음을 보여주었다.

뉴욕주의 주목할 만한 와이너리

핑거 레이크스

글레노라Glenora | 다미아니Damiani
닥터 콘스탄틴 프랭크Dr. Konstantin Frank | | 라모로 랜딩Lamoreaux Landing
라빈스Ravines | 레드 뉴트 셀러스Red Newt Cellars | 레드 테일 리지Red Tail Ridge
맥그리거McGregor | 바운더리 브레이크스Boundary Breaks
샤토 라파예트 랜딩Château Lafayette-Landing | | 셸드레이크 포인트Sheldrake Point
스탠딩 스톤Standing Stone | 앤서니로드Anthony Road | 앳워터 에스테이트Atwater Estate
엠파이어 에스테이트Empire Estate | | 와그너Wagner
케우카 레이크 빈야즈Keuka Lake Vineyards | | 팍스 런Fox Run
포지 셀러즈Forge Cellars | 하트 앤 핸즈Heart & Hands | 허만 J. 위머Hermann J. Wiemer
헤론 힐Heron Hill

허드슨 밸리

밀브룩Millbrook | 벤말Benmarl | 브라더후드Brotherhood
클린턴 빈야즈Clinton Vineyards | 화이트클리프Whitecliff

롱아일랜드

다미아니 | 라파엘Raphael | 렌즈Lenz
마사 클라라Martha Clara | 마카리Macari | 뵐퍼Wölffer
베델Bedell | 신 에스테이트Shinn Estate | 오나베이 빈야즈Onabay Vineyards
오스프리스 도미니온Osprey's Dominion | | 채닝 도터스Channing Daughters
팔메Palmer | 펠레그리니Pellegrini | 포마녹Paumanok
핀다Pindar

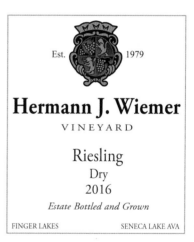

나파 밸리의 연간 와인 생산량은 920만 상자에 달한다. 그에 비해 롱아일랜드의 생산량은 40만 상자 정도다!

롱아일랜드에서는 메를로가 가장 많이 재배되는 품종이다.

- 더 자세한 정보가 들어 있는 추천도서 -
론 어빈의 《와인 프로젝트The Wine Project》
호세 모레노 라칼레의 《롱아일랜드의 와인 The Wines of Long Island》

- 뉴욕주 와인의 최근 추천 빈티지 -

2012* 2013* 2014* 2015* 2016** 2017 2018 2019

*는 특히 더 뛰어난 빈티지

오리건주의 와인

오리건에서는 1847년부터 일찌감치 포도를 재배하고 와인을 만들었으나, 현대적 포도 재배의 시대는 데이비드 레트David Lett(이리 와이너리), 딕 이래스Dick Erath(이래스 와이너리), 딕 폰지Dick Ponzi(폰지 와이너리)를 위시한 몇몇 대담한 와인 개척자들과 더불어 약 50년 전에 비로소 시작되었다. 이들은 새로운 품종의 포도를 재배하여 와인을 빚으면서 피노 누아르, 샤르도네, 피노 그리같이 추운 기후에 맞는 품종들이 오리건주에서 잘 자라날 뿐만 아니라 세계적 수준의 와인으로 빚어질 가능성이 있음을 확신했고, 그 확신은 들어맞았다! 오리건주는 와인 양조에서 이웃인 캘리포니아와 워싱턴주와는 다른 경로를 취하며 부르고뉴와 알자스에서 프랑스산 클론(동일한 품종에서 변이가 되어 생긴, 유전적 조성이 동일한 자손─옮긴이)을 수입했다.

다음은 오리건주에서 재배되는 주요 포도품종이다.

피노 누아르(8%, 1만 9697에이커) **피노 그리**(14%, 4888에이커) **샤르도네**(6%, 2123에이커)

오리건주의 와이너리들은 대부분 가족 단위의 소규모로 운영되면서 장인 정신에

오리건주, 과거와 현재
1970년: 와이너리 수 5개, 포도 경작면적 35에이커
2020년: 와이너리 수 505개, 포도 경작면적 3만 3995에이커

오리건주의 와이너리 가운데 70% 이상이 **윌람미트 밸리**에 몰려 있다.

컬럼비아 밸리와 왈라왈라 밸리는 워싱턴주와 오리건주 양쪽에 걸쳐 있는 AVA다.

윌람미트 밸리와 프랑스의 부르고뉴 두 지역은 모두 북위 45도에 위치해 있다.

Willamette Valley의 올바른 발음은 윌라미트 밸리가 아니라 '윌람미트' 밸리다. **정말 헷갈리는 발음이다!**

오리건주의 포도원 중 절반 이상이 피노 누아르를 재배하고 있다.

오리건주의 법에 따르면 피노 누아르 100%로 빚어야만 라벨에 피노 누아르를 표기할 수 있다.

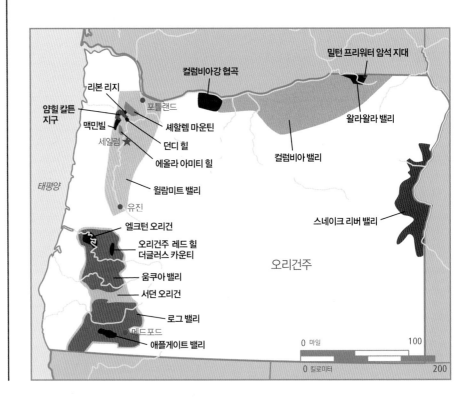

기반을 두고 와인을 빚고 있다. 이 와이너리들은 포틀랜드와 오리건주의 아름다운 해변이 가까이에 있어 꼭 가볼 만한 와인 생산지이기도 하다.

내가 추천하는 오리건주의 와이너리

니콜라스 & 제이Nicolas & Jay	도멘 드루앵Domaine Drouhin	도멘 세렌Domaine Serene
레조낭스Résonance	렉스 힐Rex Hill	로즈 앤 애로우Rose & Arrow
링구아 프랑카Lingua Franca	버그스트룀Bergström	베델 하이츠Bethel Heights
벤턴 레인Benton Lane	보 프레레Beaux Frères	브룩스 와이너리Brooks Winery
브릭 하우스Brick House	세인트 이노센트St. Innocent	소콜 블로서Sokol Blosser
소테르Soter	쉐할름Chehalem	쉬Shea
아가일Argyle	아델쉐임Adelsheim	아처리 서밋Archery Summit
아티저널Artisanal	안티카 테라Antica Terra	알렉사나Alexana
에미넌트 도멘Eminent Domaine	에이투제트A To Z	엘크 코브Elk Cove
이래스Erath	이리Eyrie	이브닝 랜드Evening Land
인우드Inwood	켄 라이트Ken Wright	코리아 에스테이츠Coria Estates
크리스톰Cristom	킹 에스테이트King Estate	투알라틴Tualatin
페너 애쉬Penner-Ash	폰지Ponzi	

– 오리건주 와인의 최근 추천 빈티지 –

2005* 2006* 2008** 2009* 2010** 2012** 2013 2014** 2015** 2016** 2017* 2018* 2019

*는 특히 더 뛰어난 빈티지 **는 이례적으로 뛰어난 빈티지

30달러 이하의 가성비 최고에 드는 미국의 화이트 와인 5총사

Château St. Jean Chardonnay · Columbia Crest Sémillon-Chardonnay ·
Dr. Konstantin Frank Riesling · Frog's Leap Sauvignon Blanc · King Estate Pinot Gris

전체 목록은 416~417쪽 참조.

오리건주의 **킹 에스테이트**는 미국에서 피노 그리의 최대 생산자다.

– 더 자세한 정보가 들어 있는 추천도서 –

리자 샤라 홀의 《태평양 북서안의 와인들The Wines of the Pacific Northwest》
앤드 퍼듀의 《북서 지방 와인 가이드The Northwest Wine Guide》

텍사스주의 유명 와이너리

라노 에스타카도Llano Estacado

로스트 크리크 빈야드 앤 와이너리Lost Creek Vineyard and Winery

메실라 호프Messina Hof

스파이스우드 빈야즈Spicewood Vineyards

앨라모사 와인 셀러스Alamosa Wine Cellars

패전트 리지Pheasant Ridge

폴 크리크 빈야즈Fall Creek Vineyards

버지니아주의 유명 와이너리

더 와이너리 앳 라 그랜지The Winery at La Grange

래퍼핸녹 셀러스Rappahannock Cellars

로어노크 빈야즈Roanoke Vineyards

린덴 빈야즈Linden Vineyards

마이클 샙스Michael Shaps

바버스빌 빈야즈Barboursville Vineyards

박스우드 와이너리Boxwood Winery

샤토 모리세트Château Morrisette

아베니어스Avenious

암라인 와인 셀러스AmRhein Wine Cellars

얼리 마운틴Early Mountain

제퍼슨 빈야즈Jefferson Vineyards

케즈윅 빈야즈Keswick Vineyards

킹 패밀리 빈야즈King Family Vineyards

파빌로이 셀러스Fabbioli Cellars

패러다이스 스프링스 와이너리Paradise Springs Winery

호튼 빈야즈Horton Vineyards

화이트 홀 빈야즈White Hall Vineyards

RdV

남부 지역의 와인

텍사스주

텍사스주 최초의 포도원은 1662년에 선교사들이 세운 포도원이었다. 텍사스주에서 가장 역사 깊은 와이너리는 1883년부터 명맥을 이어온 발 베르데 와이너리Val Verde Winery다. 흔히 생각하기에 텍사스주의 기후 조건은 우수한 와인의 생산에 부적절할 것 같지만 그렇지 않다. 텍사스주의 와이너리들은 주로 카베르네 소비뇽을 원료로 품질 우수한 와인을 양조해내는 데 주력하고 있다. 최근에는 카베르네 프랑과 무르베드르도 재배되고 있어 앞으로도 흥미로운 미래가 기대된다. 텍사스주 전역에는 8곳의 AVA가 있는데 이 중에서 가장 규모가 큰 와인 생산지는 텍사스 힐 컨트리Texas Hill Country로 경작면적이 600에이커가 넘고 와이너리 수도 50개가 넘는다.

버지니아주

제임스타운에 남아 있는 기록에 따르면 1609년에 식민지 개척자들이 버지니아 식민지에 포도나무를 심어 와인을 만들었다고 한다. 토머스 제퍼슨은 미국의 제3대 대통령이 되기 전 프랑스 대사로 재임하던 시절에 프랑스에서 뛰어난 와인들을 수입했는가 하면 버지니아주에

직접 포도원을 세우기도 했다. 현재도 마찬가지지만, 그 당시로서도 버지니아주에서 포도원을 일군다는 것은 만만찮은 도전이었다. 조지 워싱턴도 포도원을 세웠다가 실패했다. 1979년까지도 버지니아주는 와이너리 수가 불과 여섯 곳에 그쳤다. 현재 버지니아주는 샤르도네를 가장 많이 재배하고 있지만 청포도 부문에서 비오니에가 점점 인기를 끄는 추세다. 미국의 자생종인 노튼Norton 또한 크게 인기를 끌고 있으

며 메를로, 카베르네 프랑, 프티 베르도, 카베르네 소비뇽으로 빚은 메리티지 스타일 와인도 훌륭하다. 버지니아주 북부에서는 대부분 7~10년 전부터 포도나무 재배가 이뤄졌고 그동안 뛰어난 와인을 생산해왔다. 버니지아주는 미국에서 가장 빠르게 성장 중인 와인 생산 지역으로 꼽힌다.

노스캐롤라이나주

탐험가 지오반니 드 베라자노Giovanni de Verrazano는 1524년에 노스캐롤라이나주 케이프피어강에서 스커퍼농 포도를 발견했다. 1500년대 말에는 월터 롤리 경Sir Walter Raleigh이 캐롤라이나에 탐험대로 파견되었다가 그 땅이 포도로 뒤덮여 있었다는 기록을 남겼다. 바로 그당시의 포도가 미국에서 최초로 재배된 포도였고 오늘날까지 노스캐롤라이나주의 공식 과일이다. 브링클리빌에 위치한 메독 빈야드Medoc Vineyard는 노스캐롤라이나주 최초의 상업용 와이너리로서, 1835년에 설립되어 한때는 이 지역의 와인 생산을 선도하기도 했다. 노스캐롤라이나주는 2001년 이후로 와이너리의 수가 4배 이상 늘면서 비니페라종 포도에 새롭게 주력했다. 이 비니페라종 포도의 대부분은 노스캐롤라이나주 북서부 지역과 피드몬트 지역에서 재배되고 있으며, 이 중 가장 대표적인 포도 재배 지역인 야드킨 밸리Yadkin Valley는 2003년에 노스캐롤라이나주 최초로 AVA 지정을 받은 곳으로서 와이너리가 41개 이상 자리 잡고 있으며 전체 포도원의 면적이 400에이커에 이른다.

노스캐롤라이나주

야드킨 밸리
스완 크리크
호 리버 밸리
그린즈버러
★ 롤리
샬럿
윌밍턴
대서양

0 마일 100
0 킬로미터 200

> "우리 미국도 다양한 와인을 유럽 못지않게 뛰어난 품질로 빚어내지 못하란 법은 없다. 유럽의 와인과 똑같은 와인은 아니어도 확실히 품질에서는 유럽에 뒤지지 않을 만한 그런 와인을 만들 수 있다."
> – 토머스 제퍼슨

노스캐롤라이나주는 와이너리 보유수 146개에 포도 경작면적 2300에이커로, 미국 내에서 10위의 와인 생산지다.

로즈 힐의 더플린 와이너리는 노스캐롤라이나주에서 가장 역사 깊고 규모가 큰 와이너리이자, 세계 최대의 **스커퍼농 와인** 생산자다.

노스캐롤라이나주의 유명 와이너리
랙애플 래시 빈야즈RagApple Lassie Vineyards
레이렌 빈야즈RayLen Vineyards
빌트모어 에스테이트 와이너리Biltmore Estate Winery
셸턴 빈야즈Shelton Vineyards
웨스트벤드 빈야즈Westbend Vineyards
차일드리스 빈야즈Childress Vineyards

미주리주

미주리주에 처음 포도나무가 심어진 것은 1800년대 초였다. 한때 미주리주는 (캘리포니아주가 와인 양조를 시작하기 전까지) 뉴욕주에 이어 미국의 2위 와인 생산지였다. 미주리주에서 가장 오래된 와이너리는 스톤 힐 와이너리로, 1847년에 세워졌다. 1837년에는 많은 독일인 이주민들이 독일의 라인 밸리와 비슷한 미주리주 허먼에 정착하여

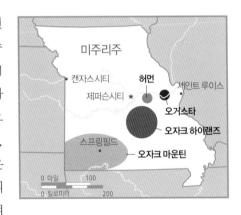

미주리강 양안에 포도원을 세웠다. 1848년 가을에 허먼에서 열린 첫 봐인페스트 Weinfest(와인 축제)는 지금까지도 10월에 축제로 그 전통이 이어지고 있다. 현재 미주리주는 비티스 라브루스카(콩코드)뿐 아니라 프랑스종과의 교배종(비오니에)도 재배하고 있으나, 노튼의 재배에 가장 주력하면서 맛좋은 드라이 스타일의 레드 와인을 생산하고 있다. 노튼은 원래 버지니아주가 원산지이지만 현재는 미주리주를 대표하는 공식 포도 품종이다.

미주리주의 유명 와이너리

레 부르주아 와이너리 앤 빈야즈Les Bourgeois Winery and Vineyards

마운트 플레즌트 와이너리Mount Pleasant Winery

몬텔레 와이너리Montelle Winery

블루멘호프 와이너리Blumenhof Winery

세인트 제임스 와이너리St. James Winery

쇼메트 빈야즈 앤 와이너리Chaumette Vineyards & Winery

스톤 힐 와이너리Stone Hill Winery

오거스타 와이너리Augusta Winery

포도 품종인 노튼은 종종 신시아나Cynthiana로 지칭되기도 한다.

코벨의 창설자인 헥Heck 가문은 원래 미주리주에서 처음 와인 양조를 시작했다.

오대호 지역의 와인

펜실베이니아주

펜실베이니아주에서는 1683년에 윌리엄 펜이 처음 포도원을 세웠다. 1793년에는 바로 이곳 펜실베이니아주에서 미국 최초의 상업용 포도원, 펜실베이니아 바인 컴퍼니Pennsylvania Vine Company가 설립되기도 했다. 펜실베이니아주는 '규제의 주'이다. 다시 말해 모든 와인이 주정부에서 구매되어 주정부 매장에서

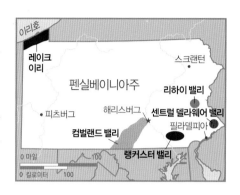

판매된다. 그래서 미국에서 단일 구매자로는 가장 큰손에 든다. 또한 와인용 포도 생산량 기준으로는 미국 내 5위로 꼽힌다. 뉴욕주와 마찬가지로 펜실베이니아주 역시 콩코드와 나이아가라 같은 미국 자생종과 카베르네 소비뇽과 샤르도네 같은 비니페라 품종은 물론 세이블 블랑과 상부생 같은 교배종으로 와인을 생산하고 있다. 펜실베이니아주의 와이너리들은 대다수가 요크, 벅스, 체스터, 랭커스터 카운티같이 온난한 기후의 남부 지역에 몰려 있다.

오하이오주

최초의 포도원이 1823년에 세워진 이후로 1842년 무렵엔 포도나무 재배면적이 1200에이커에 이르렀다. 오하이오주에서 가장 오래된 곳이자 최대 규모인 와이너리는 1856년에 세워진 메이어스 와이너리Meier's Winery다. 1860년대에만 해도 오하이오주는 미국 최대의 와인 생산지였다. 당시에는 미국 자생종 포도를 재배하면서 카토바 스파클링 와인으로 유명세를 떨쳤다. 그러

다 질병이 퍼져 포도나무가 전멸되다시피 하는 위기가 덮친 데다 금주법까지 시행되면서 와인 산업이 크게 위축되기도 했다. 현재 오하이오주는 포도 품종이 30종이 넘을 만큼 다양해져서 비티스 라브루스카, 세이블 블랑이나 상부생 같은 교배종은

펜실베이니아주는 와이너리 보유수 273개에 포도 경작면적 1만 4000에이커 이상으로 미국 내에서 **6위**의 와인 생산지다.

펜실베이니아주의 유명 와이너리

마나토니 크리크Manatawny Creek

발라 빈야즈VaLa Vineyards

블루 마운틴Blue Mountain

알레그로 빈야즈Allegro Vineyards

애로우헤드 와인 셀러즈Arrowhead Wine Cellars

제이 마키J. Maki

채즈포드 와이너리Chaddsford Winery

피너클 리지 와이너리Pinnacle Ridge Winery

오하이오주는 와이너리 보유수 247개에 포도 경작면적 1500에이커로, 미국 내에서 **13위**의 와인 생산지이다.

20세기의 전환기에 와이너리 수십 곳이 레이크 이리의 섬 지역에 터를 잡으며 수만 리터의 와인을 생산해냈다. 그 후로 이 지역은 일명 '**레이크 이리 그레이프 벨트**Lake Erie Grape Belt'로 불리게 되었다.

오하이오주의 유명 와이너리

드본 빈야즈 Debonne Vineyards

메이어스 와인 셀러즈 Meier's Wine Cellars

밸리 빈야즈 Valley Vineyards

존 크리스트 와이너리 John Christ Winery

클링션 와이너리 Klingshirn Winery

킨케드 리지 와이너리 Kinkead Ridge Winery

페란테 와이너리 Ferrante Winery

하퍼스필드 와이너리 Harpersfield Winery

헨케 와인즈 Henke Wines

미시간주는 와이너리 보유수 185개에 포도 경작면적 1만 3700에이커로, 미국 내에서 **9위**의 와인 생산지다.

미시간주의 유명 와이너리

벨 라고 와이너리 Bel Lago Winery

샤토 그랜드 트래버스 Château Grand Traverse

샤토 드 리라노 Château de Leelanau

샤토 폰테인 Château Fontaine

엘 모비 빈야즈 L. Mawby Vineyards

와이너리 앳 블랙 스타 팜즈 Winery at Black Star Farms

테이버 힐 Tabor Hill

펜 밸리 빈야즈 Fenn Valley Vineyards

포티파이브 노스 빈야드 앤 와이너리 Forty-Five North Vineyard & Winery

물론이고, 최근에는 리슬링이나 카베르네 프랑 같은 비티스 비니페라도 재배되고 있다. 주정부의 포도 재배술과 와인 양조술 관련 프로그램들에 힘입어 와인의 품질이 크게 향상되기도 했다.

미시간주

미시간주의 포도 재배지 1만 4200에이커 가운데 와인용 포도의 생산지는 3000에이커에 불과하다. 하지만 리슬링 포도가 미시간주의 서늘한 기후에서 잘 자라나면서 10년 사이에 식재수가 대폭 증가했다. 미시간주는 연안 기후에 크게 영향을 받는 지역이다. 미시간주 와이너리의 50% 이상이 몰려 있는 리라노반도는 '호수 효과'(북쪽의 찬 공기가 남하하는 과정에서 5대호 주변의 고온다습한 공기를 머금으면서 폭설로 이어지

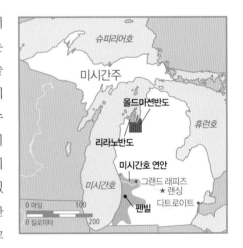

는 현상–옮긴이)로 여러 혜택을 누리고 있다. 즉 겨우 내내 눈이 포도나무를 덮어주는 덕분에 봄철의 꽃망울 개화 속도가 늦춰지고 혹한의 피해가 예방되며 발육기가 훨씬 더 길어지는 것이다. 현재 미시간포도위원회 Michigan Grape Council에서는 최적의 포도 재배지를 찾아 생산량을 늘리기 위해 미시간주의 다른 지역들에 시험 재배를 실시 중이다. 이런 시도와 현대 기술이 어우러짐에 따라 앞으로 미시간주에서는 뛰어난 품질의 와인들이 더 많이 나올 것이다.

일리노이주

1778년 라 빌 드 마이예La Ville de Maillet (현재의 피오리아)에 정착한 프랑스인들이 모국의 와인 양조 기술을 일리노이주로 들여오면서 이 마을 와인의 양조술은 포도압착기와 지하 와인저장고가 그 특징이었다. 이 지역 농부들은 1850년대에 들어와 콩코드 포도를 재배하기 시작했다. 1857년에는 에밀 백스터 앤 선즈Emile Baxter and Sons가 노부Nauvoo의 미시시피 강변에 와이너리를 세웠다. 바로 그 백스터스 빈야즈가 지금까지도 일리노이주의

현존하는 최고最古의 와이너리이며 백스터 일가에서 5대째 명맥을 이어오고 있다. 일리노이주 와인 산업은 최근에 폭발적으로 성장하여 1997년에 12개뿐이던 와이너리가 현재는 100개 이상으로 늘어났다. 또한 포도 경작면적이 급속히 증가하면서 현재 일리노이주는 꾸준히 상위 12위 안의 와인 생산 주에 들고 있다.

샤토 그랜드 트래버스는 1983년에 처음 **아이스 와인**을 생산했다.

일리노이주는 와이너리 보유수 108개에 포도 경작면적 1100에이커 이상으로 미국 내에서 **13위**의 와인 생산지다.

일리노이주의 유명 와이너리

갈레나 셀러즈Galena Cellars

린프레드 와이너리Lynfred Winery

메리 미셸 와이너리 앤 빈야드Mary Michelle Winery & Vineyard

백스터스 빈야즈Baxter's Vineyards

밸링 빈야즈Vahling Vineyards

스피릿 놉 와이너리 앤 와이너리Spirit Knob Winery and Winery

앨토 빈야즈Alto Vineyards

오울 크리크 빈야드Owl Creek Vineyard

폭스 밸리 와이너리Fox Valley Winery

히커리 리지 빈야드Hickory Ridge Vineyard

미국의 와인 **상식을 테스트**해보고 싶다면 432쪽의 문제를 풀어보기 바란다.

시음 가이드

먼저 오크통 숙성을 거치지 않은 저알코올의 리슬링부터 시작하여 가볍고 상쾌한 끝맛을 음미해보기 바란다. 그다음엔 음식과 궁합이 잘 맞는 소비뇽 블랑에 이어 샤르도네 몇 가지의 순서로 시음해보면 된다.

미국의 리슬링 한 가지 리슬링만 단독 시음

  1. 뉴욕주 핑거 레이크스산 리슬링

미국의 소비뇽 블랑 두 가지 소비뇽 블랑의 비교 시음

  2. 소노마 카운티산 소비뇽 블랑

  3. 나파 밸리산 소비뇽 블랑

미국의 샤르도네 한 가지 샤르도네만 단독 시음

  4. 오크통 숙성을 거치지 않은 캘리포니아의 샤르도네

두 가지 샤르도네 비교 시음(블라인드 테이스팅)

  5. 첫 번째 블라인드 테이스팅: 다음 중 하나를 택함

    • 오크통 숙성을 거치지 않은 캘리포니아산 샤르도네 vs 오크통 숙성을 거친 묵직한 캘리포니아산 샤르도네

    • 소노마 밸리산 샤르도네 vs 나파 밸리산 샤르도네

  6. 두 번째 블라인드 테이스팅: 다음 중 하나를 택함

    • 부르고뉴의 화이트 와인 vs 나파 밸리나 소노마 밸리산 샤르도네

    • 뉴욕주의 샤르도네 vs 캘리포니아주의 샤르도네

    • 오스트레일리아의 샤르도네 vs 캘리포니아의 샤르도네

두 경우의 블라인드 테이스팅 모두 빈티지 차이가 1년 이내이며 같은 품질 수준과 가격대를 가진 와인들로 골라야 한다.

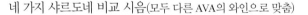

네 가지 샤르도네 비교 시음(모두 다른 AVA의 와인으로 맞춤)

  7. 소노마 카운티산 샤르도네

  8. 산타바버라 카운티산 샤르도네

  9. 몬터레이 카운티산 샤르도네

  10. 카네로스산 샤르도네

한 가지 숙성된 샤르도네만 단독 시음

  11. 나파산 숙성된 샤르도네

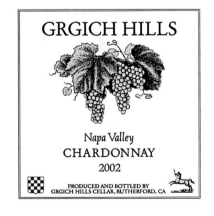

CLASS 3

프랑스 와인과
보르도의 레드 와인

프랑스 와인의 기초상식 ❋ 보르도의 레드 와인 ❋

메독 ❋ 그라브 ❋ 포므롤 ❋ 생테밀리옹 ❋ 보르도 빈티지

보르도 레드 와인을 고르는 요령

2020년에 프랑스는 세계의 **와인 생산국** 순위에서 **2위**를 차지했다.

미국인들의 프랑스 와인 사랑
미국은 프랑스 와인의 최대 수입국으로 특히 샹파뉴, 루아르, 부르고뉴, 론, 보르도산 와인에 대한 수요가 높다.

랑그도크-루시용의 5대 와인 생산지
1. 코르비에르 부트낙 Corbière Boutenac
2. 포제르 Faugères
3. 라 클라프 La Clape
4. 미네르부아 라 라비니에르 Minervois La Livinière
5. 생 시니앙 Saint-Chinian

프랑스 와인의 기초상식

이번 Class를 시작하기에 앞서 프랑스 와인을 다루면서 알아두어야 할 몇 가지 중요한 사항부터 살펴보자. 먼저 프랑스 지도를 훑어보면서 주요 와인 생산지를 익혀두어야 한다. 앞으로 그 이유를 알게 될 테지만 이런 생산지 정보는 정말 중요하다. 프랑스는 지역별로 어떤 스타일의 와인을 생산하는지 대략 살펴보자.

와인 생산지	스타일	주요 포도 품종
알자스	주로 화이트 와인	리슬링, 게뷔르츠트라미너
보르도	레드·화이트 와인	소비뇽 블랑, 세미용, 메를로, 카베르네 소비뇽, 카베르네 프랑
부르고뉴	레드·화이트 와인	피노 누아르, 가메, 샤르도네
샹파뉴	발포성 와인	피노 누아르, 샤르도네, 피노 뫼니에
코트 뒤 론	주로 레드 와인	시라, 그르나슈, 무르베드르
랑그도크-루시용	레드·화이트 와인	카리냥, 그르나슈, 시라, 생소, 무르베드르
루아르 밸리	주로 화이트 와인	소비뇽 블랑, 슈냉 블랑, 카베르네 프랑
프로방스	레드·화이트·로제 와인	그르나슈, 시라, 무르베드르, 생소, 클레레트 블랑쉬

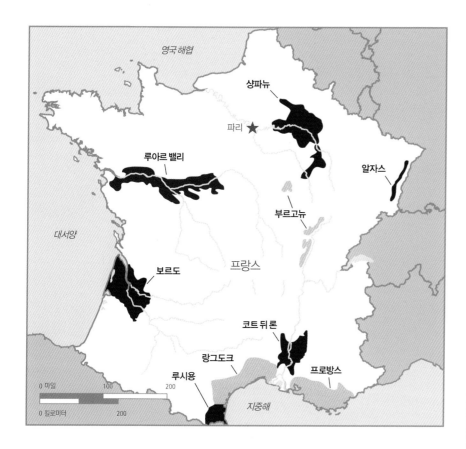

와인에 관심 있는 사람이라면 으레 한두 번쯤은 프랑스 와인을 접하게 된다. 왜일까? 프랑스는 와인 양조 역사가 수천 년에 이르며 지역별로 포도 품종이 매우 다양하고, 와인에 관한 한 세계 최고의 명성을 자랑한다. 프랑스 와인이 명성을 얻은 것은 바로 품질 관리 덕분이다.

아펠라시옹 도리진 콩트롤레 Appellation d'Origine Contrôlée 프랑스 정부에서는 이 법을 통해 와인 제조를 엄격히 규제하고 있다. '아펠라시옹 도리진 콩트롤레'가 너무 길어서 번거롭다면 'AOC'라는 약칭으로 불러도 된다.

뱅 드 페이 Vins de Pays 갈수록 중요성이 부각되고 있는 등급이다. 프랑스에서는 이 등급을 신설하면서 품질 규제 규정을 느슨하게 풀었다. 즉, 특정 지역 고유 품종이 아닌 포도 품종의 사용을 허용하고, 심지어 와인 메이커가 라벨에 지역명 대신 포도 품종을 와인 명칭으로 사용하는 것까지 허용했다. 미국 시장에 와인을 수출하는 이들에게는 이런 변화로 인해 와인 판매가 더 수월해졌다. 미국의 소비자들이 ('카베르네 소비뇽'이나 '샤르도네' 같은) 포도 품종을 보고 와인을 구매하는 추세가 되고 있기 때문이다.

M. 샤퓨티에M. Chapoutier, 루이 라투르Louis Latour, 제라르 베르트랑Gerard Bertrand을 비롯한 유명한 와인 메이커들은 랑그도크와 루시용에 양조장을 세우려 한다. 왜일까? **이 지역의 땅값이** 부르고뉴나 보르도 같은 곳에 비해 **훨씬 낮은** 덕분에 상대적으로 저렴한 가격대의 와인을 생산할 수 있고 투자 대비 수익도 짭짤하기 때문이다.

프로방스에서는 도멘 오트Domaine ott, 도멘 탕피에Domaine Tempier, 샤토 루타Château Routas, 샤토 데스클랑Château d'Esclans(천사의 속삭임 Whispering Angel)이 주목할 만하다.

뱅 드 페이 등급의 와인을 가장 많이 생산하는 곳은 프랑스의 남부 지역인, 랑그도크와 루시용이다. 과거에는 정체불명의 와인들이 대거 만들어져 '와인 호수'라는 별칭이 붙기도 했던 랑그도크는 포도밭 면적이 약 28억 3284만㎡가 넘는다. 이곳의 연간 포도 생산량은 2억 상자에 이르러 프랑스 총생산량의 3분의 1을 차지하고 있다.

랑그도크에서 눈여겨볼 만한 와인 생산자

도멘 드 라 그랑지Domaine de la Grange
도멘 드 파브레주Domaine de Fabrègues
도멘 마젤란Domaine Magellan
루이 라투르Louis Latour
마 드 도마 가삭Mas de Daumas Gassac
마 샹파르Mas Champart
샤토 도시에르Château d'Aussières
제라르 베르트랑Gerard Bertrand
헥트 앤 바니에Hecht & Bannier
M. 샤퓨티에M. Chapoutier

프랑스 와인 중 약 **53%**가 AOC 등급의 조건을 갖추고 있다.

AOC 등급의 프랑스 와인은 450종에 육박한다.

1헥토리터(hl) = 100ℓ
1헥타르(ha) = 1만㎡

뱅 드 타블 Vins de Table 이 등급의 와인은 대체로 테이블 와인이며 프랑스에서 생산되는 와인의 35%를 차지한다. 프랑스 와인의 대부분은 간편한 음료처럼 즐기는 용도로 나온다. 뱅 드 타블에 속하는 와인 대다수는 상표명을 내세워 팔리며 값싼 캘리포니아 저그 와인의 프랑스판이라 할 수 있다. 그러니 와인을 사러 프랑스의 식료품점에 들어갔다가 라벨도 없이 플라스틱 용기에 담겨 있는 와인을 보더라도 놀라지 마시길! 레드 와인인지 화이트 와인인지 로제 와인인지는 플라스틱 용기에 비치는 색을 보고 구분해야 한다. 용기에는 달랑 알코올 함량만 표기되어 있는데 대체로 9~14%대 수준이다. 남은 하루를 보내려면 얼마나 높은 도수가 필요한지만 결정하면 그것으로 선택은 끝이다!

와인을 살 때는 뱅 드 페이와 뱅 드 타블의 등급 구분을 염두에 두어야 한다. 그 등급에 따라 질과 가격이 차이가 나기 때문이다.

보르도의 포도 품종별 재배 비율

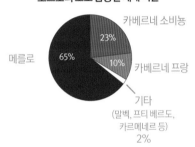

카베르네 소비뇽 23%
카베르네 프랑 10%
기타 (말벡, 프티 베르도, 카르메네르 등) 2%
메를로 65%

1970년까지만 해도 보르도는 통상적으로 레드 와인보다 화이트 와인을 더 많이 생산했다.

보르도의 와인 생산 비율 (2020년)

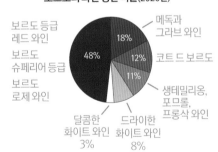

보르도 등급 레드 와인
보르도 슈페리어 등급
보르도 로제 와인
48%

메독과 그라브 와인 18%
코트 드 보르도 12%
생테밀리옹, 포므롤, 프롱삭 와인 11%
달콤한 화이트 와인 3%
드라이한 화이트 와인 8%

프랑스는 메를로의 재배량 순위에서 이탈리아와 캘리포니아에 이어 3위에 든다.

보르도의 레드 와인

프랑스 보르도는 흥미로운 이야기와 역사가 풍부한 곳이자 와인과는 떼려야 뗄 수 없는 고장이다. 또 보르도는 부르고뉴보다 땅의 구획 규모가 더 크고 소유주도 더 적기 때문에 공부하기가 훨씬 더 쉽다. 와인 애호가였던 영국 작가 새뮤얼 존슨이 말했다시피 "와인을 진지하게 음미하고 싶다면 클라레를 마셔야 한다." 참고로 클라레는 예전에 보르도산의 드라이한 레드 와인을 지칭하던 애칭이다.

보르도는 약 65개의 생산지에서 AOC 등급의 상급 와인을 생산하고 있는데 그중 다음의 4곳이 기억해둘 만한 레드 와인 생산지다.

그라브/페삭 레오냥 1만 2849에이커, 레드 와인과 드라이한 화이트 와인 모두 생산

메독 4만 676에이커, 레드 와인만 생산

생테밀리옹 2만 3062에이커, 레드 와인만 생산

포므롤 1986에이커, 레드 와인만 생산

메독에는 반드시 익혀두어야 할 중요한 내부 아펠라시옹 7개가 있는데, 다음을 기억해두기 바란다.

리스트락Listrac   **마고**Margaux   **물리**Moulis   **생줄리앙**St-Julien

생테스테프St-Estèphe   **오메독**Haut Médoc   **포이약**Pauillac

보르도에서 재배되는 주요 포도 품종은 다음의 세 가지다.

메를로   **카베르네 소비뇽**   **카베르네 프랑**

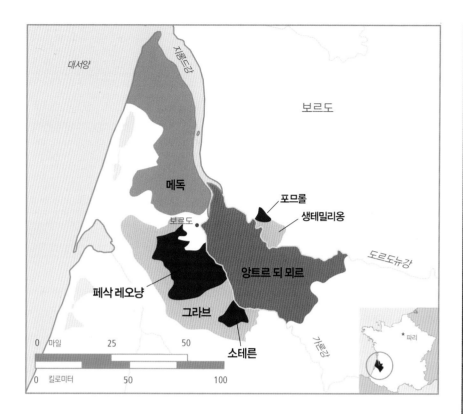

대서양

지롱드강

보르도

메독

포므롤

생테밀리옹

보르도

도르도뉴강

앙트르 되 뫼르

페삭 레오냥

그라브

가론강

소테른

파리

0 마일 25 50

0 킬로미터 50 100

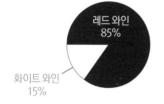

보르도의 와인 생산 비율

레드 와인 85%

화이트 와인 15%

부르고뉴에서는 와인 메이커들이 레드 와인 양조 시 대부분 100% 피노 누아르를 (보졸레는 100% 가메를) 쓰는 반면, 보르도는 거의 예외 없이 여러 포도를 블렌딩하여 레드 와인을 만든다. 대체적으로 분류할 때 가론강의 서쪽이나 좌안에 위치한 마을과 지역에서는 카베르네 소비뇽 포도를, 도르도뉴강의 동쪽이나 우안 지역에서는 메를로를 주된 원료로 쓴다.

보르도 와인의 등급은 다음의 세 가지로 분류된다.

보르도/보르도 슈페리에 보르도의 AOC 와인 중 가장 낮은 등급으로, 맛 좋으면서도 비싸지 않고 일관성이 있어 평상시 와인으로 애용되고 있다. 이런 와인은 특정 지역이나 포도원보다 무통 카데Mouton-Cadet와 같이 브랜드명이나 마찬가지인 상품명으로 불리기도 한다. (가격대 ★)

지역명 60개의 특정 지역에서 재배된 포도를 사용해 생산된 와인만이 포이약이나 생테밀리옹 같은 지역명을 표기할 수 있다. 이 등급의 와인은 라벨에 '보르도'만 표기된 와인보다 더 비싸다. (가격대 ★★)

지역명 + 샤토(포도원) 샤토 와인으로 개별 포도원에서 생산한다. 보르도에는 5800개

다음 세 와인의 생산지는 모두 한 일가인 로칠드 가문의 소유며, 로칠드 가문은 샤토 무통 로칠드도 소유하고 있다.

보르도(상품명)
아펠라시옹 보르도 콩트롤레
Appellation Bordeaux Contrôlée

지역명
아펠라시옹 포이약 콩트롤레
Appellation Pauillac Contrôlée

샤토
샤토명이 함께 병기된
아펠라시옹 포이약 콩트롤레

가 넘는 샤토가 있다. 일찍이 1855년에 보르도에서는 샤토별로 공식적인 품질 등급을 부여했는데, 지금까지 공식적으로 등급을 부여받은 샤토는 수백 곳에 이른다. 메독을 예로 들면 최상급 샤토 61곳은 '그랑 크뤼 클라세Grand Cru Classè'로 불리고 있다. 또한 메독의 샤토 246곳은 그랑 크뤼 클라세보다 한 단계 아래인 '크뤼 부르주아Cru Bourgeois'의 등급을 부여받았다. 다른 지역들 역시 나름의 등급 체계가 있다. (가격대 ★★~★★★★)

보르도 와인의 주요 등급 체계

지역	등급	등급 제정 연도	등급을 부여받은 샤토 수
그라브	그랑 크뤼 클라세	1959	12
메독	그랑 크뤼 클라세	1855	61
메독	크뤼 부르주아	1920 (1932, 1978, 2003, 2010, 2020년 개정)	239
포므롤	공식적인 등급 체계 없음		
생테밀리옹	프리미에 그랑 크뤼 클라세	1955 (1996, 2006, 2012년 개정)	18
생테밀리옹	그랑 크뤼 클라세	1955 (1996, 2006, 2012년 개정)	85

샤토

대부분의 사람은 샤토Château라고 하면 페르시아 융단과 귀한 예술품과 골동품으로 치장되고 굽이진 언덕의 포도원으로 둘러싸인 웅대한 저택을 떠올리지만 대다수의 샤토는 그런 상상 속 모습과는 거리가 멀다. 샤토는 커다란 영토에 자리 잡은 저택이라고 할 수는 있지만, 차 두 대를 수용할 만한 차고를 갖춘 수수한 저택이기도 하다.

샤토 와인은 보통 보르도의 최상급 와인으로 여겨진다. 가격도 가장 비싸서 그랑 크뤼 클라세급 중 몇몇 유명한 와인은 세계 최고의 가격을 호가하기도 한다!

샤토의 수는 수천 개에 이르러서 모두를 외우고 싶어 할 사람은 없을 테니 보르도에서 가장 대표적인 등급을 중심으로 살펴보자.

프랑스 법에 의하면, '샤토'는 소유지에 와인 양조 시설과 저장 시설까지 갖춘 일정 면적의 포도원에 딸린 집이다. **샤토 와인이 되려면 이러한 기준을 충족해야 한다.** 샤토 대신 '도멘domaine', '클로clos', '크뤼cru'라는 용어가 쓰이기도 한다.

라벨에 샤토명이 표기되어 있다면, 프랑스 법의 규정에 따라 **그 샤토는 실제로 존재**하며 그 와인 메이커 소유의 샤토인 것이다.

그랑 크뤼 클레세급 와인은 보르도 와인의 5%도 안 된다.

메독

그랑 크뤼 클라세

통상적인 메독의 블렌딩

10~20% 카베르네 프랑

25~40% 메를로

60~80% 카베르네 소비뇽

방금 들어온 따끈한 소식 하나! 세계적인 기후 변화로 인해 보르도와 보르도 슈페리에 아펠라시옹에 2020 빈티지부터 7가지의 포도 품종이 새롭게 허용되었다.

나폴레옹 3세는 1855년 만국박람회에 대비해 와인 중개상들에게 프랑스를 대표할 최상의 와인을 골라달라고 의뢰했다. 중개상들은 이 등급 분류가 공식적인 것이 돼서는 안 된다는 조건하에 등급을 정하기로 합의했다. 그런 후 가격에 따라 상위에 드는 메독 와인들에 등급을 매겼는데 이 당시만 해도 가격은 곧 품질이기도 했다. 이런 식의 새로운 등급 체계에 따라 최상위급, 즉 크뤼급 포도원 4곳(현재는 5곳)에서 생산되는 와인들은 '1등급', 그다음으로 뛰어난 14곳의 포도원에서 생산되는 와인들은 2등급이 되는 식으로 5등급까지 등급이 매겨져서 1855년 공식 등급 분류로 귀결되었다.

"특정 빈티지를 기준으로 볼 때, 등급별 가격 차이에는 아주 일관된 비율이 있어서 매매하는 데 상당한 도움이 된다. 5등급은 언제나 2등급 가격의 절반 정도에 팔린다. 3등급과 4등급의 가격은 2등급과 5등급 가격대의 중간쯤 된다. 1등급은 2등급에 비해 25%쯤 가격이 높다."

– 샤를 콕스, 《보르도의 와인Bordeaux et Ses Vins》 (1868)

보르도 우수 레드 와인의 공식 등급(1855년)

메독 지방

1등급 프리미에 크뤼Premiers Crus(5곳)

포도원	AOC
샤토 라피트 로칠드	포이약
샤토 라투르Château Latour	포이약
샤토 마고Château Margaux	마고
샤토 오 브리옹Château Haut-Brion	페삭 레오냥(그라브)
샤토 무통 로칠드	포이약

2등급 되지엠 크뤼Deuxièmes Crus(14곳)

포도원	AOC
샤토 로장 세글라Château Rausan-Ségla	마고
샤토 로장 가시Château Rausan Gassies	마고
샤토 레오빌 라스 카스Château Léoville-Las-Cases	생줄리앙
샤토 레오빌 푸아페레Château Léoville-Poyferré	생줄리앙
샤토 레오빌 바르통Château Léoville-Barton	생줄리앙
샤토 뒤르포르 비방Château Durfort-Vivens	마고
샤토 라콩브Château Lascombes	마고
샤토 그뤼오 라로즈Château Gruaud-Larose	생줄리앙
샤토 브랑 캉트낙Château Brane-Cantenac	마고
샤토 피숑 롱그빌 바롱Château Pichon-Longueville-Baron	포이약
샤토 피숑 롱그빌 랄랑드Château Pichon-Longueville-Lalande	포이약
샤토 뒤크뤼 보카이유Château Ducru-Beaucaillou	생줄리앙
샤토 코스 데스투르넬Château Cos d'Estournel	생테스테프
샤토 몽로즈Château Montrose	생테스테프

3등급 트르와지엠 크뤼Troisièmes Crus(14곳)

포도원	AOC
샤토 지스쿠르Château Giscours	마고
샤토 키르완Château Kirwan	마고
샤토 디상Château d'Issan	마고
샤토 라그랑주Château Lagrange	생줄리앙
샤토 랑고아 바르통Château Langoa-Barton	생줄리앙
샤토 말레스코 생텍쥐페리Château Malescot-St-Exupéry	마고
샤토 캉트낙 브라운Château Cantenac-Brown	마고
샤토 팔메Château Palmer	마고
샤토 라 라귄Château La Lagune	오메독

샤토 데스미라일Château Desmirail	마고
샤토 칼롱 세귀르Château Calon-Ségur	생테스테프
샤토 페리에르Cheau Ferrière	마고
샤토 달렘므Château d'Alesme(옛, 마르키스 달렘므Marquis d'Alesme)	마고
샤토 보이드 캉트낙Château Boyd-Cantenac	마고

4등급 카트리엠 크뤼Quatrièmes Crus(10곳)

포도원	AOC
샤토 생 피에르Château St-Pierre	생줄리앙
샤토 브라네르 뒤크뤼Château Branaire-Ducru	생줄리앙
샤토 탈보Château Talbot	생줄리앙
샤토 뒤아르 밀롱 로칠드Château Duhart-Milon-Rothschild	포이약
샤토 푸제Château Pouget	마고
샤토 라 투르 카르네Château La Tour-Carnet	오메독
샤토 라퐁 로셰Château Lafon-Rochet	생테스테프
샤토 베이슈벨Château Beychevelle	생줄리앙
샤토 프리외레 리쉰Château Prieuré-Lichine	마고
샤토 마르키스 드 테름Château Marquis de Terme	마고

5등급 생퀴엠 크뤼Cinquièmes Crus(18곳)

포도원	AOC
샤토 퐁테 카네Château Pontet-Canet	포이약
샤토 바타이에Château Batailley	포이약
샤토 그랑 푸이 라코스트Château Grand-Puy-Lacoste	포이약
샤토 그랑 푸이 뒤카스Château Grand-Puy-Ducasse	포이약
샤토 오 바타이에Château Haut-Batailley	포이약
샤토 린치 바주Château Lynch-Bages	포이약
샤토 린치 무사Château Lynch-Moussas	포이약
샤토 도작Château Dauzac	오메독
샤토 다르마약Château d'Armailhac (1956~1988년에는 '샤토 무통 바롱 필립Château Mouton-Baron-Philippe'이었음)	포이약
샤토 뒤 테르트르Château du Tertre	마고
샤토 오 바주 리베랄Château Haut-Bages-Libal	포이약
샤토 페데스클로Château Pédesclaux	포이약
샤토 벨그라브Château Belgrave	오메독
샤토 카망삭Château Camensac	오메독
샤토 코스 라보리Château Cos Labory	생테스테프
샤토 클레르 밀롱 로칠드Château Clerc-Milon-Rothschild	포이약
샤토 크루아제 바주Château Croizet Bages	포이약
샤토 캉트메를르Château Cantemerle	오메독

"등급은 5등급으로 나뉘며 등급별 가격 차이는 12% 정도다."

– 윌리엄 프랭크, 《메독와인론Traité Sur les Vins du Médoc》(1855)

1945년산 무통 로칠드의 와인병에는 '승리victory'와 2차 세계대전의 종식을 의미하는 V자가 크게 찍혀 있다. 필립 드 로칠드는 1924년 이후로, 1945년부터는 매해 여러 화가에게 라벨 디자인을 의뢰했으며 이 전통은 딸인 바로네스 필리핀 Baroness Philippine에게 이어졌다. 무통 로칠드의 라벨을 빛내는 데 동참한 **세계적인 화가들** 중 몇 명만 소개한다.

1947년: 장 콕토
1955년: 조르주 브라크
1958년: 살바도르 달리
1964년: 헨리 무어
1969년: 호안 미로
1970년: 마르크 샤갈
1971년: 바실리 칸딘스키
1973년: 파블로 피카소
1974년: 로버트 마더웰
1975년: 앤디 워홀
1983년: 사울 스타인버그
1988년: 키스 헤링
1990년: 프랜시스 베이컨
1991년: 세츠코
1993년: 발튀스
2004년: 영국의 웨일스 공◇ 찰스
2005년: 주세페 페노네
2008년: 쉬레이
2009년: 애니쉬 카푸어
2010년: 제프 쿤스
2013년: 이우환
2014년: 데이비드 호크니
2015년: 게르하르트 리히터
2016년: 윌리엄 켄트리지
2017년: 아네트 메사제

1855년 등급 분류의 이해를 돕는 박스 스코어

1855년의 등급 분류는 이해하기가 조금 어렵다. 그래서 등급, 마을, 포도원의 수를 기준 항목으로 삼아 내 나름의 표로 정리해보았다. 이 표를 보면 어떤 마을이 1등급 포도원을 가장 많이 보유하고 있는지 알 수 있다. 2등급 포도원부터 5등급 포도원도 마찬가지다. 각 등급별로 어떤 마을이 최강자인지도 파악할 수 있다. 실제로 메독 보르도 와인을 살 때 이 표를 보면 참고로 삼을 만한 정보가 한눈에 들어온다. 포이약은 1등급 포도원과 5등급 포도원을 가장 많이 보유하고 있다. 마고는 3등급을 석권했고 샤토의 총 개수에서도 선두일 뿐 아니라 등급별로 포도원이 두루 포진되어 있는 유일한 마을이다. 생줄리앙은 1등급이나 5등급은 한곳도 없지만 2등급과 4등급에서는 강자다.

1855년도 등급 분류의 박스 스코어

마을	1등급	2등급	3등급	4등급	5등급	합계
마고	1	5	10	3	2	21
포이약	3	2	0	1	12	18
생줄리앙	0	5	2	4	0	11
생테스테프	0	2	1	1	1	5
오메독	0	0	1	1	3	5
그라브	1	0	0	0	0	1
총 샤토 수	5	14	14	10	18	61

1855년 등급 분류에 얽힌 역사

세월이 흐르면서 많은 변화가 있었다. 일부 포도원은 인근 토지를 매입하여 생산량을 두세 배 늘렸는가 하면 샤토의 소유권에도 많은 변화가 생겼다. 모든 사업이 다 그러하듯 보르도의 와인업계 역시 호황과 불황을 두루 겪었다. 1855년 등급 분류는 지금껏 위상에는 흔들림이 없었으나 등급 분류나 등급 분류의 상대적 의미는 수년의 세월이 흐르는 동안 조금 바뀌었다. 다음 세 가지가 그러한 사례다.

1920년 필립 드 로칠드 남작은 가문의 포도원을 이어받을 당시 1855년에 자신의 샤토가 2등급을 받았다는 사실을 용납할 수 없었다. 처음부터 1등급을 받았어야 마땅하다고 생각한 것이다. 그래서 최상등급을 받으려고 수년간 고군분투했다. 남작의 와인이 2등급으로 분류되어 있을 때 그는 이런 모토를 가지고 있었다.

Premier ne puis, second ne daigne, Mouton Suis.
(나는 1등이 못 되었다. 나는 2등의 굴욕을 참을 수 없다. 무통은 곧 나다.)

그러다 1973년에 남작의 와인이 1등급으로 승급되자 모토를 새롭게 바꾸었다.

Premier je suis, Second je fus, Mouton ne change.
(나는 이제 1등이다. 나는 과거에 2등이었다. 무통은 변하지 않는다.)

1970년대에 샤토 마고를 비롯한 모든 보르도 와인은 이루 말할 수 없이 힘겨운 시기를 겪고 있었다. 당시에 샤토 마고를 소유하고 있던 가문은 재정적 난관에 허덕이면서 시간적으로나 금전적으로나 포도원을 운영할 여력이 모자라는 바람에 우수한 품질을 지켜오던 전통을 제대로 이어가지 못했다. 결국 샤토 마고는 1977년 멘젤로폴로스Mentzelopoulos라는 그리스계 프랑스인 가문에 1600만 달러에 팔렸고, 그 후 와인의 품질이 1등급 기준마저 넘어설 만큼 향상되었다.

생줄리앙 마을의 샤토 글로리아Château Gloria는 1855년 등급 분류 당시에는 존재하지도 않았던 포도원이다. 생줄리앙의 읍장 앙리 마르탱Henri Martin은 1940년대부터 2등급 포도원 여러 곳을 사들였다. 그렇게 해서 탄생한 이 샤토 글로리아에서는 현재 1855년의 등급 분류에는 포함되지 않지만 최상급 와인을 생산하고 있다.

1855년 등급 분류에 들었던 샤토 중 몇몇은 더 낮은 등급이 매겨져야 하는 곳도 있

크뤼 부르주아 등급에 드는 라로즈 트랭토동은 **메독 지역에서 가장 큰 포도원**으로, 매년 10만 상자에 가까운 와인을 생산한다.

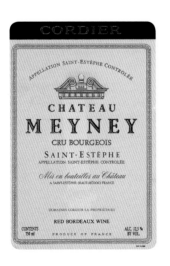

고, 더 높은 등급을 받아야 하는 곳들도 있다. 그러나 여전히 이 등급 분류는 품질과 가격을 가늠하는 데 아주 유용한 지침이다.

크뤼 부르주아

메독의 크뤼 부르주아는 1920년에 처음 제정되었으나 1855년 공식 등급 분류처럼 변하지 않았다기보다 그동안 몇 차례 개정되었다. 그에 따라 1932년에는 444곳이 지정되었다. 메독과 오메독의 가장 최근의 크뤼 부르주아 등급 부여는 2020년에 실행되었고 249곳의 샤토가 지정받았다. 2015, 2016, 2018년 빈티지의 높은 품질 때문에 현재 시중에 출시되는 크뤼 부르주아 등급의 와인 중 가성비 최고에 드는 와인들도 종종 있다.

이 새로운 등급에서는 크뤼 부르주아가 179곳, 크뤼 부르주아 슈페리에가 56곳, 크뤼 부르주아 엑셉시오넬이 14곳이다. 엑셉시오넬 등급을 받은 곳은 다음과 같다. 마고의 샤토 파베이 드 루지Château Paveil de Luze, 샤토 다르삭Château d'Arsac. 생테스테프의 샤토 르 보스크Château Le Bosq, 샤토 릴리앙 라두이Château Lillian Ladouys, 샤토 르 크록Château Le Crock. 리스트락 메독의 샤토 레스타지Château Lestage. 오메독의 샤토 다가삭Château d'Agassac, 샤토 아르노Château Arnauld, 샤토 벨 뷰Château Belle-Vue, 샤토 캄봉 라 펠루즈Château Cambon La Pelouse, 샤토 샤메일Château Charmail, 샤토 말레스카스Château Malescasse, 샤토 드 마에레Château de Malleret, 샤토 뒤 탸양Château du Taillan.

다음의 생산자들을 주목해볼 만하다.

샤토 그레이삭Château Greysac	샤토 당글뤼데Château d'Angludet
샤토 드 라마르크Château de Lamarque	샤토 드 페즈Château de Pez
샤토 라 카르돈Château La Cardonne	샤토 라로즈 트랭토동Château Larose-Trintaudon
샤토 라베고르스 제데Château Labégorce-Zédé	샤토 레조름 드 페즈Château Les Ormes-de-Pez
샤토 레조름 소르베Château Les Ormes Sorbet	샤토 마르뷔제Château Marbuzet
샤토 메이네Château Meyney	샤토 몽브리종Château Monbrison
샤토 비유 로뱅Château Vieux Robin	샤토 샤스 스플린Château Chasse-Spleen
샤토 소시앙도 말레Château Sociando-Mallet	샤토 시랑Château Siran
샤토 오 마르뷔제Château Haut-Marbuzet	샤토 쿠프랑Château Coufran
샤토 파타슈 도Château Patache d'Aux	샤토 펠랑 세귀르Château Phélan-Ségur
샤토 퐁탕삭Château Pontensac	샤토 푸르카 오스탕Château Fourcas-Hosten
샤토 푸조Château Poujeaux	샤토 피브랑Château Pibran

그라브의 와인 생산 비율

60% 레드 와인

40% 화이트 와인

1987년에 북부 그라브 지역에서는 (레드 와인과 화이트 와인을 모두 생산하는 생산지로) **페삭 레오냥** '마을 아펠라시옹'을 지정했다.

샤토 스미스 오 라피트의 포도원 내의 회원제 호텔에 묵는 손님들은 포도나무 추출물, 포도씨 가루, 포도씨 오일을 주재료로 한 트리트먼트를 즐길 수 있다.

포므롤에서 와인 생산에 주로 쓰는 포도 품종은 메를로다. 카베르네 소비뇽은 거의 쓰지 않는다.

샤토 페트뤼스에서는 갤로사(社)가 **6분** 만에 만드는 양의 와인을 생산하는 데 1년이 걸린다.

그라브

가장 유명한 샤토는 1855년 등급 분류에서도 이미 본 샤토 오 브리옹이다. 이외에 다음과 같은 곳도 1959년에 그랑 크뤼 클라세 등급을 받은 그라브의 우수 레드 와인 생산지다.

도멘 드 슈발리에 Domaine de Chevalier
샤토 라 미숑 오 브리옹 Château La Mission-Haut-Brion
샤토 라 투르 마르티야크 Château La Tour-Martillac
샤토 말라르틱 라그라비에르 Château Malartic-Lagravière
샤토 스미스 오 라피트 Château Smith-Haut-Lafitte
샤토 올리비에 Château Olivier
샤토 파프 클레망 Château Pape-Clément

샤토 드 피외잘 Château de Fieuzal

샤토 부스코 Château Bouscaut
샤토 오 바이이 Château Haut-Bailly
샤토 카르보니외 Château Carbonnieux

포므롤

이곳은 보르도의 최상급 레드 와인 생산지 중 규모가 가장 작은 지역이다. 포므롤의 와인 생산량은 생테밀리옹 와인 생산량의 15%에 불과하다. 그래서 포므롤 와인은 희귀하고 어쩌다 눈에 띄더라도 값이 비쌀 것이다. 포므롤의 레드 와인은 메독 와인과 비교해서 보다 부드럽고 과일 풍미가 풍부하며 음용 적기가 더 빠르다. 포므롤에는 공식적인 등급 분류가 없지만, 시중에 나와 있는 최상급 포므롤 와인이다.

비유 샤토 세르탕 Vieux Château-Certan
샤토 네냉 Château Nénin
샤토 라 푸앵트 Château La Pointe
샤토 라투르 아 포므롤 Château Latour-à-Pomerol
샤토 레글리즈 클리네 Château L'Église Clinet
샤토 르 팽 Château Le Pin
샤토 부르뇌프 Château Bourgneuf
샤토 트로타누아 Château Trotanoy
샤토 프티 빌라주 Château Petit-Village

샤토 가쟁 Château Gazin
샤토 라 콩세이앙트 Château La Conseillnate
샤토 라 플뢰르 페트뤼스 Château La Fleur-Pétrus
샤토 라플뢰르 Château Lafleur
샤토 레방질 Château L'Évangile
샤토 보르가르 Château Beauregard
샤토 클리네 Château Clinet
샤토 페트뤼스 Château Pétrus
샤토 플랭스 Château Plince

생테밀리옹

프랑스에서 가장 아름다운 마을로 손꼽히는 생테밀리옹은 와인의 생산량이 메독과 비교해 3분의 2 정도다. 생테밀리옹의 등급 분류는 메독의 등급 분류 이후로 1세기가 지난 1955년이 되어서야 매겨졌는데 이 등급 분류에서 메독의 크뤼 클라세 와인에 필적하는 1등급 와인은 모두 18개다.

프리미에 그랑 크뤼 클라세 A등급(최상급)

샤토 슈발 블랑 Château Cheval Blanc
샤토 오존 Château Ausone

샤토 앙젤뤼스 Château Angélus
샤토 파비 Château Pavie

프리미에 그랑 크뤼 클라세 B등급

샤토 라 가플리에르 Château La Gaffelère
샤토 라르시 뒤카스 Château Larcis Ducasse
샤토 벨레르 모낭쥐 Château Belair-Monange
샤토 보세쥐르 뒤포 라가로스 Château Beauséjour-Duffau-Lagarrosse
샤토 카농 Château Canon
샤토 클로 푸르테 Château Clos Fourtet
샤토 트로프롱 몽도 Château Troplong Mondot
샤토 피작 Château Figeac

샤토 라 몽도트 Château La Mondotte
샤토 발랑드로 Château Valandraud
샤토 보 세쥐르 베코 Château Beau-Séjour-Bécot
샤토 카농 라 가펠리에르 Château Canon-La-Gaffelère
샤토 트로트비에유 Château Trottevielle
샤토 파비 마캥 Château Pavie Marquin

미국에서 구입할 수 있는 주요 그랑 크뤼 클라세 및 그 외 생테밀리옹 와인이다.

샤토 그랑 코르뱅 Château Grand-Corbin
샤토 라 투르 피작 Château La Tour-Figeac
샤토 벨뷰 Château Bellevue
샤토 오 코르뱅 Château Haut-Corbin
샤토 클로 드 사르프 Château Clos de Sarpe
샤토 파비 드세스 Château Paive Decesse
샤토 포제르 Château Faugères
샤토 퐁브로즈 Château Fombrauge
샤토 프랑 멘 Château Franc Mayne

샤토 다소 Château Dassault
샤토 몽부스케 Château Monbousquet
샤토 수타르 Château Soutard
샤토 용 피작 Château Yon Figeac
샤토 테르트르 도게 Château Tertre Daugax
샤토 페랑 Château de Ferrand
샤토 퐁로크 Château Fonroque
샤토 퐁플레가드 Château Fonplégade
클로 데 자코뱅 Clos des Jacobins

생테밀리옹의 포도 품종 비율

메를로 70%
카베르네 프랑 25%
카베르네 소비뇽 5%

2019년 빈티지부터 라벨에 생테밀리옹이 표기되는 모든 와인은 유기농법, 생체역학 농법 등의 지속가능한 방법으로 생산되어야 한다.

그 외의 눈여겨볼 만한 보르도의 레드 와인 생산지

코트 드 부르 Côtes de Bourg
코트 드 블레 Côtes de Blaye
프롱삭 Fronsac

2000~2010년은 많은 전문가로부터 **보르도 역사상 최고의 10년**으로 평가받고 있다.

보르도의 2013년산이나 2017년산 같은 비교적 낮은 급의 빈티지를 마시면서 2010, 2015, 2016, 2018년산 같은 상급 빈티지는 적절히 성숙될 때까지 **인내심을 갖고 기다려라.**

보르도 지역에서는 **6800만 상자**의 레드 와인과, **700만 상자**에 가까운 화이트 와인을 생산하고 있다.

"급이 높은 빈티지는 서서히 숙성하며 급이 낮을수록 빨리 숙성한다. (…) 뛰어난 빈티지의 와인은 인내심이 요구된다. 따라서 급이 좀 낮은 빈티지가 오히려 유용하며 즐거움을 안겨준다. (…) 비교적 급이 낮은 빈티지는(어린 와인인 경우) 급이 높은(어린 와인의) 빈티지보다 더 큰 기쁨을 선사한다."
– 알렉시스 리쉰Alexis Lichine, '와인의 고향' (1913~1989)

보르도 빈티지

이제 보르도 지방의 최우수 레드 와인은 어느 정도 섭렵했으니 이번에는 최고의 빈티지를 알아보자.

– 도르도뉴강의 좌안 지역 –
메독, 생줄리앙, 마고, 포이약, 생테스테프, 그라브

비교적 오래전의 뛰어난 빈티지	뛰어난 빈티지	좋은 빈티지
1982	1990	1994
1985	1995	1997
1986	1996	1998
1989	2000	1999
	2003	2001
	2005	2002
	2009	2004
	2010	2006
	2015	2007
	2016	2008
	2018	2011
	2019	2012
		2014
		2017

– 도르도뉴강의 우안 지역 –
생테밀리옹, 포므롤

비교적 오래전의 뛰어난 빈티지	뛰어난 빈티지	좋은 빈티지
1982	1990	1995
1989	1998	1996
	2000	1997
	2001	1999
	2005	2002
	2009	2003
	2010	2004
	2015	2006
	2016	2007
	2018	2008
	2019	2011
		2012
		2014
		2017

보르도 레드 와인을 고르는 요령

보르도 와인은 여러 포도를 블렌딩하여 빚어진다는 사실을 염두에 두어야 한다. 다시 말해 생테밀리옹이나 포므롤산 같은 메를로 스타일의 보르도 와인을 사고 싶은지, 아니면 메독이나 그라브산 같은 카베르네 스타일의 와인을 사고 싶은지를 정해야 한다. 명심하라. 메를로 스타일이 더 구하기 쉬우며 어릴 때 마시기에도 부담이 없다.

그다음으로는 지금 마시고 싶은 와인을 구입할지, 숙성시킬 와인을 구입할지 정해야 한다. 보르도의 뛰어난 빈티지산 우수 샤토 와인이라면 최소한 10년의 숙성 기간이 필요하다. 샤토 와인의 뛰어난 빈티지산 중 이보다 등급이 떨어지는 크뤼 부르주아나 세컨드 라벨(세컨드 와인, 개별 포도원인 샤토의 주요 와인 그랑뱅Grnad Vin을 만들고 남은 포도로 생산되는 와인-옮긴이)은 최소한 5년은 숙성시켜야 한다. 지역명 와인은 빈티지 해로부터 2~3년 안에 마시는 것이 좋고, 단순히 아펠라시옹 보르도 콩트롤레로 표기된 와인은 출시되자마자 마셔도 된다.

이어서 빈티지가 자신이 원하는 유형에 적당한지 확인한다. 숙성시킬 와인을 구하고 있다면 뛰어난 빈티지를 찾아야 한다. 바로 마셔도 되는 우수 샤토 와인을 원한다면 급이 좀 낮은 빈티지를 골라야 한다. 바로 마시기에 적합하면서 뛰어난 빈티지 와인을 원한다면 좀 낮은 등급의 샤토를 찾으면 된다. 보르도 와인이라고 해서 무조건 다 비싼 것은 아니다. 보르도 와인은 가격대가 다양하게 출시되니 비쌀 것이라는 지레짐작으로 가성비 뛰어난 와인을 찾아내 음미해볼 기회를 날리지 말기 바란다. 보르도 레드 와인 가운데는 유난히 비싼 와인들도 있다. 그 와인이 한 병에 30달러가 될지 300달러가 될지는 다음의 요인들에 따라 좌우된다.

- 포도 재배지
- 포도나무의 수령(대체로 포도나무의 수령이 높을수록 와인이 더 뛰어나다)
- 포도나무의 산출량(산출량이 낮을수록 품질이 더 높다)
- 와인 양조 방법(나무통에서의 와인 숙성 기간 등)
- 빈티지

지갑 사정에 맞는 가성비 최고의 와인을 구매하고 싶다면 일명 피라미드법을 활용해볼 만하다. 샤토 라피트 로칠드 같은 와인을 사고 싶어 하는 상황을 가정해보자. 샤토 라피트 로칠드는 측면에 그려진 피라미드의 꼭대기를 차지할 만큼 고가라 형편상 무리일 수도 있다. 이럴 땐 어떻게 해야 할까? 생산 지역을 살펴보면 되는데 이 경우엔 포이약이다. 이제 선택의 여지가 생겼다. 1855년 등급 분류를 다시 보면서 포이약산의 5등급 와인을 찾아보라. 그러면 더 낮은 가격대로도 그 지역

보르도에서 유기농 및 생명역학 농법으로 포도를 재배하는 와이너리

샤토 뒤포르 비방Château Durfort-Vivens(마고)

샤토 라 투르 피작(생테밀리옹)

샤토 클리망Château Climens(소테른)

샤토 팔메(마고)

샤토 퐁로크(생테밀리옹)

샤토 퐁테 카네Château Pontet Canet(포이약)

샤토 퐁플레가드(생테밀리옹)

— 샤토 라피트 로칠드(★★★★)

— 5등급 포이약(★★★)

— 크뤼 부르주아 포이약(★★)

— 지역명 포이약(★)

1등급에 드는 샤토 마고, 샤토 라투르, 샤토 라피트 로칠드, 샤토 무통 로칠드는 와인을 만들 때 수확량의 40%도 채 사용하지 않는다. **그 나머지는 세컨드 라벨 와인을 만드는 데 쓰인다.**

의 특색을 느껴볼 수 있다. 이 가격대도 여전히 비싸다고 느껴지는가? 그 경우엔 피라미드상에서 아래로 더 내려가 포이약산의 크뤼 부르주아나 라벨에 '포이약'이 표기된 지역명 와인을 사면 된다. 솔직히 나도 5832개나 되는 샤토를 외울 엄두는 도저히 나지 않는다. 그래서 가까운 매장에 갔다가 생소한 샤토의 이름을 보면 그 생산 지역을 살펴본다. 포이약에서 생산된 와인이고 우수한 빈티지산이며 가격대가 20~25달러선이면 그 와인을 사온다. 그런 식으로 고르면 괜찮은 와인일 가능성이 높다. 와인에 관한 한 어느 정도 안전을 기하는 것이 상책이기 때문이다.

하늘 높은 줄 모르는 고가의 보르도 샤토 와인의 대안을 찾기에 유용한 또 다른 방법도 있다. 시간이 좀 걸리더라도 그곳의 세컨드 라벨 와인을 찾아보는 것이다. 이런 와인들은 포도원의 가장 어린나무에서 딴 포도로 만든 것으로, 스타일이 더 가볍고 더 빨리 숙성되며 가격이 퍼스트 라벨 와인에 비해 훨씬 저렴하다.

샤토	세컨드 라벨의 예
샤토 오 브리옹	르 클라랑스 드 오 브리옹Le Clarence de Haut-Brion
샤토 라피트 로칠드	카뤼아드 드 라피트Carruades de Lafite
샤토 라투르	레 포르 드 라투르Les Forts de Latour
샤토 레오빌 바르통	라 레제르브 레오빌 바르통La Réserve Léoville-Barton
샤토 레오빌 라스카스Château Léoville-Las-Cases	르 프티 리옹Le Petit Lion
샤토 랭슈 바주Château Lynch-Bages	에쇼 드 랭슈 바주Echo de Lynch-Bages
샤토 마고	파비용 루즈 뒤 샤토 마고Pavillon Rouge du Château Margaux
샤토 무통 로칠드	르 프티 무통Le Petit Mouton
샤토 팔메	알테르 에고Alter Ego
샤토 피숑 라랑드	레제르브 드 라 콩테스Réserve de la Comtesse
샤토 피숑 롱그빌Château Pichon-Longueville	레 투렐 드 롱그빌Les Tourelles de Longueville
도멘 드 슈발리에	레스프리 드 슈발리에L'Esprit de Chevalier

보르도의 50년 전과 현재

50년 사이에 와인 세계에서 나타난 가장 극적인 변화는 보르도의 최상급 샤토 와인에 대한 세계적인 수요다. 1985년에만 해도 보르도의 가장 중요한 시장은 영국이었다. 1980년대와 1990년대에는 미국인과 일본인들 사이에서도 보르도 와인에 대한 관심이 높아졌다. 오늘날에는 아시아가 신흥 시장으로 부상하면서 홍콩, 한국, 중국에서의 수요가 크게 증가했다. 이런 현상은 최상급 보르도의 가격이 점점 더 높아지는 결과를 낳고 있다. 어떤 의미에서 보면 한 시대의 종식을 의미한다. 내가 젊은 시절에 와인을 최고의 열정으로 삼게 된 계기였던 와인의 첫 '유레카(발견)' 순간은, 25년 된 보르도가 25달러도 안 된다는 사실을 알게 되었던 때였다. 당시 대학생이던 내게는 큰 액수였으나 그만한 가치가 있었다. 그러나 현재의 대다수 젊은이는 20년 후면 음용 적기에 이를 만한 2005년산 샤토 라투르에 붙은 4000달러라는 가격표 앞에서 위축된다! 이제 뛰어난 샤토 와인은 부자가 아니면 감히 엄두도 내기 어려워졌다. 그렇다고 절망할 필요는 없다. 우리에겐 그 외의 다른 수천 개 샤토에서 나오는 가성비 뛰어난 와인이 있다. 1970년 이후 최상급 샤토의 높은 품질 기준이 보르도의 나머지 샤토에까지 서서히 전파되면서 현재 보르도 전 지역에서 보르도 사상 최고 품질의 와인을 빚고 있다. 특히 메독, 생테밀리옹, 그라브, 코트 드 부르, 코트 드 블레 같은 지역에서 그런 현상이 두드러지고 있다.

30달러 이하의 보르도 레드 와인 중 가성비 최고의 와인 5종사

Château Cantemerle • Château Greysac • Château La Cardonne •
Château Larose-Trintaudon • Confidences de Prieure Lichine

전체 목록은 420~421쪽 참조.

시음 가이드

보르도 와인은 비싸고 오랜 기간 숙성시켜야 하는 와인으로 유명하지만 꼭 그렇지만도 않다. 보르도 와인 중 80%는 소비자가가 8~25달러이며, 대부분 구입 즉시 혹은 구입 후 2년 안에 마셔도 무난하기 때문이다. 이번 시음에서 주의를 기울여볼 측면은 여러 등급 서열(등급 분류, 라벨)과 숙성의 영향이다.

보르도 네 가지 와인을 함께 시음

1. 아펠라시옹 보르도 콩트롤레
2. 아펠라시옹 지역 콩트롤레
3. 샤토 와인: 크뤼 부르주아
4. 샤토 와인: 그랑 크뤼 클라세

뉴욕의 포시즌스 레스토랑은 처음 문을 연 1959년 당시 1918년산 샤토 라피트 로칠드를 18달러, 1934년산 샤토 라투르를 16달러에 판매했다. 1945년산 샤토 코스 데스투르넬을 9달러 50센트에 제공하기도 했다.

리처드 닉슨 전 대통령이 즐겨 마신 와인은 샤토 마고였다. 닉슨은 늘 뉴욕의 유명한 '21'클럽(유명인사들을 만나볼 수 있는 유명 레스토랑. 1929년 12월 31일 주류 밀매점으로 개업한 이곳은 지금 고급 레스토랑으로 바뀌었다-옮긴이) 지하에 자신이 좋아하는 빈티지의 샤토 마고를 맡겨놓고 즐겨 마셨다고 한다.

명품 브랜드 소유의 와이너리

LVMH(루이비통 모에 헤네시)의 CEO이자 프랑스 최고의 갑부인 베르나르 아르노Bernard Arnault는 샤토 디켐, 샤토 슈발 블랑, 크루그 샴페인Krug Champagne를 소유하고 있고 샤넬의 소유주인 알랭과 제라르 베르트하이머Alain and Gerard Wertheimer 형제도 샤토 카농, 샤토 로장 세글라를 소유하고 있다. 케링(발렌시아가, 입생로랑, 구찌, 알렉산더 맥퀸)의 CEO인 프랑수아 피노François Pinault 역시 샤토 라투르의 소유주다. 피노는 배우 셀마 헤이엑의 남편이기도 하다!

세컨드 라벨 같은 생산자의 두 가지 와인을 함께 시음

　5. 세컨드 라벨 샤토 와인

　6. 퍼스트 라벨 샤토 와인

보르도 와인의 등급 서열 세 가지 와인을 함께 시음(모두 같은 빈티지)

　7. 샤토 와인: 크뤼 부르주아

　8. 샤토 와인: 3등급이나 4등급, 혹은 5등급

　9. 샤토 와인: 2등급

숙성의 영향 한 가지 와인만 단독 시음

　10. 숙성된 보르도(최소한 10년 이상 숙성된 것)

음식 궁합

"샤토 라 루비에르 루즈에는 양다리구이나 오리가슴살구이를 추천합니다."

　　　　　　　　　　　　– 드니즈 뤼르통 몰, 샤토 라 루비에르, 샤토 보네

"보르도 레드 와인에는 간단하고 전통적인 음식이 최고입니다! 우리 포이약 사람들이 너무 좋아하는 소고기나 양고기 같은 붉은 고기가 좋습니다. 잘라낸 포도나무 가지 위에 고기를 올려놓고 구워먹을 수 있다면, 그야말로 천국이 따로 없지요."

　　　　　　　　　　　　– 장 미셸 카제, 샤토 린치 바주, 샤토 레조를름 드 페즈

"르팽에서의 일요일 점심에는 현지산 굴을 듬뿍 준비해놓고 차가운 보르도 화이트 와인과 함께 맛본 다음 바비큐 판 위에 두툼한 앙트르코트(갈비뼈 사이의 스테이크용 고기) 스테이크를 샬롯(양파와 비슷하게 생긴 작고 동그란 모양의 뿌리채소)과 함께 구워서 **포므롤, 마고, 코트 드 프랑스 같은 보르도 레드 와인** 중에서 가족이 고른 와인과 같이 먹지요."

　　　　　　　　　　　　– 자크 티엥퐁과 피오나 티엥퐁, 샤토 르 팽

"보르도 레드 와인에는 야생버섯을 곁들인 오리가슴살구이나 포도소스의 뿔닭구이를 추천합니다."

　　　　　　　　　　　　–앙토니 페렝, 샤토 카르보니외

"보르도 레드 와인, 특히 **포므롤**이라면 양고기가 최고의 선택이지요."

　　　　　　　　　　　　–크리스티앙 무엑스

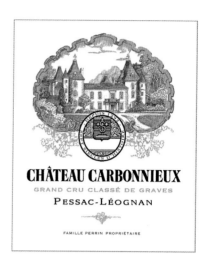

보르도 레드 와인의 **상식을 테스트**해보고 싶다면 433쪽의 문제를 풀어보기 바란다.

– 더 자세한 정보가 들어 있는 추천도서 –

로버트 파커의 《보르도Bordeaux》

스티븐 브룩의 《보르도 완전정복The Complete Bordeaux》

오즈 클라크의 《보르도Bordeaux》

제인 앤슨의 《보르도 전설Bordeaux Legends》

제임스 로더 MV의 《보르도 최상의 와인The Finest Wines of Bordeaux》

클리브 코우츠의 《그랑 뱅Grands Vins》

후브렉트 디커와 마이클 브로드벤트의 《보르도 총람 및 샤토 백과The Bordeaux Atlas and Encyclopedia of Cheaux》

CLASS 4

부르고뉴와 론 밸리의
레드 와인

부르고뉴 레드 와인의 기초상식 ✳ 보졸레 ✳

코트 샬로네즈 ✳ 코트 도르 ✳ 론 밸리 ✳ 로제 와인

부르고뉴 레드 와인의 기초상식

부르고뉴는 공부하기가 어렵기로 손꼽히는 분야다. 부르고뉴를 공부하다 보면 뭐가 뭔지 헷갈리기 십상이다. "알아둬야 할 게 왜 이렇게 많아" "너무 어려운 것 같아"라는 등의 불평들이 괜히 나오는 말이 아니다. 부르고뉴의 와인을 이해하는 데 애를 먹고 있다면 당신만 그런 것이 아니니 너무 속상해할 필요 없다! 부르고뉴는 1789년 프랑스 혁명 이후 모든 포도원이 작은 구획씩 매각되었고 나폴레옹 법전에서 자녀들에게 균등 상속을 명하는 법을 만들도록 규정함에 따라 포도원의 세분화가 더욱 조장되었다. 이러한 영향으로 부르고뉴에는 포도원과 마을들이 정말로 많은데 그중엔 중요하지 않은 곳이 없다. 부르고뉴 와인의 전문가가 되려면 1000개 이상의 이름과 110개 이상의 아펠라시옹(지역 명칭)을 외워야 한다. 지금부터 복잡한 부르고뉴의 지역, 명칭, 라벨에 얽힌 알쏭달쏭한 미스터리들을 해독할 수 있게 알려주긴 할 테지만 부르고뉴 와인에 대해 제대로 이해하고 이야기하고 싶다면 15~25개의 명칭만 알아두어도 무난하다. 다음은 부르고뉴의 레드 와인 주요 생산지다.

보졸레   코트 도르 {코트 드 뉘   코트 샬로네즈
                        코트 드 본

주요 포도 품종은 다음과 같다.

가메   피노 누아르

AOC 법에 따라 부르고뉴의 레드 와인은 반드시 피노 누아르를 원료로 써야 한다. 단, 보졸레만은 예외가 적용되어 가메로 와인을 만든다.

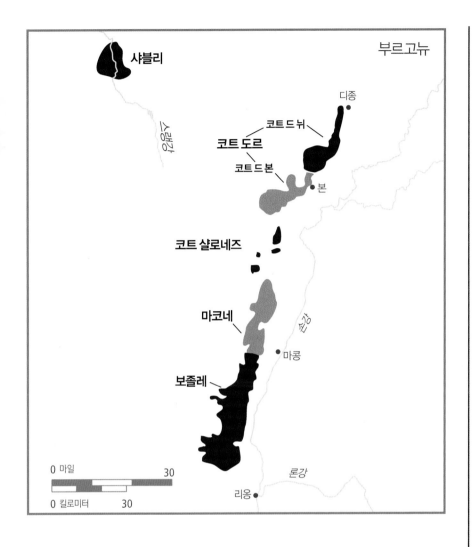

샤블리

부르고뉴

디종

코트 드 뉘

코트 도르

코트 드 본

본

코트 샬로네즈

마코네

마콩

보졸레

| 0 마일 | | | 30 |

| 0 킬로미터 | | 30 |

론강

리옹

토양의 중요성

우수한 품질의 부르고뉴 와인 생산자들이 으레 하는 말마따나 그런 훌륭한 와인을 빚는 데 가장 중요한 요소는 토양이다. 토양은 땅의 경사도, 기후 조건과 함께 와인이 빌라주급이냐, 프리미에 크뤼급이냐, 그랑 크뤼급이냐를 결정짓는 요소이며 이 같은 토양, 경사도, 기후 조건을 한데 묶어서 '테루아'라고 통칭한다. 내가 부르고뉴에 갔을 때 한번은 닷새 동안 비가 온 적이 있다. 그런데 비가 그친 여섯째 날에 포도원 경사지 기슭에서 양동이와 삽을 가지고 일하는 사람들이 보였다. 그들은 사면으로 흘러내린 흙을 퍼담아서 다시 포도원에 뿌리고 있었다. 이것은 부르고뉴 와인에서 토양이 얼마나 중요한가를 보여주는 사례다.

고상하고도 까다로운 피노 누아르

피노 누아르의 명성은 프랑스 부르고뉴에서 비롯되었다. 피노 누아르를 원료로 삼아 뛰어난 와인을 빚기란 여간 까다로운 일이 아니다. 피노 누아르는 여러 질병에 쉽게 걸릴뿐더러, 생육기 중에 햇볕(열)을 너무 많이 쬐기라도 하면 균형 잡힌 와인으로 빚어질 가망성이 사라진다. 재배자가 열정과 인내심으로 키워내야만 비교적 타닌이 적고 빛깔이 옅으며 바디가 가벼운, 명품 와인으로 거듭난다. 부르고뉴산 최상의 피누 누아르는 탄탄한 근육질 느낌의 인상보다는 우아하고 섬세한 인상을 선사해준다.

보졸레 ✦

100% 가메 포도로 만드는 보졸레는 산뜻하면서 과일 풍미가 풍부하다. 어릴 때 마시는 것이 좋으며, 차갑게 마셔도 좋다. 가격대는 품질 등급에 따라 다양하지만 대부분 8~20달러다. 보졸레는 미국에서 부르고뉴 와인 중 가장 많이 팔리는 와인인데 아마도 시중에 많이 유통되고 있는 데다 마시기 편하고 가격도 아주 저렴하기 때문이 아닐까 싶다. 보졸레 지역에서는 수확할 때 포도를 일일이 손으로 따며 보졸레 와인의 등급은 다음의 세 가지로 분류된다.

보졸레Beaujolais 보졸레 와인 대부분이 이 기본 등급에 속한다. (가격대 ★)
보졸레 빌라주 Beaujolais-Villages 이 등급은 보졸레의 특정 마을에서 만든 와인이다. 보졸레에는 꾸준히 상급 와인을 생산하는 마을 35곳이 있다. 보졸레 빌라주급은 대부분 이 마을에서 생산된 와인들의 블렌딩이다. 그래서 보통은 라벨에 특정 마을 이름이 명시되지 않는다. (가격대 ★★)
크뤼Cru 보졸레 와인 중 최상급으로, 생산 마을 이름이 와인명이 된다. (가격대 ★★★★)

크뤼급 마을은 다음의 10곳이다.

레니에Régnié	모르공Morgon	물랭 아 방Moulin-à-Vent
브루이Brouilly	생타무르Saint-Amour	쉐나Chénas
시루불Chiroubles	줄리에나Juliénas	코트 드 브루이Côte de Brouilly
플뢰리Fleurie		

다음의 제조사와 생산자도 눈여겨볼 만하다.

뒤뵈프Duboeuf　드루앵Drouhin　부샤르Bouchard　자도Jadot

보졸레의 적절한 보관 기간은 등급과 빈티지에 따라 다르다. 보졸레급과 보졸레 빌라주급은 1~3년 보관하는 것이 바람직하다. 크뤼급은 더 복잡하기 때문에 과일 풍미와 타닌이 더 풍부해서 그보다 더 오래 보관해도 된다. 10년 이상 지나도 여전히 뛰어난 풍미를 잃지 않는 크뤼급 보졸레도 더러 있다. 하지만 이것은 예외적인 경우일 뿐 다 그런 것은 아니다.

부르고뉴에서는 연평균 1900만 상자 정도의 와인을 생산한다. 이 중 **1200만 상자**가 보졸레 와인이다!

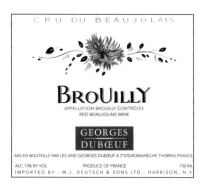

그 밖의 주목할 만한 보졸레 생산자들

Charly Thévenet, Château des Jacques, Claire Chasselay, Claude-Emmanuelle and Louis-Benoit Desvignes, Clos de la Roilette, Daniel Bouland, Domaine des Terres Poréss, Domaine Rochette, Dominique Piron, Georges Descombes, Guy Breton, Jean Foillard, Jean-Paul Braun, Jean-Paul Thévenet, Louis-Clément David-Beaupère, Nicolas Chemarin, M.Lapierre, Paul-Henri Thillardon, Thibault Liger-Belair

보졸레에서 재배하는 포도의 3분의 1이 보졸레 누보의 원료로 쓰인다.

보졸레 누보는 정확히 **11월 셋째 주 목요일**에 출시되는데, 이때 대단한 열광 속에 소비자들에게 소개된다. 레스토랑과 매장들은 새로운 보졸레를 고객들에게 가장 먼저 제공하려고 경쟁을 벌인다.

보졸레 누보

보졸레 누보Beaujolais Nouveau는 기본 보졸레보다 더 라이트하고 과일 풍미가 풍부하다. 말뜻 그대로 이 '햇' 보졸레는 수확에서 발효, 병입 후 매장 시판까지의 전 과정이 몇 주 안에 이뤄져서 와인 메이커에게 거의 즉각적인 수익을 안겨주는 효자 상품이다. 그런가 하면 예고편 영화 같은 역할도 해주어 다가올 봄에 출시될 그해 빈티지 정규 보졸레의 품질이나 스타일이 어떨지 가늠해볼 잣대가 되어준다. 보졸레 누보는 병입 후 6개월 안에 마셔야 한다. 집에 보졸레 누보가 있다면 아끼지 말고 얼른 벗들에게 내주자.

와인을 막 공부하기 시작했던 애송이 시절에 보졸레 지역을 방문한 적이 있었다. 그때 어느 마을의 작은 바에서 보졸레 한 잔을 주문했더니 웨이터가 차갑게 해서 가져다주었다. 내가 그때껏 읽은 와인 가이드에서는 레드 와인은 실온으로, 화이트 와인은 차갑게 해서 마셔야 좋다고 되어 있었기 때문에 그 순간엔 당황스러웠지만, 보졸레 누보, 보졸레급 및 보졸레 빌라주급 와인의 경우엔 **과일 풍미와 상큼한 신맛을 끌어내기 위해선 약간 차게 해서 마시는 게 좋다.** 여름철에 보졸레를 차게 해서 맛보면 이 말에 고개가 끄덕여질 것이다. 단, 크뤼급 보졸레는 과일 풍미와 타닌이 더 풍부한 만큼 실온에서 내는 편이 바람직하다.

"보졸레는 화이트 와인처럼 마실 수 있는 몇 안 되는 레드 와인 중 하나다. 나에게 보졸레는 일상음료나 마찬가지다. 가끔은 물을 반쯤 섞어 마시기도 한다. 보졸레는 그야말로 세상에서 가장 상쾌한 음료다."
– 디디에 몽메생Didier Momessin

– 보졸레의 최근 추천 빈티지 –							
2009**	2012*	2014*	2015**	2016	2017*	2018**	2019

*는 특히 더 뛰어난 빈티지 **는 이례적으로 뛰어난 빈티지

음식 궁합

보졸레 와인에는 가볍고 간단한 음식, 너무 진하지 않은 치즈류가 잘 맞는다. 송아지고기, 생선, 닭요리 같은 음식에 곁들이면서 전문가들의 조언에도 귀 기울이길.

"아펠라시옹과 빈티지에 따라 선택이 달라지죠. 햇 **보졸레**나 **보졸레 빌라주**라면 돼지고기나 파테(고기파이)와 먹으면 좋습니다. 좀 더 풍부하고 풍성한 **쥘리에나**나 **모르공** 같은 **크뤼급**은 구이고기가 적당합니다. 좋은 빈티지의 **크뤼급 물랭 아 방**에는 코코뱅(볶은 다음 포도주로 찐 닭고기) 같은 고기찜을 권하고 싶습니다."

– 조르주 뒤뵈

"**보졸레 와인**은 간단한 식사, 연한 치즈, 고기구이 등 달지만 않으면 어떤 음식과도 잘 맞습니다."

– 앙드레 가제, 루이 자도

부르고뉴 와인의 라벨에 'monopole'이라는 문구가 찍혀 있다면 그 와인이 **단일 와이너리의 포도**만으로 만들어졌다는 의미다.

코트 샬로네즈

이 지역의 정통 피노 누아르 와인은 가성비가 아주 높으며 이 지역의 와인을 고를 때는 다음의 세 마을을 꼭 알아두어야 한다.

메르퀴레이 — 95% 레드 와인
지브리 — 90% 레드 와인
뤼리 — 50% 레드 와인

세 마을 가운데서도 메르퀴레이('메르퀴레'가 아닌 '메르퀴레이'로 발음되는 점에 유의할 것)는 특히 더 중요한 곳으로 상품의 와인을 생산한다. 메르퀴레이 와인 중에는 가성비가 아주 뛰어난 와인들도 많다. 코트 샬로네즈 와인을 구입할 때는 다음의 제조사와 생산자를 눈여겨볼 만하다.

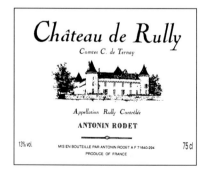

메르퀴레이Mercurey	지브리Givry	뤼리Rully
도멘 드 쉬레멩Domaine De Suremain	도멘 자블로Domaine Jablot	앙토냉 로데Antonin Rodet
미셸 쥘로Michel Juillot	도멘 테나르Domaine Thenard	
샤토 드 샤미레Château De Chamirey	루이 라투르	
도멘 페블레	쇼플레–발덴네르Chofflet-Valdenaire	

부르고뉴에서의 1540년 이후 수확 기록을 살펴보면 후덥지근해진 기온의 영향으로 1988년 이후 수확기가 빨라져서 현재는 2주나 앞당겨졌다!

코트 도르

부르고뉴의 심장 '코트 도르Côte d'Or'는 '황금의 언덕'이라는 뜻이다. 전해오는 설에 따르면 가을철 무렵 온통 황금색으로 물드는 언덕 빛깔과 이 지역이 와인 메이커들에게 가져다주는 수입에 빗대어 그런 이름이 붙여졌다고 한다. 코트 도르는 면적이 아주 작지만 이 지역의 최상급 와인은 세계에서 가장 비싼 축에 든다. 평상시에 마실 9달러 99센트짜리 와인을 찾는다면 이 지역산 와인은 넘보지 마라.

코트 도르는 다음의 두 지역으로 나뉜다.

코트 드 본

코트 드 뉘

70% 레드 와인

95% 레드 와인

부르고뉴의 최상급 레드 와인의 생산지는 코트 드 뉘다. 이 지역은 화이트 와인과 마찬가지로 레드 와인 역시 품질 등급이 지역, 빌라주, 프리미에 크뤼 빌라주, 그랑 크뤼로 나뉜다. 그랑 크뤼 와인은 생산량이 그리 많지 않지만 최상급이라 가격이 아주 높다. 반면 지역 와인은 비교적 쉽게 구할 수 있으나 뛰어난 와인은 드물다.

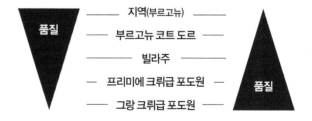

품질 — 지역(부르고뉴) —
— 부르고뉴 코트 도르 —
— 빌라주 —
— 프리미에 크뤼급 포도원 —
— 그랑 크뤼급 포도원 — 품질

코트 도르의 와인을 제대로 이해하려면 가장 중요한 마을들과 함께 그랑 크뤼급 및 프리미에 크뤼급 포도원 몇 곳을 알아두어야 한다.

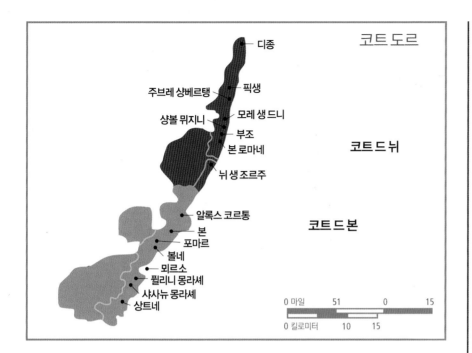

코트 도르

주브레 샹베르탱

샹볼 뮈지니

디종

픽생

모레 생드니

부조

본 로마네

뉘 생 조르주

코트 드 뉘

알록스 코르통

본

포마르

볼네

뫼르소

퓔리니 몽라셰

샤사뉴 몽라셰

상트네

코트 드 본

0 마일	51	0	15
0 킬로미터	10	15	

가성비 좋은 빌라주급 와인

마르산네Marsannay
몽텔리Monthélie
사비니 레 본Savigny lés Beaune
상트네Santenay
페르낭 베르줄레스Pernand-Vergelesses
픽생Fixin

코트 드 본: 레드 와인

가장 중요한 마을	프리미에 크뤼급 포도원	그랑 크뤼급 포도원
알록스 코르통Aloxe-Corton	샤이오트Chaillots 푸르니에르Fournières	코르통Corton 코르통 르나르드Corton Renardes 코르통 마레쇼드Corton Maréchaude 코르통 브레상드Corton Bressandes 코르통 클로 뒤 루아Corton Clos du Roi
본Beaune	그레브Grèves 마르코네Marconnets 브레상드Bressandes 클로 데 무슈Clos des Mouches 페브Fèves	
포마르Pommard	뤼지앙Rugiens 에페노Épenots	
볼네Volnay	상트노Santenots 카이유레Caillerets 클로 데 셴느Clos des Chênes 타이예피에Taillepieds	

부르고뉴에는
프리미에 크뤼급 포도원이
550개가 넘는다.

코트 도르에는 **32개의 그랑 크뤼급 포도원**이 있는데 그중 24곳은 레드 와인을, 8곳은 화이트 와인을 생산한다. 또 24곳은 코트 드 뉘에, 8곳은 코트 드 본에 자리 잡고 있다.

지금까지 그랑 크뤼급 레드 와인의 최대 생산지는 **코르통**으로 그랑 크뤼급 레드 와인의 25%가량을 차지한다.

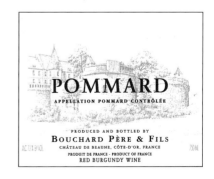

코트 드 뉘: 레드 와인

지금까지 지리에는 큰 관심이 없었던 독자라도 이제는 관심을 좀 가져보기 바란다. 바로 이 지역에 대부분의 그랑 크뤼급 포도원이 모여 있어서 하는 말이다.

코트 드 뉘에는 **프랑스에서 가장 소규모인 아펠라시옹 4곳**이 있다.
라 로마네(0.85에이커)
라 로마네 콩티(1.63에이커)
라 그랑드 뤼(1.65에이커)
그리오트 샹베르탱(2.63에이커)

1800년대에 부르고뉴의 몇몇 마을은 **마을명에 유명 포도원 이름을 붙였다.** 그 결과로 주브레는 '주브레 샹베르탱'으로, 퓔리니는 '퓔리니 몽라셰'가 되었다. 이제 다른 마을의 이름들도 어떻게 붙여진 이름인지 알 것 같지 않은가?

샹베르탱 클로 드 베즈는 나폴레옹이 좋아하던 와인이다. 나폴레옹은 "샹베르탱 한 잔을 마시며 미래를 생각하면 미래가 장밋빛으로 다가온다"고 말했다고도 하니 워털루에서 샹베르탱을 바닥나도록 마시지 않았을까?

라 그랑드 뤼는 본 로마네 마을의 그랑 크뤼급 포도원 라 타슈와 라 로마네 콩티 사이에 끼여 있는 곳으로 프리미에 크뤼급이었다가 1992년에 **그랑 크뤼급**으로 승격되었다.

클로 드 부조는 부르고뉴 최대의 그랑 크뤼급 포도원으로, 총 면적 125에이커에 소유주가 80명이 넘는다. 각 소유주는 언제 포도를 딸지, 어떤 스타일로 발효할지, 오크통에서 얼마나 숙성시킬지 등 와인 양조 시의 결정을 독자적으로 내린다. 그래서 **클로 드 부조는 생산자별로 다르다.**

2018년 도멘 드 라 로마네 콩티 1945가 한 병에 **55만 8000달러**에 팔리면서 세계 기록을 세웠다!

가장 중요한 마을	프리미에 크뤼급 포도원	그랑 크뤼급 포도원
샹볼 뮈지니 Chambolle-Musigny	레자무뢰즈Les Amoureuses 샤름Charmes	뮈지니Musigny 본 마르(일부 지역)
플라지 에셰조 Flagey-Échézeaux		에셰조Échézeaux 그랑 에셰조Grands-Échézeaux
주브레 샹베르탱 Gevrey-Chambertin	레 카제티에Les Cazetiers 오 콩보트Aux Combottes 클로 생 자크Clos St-Jacques	그리오트 샹베르탱Griotte-Chambertin 라트리시에르 샹베르탱Latricières-Chambertin 뤼쇼트 샹베르탱Ruchottes-Chambertin 마조예레 샹베르탱Mazoyères-Chambertin 마지 샹베르탱Mazis-Chambertin 샤름 샹베르탱Charmes-Chambertin 샤펠 샹베르탱Chapelle-Chambertin 샹베르탱Chambertin 샹베르탱 클로 드 베즈Chambertin Clos de Bèze
모레 생 드니 Morey-St-Denis	레 주느브리에르Les Genevrières 뤼쇼Ruchots 클로 데 오름Clos des Ormes	본 마르(일부 지역) 클로 드 라 로슈Clos de la Roche 클로 드 타르Clos de Tart 클로 데 랑브레이Clos des Lambrays 클로 생 드니Clos St-Denis
뉘 생 조르주 Nuits-St-Georges	레 생 조르주Les St-Georges 보크랭Vaucrains 포레Porets	
본 로마네 Vosne-Romanée	말콩소르Malconsorts 보 몽Beaux-Monts	라 그랑드 뤼La Grande-Rue 라 로마네La Romanée 라 로마네 생 비방La Romanée-St-Vivant 라 로마네 콩티La Romanée-Conti 라 타슈La Tâche 리쉬부르Richebourg
부조 Vougeot		클로 드 부조

지리의 중요성

지리 상식을 알아두면 똑똑한 구매를 하는 데 유용하다. 대표적인 마을과 포도원을 알아놓으면 더 현명하게 와인을 구매할 수 있다. 그렇다고 모든 마을과 포도원들을 다 외워둘 필요는 없다. 라벨만 봐도 대체로 필요한 정보가 모두 담겨 있다. 라벨을 보면서 다음과 같은 부분을 확인해보면 된다.

와인의 생산국은? 프랑스
와인의 종류는? 부르고뉴
와인의 생산 지방은? 코트 도르
어느 지역산인가? 코트 드 뉘
어느 마을에서 생산한 와인인가? 샹볼 뮈지니
라벨에 또 다른 상세 정보가 있는가? 그렇다. 뮈지니라는 포도원에서 빚은 와인이라고 명시되어 있는데, 이곳은 그랑 크뤼급 포도원 32곳 중 한 곳이다.

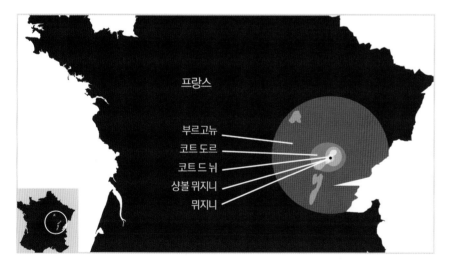

원의 중심부에 가까울수록 와인의 품질 등급이 높아지고, 대체로 가격도 높아진다. 왜 그럴까? 수요와 공급 때문이다. 코트 도르의 포도 재배자와 와인 생산자들은 모든 사업가가 부러워할 만한 문제를 안고 있다. 공급이 수요를 따라가지 못한다는 것이다. 이 문제는 수년 동안 이어졌고 앞으로도 그럴 것이다(부르고뉴는 작은 지역이라 와인 생산량이 한정되어 있다. 보르도의 와인 생산지는 부르고뉴보다 생산량이 3배나 많다).

★
마을명만 표기 = 빌라주급

★★
마을명 + 포도원명 = 프리미에 크뤼급

★★★★
포도원명만 표기 = 그랑 크뤼급

레스토랑에서 주브레 샹베르탱 같은 빌라주급 와인을 주문했는데 웨이터가 실수로 그랑 크뤼급인 르 샹베르탱을 가져다준다면 **당신은 어떻게 하겠는가?**

1990년 빈티지를 시작으로 모든 그랑 크뤼급 부르고뉴 와인 **라벨엔 'Grand Cru'를 명기**해야 한다.

부르고뉴의 와인 생산량 (레드 와인과 화이트 와인의 5년간 평균 생산 상자)	
지역 아펠라시옹	213만 6674상자
보졸레	1150만 3617상자
코트 샬로네즈	35만 7539상자
코트 도르(코트 드 뉘)	51만 1594상자
코트 도르(코트 드 본)	139만 1168상자
샤블리	75만 5188상자
마코네	213만 6674상자
그 밖의 아펠라시옹	33만 9710상자
총 부르고뉴 생산량	1913만 2164상자(2억 3000만 병)

1960년대에 부르고뉴 와인은 큰 통에 담아 발효시키는 기간이 최대 3주에 이르렀던 반면 오늘날에는 그 기간이 통상적으로 **6~12일이다.**

부르고뉴, 과거와 현재
1970년대: 15% 도멘 보틀드
2020년: 60% 도멘 보틀드

부르고뉴의 50년 전과 현재

부르고뉴의 레드 와인들은 지금도 여전히 전 세계로부터 피노 누아르의 벤치마크로 인정받고 있다. 50년 사이에 부르고뉴의 훌륭한 와인들은 더 훌륭해졌고(물론 더 비싸지기도 했다!), 우수한 와인들은 더욱 일관성을 갖추면서 품질이 향상되었다. 현재 부르고뉴에서는 제조사(네고시앙)나 에스테이트 보틀드 와인의 생산자 모두 부르고뉴 사상 최고의 와인들을 빚고 있다. 양질의 클론 선별, 포도원 관리, 신세대 와인 메이커들의 등장 등으로 미뤄보건대 앞으로 몇십 년 동안에도 이런 뛰어난 품질이 계속 지켜질 것이다.

다음은 눈여겨볼 만한 제조사 및 생산자다.

루이 자도Louis Jadot	부샤르 페르 에 피스Bouchard Père et Fils	샹송Chanson
자플랭Jaffelin	조셉 드루앵Joseph Drouhin	

미국에서도 비록 한정된 양이나마 우수한 에스테이트 보틀드 와인이 유통되고 있으니 다음을 찾아보라.

그로피에Groffier	다니엘 리옹Daniel Rion	뒤작Dujac
드니 모르테Denis Mortet	라 로마네 콩티Romanée-Conti	루시앙 르 무앙Lucien Le Moine
루이 트라페Louis Trapet	르로이Leroy	마르퀴 당제르빌Marquis d'Angerville
메오 카뮈제Mèo Camuzet	메종 샹피Maison Champy	몽자르 뮈네레Mongeard-Mugneret
미셸 그로Michel Gros	뱅상 지라르댕Vincent Girardin	아르망 루소Armand Rousseau
앙리 구즈Henri Gouges	앙리 라마르슈Henri Lamarche	자이에Jayer
장 그리보Jean Grivot	조르주 루미에Georges Roumier	콩트 드 보귀에Comte De Voguë
클레르제Clerget	톨로 보Tollot-Beaut	파랑Parent
포텔Potel	푸세 도르Pousse d'Or	프랭스 드 메로드Prince de Mèrode
피에르 다무아Pierre Damoy	피에르 질랭Pierre Gelin	

– 코트 도르의 최근 추천 빈티지 –

1999* 2002** 2003* 2005** 2009** 2010**
2012** 2013* 2014** 2015** 2016** 2017** 2018** 2019

30달러 이하의 부르고뉴 와인 중 가성비 최고의 와인

"Caves Jean Ernest Descombes" • Château de Mercey Mercurey Rouge •
Georges Duboeuf Morgon • Joseph Drouhin Côte de Nuits–Village •
Louis Jadot Château des Jacques Moulin–à–Vent

전체 목록은 420~422쪽 참조.

와인을 고를 때는 그 와인의 **빈티지를 확인**하는 것이 좋다. 또한 피노 누아르 포도의 섬세한 특성을 감안하면 부르고뉴 와인의 취급에 세심한 주의를 기울이는 매장에서 구입해야 한다.

부르고뉴의 2016년: 지난 30년 이상을 통틀어 **최악의 혹한**이 닥친 해였다.

와인 작가들과 부르고뉴 와인 애호가들은 부르고뉴 피노 누아르를 묘사할 때 대체로 **매혹적**seductive**이고 부드러운** 맛이라고 표현한다.

음식 궁합

"화이트 와인은 붉은색 고기와는 절대 안 맞는 궁합이지만 가벼운 스타일의 **부르고뉴 레드 와인**은 (조개류가 아니라면) 생선요리와도 잘 맞습니다. 너무 양념이 진하지 않은 자고(꿩과의 새)나 꿩, 토끼 등의 흰살코기요리와도 잘 어울리죠. 묵직한 스

타일의 와인이라면 양고기나 스테이크를 선택하면 좋습니다."

— 로베르 드루앵

"물랭 아 방 샤토 데 자크Moulin-à-Vent Château des Jacques 같은 **보졸레** 레드 와인과는 플뢰리 지방식의 앙뒤예트 같은 돼지고기류가 어울립니다. 피노 누아르보다 과일 풍미가 높고 다육질인 **가메**로 만든 와인은 이러한 우리 테루아의 전형적 음식과 찰떡궁합이죠. 제가 부르고뉴 레드 와인에 즐겨 곁들이는 음식은 풀레 드 브레스 데미 되유poulet de bresse demi d'Oeil에요. 트러플을 채운 이 닭요리의 아주 연한 살코기가 최고의 테루아에서 빚어진 이 뛰어난 피노 누아르의 우아하고 섬세한 풍미와 기가 막히게 어우러지죠."

— 피에르 앙리 가제, 루이 자도

"**샤토 코르통 그랑세**Château Corton Grancey는 레드 와인 소스를 뿌린 오리 살코기요리와 먹으면 좋습니다. 아니면 **피노 누아르**는 닭고기, 사슴고기, 소고기를 구운 요리와도 잘 맞습니다. 숙성된 와인이라면 샹베르탱이나 시토Citeaux 같은 저희 지방치즈와 더할 나위 없이 잘 어울립니다."

— 루이 라투르

— 더 자세한 정보가 들어 있는 추천도서 —
레밍턴 노먼의《부르고뉴의 명 도멘들The Great Domaines of Burgundy》
로버트 파커의《부르고뉴》
메트 크레이머의《부르고뉴 제대로 알기Making Sense of Burgundy》
앤서니 핸슨의《부르고뉴Burgundy》
찰스 커티스의《부르고뉴 그랑 크뤼의 원조The Original Grand Crus of Burgundy》
클리브 코츠의《부르고뉴의 와인The Wines of Burgundy》

론 밸리 ~

론 밸리는 북부 론과 남부 론의 두 지역으로 뚜렷이 구분된다. 다음은 북부 지역 와인 생산지 중 가장 유명한 포도원이다.

크로제 에르미타주

(3059에이커 이상)

코트 로티

(580에이커)

에르미타주

(345에이커)

위의 세 곳 외에 생 조셉과 코르나스도 주목할 만한 포도원이다. 남부 지역의 레드 와인 생산지 중에는 다음 두 지역이 유명하다.

샤토네프 뒤 파프

(7907에이커)

지공다스

(3036에이커)

다음은 론 밸리의 주요 포도 품종 두 가지다.

그르나슈

시라

북부 지역에서는 주로 시라를 원료로 코트 로티, 에르미타주, 크로제 에르미타주를 빚는다. 이 와인들은 이 지역에서 가장 묵직하고 풀 바디한 스타일을 띤다. 남부 지역의 샤토네프 뒤 파프는 블렌딩에 무려 13종의 포도를 사용할 수 있으며 최상급에 드는 제조사들은 블렌딩 시 그르나슈와 시라를 더 높은 비율로 쓴다.

내가 소믈리에로 일할 당시에 양갈비나 안심스테이크의 맛을 돋워줄 만한 강한 풀 바디의 부르고뉴 레드 와인을 추천해달라고 부탁하는 손님들이 많았다. 그럴 때면 부르고뉴 와인이 아닌 론 밸리 레드 와인이 가장 잘 맞을 것이라며 손님들에게 의외의 추천을 해주었다. 론 와인은 부르고뉴 와인보다 더 풀 바디이고 묵직하며 대체로 알코올 도

론 밸리

파리

비엔

생 조셉 · 코트 로티
크로제 에르미타주
에르미타주 · 이제르강
코르나스 · 발랑스

론강

지공다스 · 봄 드 브니즈
샤토네프 뒤 파프 · 코트 뒤 방투
타블

아비뇽

0 마일 20 40
0 킬로미터 80

지중해

마르세유

론 밸리의 크뤼급 와인

북부 지역

샤토 그리예Château-Grillet(화이트 와인)

생 조셉St-Joseph(레드, 화이트)

생 페레이St-peray(스파클링, 화이트)

에르미타주Hermitage(레드, 화이트)

코르나스Cornas(레드)

코트 로티Côte-Rôtie(레드)

콩드리외Condrieu(화이트 와인)

크로제 에르미타주(레드, 화이트)

남부 지역

라스토Rasteau(레드, 화이트, 로제)

리락Lirac(레드, 로제, 화이트)

바케라Vacqueyras(레드, 로제, 화이트)

뱅소브르Vinsobres(레드)

봄 드 브니즈(레드, 천연 스위트)

샤토뇌프 뒤 파프(레드, 화이트)

지공다스Gigondas(레드, 로제)

캐란Cairanne(레드)

타블Tavel(로제)

그르나슈/가르나차의 최대 재배지

프랑스 : 23만 7000에이커

스페인 : 20만 5000에이커

이탈리아 : 5만 5000에이커

미국 : 1만 에이커

오스트레일리아 : 9900에이커

시라/시라즈의 최대 재배지

프랑스 : 16만 9000에이커

오스트레일리아 : 10만 5000에이커

론 밸리에서 재배하는 주요 **레드 와인용 포도 품종으로는** 생소와 무르베드르Mourvèdre가 있다.

론 밸리의 와인 생산 비율

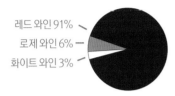

레드 와인 91%
로제 와인 6%
화이트 와인 3%

코트 뒤 론 와인은 론의 남부나 북부 두 지역의 포도를 자유롭게 쓸 수 있지만, **코트 뒤 론 와인의 90% 이상은** 남부 지방에서 재배되는 포도를 원료로 쓴다.

지역	연간 일조 시간
부르고뉴	2000
보르도	2050
샤토네프 뒤 파프	2750

수도 더 높다. 론 와인이 이러한 특성을 지니는 이유는 위치와 지리 조건 때문이다. 론 밸리는 프랑스 남동부 지역으로 부르고뉴 지역의 남쪽에 있어서 기후가 뜨겁고 일조량이 많다. 햇볕을 많이 받을수록 포도에 당분이 많아지며 알코올 도수도 높아진다. 론 밸리의 토양은 자갈로 덮여 있어서 이 자갈이 강렬한 여름의 열기를 밤낮으로 품어준다. 론 밸리의 와인 메이커들은 법에 의거하여 반드시 일정량의 알코올 함량을 맞춰야 한다. 예를 들어 코트 뒤 론은 10.5%, 샤토네프 뒤 파프는 12.5%가 AOC에서 규정한 최소 알코올 함량이다. 복합적이지 않고 단순한 스타일의 코트 뒤 론은 보졸레와 유사한 편으로, 바디가 더 묵직하고 알코올 도수가 높다는 차이만 있을 뿐이다(보졸레는 규정된 최소 알코올 함량이 9%에 불과하다).

론 밸리의 가장 유명한 화이트 와인 2종인 콩드리외와 샤토 그리예는 비오니에를 원료로 쓴다. 에르미타주뿐 아니라 샤토뇌프 뒤 파프에서도 화이트 와인이 생산되지만 연간 생산량은 2000~3000상자에 불과하다. 보르도·부르고뉴와 달리 론 밸리의 와인에는 공식적인 등급 분류가 없지만 다음과 같이 품질이 분류된다.

북부 지역 크뤼(가격대 ★★★★)
5%

남부 지역 크뤼(★★★★)
11%

코트 뒤 론 빌라주(★★)
13%

기타 아펠라시옹
25%

코트 뒤 론(★)
46%

샤토네프 뒤 파프

샤토네프 뒤 파프는 '교황의 새로운 성城'이라는 뜻이며 14세기에 클레망 5세가 거주했던 론 지방의 아비뇽에 있는 성에서 따온 명칭이다. 이 성으로 말하자면 70년간의 아비뇽 교황 시대(로마 교황청의 자리가 로마에서 아비뇽으로 옮겨 1309년부터 1377년까지 머무른 시기−옮긴이)를 연 곳이었던 만큼 각별한 의의가 깃들어 있다. 샤토네프 뒤 파프에는 13종의 포도를 사용할 수 있다. 따라서 최고의 유기농 재료를 사용하는 요리사의 경우와 마찬가지로 와인 메이커도 최상급 포도를 많이 사용할수록 최고의 맛에 최고로 비싼 와인을 생산하게 된다. 이를테면 한 병에 50달러인 샤토네프 뒤 파프는 최상급 포도(그르나슈, 무르베드르, 시라, 생소)의 사용이 20%에 불과하고 나머지 80%는 하등급 포도를 사용했을 가능성이 높다. 한편 100달러짜리 샤토네프 뒤 파프는 최상급 포도 90%와 그 외의 포도 10%로 빚어졌을 것이라고 추산해도 무방하다.

론 밸리 레드 와인의 구입 요령

가장 먼저 결정할 사항은 자신이 선호하는 와인의 종류다. 가벼운 코트 뒤 론 와인인지 아니면 알코올 도수가 높고 풍미가 풍부한 에르미타주 같은 와인인지를 정해야 한다. 그다음엔 빈티지와 생산자를 고려한다. M. 샤푸티에M. Chapoutier와 폴 자불레 에네Paul Jaboulet Aîné 두 곳이 가장 역사가 깊고 가장 유명한 회사다.
다음은 이 지역에서 최상급으로 꼽히는 생산자들이다.

북부 론

들라스 프레르Delas Frères	르네 로스탕René Roastaing
마르크 소렐Marc Sorel	스테판 오지에Stéphane Ogier
엠 샤푸티에M. Chapoutier	이 기갈E. Guigal
이브 퀴에롱Yves Cuilleron	자메Jamet
장 루이 샤브Jean-Louis Chave	장 뤽 콜롱보Jean-Luc-Colombo
페라통 페레 에 피스Ferraton Père et Fils	폴 자불레 에네Paul Jaboulet Aîné
프랑수아 빌라르Francois Villard	

남부 론, 샤토네프 뒤 파프

도멘 뒤 바네레Domain du Banneret	도멘 뒤 비유 텔레그라프Domane du Vieux Télégraphe
도멘 뒤 페고Domaine du Pégaü	도멘 드 라 비에유 쥴리엔느Domain de la Vieille Julienne
도멘 드 라 자나스Domaine de la Janasse	도멘 바쉐롱 푸이쟁Domaine Vacheron-Pouizin
도멘 생 프레페르Domaine St.-Préfert	도멘 지로Domaine Giraud

몇몇 샤토네프 뒤 파프의 와인병에는 중세 시대의 **교황 문장紋章**이 찍혀 있다. 포도원 소유자들만이 이 문장을 라벨에 사용할 수 있다.

샤토네프 뒤 파프의 원료로 허용된 13종의 포도 품종	
그르나슈	시라
뮈스카르댕	바카레즈
무르베드르	피카르댕
생소	클레레트
픽풀	루산
테레	쿠누아즈
부르불랑	

위 품종 중 첫 번째에서 네 번째까지가 와인 양조에 사용되는 포도의 92%를 차지하며, 그르나슈가 단연코 압도적이다.

론 밸리 와인의 생산지는 **95%** 가까이가 남부 지역에 몰려 있다.

코트 뒤 방투는 가성비가 좋다. 이 범주에 속하는 와인 가운데서는 라 비에유 페름이 가장 구하기 쉽다.

론 와인 중에서 가장 상급이자 가장 수명이 긴 와인인 에르미타주는 숙성 규칙에서 예외적인 경우에 들어, 뛰어난 빈티지로 빚은 에르미타주는 50년이 넘어도 노쇠하지 않는다.

오래전의 뛰어난 빈티지
북부: 1983, 1985, 1988, 1989, 1990, 1991
남부: 1985, 1988, 1989, 1990

론 밸리의 빈티지는 다루기가 까다롭다. 북부 지역에서 좋은 해가 남부 지역에서는 나쁜 해가 될 수도 있고 그 반대가 될 수도 있기 때문이다.

로제 사봉 에 피스 Roger Sabon & Fils
몽 레동 Mont Redon
보카스텔 Beaucastel
샤토 라야 Château Rayas

남부 론, 지공다스

노트르 담 데 팔리에르 Notre Dame des Pailliéres
샤토 드 생 콤 Château de St.-Cosme
타르디유 로랑 Tardieu-Laurent

르 비유 동종 Le Vieux Donjon
보스케 데 파프 Bosquet des Papes
샤토 라 네르트 Château La Nerthe
클로 데 파페 Clos des Papes

도멘 라 부아시에르 Domaine la Bouissie
올리비에 라부아르 Olivier Ravoire
피에르 앙리 모렐 Pierre-Henri Morel

론 밸리 와인을 보면 알 수 있듯 우수한 품질의 와인이라고 해서 무조건 숙성시켜야 하는 것은 아니다. 다음은 론 밸리 와인의 음용 적기 기준이다.

타블 2년 이내
코트 뒤 론 3년 이내
크로제 에르미타주 5년 이내
샤토네프 뒤 파프 5년 후. 상급의 샤토네프 뒤 파프는 10년 후에 마시면 더 맛이 좋다.
에르미타주 7~8년 후. 뛰어난 빈티지라면 15년 후가 최적기다.

론 밸리의 50년 전과 현재

50년 전에 론 밸리의 와인은 부르고뉴와 보르도의 레드 와인에 가려져 빛을 발하지 못하고 있었다. 그러나 현재 세 곳은 모두 대등한 위치에 올라 있으며, 단지 론 밸리가 세 지역 중 가격 대비 최고의 가치를 지니고 있다는 점이 다를 뿐이다. 론 밸리는 최근 10년 동안 훌륭한 날씨의 축복도 받아왔으며, 특히 남부 지역이 더욱 축복받았다. 이는 적당한 가격에 훌륭한 와인을 빚는 데 이바지하고 있다.

— 론 밸리 레드 와인의 최근 추천 빈티지 —
북부 지역: 1999* 2003* 2005* 2006* 2007* 2009** 2010** 2011* 2012* 2013* 2014 2015** 2016** 2017* 2018* 2019*
남부 지역: 1998* 2000* 2001* 2003* 2004* 2005** 2006* 2007** 2009* 2010** 2011* 2012* 2015** 2016** 2017** 2018* 2019*
*는 특히 더 뛰어난 빈티지 **는 이례적으로 뛰어난 빈티지

30달러 이하의 론 밸리 레드 와인 중 가성비 최고의 와인 5총사
Château Cabrières Côte du Rhône • Château de Trignon Gigondas • Guigal Côtes du Rône • Michel Poniard Crozes-Hermitage • Perrin & Fils Côtes du Rhône

전체 목록은 420~421쪽 참조.

론 밸리의 와인 생산량	
(5년 동안의 평균 생산량)	
클로 뒤 론 지역 아펠라시옹	2040만 상자
북부 및 남부의 크뤼급	430만 상자
코트 뒤 론 빌라주 아펠라시옹	360만 상자
론 밸리 총 생산량	2830만 상자

시음 가이드

부르고뉴 와인에 대해 반드시 알아두어야 하는 세 가지를 중요도에 따라 나열하면 생산자, 빈티지, 등급 체계다. 각각의 와인을 시음하면서 이 세 가지 측면에서의 차이점에 주목해보기 바란다. 미디엄 바디의 복합적이지 않고 단순한 코트 뒤 론에서 부터 스파이시(계피, 정향, 육두구, 후추 등의 향이 나는 와인을 묘사하는 테이스팅 용어−옮긴이)한 크로제 에르미타주, 묵직하고 관능적이며 알코올 함량이 높은 샤토네프 뒤 파프까지 이 와인들은 모두 세계 최고 와인에 꼽히면서도 가성비 최고의 와인이다.

보졸레 두 가지 보졸레 와인 비교 시음

1. 보졸레 빌라주
2. 보졸레 크뤼

코트 샬로네즈 한 가지 와인만 단독 시음

3. 코트 샬로네즈산 와인

코트 도르 두 가지 코트 드 본 와인 비교 시음

4. 빌라주급 와인
5. 프리미에 크뤼급 와인

두 가지 코트 드 뉘 와인 비교 시음

6. 빌라주급 와인
7. 프리미에 크뤼급 와인

코트 뒤 론 세 가지 코트 뒤 론 와인 비교 시음

8. 코트 뒤 론
9. 크로제 에르미타주
10. 샤토네프 뒤 파프

프랑스 지중해 연안 지방의 북풍 **미스트랄풍**은 론 밸리 와인의 품질에 이로운 존재다. 만 구역의 서리를 막아주고 폭우 후에 포도나무를 말려주기도 한다. 나도 이 차갑고 강한 바람이 시속 45마일(약 72킬로미터)로 불어올 때 직접 체험해본 적이 있는데 한번 불면 며칠씩 지속되기도 한다.

미국의 론 와인 수입은 최근 5년간 200% 이상 증가했다.

스위트 와인을 좋아한다면 뮈스카 포도로 빚은 봄 드 브니즈를 권하고 싶다.

음식 궁합

"론 밸리의 레드 와인은 10년 이상 되면 완벽한 경지에 이르며, 사냥 고기나 그 밖에 맛이 강한 고기와 같이 마시면 최고죠. 야생버섯수프나 송로버섯과 보카스텔 화이트 와인, 푸아그라와 송로버섯을 곁들인 산토끼스튜와 **샤토 드 보카스텔** 레드 와인을 내면 멋진 만찬이 될 것입니다."

– 장 피에르와 프랑수아 페랭, 샤토 드 보카스텔

"제 할아버지는 날마다 코트 뒤 론 한 병을 드시는데 지금 여든 살이죠. 젊음을 유지하는 데 좋은 와인입니다. 오래된 생선만 아니면 어떤 음식이든 잘 맞아요. 에르미타주는 멧돼지요리나 버섯요리와 먹으면 좋습니다. 크로제 에르미타주, 그중에서도 도멘 드 탈라베르는 사슴고기나 크림소스를 바른 토끼고기구이의 맛을 살려주지만, 소스나 와인의 무게를 정하는 데 아주 신중해야 하죠. **코트 뒤 론**은 소갈비와 밥을 먹을 때 마시면 좋고, 메추라기구이 같은 엽조류 고기도 잘 어울리는 음식입니다. **타블**은 약간 차게 해서 여름철 샐러드와 같이 먹으면 상쾌한 맛이 나죠. **뮈스카 봄 드 브니즈**는 말할 것도 없이 푸아그라와 멋진 궁합입니다."

– 프레데릭 자불레

미셸 샤푸티에는 **코트 드 론** 와인과 어울리는 음식으로 가금류 요리, 가벼운 고기 요리, 치즈를 추천한다. **코트 로티**에는 흰살코기와 작은 사냥 고기를 권한다. **샤토 네프 뒤 파프**는 숙성 치즈, 기름진 사슴고기, 멧돼지 시베트(스튜의 일종)와 같이 먹으면 음식맛을 돋워준다고 한다. **에르미타주**에는 소고기, 사냥 고기, 풍미 진한 치즈와 아주 잘 맞는다고 한다.

부르고뉴와 론 밸리의 레드 와인 **상식을 테스트**해보고 싶다면 434쪽의 문제를 풀어보기 바란다.

– 더 자세한 정보가 들어 있는 추천도서 –

로버트 파커의 《론 밸리의 와인The Wines of the Rhône Valley》

로제 와인

이 스타일은 레드 와인의 최초 유형이었을 것으로 추정된다. (기원전 시대 같은) 와인 양조 초창기에는 대다수의 레드 와인이 바로 마실 용도라 생산 과정 중에 숙성을 거치지 않았다. 따라서 적포도로 만든 와인 대부분이 오늘날 소비되는 레드 와인의 짙은 색감보다 핑그빛에 가까운 색을 띠었다.

나에겐 로제 와인과 얽힌 첫 기억이 포르투갈의 로사도다. 당시엔 로사도하면 마테우스Mateus와 란세르Lancer가 가장 유명했다. 두 와인은 주머니 가벼운 대학생들로 선 구미가 당기는 와인이었다. 저렴한 가격과 (약간 달달하면서도 살짝 기포가 올라와서) 부담 없는 맛도 좋고 빈병은 기숙사 방의 촛대로 쓰기에 유용했으니 그럴 만했다! 처음 레스토랑에서 일하게 되었을 때는 그곳의 와인 리스트를 통해 타블이라는 론 밸리 지역산의 로제 와인을 접하게 되었는데 맛이 아주 드라이해 포르투갈의 로사도와는 달라도 아주 달랐다. 1970년대 캘리포니아의 한 와이너리에서 화이트 진판델을 시장에 내놓으며 큰 주목을 끌면서 '블러시blush 와인'(옅은 핑크색 와인-옮긴이)이라는 새로운 유형을 탄생시키기도 했다.

내가 와인계에 몸담아온 50년간 로제 와인은 줄곧 뒷전 취급을 당해왔다. 매점과 레스토랑들은 통상적으로 한두 종류만 구비해놓았다. 판매 측면에서는 로제 샴페인이 가장 인기리에 팔리는 가운데 스틸 로제 와인이나 스파클링 로제 와인 모두 시기를 많이 탔다. 로제 와인은 최근까지도 저렴하고 달달한 와인으로 인식되고 있었다. 하지만 이 모두가 옛이야기가 되었다! 이제 로제 와인은 미국의 와인 판매에서 선두 부문에 올라섰다. 현재 일부 로제 와인, 그중에서도 프랑스산은 아주 고가를 호가하며 기본 상품으로 구비되고 있다!

로제 와인이란

와인 메이커들은 즙에 포도껍질을 같이 담가두는 과정(메서레이션)을 통해 적포도에서 빛깔과 타닌을 우려낸다. 로제 와인은 일종의 옅은 색의 레드 와인이다. 색이 옅으면 타닌도 레드 와인보다 낮아져 과일의 맛이 더 두드러지면서 마시기에 더 편안해진다. 말하자면 로제 와인은 메서레이션을 덜해서 타닌이 낮고 과일맛이 더 진한 와인이다. 레드 와인용으로 사용되는 모든 포도가 로제 와인의 원료로 쓰일 수 있다. 프로방스에서는 카리냥, 생소, 그르나슈, 시라, 무르베드르, 카베르네 소비뇽으로 로제 와인을 빚고 타블에서는 그르나슈를 주원료로 쓴다.

셔터 홈Sutter Home의 화이트 진판델은 첫 출시 때 명칭이 **자고새의 눈**이라는 뜻의 '오에이 드 페르드리Oeil de Perdrix'였다.

로제 샴페인을 만드는 두 가지 방법 1) 블렌딩 때 레드 와인 섞어주기 2) 적포도의 포도껍질을 머스트에 같이 섞어 단기간 동안 담가두기

2019년에 미국의 로제 와인 소매 판매량이 무려 **50% 이상** 증가했다!

로제 와인은 **아페리티프(식전주)로 제격**이며 가벼우면서 식감이 있는 음식과의 궁합이 좋다.

최고의 로제 와인 생산지

국가	지역	구역
1. 프랑스	랑그독 루시옹 론 밸리 루아르 샹파뉴 쥐라 프로방스	 타블, 지공다스, 리락 앙주 방돌
2. 이탈리아(로사토)	발레다오스타 시칠리아 아브루초 트렌티노 아풀리아 칼라브리아 프리울리	
3. 스페인(로사도)	나바라 알리칸테 후미야	
4. 미국	롱아일랜드 캘리포니아	
5. 독일(로제바인)	바덴 뷔르템베르크	

코르시카는 카리냥, 베르멘티노, 가르나차 같은 프랑스, 이탈리아, 스페인 품종의 포도로 로제 와인을 빚어온 오랜 역사를 자랑한다. 특히 주목할 만한 생산자로는 클로 카나렐리Clos Canarelli나 도멘 아바투시Domaine Abbatucci가 있다.

미국에서는 6월 10일을 **로제 데이**Rosé Day로 정해 기념하고 있다.

타블

타블은 보통의 로제 와인과 달리 드라이한 스타일이라는 점에서 독보적이다. 9종의 품종을 블렌딩하여 빚지만 그르나슈 포도가 주원료다. 본질적으로 따지자면 타블은 레드 와인에 가까워서 레드 와인의 성분이 모두 들어 있되 색깔만 더 옅을 뿐이다. 어떻게 레드 와인의 특성을 지니면서 색깔만 더 흐리게 로제 와인을 만드는 걸까? 그 답은 통에 담가 발효하는 과정에 있다. 포도껍질을 머스트와 함께 단기간만 발효시키면 로제 와인과 같은 빛깔이 우러난다. 반면 에르미타주의 샤토네프 뒤 파프 같은 와인은 통에 장기간 담가두는데 포도껍질이 머스트와 함께 더 오랫동안 발효되면서 진한 루비 빛을 띠게 된다.

프로방스

프로방스는 프랑스에서 가장 유서 깊은 와인 생산지로, 2600년도 훨씬 전부터 와인을 빚어왔다. 전형적인 지중해 기후를 띠어 겨울엔 온화하고 여름엔 덥다. 프로방스에는 8곳의 AOC 지역이 있는데 그중 가장 넓은 지역은 코트 드 프로방스이고 유명

프로방스의 로제 와인은 지중해 연안에 서식하는 품, 가리그의 아로마가 독특한 풍미로 꼽힌다.

그 외의 로제 와인 생산자들

이탈리아

그라치Graci

페우도 마카리Feudo Maccari

스페인

콘티노Contino

쿠네CUNE

R. 로페스 데 에레이다R. Lopez de Hereida

포도즙에 포도껍질을 함께 담가두는 시간이 길수록 **색이 더 진해진다.**

미국에서 팔리는 로제 와인의 60% 이상이 프랑스산이다.

– 더 자세한 정보가 들어 있는 추천도서 –
빅토리아 제임스의 《드링크 핑크Drink Pink》
제니퍼 시모네티 브라이언의 《로제 와인Rosé Wine》

한 곳은 방돌이다. 방돌의 주요 포도 품종은 무르베드르이며 프로방스에서 생산되는 와인의 90%가 로제 와인이다. 다음은 내가 선호하는 프로방스의 생산자들이다.

도멘 드 트레발롱Domaine de Trevallon

도멘 오트Domaine Ott

라 바스티드 블랑쉬La Bastide Blanche

샤토 바니에르Château Vannieres

샤토 퐁 뒤 브록Château Font du Broc

클로 생 마그델렌Clos Sainte Magdeleine

도멘 오베트Domaine Hauvette

도멘 탕피에Domaine Tempier

샤토 데스클랑Château d'Esclans

샤토 시몬Château Simone

샤토 피바르뇽Château de Pibarnon

테레브륀Terrebrune

그 외 지역의 로제 와인

다음은 내가 선호하는 타블의 생산자들이다.

샤토 다케리아Château d'Aqueria

샤토 라 네르트Château La Nerthe

샤토 드 트랭크브델Château de Trinquevede

다음은 내가 선호하는 루아르의 생산자들이다.

도멘 바쉐론 상세르 로제Domaine Vacheron Sancerre Rosé

루시앙 크로셰 상세르 로제Lucien-Crochet Sancerre Rosé

소비옹 로제 당주Sauvion Rosé d'Anjou

클로드 리포 상세르 로제Claude Riffault Sancerre Rosé

파미에 부르기에 로제 당주Famille Bourgrier Rosé d'Anjou

다음은 내가 선호하는 미국산 로제 와인이다.

루강테Rouganté

보니 둔 뱅 그리 드 시거Bonny Doon Vin Gris de Cigare

소터 노스 밸리 하일랜드 로제Soter North Valley Highland Rosé

솔로로사SoloRosa

에튀드 피노 누아르 로제Etude Pinot Noir Rosé

프라버넌스Provenance

하트포드 코트 로제Hartford Court Rosé

뵐퍼 에스테이트Wolffer Estate

아뮤즈 부쉬Amuse Bouche

타블라스 크릭Tablas Creek

프록스 립 라 그르누이Frog's Leap La Grenouille

로제 와인의 색감

프로방스의 핑크빛	기타 지역
생소, 그르나슈, 시라	카베르네 소비뇽, 메를로, 몬테풀치아노 다부르초, 피노 누아르, 산지오베제, 템프라니요, 진판델

프랑스의
화이트 와인

프랑스 화이트 와인의 기초상식 ✷ 알자스 ✷ 루아르 밸리 ✷

보르도의 화이트 와인 : 그라브, 소테른, 바르삭 ✷

부르고뉴의 화이트 와인 : 샤블리, 코트 드 본, 코트 샬로네즈, 마코네

샹파뉴 역시 화이트 와인의 주요 생산지이지만 별도의 꼭지로 따로 소개할 만한 곳이라 일단 여기에서는 생략했다.

프랑스 화이트 와인의 기초상식

프랑스의 주요 화이트 와인 생산지는 다음의 네 곳이다.

루아르 밸리 　　　보르도 　　　부르고뉴 　　　알자스

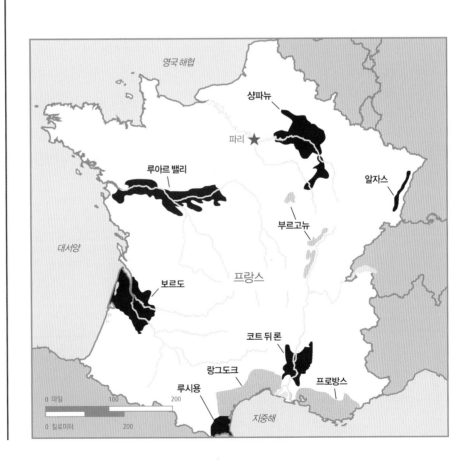

먼저 프랑스에서 화이트 와인 생산에 주력하는 두 곳, 알자스와 루아르 밸리부터 살펴보자. 지도를 보면 알겠지만 알자스와 루아르 밸리, 샤블리(부르고뉴의 화이트 와인 생산지)는 모두 프랑스 북부에 위치해 다른 지역에 비해 생육 기간이 짧고 기온이 낮다. 이런 곳은 청포도 재배에 최적이라 화이트 와인 생산에 주력하고 있다.

알자스

알자스 와인과 독일 와인을 혼동하는 사람들이 많은데 따지고 보면 이해가 간다. 알자스 지방이 1871년부터 1919년까지 독일의 영토였을 뿐 아니라 두 지역의 와인 모두 목 부분부터 점차 가늘어지는 기다란 병에 담겨 나오니 헷갈릴 만도 하다. 게다가 알자스와 독일은 재배하는 포도 품종까지 같다.

그런데 리슬링을 생각하면 무엇이 연상되는가? 아마 '독일'이나 '달콤함'이라고 답할 것이다. 사람들은 대체로 이러한 반응을 보이는데 그럴 만한 이유가 있다. 독일의 양조업자는 발효되지 않은 천연 감미 포도즙을 와인에 소량 첨가하여 독일만의 독특한 리슬링 와인을 만들기 때문이다. 반면 알자스에서는 와인 양조 시 포도 속의 모든 당분을 남김 없이 발효하기 때문에 알자스 와인의 90%는 아주 드라이하다. 알자스 와인과 독일 와인의 또 한 가지 근본적인 차이는 알코올 함량이다. 알자스 와인의 알코올 함량은 11~12%대이지만 독일 와인은 8~9%에 불과하다.

알자스에서 재배되는 청포도의 품종 가운데 다음의 네 가지는 꼭 알아두어야 한다.

| 21.5% | 21.3% | 20.1% | 15.7% |
| 리슬링 | 피노 블랑 | 게뷔르츠트라미너 | 피노 그리 |

알자스 지역은 강수량이 적으며, 특히 포도 수확기에 더 적다. 알자스의 와인 주산지로 알려진 콜마르Colmar는 프랑스에서 두 번째로 강수량이 적은 곳으로 포도를 재배하는 데 최적의 기후를 갖추고 있다.

알자스의 포도 경작지는 **3만 8500에이커**에 달하지만, 재배자들의 1인당 평균 경작지는 5에이커에 불과하다.

알자스의 AOC 등급 분류

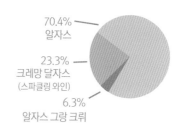

70.4%
알자스

23.3%
크레망 달자스
(스파클링 와인)

6.3%
알자스 그랑 크뤼

알자스에서 생산되는 와인은 모두 AOC 등급으로 지정되어 있으며 프랑스의 AOC급 화이트 와인 가운데 거의 20%를 차지하고 있다.

피노 그리는 피노 그리지오와 같은 품종의 포도다.

이 라벨에도 명기되어 있다시피 휘젤 에 피스는 1639년부터 와인을 만들었다.

알자스에서 생산되는 와인의 종류

알자스 와인은 거의 모두 드라이하다. 알자스에서 주로 재배되는 포도는 리슬링인데, 리슬링으로 빚은 와인이야말로 이 지역 최상급 와인으로 꼽힌다. 한편 알자스는 게뷔르츠트라미너 품종의 와인으로도 유명하며, 이 역시 타의 추종을 불허할 정도로 우수하다. 이 와인에 대한 사람들의 반응은 보통 두 가지로, 아주 좋아하거나 아주 질색한다. 스타일이 아주 독특하기 때문인데, '스파이스spice'를 뜻하는 독일어 '게뷔르츠Gewürz'가 그 스타일을 잘 대변해준다. 알자스에서는 피노 블랑과 피노 그리의 재배도 점차 인기를 끌고 있다.

알자스 와인의 품질을 판가름하는 요소

알자스 와인의 품질은 병에 붙은 라벨보다 제조사의 명성에 의해 좌우된다. 알자스 와인은 대부분 라벨 표기 시 제조사에서 선별한 포도 품종을 명칭으로 사용한다. 특정 포도원의 이름이 와인 명칭으로 사용되는 비율은 매우 낮으며 '알자스 그랑 크뤼'가 표시되는 비율은 더더욱 낮다. 게다가 'Réserve'나 'Réserve Personelle'같이 법적 규제를 받지 않는 용어들이 명기된 와인도 더러 있다.

알자스 와인을 고르는 방법

알자스 와인을 고를 때는 두 가지를 꼭 살펴봐야 한다. 포도 품종과 중간 제조업자shipper(이후로는 간략히 제조사로 표기—옮긴이)의 명성 및 스타일이다. 가장 신뢰할 만한 제조사 몇 곳을 소개하자면 다음과 같다.

도멘 돕프 오물랭Domaine Dopff Au Moulin

도멘 마르셀 다이스Domaine Marcel Deiss F. E.

도멘 진트 훔브레히트Domaine Zind-Humbrecht

도멘 휘젤 에 피스Domaine Hugel & Fils

도멘 레옹 베예Domaine Léon Beyer

도멘 바인바흐Domaine Weinbach

도멘 트림바흐Domaine Trimbachs

알자스의 경작주 대다수는 재배량이 많지 않아 자체적으로 와인을 만들어 판매하기에는 무리한 측면이 있다. 그래서 경작주가 재배한 포도를 제조사에게 팔면 이 업자들이 와인을 양조하고 병입하여 자사의 명칭을 달아 판매한다. 따라서 상급 알자스 와인을 만드는 기술은 각 제조사의 포도 선별 능력에 달려 있다.

알자스는 다음과 같은 **과실 브랜디**, 즉 오드비eau-de-vie로도 유명하다.
프레즈Fraise: 딸기 브랜디
프랑부아즈Framboise: 산딸기 브랜디
키르쉬Kirsch: 체리 브랜디
미라벨Mirabelle: 황색자두 브랜디
푸아르Poire: 배 브랜디

알자스 와인은 장기 숙성시켜도 될까

일반적으로 대부분의 알자스 와인은 단기간에 마셔야 한다. 병입된 지 1~5년 안에 먹는 것이 좋다. 우수 와인 생산지들이 그렇듯 알자스 역시 전체 생산 와인 중 10년 이상 숙성시켜도 좋은 상급 와인의 비율은 얼마 되지 않는다.

알자스 와인의 50년 전과 현재

수십 년이 지났지만 나는 예나 지금이나 트림바흐나 휘젤 같은 생산자들의 와인을 즐기고 있다. 여전히 나는 식사 초반부에 드라이하면서 상큼한 신맛이 감도는 리슬링을 즐겨 마시며, 특히 생선류 에피타이저에 곁들여 마시길 좋아한다. 피노 블랑은 여름에 피크닉용 와인으로 제격이며, 레스토랑에서 잔 와인으로 마시기에도 적당하다. 한편 그 유명한 게뷔르츠트라미너로 말하자면 세계에서 가장 독특하고 가장 풍미 있는 와인으로 꼽기에 손색이 없다. 알자스 와인과 관련하여 가장 매력적인 점이라면, 이곳 와인들이 아직도 전혀 부담 없는 가격에 품질이 뛰어날 뿐 아니라 미국 전역에서 쉽게 구할 수 있다는 것이다.

관광객을 위한 팁 하나!
아름다운 와인 마을 리크위르Riquewihr를 방문하면 15~16세기에 세워진 건물들도 구경할 수 있다.

알자스에서는 전체 레드 와인의 9% 정도가 피노 누아르를 원료로 양조되며 이런 와인은 대체로 **현지에서 소비되어** 수출되는 경우는 드물다.

– 알자스 와인의 최근 추천 빈티지 –

2005** 2007** 2008** 2009** 2010** 2011** 2012**
2013* 2014* 2015** 2016* 2017* 2018* 2019
*는 특히 더 뛰어난 빈티지 **는 이례적으로 뛰어난 빈티지

음식 궁합

"알자스 와인이라고 해서 꼭 알자스나 그 밖의 프랑스 전통 요리하고만 어울리는 것은 아니에요. 저는 일본의 초밥이나 생선회 같은 생선요리와 곁들여 **리슬링**을 마시길 좋아해요. **게뷔르츠트라미너**는 훈제연어와 같이 먹어도 맛있지만 중국, 태국, 인도네시아 음식과 먹어도 환상적이죠. **피노 블랑**은 부드럽고 순해서 마시기에 부담이 없어요. 다용도 와인으로 아페리티프로 마셔도 좋고, 파테(고기 파이)나 돼지고기요리, 햄버거 등 어떤 음식과도 잘 어울리지요. 너무 달거나 향이 진하지 않아서 브런치로도 일품입니다."

– 에티안느 휘젤

"**리슬링**은 생선과 잘 어울립니다. 담백한 소스를 곁들여 송어와 먹으면 좋아요. **게뷔르츠트라미너**는 아페리티프로 마시거나, 푸아그라나 파테와 함께 식사를 마무리할 때도 잘 맞아요. 뮌스터 치즈나 더 진한 로크포르 같은 치즈와 잘 어울리죠."

– 위베르 트림바흐

루아르 밸리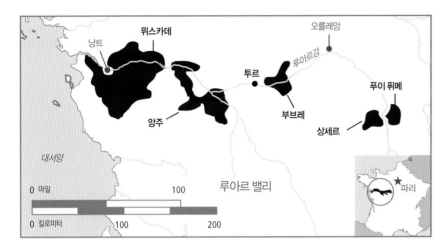

루아르 밸리는 대서양 연안의 낭트부터 루아르강을 따라 970km쯤 뻗어 있다.

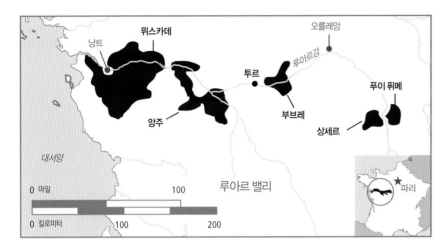

이 지역의 화이트 와인용 포도 품종 중 알아두어야 할 것은 다음 두 가지다.

소비뇽 블랑   슈냉 블랑

루아르 밸리에서 생산되는 AOC 와인의 50% 이상이 화이트 와인이며 그중 96%는 드라이하다. 루아르 밸리의 와인은 알자스와 달리 포도 품종과 제조사보다 스타일과 빈티지를 보고 골라야 한다. 루아르 밸리 와인의 주요 스타일은 다음과 같다.

뮈스카데 라이트하고 드라이한 와인으로, 100% 믈롱 드 부르고뉴 포도로 만든다. 뮈스카데 와인 라벨에 '쉬르 리'라는 문구가 보이면 그 와인이 발효 후에 여과 과정을 거치지 않은 채 앙금(침전물)과 함께 최소한 한철의 겨울 동안 숙성되었다는 의미다.

푸이 퓌메 루아르 밸리 와인 중 가장 높은 바디와 농도를 지닌 드라이 와인으로, 100% 소비뇽 블랑으로 만든다. 푸이 퓌메만의 독특한 노즈는 소비뇽 블랑 포도와 루아르 밸리의 토양이 한데 어우러지면서 빚어지는 결과물이다.

상세르 풀 바디의 푸이 퓌메와 라이트 바디의 뮈스카데 중간쯤 되는 밸런스로, 100% 소비뇽 블랑으로 만든다.

부브레 '카멜레온' 같은 매력을 띠는 와인으로 드라이하거나 약간 달콤하거나 달콤한 맛을 다채롭게 선사해준다. 100% 슈냉 블랑으로 만든다.

루아르 밸리는 프랑스 **최대의 화이트 와인 생산지**이며 스파클링 와인 생산 규모도 2위를 차지한다.

푸이 퓌메와 상세르 와인은 대부분 **나무통에서의 숙성 과정을 거치지 않는다.**

내가 선호하는 와인 생산자

뮈스카데 Choblet, Métaireau, Marquis de Goulaine, Sauvion

부브레 Domaine d'Orfeuilles, Huët

사브니에르 Château d'Epiré, Damien Laureau, Domaine du Closel, Nicolas Joly

상세르 Archambault, Château de Sancerre, Domaine Fournier, Henri Bourgeois, Jean Vacheron, Jolivet, Lucien Crochet, Roblin, Sauvion, Domaine Cherrier

푸이 퓌메 Château de Tracy, Colin, Dagueneau, Guyot, Jean-Paul Balland, Jolivet, Ladoucette, Michel Redde, La Perrière

---

루아르 산지의 소비뇽 블랑 와인 중에는 **므느투 살롱**Menetou-Salon**과 캥시**Quincy 도 시음해볼 만하다. 슈냉 블랑 와인을 맛보고 싶다면 **사브니에르**를 추천한다.

푸이 퓌메

푸이 퓌메라고 하면 연기에 쏘인 훈연 와인이냐고 묻는 사람들이 많다. '퓌메'라는 단어에서 연기를 떠올리는 것이다. 이 이름의 유래에 대해서는 여러 설이 있는데 그 중 두 가지 설은 아침에 이 지역을 덮는 뿌연 안개와 관련이 있다. 햇빛이 내리쬐어 안개가 증발할 때 연기가 피어오르는 것처럼 보여서 이런 이름이 붙여졌다는 설이 있는가 하면, 안개가 소비뇽 블랑 포도에 핀 '연기 모양'의 꽃 같아서 붙여진 이름이라는 견해도 있다.

음용 적기

대체로 루아르 밸리의 와인은 어릴 때 마셔야 한다. 단, 달콤한 부브레는 예외로 비교적 오랫동안 저장해두어도 된다. 더 구체적인 지침을 원하면 다음을 참고하라.

뮈스카데	상세르	푸이 퓌메
1~2년	2~3년	3~5년

'푸이 퓌메'와 '푸이 퓌세'의 차이점

'푸이 퓌메'와 '푸이 퓌세Pouilly-Fuissé'가 발음이 비슷해서 서로 무슨 관련이 있는 와인일 것이라고 생각하기 쉽다. 하지만 푸이 퓌메는 100% 소비뇽 블랑으로 만들고 루아르 밸리산인 반면, 푸이 퓌세는 100% 샤르도네로 만들며 부르고뉴의 마코네가 생산지다(251쪽 참조).

루아르 밸리 와인의 50년 전과 현재

나는 지금도 예전과 다름없이 루아르 밸리 화이트 와인의 품질과 다양성에 반해 있다. 50년 전에 루아르 밸리 와인 가운데 가장 주목받은 와인이 푸이 퓌메였다면, 현재는 상세르가 미국에서 가장 인기를 끄는 루아르 밸리산 와인이다. 두 와인 모두 같은 포도 품종, 즉 소비뇽 블랑 100%로 빚어지며 둘 다 미디엄 바디에 신맛과 과일맛의 밸런스가 뛰어나고 식사용 와인으로 이상적이다. 뮈스카데도 현재까지 여전히 뛰어난 품질을 자랑하고 있으며, 부브레 역시 슈냉 블랑 포도로 빚어낼 수 있는 최고 품질의 모범을 보여준다. 루아르 밸리의 화이트 와인은 스타일과 특성에서 꾸준히 일관성을 지켜오는 점에서도 소비자들에게 높은 평가를 받을 만하다.

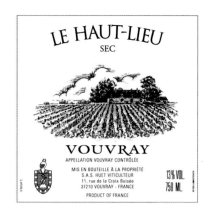

– 루아르 밸리 와인의 최근 추천 빈티지 –

2005*　2009*　2010*　2015*　2016**　2017**　2018**　2019

*는 특히 더 뛰어난 빈티지　**는 이례적으로 뛰어난 빈티지

루아르의 레드 와인을 맛보고 싶다면 부르게일 Bourgueil, 시농Chinon, 소뮈르Saumur를 권한다. 모두 카베르네 프랑으로 빚은 와인이다.

로제 와인을 좋아한다면 피노 누아르로 만드는 상세르 로제를 추천한다. 루아르 밸리는 **앙주 로제의 생산지로도 유명하다**(223쪽 참조).

루아르 밸리는 와인만이 아니라 **왕족의 여름 휴양지**로도 유명하다. 우아하고 거대한 성들이 이 고장을 장식하고 있다.

음식 궁합

"**뮈스카데**는 지도를 펴고 그 와인의 생산지가 어디에 자리잡고 있는지 보면 답이 나오죠. 그러니까 주식이 조개류와 굴인 해안 지역의 와인이라는 점을 참고하면 된다는 얘기입니다. 푸이 퓌메는 훈제연어, 홀렌다이즈소스(달걀노른자·레몬즙 등으로 만든 크림 모양의 소스)를 곁들인 가자미요리, 닭고기, 크림소스를 곁들인 송아지고기가 잘 어울립니다. **상세르**는 푸이 퓌메보다 더 드라이하니 조개류나 간단한 해물요리와 먹는 것이 좋습니다."

– 파트릭 라두세트

"뛰어난 품질의 세미드라이 부브레에는 과일이나 치즈가 제격입니다. **뮈스카데**는 우리가 평소에 먹는 갖가지 음식들과 잘 어울립니다. 대서양에서 건져 올린 온갖 해산물, 강꼬치고기 같은 민물고기, 사냥 고기, 가금류, 치즈(특히 염소젖 치즈) 등의 음식에 어울려요. 물론 낭트에서라면 반드시 함께 먹어봐야 할 음식이 있죠. 세계적으로 유명한 버터 소스인 뵈르 블랑을 곁들인 민물고기입니다. 세기의 전환기에 클레망스가 굴랭에서 요리사로 일하다 만들어낸 그 소스 말입니다."

– 로베르 드 굴랭

보르도의 화이트 와인

보르도는 레드 와인만의 고장이 아니다

사람들은 보르도 하면 으레 레드 와인만 떠올리는데, 이는 오해다. 보르도의 대표적인 다섯 지역 중 두 곳인 그라브와 소테른은 훌륭한 화이트 와인 생산지로 유명하다. 특히 소테른은 달콤한 화이트 와인으로 세계적인 명성이 있다. 두 지역에서 재배되는 대표적인 화이트 와인용 포도 품종은 다음과 같다.

세미용   소비뇽 블랑

보르도의 와인 생산 비율

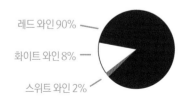

레드 와인 90%
화이트 와인 8%
스위트 와인 2%

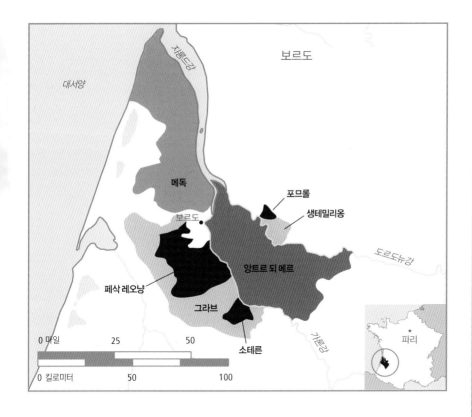

그라브

지명 '그라브'는 '자갈'이라는 뜻으로, 그만큼 이곳 토양에는 자갈이 많다. 그라브의 화이트 와인은 다음의 두 가지 등급으로 분류된다.

그라브   페삭 레오냥

1985년에 《와인 바이블》의 초판이 나올 때만 해도 페삭 레오냥은 AOC 등급으로 지정되어 있지 않았다. 그러나 1987년 이후부터 이 '**신규 지정**' 아펠라시옹은 보르도의 최상급 드라이 화이트 와인의 **보증서**로 통하고 있다.

그라브의 전체 **화이트** 와인 중 **샤토** 와인은 3%에 불과하다.

샤토 와인 등급의 화이트 와인은 소비뇽 블랑과 세미용의 사용 비율에 따라 스타일이 다양하다. 예를 들어 샤토 올리비에는 세미용 75%로, 샤토 카르보니외는 소비뇽 블랑 65%로 만든다.

그라브 와인의 가장 기본 등급은 '그라브'라는 지역명이 붙는 와인으로 소테른 외곽 지대인 그라브 남부가 그 생산지다. 한편 그라브의 최상급 와인 생산지는 페삭 레오냥으로 대개 보르도 인근인 그라브 북부 지역에 자리잡고 있다. 이런 최상급 와인들은 특정 샤토의 이름, 즉 최상급 포도를 생산해내는 특정 포도원의 이름이 와인명이 된다. 이들 와인의 양조에 쓰이는 포도는 더 좋은 토양과 더 좋은 재배 조건에서 재배되고 있다. 그라브의 와인은 샤토 와인이나 지역명 와인 모두 드라이하다.

추천할 만한 그라브 와인

샤토 와인을 적극 추천한다. 다음은 등급이 지정된 샤토들이다.

도멘 드 슈발리에 Domaine de Chevalier
샤토 라 루비에르*Château La Louvière
샤토 라 투르 마르티야크 Château Latour-Martillac
샤토 라비유 오 브리옹 Château Laville-Haut-Brion
샤토 말라르틱 라그라비에르 Château Malartic-Lagraviere
샤토 부스코*Château Bouscaut
샤토 스미스 오 라피트 Château Smith-Haut-Lafitte
샤토 오 브리옹 Château Haut-Brion
샤토 올리비에*Château Olivier
샤토 카르보니외*Château Carbonnieux
샤토 쿠앵 뤼르통 Château Couhins-Lurton

*최대 생산자로 가장 구하기 쉽다.

보르도 화이트 와인의 50년 전과 현재

과거에만 해도 보르도의 드라이한 화이트 와인은 뛰어난 샤토급 레드 와인과 소테른의 달콤한 화이트 와인에 필적하지 못했다. 그런데 50년 사이에 상황이 완전히 바뀌었다. 수백만 달러에 달하는 최신식 와인 양조 설비가 갖추어졌고, 새로운 포도원 관리법으로 뛰어난 화이트 와인을 생산할 수 있게 되었으며, 특히 페삭 레오냥에서의 약진이 두드러진다. 세계적으로 드문 경우이지만, 이곳에서는 소비뇽 블랑과 세미용을 섞어서 오크통에 숙성시키고 있다. 이곳의 와인 메이커들은 와인의 신선함과 상큼함을 지키기 위해 과일과 오크통의 풍미를 균형 잡는 데 상당한 주의를 기울여왔다. 게다가 최근에 뛰어난 빈티지들이 이어져왔다.

– 그라브 화이트 와인의 최근 추천 빈티지 –

2000* 2005* 2007* 2009* 2010* 2014* 2015* 2016* 2017 2018* 2019

*는 특히 더 뛰어난 빈티지

음식 궁합

"샤토 올리비에는 굴, 랍스터, 바셍 다르카숑산 도미와 잘 맞습니다."

— 장 자크 드 브트만

"샤토 라 루비에르 블랑과 어울리는 요리는 뵈르 블랑을 곁들인 농어구이, 청어알, 염소젖 치즈 수플레(달걀노른자·화이트소스·생선살·치즈 등을 넣고 달걀흰자를 거품 내어 구운 요리)입니다. **샤토 보네 블랑**은 한쪽 껍질만 떼어낸 굴요리, 신선한 게살샐러드, 홍합, 조개와 먹으면 좋습니다."

— 드니즈 뤼르통 몰

"어린 샤토 카르보니외 블랑은 차가운 랍스터 콩소메(육류와 야채 삶은 물을 헝겊에 걸 러낸 맑은 수프)와 굴·가리비 같은 조개류 혹은 새우구이와 어울립니다. 비교적 숙 성된 **샤토 카르보니외 블랑**에는 전통적 소스로 맛을 낸 생선요리나 염소젖 치즈를 권하고 싶습니다."

— 앙토니 페랭

소테른은 한 번에 다 수확하지 않고 몇 번에 걸쳐서 포도를 따서 생산되는 탓에 **생산비용이 많이 들고** 수확 기간도 11월까지 이어진다.

보르도에서는 소비뇽 블랑보다 **세미용을 더 많이 재배**하고 있다.

소테른의 지역 와인을 구입할 때는 다음과 같은 명성 있는 제조사의 상품을 찾아보길 권한다.
바롱 필립 드 로칠드

소테른, 바르삭

소테른은 예외 없이 달콤하다. 다시 말해 발효 시 포도당을 전부 알코올로 변환시키지 않는다는 얘기다. 프랑스 소테른 치고 드라이한 와인은 하나도 없다. 소테른에 인접한 지역인 바르삭은 와인명으로 바르삭이나 소테른 중 하나를 골라 사용한다. 소테른의 주요 포도 품종은 다음의 두 가지다.

세미용   소비뇽 블랑

등급은 다음의 두 가지로 나뉜다.

1. 지역 와인(★)   2. 등급이 지정된 샤토 와인(★★★~★★★★)

소테른은 달콤한 와인에서는 여전히 세계 최고로 꼽히는 생산지다. 이례적으로 뛰어난 빈티지인 2009, 2011, 2014, 2015년산을 최고의 제조사에서 만든 제품으로 산다면 뛰어난 소테른 지역 와인을 구할 수 있을 것이다.

이런 와인은 생산하는 데 들인 수고를 감안하면 돈이 아까울 게 없지만, 등급이 지정된 샤토 와인과 같은 강한 풍미는 없다.

최근에 **1811년산 샤토 디켐 한 병이 11만 7000달러**에 팔렸는데, 이는 화이트 와인 부문의 사상 최고였다.

소테른의 등급 분류

특등급 그랑 프리미에 크뤼

샤토 디켐Château d'Yquem*

1등급 프리미에 크뤼

샤토 기로Château Guiraud*	샤토 드 레인비뇨Château de Rayne-Vigneau*
샤토 라 투르 블랑슈Château La Tour Blanche*	샤토 라보 프로미Château Rabaud-Promis
샤토 라포리 페라게Château Lafaurie-Peyraguey*	샤토 리외섹Château Rieussec*
샤토 쉬뒤로Château Suduirat*	샤토 시갈라 라보Château Sigalas-Rabaud*
샤토 쿠테Château Coutet*(바르삭)	샤토 클로 오 페라게Château Clos Haut-Peyraguey*
샤토 클리망Château Climens*(바르삭)	

2등급 되지엠 크뤼

샤토 네락Château Nairac*(바르삭)	샤토 다르슈Château d'Arche
샤토 드 말르Château de Malle*	샤토 드와지 다엔Château Doisy-Daëne(바르삭)
샤토 드와지 뒤브로카Château Doisy-Dubroca(바르삭)	샤토 드와지 베드린Château Doisy-Védrines*(바르삭)
샤토 라모트Château Lamothe	샤토 라모트 기냐르Château Lamothe-Guignard
샤토 로메 뒤 아요Château Romer du Hayot*	샤토 미라Château Myrat(바르삭)
샤토 브루스테Château Broustet(바르삭)	샤토 쉬오Château Suau(바르삭)
샤토 카이유Château Caillou(바르삭)	샤토 필로Château Filhot*

*미국에서 가장 쉽게 구할 수 있는 샤토 와인

샤토 디켐에서는 그냥 이그렉(Y)이라는 이름을 붙인 드라이 화이트 와인을 생산하고 있다. **소테른에서 생산되는 드라이 와인은 법에 따라 아펠라시옹 소테른이라는 명칭을 붙이지 못하고, 아펠라시옹 보르도만 붙일 수 있다.** 샤토 디켐은 2012년에는 열악했던 기후 상황 탓에 와인을 생산하지 못했다.

샤토 리외섹은 샤토 라피트 로칠드와 같은 가문의 소유다.

그라브와 소테른의 차이

드라이한 그라브와 달콤한 소테른은 같은 포도로 만드는 데도 왜 스타일의 차이가 생기는 걸까? 소테른을 만드는 와인 메이커는 포도를 좀 더 늦게 딴다. 보트리티스 시네레아(귀부병)라는 곰팡이가 생기길 기다렸다 수확하는 것이다. 귀부병에 걸린 포도는 수분이 증발하면서 쪼그라들고 이렇게 '건포도화'되면 당분이 응축된다. 게다가 와인 양조 과정에서 모든 당분을 알코올로 발효시키지 않으면 잔당도 많이 남게 된다.

– 소테른의 추천 빈티지 –

1986*	1988*	1989*	1990*	1995	1996	1997*	1998
2000	2001*	2002	2003*	2005**	2006*	2007*	2008*	2009**
2010*	2011**	2013*	2014**	2015**	2016	2017*	2018	2019

*는 특히 더 뛰어난 빈티지 **는 이례적으로 뛰어난 빈티지

디저트 그 자체인

"소테른에는 어떤 음식을 내놓는 게 좋나요?" 수강생들이 어김없이 묻는 질문이다. 이쯤에서 내가 처음 소테른의 와인을 접했을 때 배운 교훈을 들려주겠다.

나는 수년 전 소테른에 갔다가 한 샤토에서 저녁 식사 초대를 받았다.

우리 일행은 그곳에 도착하자마자 에피타이저로 푸아그라를 대접받았는데, 놀랍게도 소테른이 함께 나왔다. 내가 알기로 드라이한 와인을 먼저 내놓고 더 달콤한 와인을 나중에 내놓아야 옳았다.

그런데 디너 코스(생선)가 시작되었을 때도 소테른이 나왔으며, 양갈비였던 메인 코스 때 또다시 소테른이 나왔다. 나는 주인이 치즈 코스 때는 오래되고 훌륭한 보르도 레드 와인을 내줄 것이라고 확신했다. 그러나 내 생각은 또다시 빗나갔다. 로크포르 치즈(진한 양젖 치즈)가 아주 오래된 소테른과 함께 나왔던 것이다.

디저트가 나올 때쯤 되자 나는 식사에 소테른을 곁들이는 것도 괜찮다고 여기게 되었고, 주인의 마지막 선택은 뭘까 하고 잔뜩 궁금해지기까지 했다. 역시나 디저트와 함께 나온 와인은 보르도의 드라이한 레드 와인, 샤토 라피트 로칠드였다!

우리를 초대했던 그 집주인이 몸소 보여주었듯 소테른이라고 꼭 디저트에만 내야 하는 것은 아니다. 모든 소테른이 코스 요리와도 잘 어울린다. 요리의 소스들이 와인과 음식 맛을 더욱 돋우어주기 때문이다. 다만, 그날 식사에서 잘 어울리지 않았던 와인이 딱 하나 있었다. 바로 디저트와 함께 나왔던 샤토 라피트 로칠드였다. 그래도 못 마실 만큼 나쁘진 않았다!

나는 아무것도 곁들이지 않고 소테른 하나만 맛보길 더 좋아한다. 나는 '디저트용 와인'이란 분류를 인정하지 않는다. 디저트 와인은 그 자체로 디저트가 아닌가.

보르도에서 생산되는 **그 밖의 달콤한 와인들**:
생 크루아 뒤 몽Ste-Croix-du-Mont, 루피악Loupiac

**등급은 지정되어 있지 않지만 품질이 뛰
어난 와인들**: 샤토 파르그Château Fargues,
샤토 질레트Château Gilette, 샤토 레이몽 라
퐁Château Raymond Lafon

부르고뉴의 화이트 와인

부르고뉴는 세계 최상의 와인 생산 지역으로 손꼽히는 곳이자 프랑스의 대표적 와인 생산지다. 하지만 부르고뉴라는 명칭의 의미를 제대로 모르는 사람들이 많은데, 이는 그 명칭이 제멋대로 차용되어온 탓이다.

버건디('부르고뉴'의 영어식 이름)라는 색깔명이 레드 와인에서 따온 명칭인 것은 틀림없는 사실이지만, 그렇다고 부르고뉴가 곧 레드 와인의 동의어는 아니다. 게다가 (특히 과거에) 평범한 테이블 와인인 레드 와인에 버젓이 '부르고뉴'라는 명칭을 붙이는 경우가 전 세계적으로 빈번하면서 이런 혼동을 더욱 부추겼다. 지금도 여전히 '부르고뉴'라는 명칭을 다는 와이너리들이 일부 있으며, 특히 미국에서 더 심하다. 하지만 이런 와인은 정통 프랑스 부르고뉴 와인 스타일에는 감히 비교조차 안 된다.

다음은 부르고뉴의 주요 와인 생산지다.

샤블리	코트 도르 {	코트 드 뉘
		코트 드 본

코트 샬로네즈   마코네   보졸레

부르고뉴를 지역별로 살펴보기 전에 우선은 각지마다 어떤 종류의 와인이 생산되는지 알아두어야 한다. 아래 도표를 보면서 와인의 종류, 화이트 와인과 레드 와인의 비율을 살펴보자.

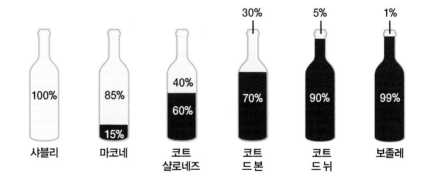

> 부르고뉴에서
> 생산되는 와인은
> 화이트 와인과 레드 와인의
> 비율이 각각 60%와 30%다.
> 나머지 10%는 로제와
> 스파클링 와인이다.

아페리티프 키르 Kir는 화이트 와인과 (블랙커런트로 만들어지는) 크렘 드 카시스를 섞은 것이다. 원래는 전 디종 시장인 카농 키르Canon Kir가 즐겨 마시던 음료로, 키르 시장이 알리고테라는 포도로 만드는 그 지역 화이트 와인의 높은 산도와 밸런스를 맞추려고 달콤한 카시스를 타 마신 것이 그 유래가 되었다.

부르고뉴가 레드 와인으로 워낙 유명하다 보니 쉽게 간과되는 사실이지만 부르고뉴에서는 프랑스 최상급 품질로 손꼽히고 명성 높은 고가의 화이트 와인도 생산한다. 다음은 부르고뉴에서 세계적으로 유명한 화이트 와인을 생산하는 세 지역이다.

마코네   샤블리   코트 드 본

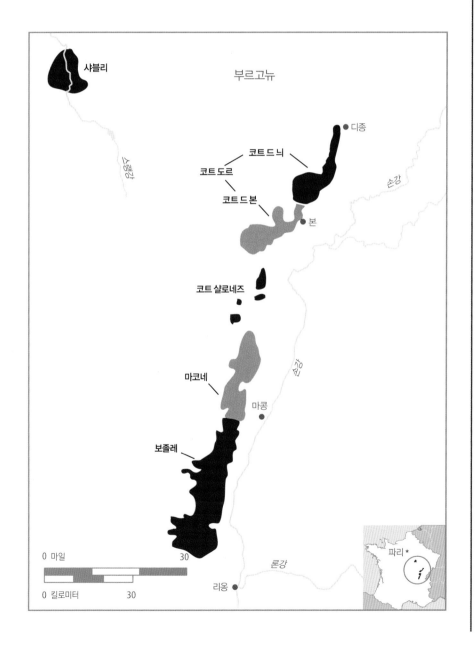

샤블리는 부르고뉴에 속하는 지역이지만, 남쪽에 있는 마코네까지는 차로 무려 3시간 걸린다.

부르고뉴에서 가장 큰 도시로 와인이 아닌 **또 다른 세계적 상품**으로 유명한 지역이 있다. 바로 머스타드로 유명한 디종이다.

관광객을 위한 정보 한 토막: 본에는 최상급 호텔이 여러 곳 있다. 나는 그중에서 오텔 르 세프Hôtel le Cep, 오스텔레리 르 세드르Hostellerie Le Cèdre, 오텔 드 라 포스트Hôtel de la Poste에 즐겨 묵는다.

코트 도르의 와인 생산 비율

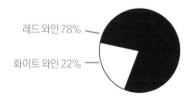

레드 와인 78%

화이트 와인 22%

프리미에 크뤼급 와인의 대다수는 라벨에 포도원 이름이 표기되어 있으나, 그냥 'Premier Cru'라고만 표시된 와인은 여러 프리미에 크뤼급 포도원의 포도가 섞인 것이다.

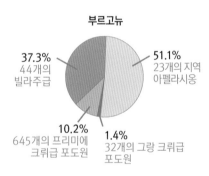

부르고뉴

- 51.1% 23개의 지역 아펠라시옹
- 37.3% 44개의 빌라주급
- 10.2% 645개의 프리미에 크뤼급 포도원
- 1.4% 32개의 그랑 크뤼급 포도원

부르고뉴와 새 오크통

25%	40~70%	80~100%
빌라주급 와인	프리미에 크뤼급 와인	그랑 크뤼급 와인

여기에서는 청포도 품종 하나만 알아두면 된다. 바로 샤르도네다. 부르고뉴의 화이트 와인은 모두 100% 샤르도네로 만든다. 프랑스 부르고뉴산 최상급 화이트 와인은 모두 샤르도네를 원료로 쓰지만, 세 지역별로 스타일이 아주 다르다. 이런 스타일의 차이는 포도 재배지와 양조 과정에서 비롯된다. 예를 들면 샤블리에서는 북쪽 기후의 영향으로 남부 지역인 마코네보다 산도가 더 높은 와인이 생산된다.

양조 과정의 측면에서 보면, 샤블리와 마코네에서는 포도 수확 후에 대부분 스테인리스 스틸 탱크에 담아 발효와 숙성을 시킨다. 반면 코트 드 본에서는 포도를 수확하면 상당 부분을 작은 오크통에 담아 발효시키고 오크통에서 숙성시킨다. 와인은 나무통에서 숙성시키면 복잡성, 깊이, 바디, 풍미, 수명이 더 늘어난다. 부르고뉴의 화이트 와인은 하나같이 드라이하다는 공통점이 있다.

부르고뉴 와인의 등급

토양의 종류, 경사지의 방향 및 각도가 와인의 등급을 결정짓는 주 요소다.
등급 분류는 다음과 같다.

지역 아펠라시옹 (★)

빌라주 와인 특정 마을의 이름을 와인명으로 표기한다. (★★)

프리미에 크뤼 '명망 있는 마을'에 위치한 특정 포도원에서 생산된 와인으로 특별한 특성이 있다. 대체로 프리미에 크뤼급 와인은 라벨에 마을 이름을 먼저 표시하고 포도원명을 그다음에 표시한다. (★★★)

그랑 크뤼 지역 내 최고의 토양과 경사지로 꼽히는 특정 포도원에서 만들며 그 외의 다른 요건을 모두 충족시킨다. 부르고뉴의 대부분 지역에서는 라벨에 마을명을 표기하지 않고 그랑 크뤼급의 포도원 이름만 표기한다. (★★★★+)

나무통의 사용

세계 와인 생산지들은 각기 고유한 생산 방식이 있다. 옛날에는 모든 와인이 나무통에서 발효되고 숙성되었는데 기술이 발달하면서 시멘트 탱크, 내벽이 유리로 코팅된 탱크, 스테인리스 스틸 탱크가 도입되어 와인 주조에 사용되었다. 이러한 기술적 진보에도 불구하고 전통적인 방식을 선호하는 와인 메이커들도 많다.

한 예로 루이 자도사에서 만드는 와인 중 일부는 다음과 같은 식으로 나무통에 담겨 발효된다.

- 와인의 3분의 1은 새 나무통에서 발효된다.

- 또 다른 3분의 1은 1년 된 나무통에서 발효된다.
- 나머지 3분의 1은 더 오래 묵은 나무통에서 발효된다.

루이 자도사의 철학은 좋은 빈티지일수록 더 새로운 나무통을 쓴다는 것이다. 더 어린 나무일수록 풍미와 타닌을 풍부하게 부여해주지만, 좀 떨어지는 빈티지의 와인은 그 기운에 압도될 수도 있기 때문이다. 그래서 새 나무통일수록 더 좋은 빈티지를 숙성하는 데 쓰인다.

샤블리

샤블리는 부르고뉴의 최북단에 위치한 지역으로 화이트 와인만 생산한다. 프랑스의 샤블리는 100% 샤르도네로 만든다. '샤블리'라는 이름은 '부르고뉴' 못지않은 오해와 남용의 피해를 겪고 있다. 프랑스 측에서 이 이름의 사용을 보호하기 위한 적절한 법적 조치를 강구하고 있지 않기 때문이다. '샤블리'라는 이름은 이제 다른 나라들에서 만들어지는 평범한 벌크 와인(병입하지 않고 대용량 통에 담아 판매하는 와인-옮긴이)에 마구 붙여지고 있는 실정이다. 그래서 사람들은 '샤블리'라고 하면 아주 평범한 와인 몇몇을 연상하곤 하지만, 프랑스의 샤블리는 그런 와인들과 격이 다르다. 프랑스에서는 자국의 샤블리를 아주 엄격하게 취급하여 특별한 구별과 등급을 부여하고 있다. 다음은 샤블리의 품질 등급이다.

프티 샤블리 가장 평범한 샤블리. 미국에서는 좀처럼 보기 힘들다.
샤블리 샤블리 지역에서 재배된 포도로 만든 와인. 빌라주 와인으로 통하기도 한다.
샤블리 프리미에 크뤼 특정 상급 포도원에서 만든 아주 우수한 품질의 샤블리. 이 지역에는 89개의 프리미에 크뤼급 포도원이 있다.
샤블리 그랑 크뤼 샤블리 중 최고 등급으로 한정 생산되기 때문에 아주 값비싸다. 샤블리에는 '그랑 크뤼'로 불릴 자격이 부여된 포도원이 7곳밖에 없다.

가성비 면에서 따질 때, 이 등급 가운데 최고는 샤블리 프리미에 크뤼다.
최상품 샤블리에만 관심이 있는 이들을 위해 가장 눈여겨볼 만한 프리미에 크뤼급 포도원들과 7곳의 그랑 크뤼급 포도원을 소개하자면 다음과 같다.

샤블리는 포도 재배자가 250명이 넘으나 양조 과정에서 와인을 나무통에 숙성시키는 경우는 소수에 그친다.

빌라주급 샤블리 ★

프리미에 크뤼급 샤블리 ★★

그랑 크뤼급 샤블리 ★★★★

그랑 크뤼급 포도원들의 재배면적은 합해서 **245에이커**에 불과하다.

도멘 라로슈는 그랑 크뤼급 와인을 비롯해 전체 생산 와인에 스크류캡 마개를 사용하고 있다.

샤블리에는 17곳의 프리미에 크뤼급 포도원이 있다.

샤블리는 일부 지역의 겨울 기온이 노르웨이의 기온에 맞먹는다. 2016년에는 샤블리에 서리가 덮쳐 생산량에서나 품질에 심각한 피해를 입었다.

7곳의 그랑 크뤼급 포도원	
그르누유Grenouilles	레클로Les Clos
발뮈르Valmur	보데지르Vaudésir
부그로Bougros	블랑쇼Blanchots
프뢰즈Preuses	

최고의 프리미에 크뤼급 포도원	
레셰Lechet	몽 드 밀리외Monts de Milieu
몽맹Montmains	몽테 드 톤네르Montée de Tonnerre
코트 드 볼로랑Côte de Vaulorent	바이용Vaillon
푸르숌Fourchaume	

추천할 만한 샤블리 와인

샤블리 와인을 고를 때 가장 눈여겨봐야 할 두 가지는 수출자와 빈티지다. 다음은 미국에 샤블리를 수출하는 제조사들 중 가장 신뢰할 만한 제조사의 목록이다.

귀로뱅Guy Robin	**도멘 라로슈**Domaine Laroche
도멘 모로 노데 Domaine Moreau-Naudet	**드루앵 보동**Drouhin Vaudon
라 샤블리지엔 La Chablisienne	**루이 자도**Louis Jadot
로베르 보코레 Robert Vocoret	**르네 도비사**René Dauvissat
알베르 피크 에 피스 Albert Pic & Fils	**윌리엄 페브르**William Fèvre
장 도비사 Jean Dauvissat	**조셉 드루앵**Joseph Drouhin
프랑수아 라브노 François Raveneau	**A. 레냐르 에 피스**A. Regnard & Fils

샤블리의 음용 적기

샤블리	프리미에 크뤼	그랑 크뤼
2년 이내	2~4년	3~8년

– 샤블리의 최근 추천 빈티지 –

2010** 2011* 2012** 2013* 2014** 2015* 2016* 2017** 2018** 2019

*는 특히 더 뛰어난 빈티지 **는 이례적으로 뛰어난 빈티지

코트 드 본

코트 드 본Côte de Beaune은 코트 도르의 주요 지역 두 곳 중 한 곳이다. 이곳에서 생산되는 와인은 샤르도네로 만드는 전 세계의 드라이한 화이트 와인 중 최상의 표본으로 꼽히며, 곳곳의 와인 메이커들이 벤치마크로 삼고 있다.

코트 드 본의 와인 생산지 중 가장 중요한 마을 세 곳은 다음과 같다.

뫼르소   샤사뉴 몽라셰   퓔리니 몽라셰

세 마을 모두 똑같은 포도로 화이트 와인을 만든다. 즉, 100% 샤르도네를 원료로 쓴다. 다음은 코트 드 본에서 내가 선호하는 화이트 와인 생산 마을과 포도원이다.

코트 드 본

마을명	프리미에 크뤼급 포도원	그랑 크뤼급 포도원
알록스 코르통		샤를마뉴Charlemagne 코르통 샤를마뉴Corton-Charlemagne
본Beaune	클로 데 무슈	
샤사뉴 몽라셰 Chassagne-Montrachet	레 뤼쇼트Les Ruchottes 모르조Morgeot	몽라셰Montrachet* 바타르 몽라셰Bâtard-Montrachet* 크리오 바타르 몽라셰Criots-Bâtard-Montrachet
뫼르소Meursault	라 구트 도르La Goutte d'Or 레 샤름Les Charme 레 주느브리에르 레 페리에르Les Perrières 블라니Blagny 포뤼조Poruzots	
퓔리니 몽라셰	레 르페르Les Referts 레 카이유레Les Caillerets 레 폴라티에르Les Folatières 몽라셰* 비앵브니 바타르 몽라셰Bienvenue-Bâtard-Montrachet 슈발리에 몽라셰Chevalier-Montrachet 클라바이용Clavoillons	레 샹 갱Les Champs Gain 레 콩베트Les Combettes 레 퓌셀Les Pucelles 바타르 몽라셰*

*몽라셰와 바타르 몽라셰, 두 포도원은 퓔리니 몽라셰와 샤사뉴 몽라셰 양쪽에 걸쳐 있다.

생산량에 있어서 **최대 규모**인 그랑 크뤼급 포도원은 코트 드 본 코르통 샤를마뉴로서, 그랑 크뤼급 와인 중 50% 이상이 이곳에서 생산된다.

1879년에 퓔리니와 샤사뉴 두 마을은 가장 유명한 그랑 크뤼급 포도원인 몽라셰의 명칭을 마을 이름에 가져다 붙였다.

코트 드 뉘는 주로 레드 와인을 생산하는 지역이지만, 부조와 뮈지니라는 마을에서 뛰어난 화이트 와인이 생산되기도 한다

생오뱅산 와인으로는 피에르 이브 콜랭 모레이Pierre-Yves Colin-Morey, 필리프 콜랭Philippe Colin, 알랭 쉐비Alain Chavy, 마로슬라박-레제Maroslavac-Leger의 뛰어난 샤르도네를 추천한다.

부르고뉴의 품질 등급

빌라주(마을) 이름 ★

마을 이름 + 프리미에 크뤼급 포도원 이름 ★★

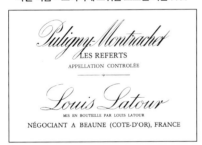

그랑 크뤼급 포도원 이름 ★★★

부르고뉴 와인들의 차이를 결정짓는 요인

부르고뉴에서 좋은 와인을 만드는 데 가장 중요한 요소 중 하나는 토양이다. 토양의 질이 빌라주, 프리미에 크뤼, 그랑 크뤼 사이의 등급과 가격 차이를 가져오는 주요소다. 메종 조셉 드루엥의 로베르 드루엥이 한 말마따나 "빌라주 와인 퓔리니 몽라셰와 그랑 크뤼 몽라셰 간의 차이는 숙성에 이용되는 나무의 종류나 나무통 숙성 기간에서 비롯되는 것이 아니다. 주로 포도원의 위치, 즉 토양과 경사지에서 비롯된다."

와인의 품질을 결정하는 또 하나의 중요한 요소는 양조 절차, 즉 와인 메이커가 이용하는 레시피다. 비유하자면 세 곳의 다른 식당에서 일하는 셰프들을 비교하는 것과 같다. 모두 같은 재료로 요리를 하지만 그 재료를 어떻게 적용하느냐에 따라 맛에 차이가 난다.

– 코트 드 본 화이트 와인의 최근 추천 빈티지 –

2002* 2005* 2006* 2007* 2008* 2009* 2010*
2012* 2013* 2014** 2015** 2016 2017* 2018** 2019

*는 특히 더 뛰어난 빈티지 **는 이례적으로 뛰어난 빈티지

코트 샬로네즈

코트 샬로네즈Côte Chalonnaise는 부르고뉴의 주요 와인 생산지인데도 가장 알려지지 않은 곳이다. 이곳에서는 지브리, 메르쿠레이 같은 레드 와인(Class 4 참조)을 생산한다. 그 외에도 사람들에게 잘 알려지지 않았지만, 그만큼 알아두면 가치 있을 아주 훌륭한 화이트 와인도 생산한다. 바로 몽타뉘와 륄리다. 이 와인들은 이 지역 최상의 와인이며 코트 도르의 화이트 와인과 견주어도 뒤지지 않지만 가격은 더 저렴하다.

앙토냉 로데, 페블레, 루이 라투르, 무아야르, 올리비에 르플레브, 자크 뒤 리, 샤르트롱 에 트레뷔셰, 마크 모레이, 뱅상 지라르댕의 와인이 내가 개인적으로 선호하는 샬로네즈 생산자들이다.

마코네

부르고뉴의 화이트 와인 생산지 중 최남단 지역인 마코네Mâconnais는 코트 도르나 샤블리보다 기후가 따뜻하다. 마콩 와인은 대체로 가볍고 단순하며 산뜻하고 신뢰할 만하며 가성비가 뛰어나다. 마코네 와인의 품질 등급을 기본 등급부터 최상품 순으로 열거하면 다음과 같다.

1. **마콩 블랑**Mâcon Blanc 2. **마콩 슈페리에**Mâcon Superieur 3. **마콩 빌라주**Mâcon-Villages

4. **생 베랑**St-Véran 5. **푸이 뱅젤**Pouilly-Vinzelles 6. **푸이 퓌세**

모든 마콩 와인을 통틀어서 푸이 퓌세야말로 가장 인기 있는 와인이다. 푸이 퓌세는 마코네 와인 중에서도 최상급에 속하며, 대다수 미국인이 와인의 위대함을 깨닫기 훨씬 전부터 미국에서 인기를 끌었던 음료다. 푸이 퓌세는 매년 평균적으로 45만 상자가량 생산되는데, 이는 세계적 소비에 맞추어 레스토랑이나 소매점에 공급하기에는 턱없이 부족한 양이다. 미국에서 와인 소비가 늘면서 푸이 퓌세를 비롯하여 포마르, 뉘 생 조르주, 샤블리 같은 유명한 지역들이 프랑스 최상급 와인의 동의어가 되어 어느 레스토랑이든 그 이름들이 와인 리스트에 꼭 들게 되었다.

마콩 빌라주는 가성비 최고의 와인이다. 평범한 마콩도 푸이 퓌세 못지않게 훌륭하다면 가격이 3배까지 비싸기도 한 값을 주고 굳이 푸이 퓌세를 사 마실 이유가 있을까? 다음은 내가 선호하는 마코네 생산자들이다.

마코네에는 샤르도네라는 이름의 마을이 있는데, 포도명 샤르도네는 바로 이 마을 이름에서 유래되었다고 한다.

니콜라 포텔 Nicolas Potel **레 에리티에 뒤 콩트 라퐁**Les Héritiers du Comte Lafon

루이 자도 Louis Jadot **샤토 데 롱테**Château des Rontets

샤토 드 퓌세 Château de Fuissé **조셉 드루앵**Joseph Drouhin

J. J. 뱅상 에 피J. J. Vincent & Fils **J-A 페레**J-A Ferret

마콩 와인은 대체로 오크통에서 숙성시키지 않기 때문에 출시되자마자 바로 마셔도 된다.

만약 한정된 비용으로 고객을 대접해야 한다면 와인은 마콩을 주문하는 것이 안전하다. 금액이 얼마든 제한이 없다면 뫼르소를 주문해도 된다.

– 마콩 화이트 와인의 최근 추천 빈티지 –

2009** 2010** 2011 2012** 2013 2014*
2015* 2016 2017* 2018** 2019
*는 특히 더 뛰어난 빈티지 **는 이례적으로 뛰어난 빈티지

부르고뉴 화이트 와인 정리해보기

지금까지 부르고뉴의 여러 화이트 와인을 둘러보았는데 이 다양한 와인 중 자신에게 맞는 와인을 고르려면 어떻게 해야 할까? 우선 빈티지를 살펴봐야 한다. 부르고뉴는 좋은 해의 와인을 사는 것이 특히 중요하다. 빈티지를 확인한 뒤에는 자신의 취향과 비용에 따라 고르면 된다. 가격이 문제 되지 않는다면 얼마나 좋을까?

몇 번의 시행착오를 거치며 자신에게 맞는 특정 제조사를 찾아보는 것은 좋은 방법이다. 부르고뉴의 화이트 와인을 살 때 신뢰할 만한 와인 제조사 몇 곳을 소개한다.

부샤르 페르 에 피스Bouchard Pere & Fils	샹송Chanson
조셉 드루앵Joseph Drouhin	라브르 루아Labouré-Roi
루이 자도Louis Jadot	루이 라투르Louis Latour
올리비에 르플레브 프레르Olivier Leflaive Frères	프로스페르 모푸Prosper Maufoux
로피토 프레르Ropiteau Frères	도멘 페블레Domaine Faiveley

부르고뉴 와인의 80%는 제조사를 통해 팔리는데 몇몇 우수한 에스테이트 보틀드 와인은 미국에 한정된 양밖에 들어오지 않는다. 그중 비교적 더 상급인 와인이다.

와인	마을
도멘 데 콩트 라퐁Domaine Des Comtes Lafon	뫼르소
도멘 루시앙 르 무앙Domaine Lucien Le Moine	코르통 샤를마뉴
도멘 르플레브Domaine Leflaive	뫼르소, 퓔리니 몽라셰
도멘 마트로Domaine Matrot	뫼르소
도멘 바슐레 라모네Domaine Bachelet-Ramonet	샤사뉴 몽라셰
도멘 뱅상 지라르댕Domaine Vincent Girardin	샤사뉴 몽라셰, 퓔리니 몽라셰
도멘 보노 뒤 마르트레Domaine Bonneau Du Martray	코르통 샤를마뉴
도멘 부아요Domaine Boillot	뫼르소
도멘 에티엔 소제Domaine Étienne Sauzet	퓔리니 몽라셰
도멘 코슈 뒤리Domaine Coche-Dury	뫼르소, 퓔리니 몽라셰
도멘 필립 콜랭Domaine Philip Colin	샤사뉴 몽라셰
라모네Ramonet	몽라셰
샤토 퓌세Château Fuissé	푸이 퓌세
장 샤르트롱Jean Charton	슈발리에 몽라셰
톨로 보Tollot-Beaut	코르통 샤를마뉴

30달러 이하의 가성비 최고에 드는 프랑스 화이트 와인 5총사

Pascal Jolivet Sancerre • Trimbach Riesling • William Fèvre Chablis •
Château Larrivet-Haut-Brion • Louis Jadot Mâcon

전체 목록은 421~422쪽 참조.

부르고뉴 화이트 와인의 50년 전과 현재

오크통에서 숙성시키지 않은 샤르도네를 찾고 있다면 상큼하고 풍미가 풍부한 프랑스의 샤블리 지역 와인을 추천한다. 이 지역 와인은 50년 동안 품질이 더 향상되었다. 개선된 한파 예방책을 통해 1950년대 말 이후 포도 재배지 면적을 4000에이커에서 1만 2000에이커로 늘리는 동시에 품질도 그대로 지켜왔다. 소비자로선 아주 다행스러운 변화다.

마코네와 샬로네즈의 화이트 와인은 100% 샤르도네로 만든 와인 중에서 가성비 뛰어난 와인에 들어, 그 가격대가 대체로 병당 20달러 미만이다. 라벨에 '부르고뉴 블랑'이라고 찍힌 와인도 가성비가 아주 좋은 와인이다.

그간의 가장 큰 변화는 특히 마콩에서 두드러진다. 라벨에 포도 품종이 실리게 되었다는 점이다. 신대륙의 샤르도네 생산자들과 경쟁이 치열해지면서 마침내 프랑스 정부도 미국을 비롯한 여타의 국가들이 포도 품종을 보고 와인을 구매하는 추세임을 지각하게 되었다.

코트 도르의 뛰어난 화이트 와인은 50년 동안 위대함의 경지에 이르렀다. 적어도 내 판단으로는 이곳 와인들이야말로 세계 최고의 화이트 와인이다! 코트 도르는 전 세계를 두루 섭렵한 신세대 와인 메이커들이 등장하면서 포도원과 와인 저장 설비에 대한 더욱더 철저한 통제, 새로운 품종의 포도 재배, 포도 수확량의 축소가 이뤄지고 있다. 한편 예전엔 알코올 함량을 높이기 위해 발효즙에 당분을 추가하는 과정인 샤프탈리제이시옹이 성행했지만 현재는 그런 사례가 드물다. 다시 말해 이곳 와인들이 그만큼 더 자연적인 밸런스를 갖추게 되었다는 얘기다.

시음 가이드

이번 시음은 비교적 가벼운 스타일인 알자스의 리슬링으로 시작해서 달콤한 보르도의 소테른으로 끝내게 된다. 이번 시음을 통해 과일맛과 신맛의 밸런스에 주의를 기울여보고 산도 높은 와인이 대체로 음식, 특히 조개류와 잘 어우러진다는 것을 느껴보기 바란다.

리슬링 리슬링만 단독 시음

1. 알자스산 리슬링

믈롱 드 부르고뉴와 소비뇽 블랑 아르 밸리의 두 가지 와인 비교 시음

2. 뮈스카데

3. 푸이 퓌메

소비뇽 블랑과 세미용 한 가지 보르도 와인만 단독 시음

   4. 그라브나 페샥 레오냥의 샤토 와인

샤르도네 부르고뉴의 네 가지 와인 비교 시음

   5. 오크통 숙성을 거치지 않은 마콩 빌라주

   6. 오크통 숙성을 거친 프리미에 크뤼급 샤블리

   7. 빌라주급 와인(예: 뫼르소)

   8. 프리미에 크뤼급 와인(예: 퓔리니 몽라셰 레 콩베트)

게뷔르츠트라미너 한 가지 알자스 와인만 단독 시음

   9. 게뷔르츠트라미너

음식 궁합

부르고뉴의 화이트 와인을 고르면 온갖 종류의 근사한 음식을 즐길 수 있다. 가격이 아주 적당한 마코네 와인은 비교적 격식 있는 디너뿐 아니라 피크닉용으로 적합하다. 아니면 더 풀한 바디의 코트 드 본 와인이나 거한 스테이크도 잘 맞는 만능의 샤블리도 좋다. 다음은 와인 메이커들이 권하는 음식궁합이다.

"어린 **샤블리**나 **생 베랑**에는 조개류가 좋습니다. 훌륭한 **코트 도르** 와인은 어떤 생선요리와도 잘 어울리는데다 송아지고기나 췌장요리와도 잘 어울리죠. 다만 붉은색 고기와는 같이 먹지 마십시오."

– 로베르 드루앵

"기본적인 **빌라주급 샤블리**는 아페리티프로 적당하며 오르되브르(전채요리)나 샐러드와 잘 어울립니다. 훌륭한 **프리미에 크뤼급**이나 그랑 **크뤼급 샤블리**를 마실 때는 랍스터 같은 좀 특별한 음식을 먹어야 합니다. 와인이 몇 년 숙성되었다면 더 환상적인 궁합이 되죠."

– 크리스티앙 모로

"제가 **부르고뉴**의 화이트 와인을 마실 때 즐겨 먹는 음식은 두말할 것도 없이 오마르 그리예 브레통(블루 랍스터)이에요. 조화롭고 힘 있으며 섬세한 와인이 브레통 랍스터의 미묘하고 포실포실한 살점이나 섬세한 맛과 어우러지지요. **샤블리**는 굴, 달팽이, 조개와 아주 잘 어울리지만 **그랑 크뤼급 샤블리**는 송어와 함께 먹는 것이 좋습니다. **코드 드 본**의 빌라주급 와인은 식사 초반에 가벼운 생선요리나 고기완자(가벼운 고기만두)와 함께 먹어야 합니다. 프리미에 크뤼급과 그랑 크뤼급 와인은 더 기름진 생선이나 랍스터 같은 갑각류와도 거뜬히 어울립니다. — **코르통 샤를마뉴** 같은 와인은 훈제연어와 먹어야 맛있죠."

– 피에르 앙리 가제

"**샤블리**에는 굴과 생선이 어울립니다. **코르통 샤를마뉴** 와인은 가벼운 피렌체식 소스에 버무린 허가자미 필레(뼈를 제거한 살코기)와 먹으면 좋아요. 반면 부르고뉴의 **샤르도네**는 닭구이, 해산물, 염소젖 치즈와 특히 잘 어우러집니다."

– 루이 라투르

프랑스의 화이트 와인 **상식**을 **테스트**해보고 싶다면 435쪽의 문제를 풀어보기 바란다.

– 더 자세한 정보가 들어 있는 추천도서 –

앤서니 핸슨의 《부르고뉴》
메트 크레이머의 《부르고뉴 제대로 알기》
클리브 코츠의 《부르고뉴와 코트 도르의 와인》
로버트 파커의 《부르고뉴》

CLASS 6

스페인의
와인

스페인 와인의 기초상식 ✳ 리오하 ✳ 리베라 델 두에로 ✳

페네데스 ✳ 프리오라트 ✳ 스페인의 화이트 와인

스페인 와인의 기초상식

스페인은 포도 재배와 와인 양조에서 수천 년의 유구한 역사를 자랑한다. 이탈리아와 프랑스의 뒤를 잇는 세계 3위의 와인 생산국이지만 포도 경작지의 규모에서는 300만 에이커에 육박하여 세계 최대다.

스페인은 1986년에 EU에 가입한 이후 포도원과 와이너리들이 자본금 투입 면에서 이득을 누려왔다. 스테인리스 스틸 발효통과 새로운 포도원 울타리 설치를 비롯한 현대적 기술이 도입된 덕분에 스페인의 여러 와인 생산지 전역에서 우수한 와인을 빚을 수 있게 되었다. 그런가 하면 중부와 남부 지역에서 심한 건조 기후와 잦은 가뭄에 시달리곤 하던 탓에 1996년에 포도나무를 위한 관개 시설이 법정 요건으로 정해지면서, 스페인 와인 생산은 질이나 양 모두에서 눈에 띄게 향상되었다.

스페인에서는 1970년에 데노미나시온 데 오리헨Denominaci de Origen, DO(원산지 호칭법)이 제정되었고 1982년에 개정된 바 있다. 스페인의 DO법에서는 프랑스의 AOC법이나 이탈리아의 DOC와 마찬가지로 지역의 경계, 포도 품종, 와인 양조 방식, 에이커당 포도 산출량, 출시 전의 와인 숙성 요건을 규제하고 있다. 현재 스페인에는 모두 69개의 DO 지역이 있으며 이 중 두 곳인 리오하와 프리오라트는 더 상급인 데노미나시온 데 오리헨 칼리피카다Denominaci de Origen Calificada, DOC다.

스페인에는 4000개에 가까운 와이너리가 있다.

2005 RIBERA DEL DUERO
DENOMINACIÓN DE ORIGEN

베가 시실리아Vega Sicilia의 전 와인 메이커 마리아노 가르시아Mariano Garcia와 사업 파트너 하비에르 사카그니니Javier Zaccagninisms는 1999년에 알토를 설립한 이후 단 2종의 와인만 양조하고 있다. 바로 알토와 알토 PS인데 **둘 다 와인 셀러에 보관해두기에 손색이 없다.**

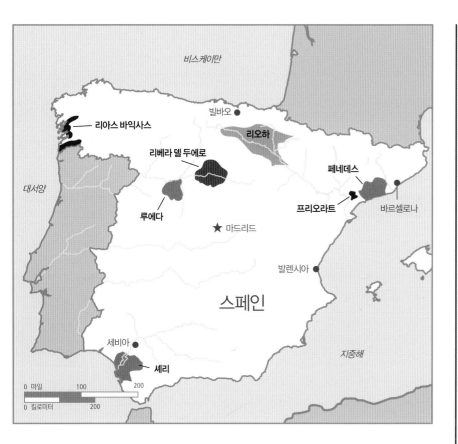

리오하는 **와이너리 보유 수가 826개**로, 스페인에서 가장 많다.

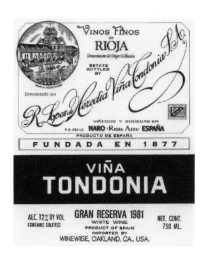

다음은 스페인의 대표적 와인 생산지를 주요 포도 품종과 함께 정리한 표다.

지역	포도 품종
루에다Rueda	베르데호
리베라 델 두에로Ribera del Duero	템프라니요(틴토 피노)
리아스 바익사스Rías Baixas / 갈라시아Galicia	알바리뇨, 멘시아
리오하	템프라니요
페네데스Penedés	마카베오, 카베르네 소비뇽, 카리녜나, 가르나차
프리오라트Priorat	가르나차, 카리녜나
헤레스Jerez(셰리)	팔로미노

그 외의 스페인 와인 생산지

나바라Navarra
몬트산트Montsant
비에르소Bierzo
카스티야 라 만차Castilla-La Manch
토로Toro
후미야Jumilla

토로의 주목할 만한 생산자로는 누만티아Numanthia, 보데가스 오르도녜스Bodegas Ordoñez, 도미니오 데 발데푸사Dominio de valdepusa, 마르케스 데 그리뇽Marqués de Griñón, 테소 라 몬하Teso La Monja가 있으며 후미야에서는 보데가스 엘 니도Bodegas El Nido, 비에르소에서는 고델리아Godelia가 눈여겨볼 만하다. 갈라시아는 리베이라 사크라Ribeira Sacra를 추천한다.

스페인 토착 품종인 가르나차는 **프랑스식 표기로는 그르나슈**이며, 아비뇽에 교황청이 있고 몇 명의 스페인인 교황이 있던 시기에 스페인에서 프랑스로 들여오게 되었다.

핀카FINCA는 '농장'이라는 뜻이다.

비노스 데 파고스 Vinos de Pagos는 **단일 포도원의 포도**로 만들었다는 의미다.

와인의 라벨에 호벤joven이라는 단어가 표기되어 있는 경우 그 와인이 오크통 숙성을 아예 거치지 않았거나 오크통에 살짝만 숙성시킨 것이므로 '**어릴' 때 마셔야 한다**는 의미다.

스페인에서 재배되는 포도 품종은 600종이 넘지만 다음이 와인 매장이나 레스토랑에서 가장 흔히 접할 수 있는 스페인의 대표적인 포도 품종들이다.

스페인 토착 품종		세계적 품종	
청포도	적포도	청포도	적포도
마카베오 (비우라) 베르데호 알바리뇨	가르나차 모나스트렐 카리녜나 템프라니요 (틴토 피노)	샤르도네 소비뇽 블랑	메를로 시라 카베르네 소비뇽

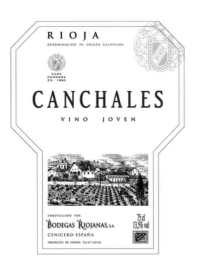

리오하

리오하는 보르도의 남서쪽 방향으로 약 322km도 채 떨어져 있지 않은 거리에 자리 잡고 있으며 1800년대 이후로 와인 양조 양식에 보르도의 영향을 받아왔다. 필록세라 진디가 북쪽에서 남쪽으로 퍼지며 보르도까지 침범하며 보르도의 와인 산업을 거의 초토화시켰던 1870년대에 보르도의 와인 메이커와 와이너리 운영자들 중 상당수가 리오하로 옮기는 게 좋겠다는 결정을 내렸다. 리오하에는 아직 필록세라가 발생하지 않았고 기후와 재배 조건이 보르도와 비슷했기 때문이다. 결국 이들은 와이너리와 포도원들을 세우면서 리오하의 와인 양조 방식에 영향을 미쳤고, 이러한 영향은 오늘날의 리오하 와인에 아직도 확연히 남아 있다.

스페인의 다른 지역에서도 다양하고 흥미로운 와인이 많이 쏟아져 나오고 있으나 리오하는 여전히 최고의 레드 와인 생산지로서의 위상을 지켜가면서 질이나 양 면에서 세계 최고의 와인 생산지들과 어깨를 나란히 겨루고 있다. 현재 리오하의 포도 재배 면적은 15만 에이커가 넘으며 이 포도들 가운데 41%는 10년 사이에 심어진 것들이다. 리오하는 전통적인 스타일 내에서 끊임없이 혁신을 추구하며 와인 초짜들이나 수집가들 모두에게 호소력 있는 가격대로 아주 뛰어난 품질의 와인을 출시하고 있다. 한편 더 묵직하고 더 농축된 새로운 스타일의 와인도 부상 중이며 이런 스타일의 와인을 생산하는 와이너리로는 아옌데Allende, 팔라시오스Palacios, 레메유리 Remelluri, 레미레스 데 가누사Remirez de Ganuza, 레몬도Remondo 등이 있다.

다음은 리오하에서 와인 양조에 주로 이용되는 적포도 품종이다.

가르나차(7.5%)   **템프라니요**(88%)

하지만 와인 라벨에 반드시 포도 품종이 표기되는 것은 아니다. 리오하에는 공식 등급 체계는 없지만 다음과 같이 세 가지로 나뉘는 품질 등급이 있다.

크리안사Crianza 최소한 1년의 오크통 숙성을 포함해 2년간의 숙성 기간을 거친 후

크리안사

레세르바

그란 레세르바

리오하 브리오네스Briones의 보데가스 디나스티아 비방코Bodegas Dinastia Vivanco는 세계 **최고의 와인 박물관**이다. 가보면 느낄 테지만 하루를 꼬박 머물다 올 만한 멋진 곳이다!

리오하에서는 전통적 블렌딩 와인과 브랜드 와인에서 탈피해 **특정 포도원이나 특정 마을의** 포도로 와인을 만들려는 운동이 일고 있다.

출시된다. (가격대 ★)

레세르바Reserva 최소한 1년의 오크통 숙성을 포함해 3년간의 숙성 기간을 거친 후 출시된다. (가격대 ★★)

그란 레세르바 Gran Reserva 최소한 2년간의 오크통 숙성을 포함해 5~7년간 숙성된 후 출시된다. (가격대 ★★★)

리오하 와인 구입 요령

원하는 품질 등급, 리오하 와인 메이커나 제조사의 명성만 알고 있으면 된다. 리오하 와인은 상표명을 보고 골라도 괜찮다. 다음은 눈여겨볼 만한 보데가, 즉 와이너리이며 상표명으로 더 유명한 곳에는 그 상표명도 병기해놓았다.

라 리오하 알타 La Rioja Alta (비냐 알베르디Viña Alberdi, 비냐 아르단사Viña Ardanza)

레메유리Remelluri

로페스 데 에레디아López de Heredía

마르케스 데 리스칼 Marqués de Riscal

마르케스 데 무리에타 Marqués de Murrieta

마르케스 데 카세레스 Marqués de Cáceres

마르티네스 부한다 Martínez Bujanda (콘데 데 발데마르Conde de Valdemar)

바론 데 레이 Baron de Ley

보데가스 디나스티아 비방코 Bodegas Dinastía Vivanco

보데가스 란 Bodegas Lan

보데가스 레미레스 데 가누사 Bodegas Remíez de Ganuza

보데가스 로다 Bodegas Roda

보데가스 리오하나스Bodegas Riojanas (몬테 레알Monte Real, 비냐 알비나Viña Albina)

보데가스 몬테시요Bodegas Montecillo

보데가스 무가Bodegas Muga (무가 레세르바Muga Reserva, 프라도 에네아Prado Enea, 토레 무가Torre Muga)

보데가스 브레톤Bodegas Bretón

보데가스 토비아Bodegas Tobía

엘 코토EL Coto

콘티노Contino

핀카 발피에드라Finca Valpiedra

CVNE (임페리알Imperial, 비냐 레알Viña Real)

보데가스 오발로Bodegas Obalo

세뇨리오 데 산 비첸테aSeñorio de San Vicente

이시오스Ysios

팔라시오스 레몬도Palacios Remondo

핀카 아옌데Finca Allende

미국에서 스페인 와인의 수입 부문에서 가장 우수한 수입업자 세 명인 스티브 메츨러Steve Metzler(고전적 스타일의 와인 수입), 호르헤 오르도녜스Jorge Ordoñez(스페인의 파인 에스테이츠), 에릭 솔로몬Eric Solomon(유러피언 셀러스)도 알아두면 유용하다.

– 리오하 와인의 추천 빈티지 –

1994*	1995*	2001**	2004**	2005**	2009*
2010**	2011	2012	2014	2015	2016*	2017*	2018	2019

*는 특히 더 뛰어난 빈티지 **는 이례적으로 뛰어난 빈티지

마르케스 데 무리에타는 리오하 최초의 상업적 보데가로 **1852년에 설립**되었다.

임페리얼 그란 레세르바 2004년 빈티지는 **2014년에** 유명 와인 평론지 〈와인 스펙테이터〉로부터 **세계 최고의 와인**으로 선정되었다.

리오하의 몇몇 최상급 와인 메이커는 2001년과 2004년 빈티지가 **지금까지 최고의 맛을 낸 와인**이라고 말한다.

2012년에 〈와인광〉에서는 리베라 델 두에로를 올해의 와인 생산지로 선정했다.

1982년에 리베라 델 두에로에는 **와이너리가 9곳** 뿐이었다.

일부 라벨에 표기되어 있는 코세차는 '수확'이나 '빈티지'를 의미한다. 나무통 숙성을 거의 거치지 않은 와인을 가리키기도 해서 생산자들이 **현대적 스타일의 와인**에 사용하곤 한다.

리베라 델 두에로

내가 이 책의 초판을 썼을 때만 해도 리베라 델 두에로 지역의 와인들 대부분은 조합에서 생산되었다. 물론 그 예외로서 스페인의 제일 유명한 와인 메이커로 1860년대 이후부터 와인을 빚어온 보데가스 베가 시실리아Bodegas Vega Sicilia가 있기는 했지만 한 와인만 가지고 책에서 그 지역을 따로 다루기란 무리였다. 1980년대 초반에 들어와 페스케라가 와인 평론가들로부터 호평을 받게 되었고, 이 일이 뛰어난 와인 생산에 뛰어들고픈 의욕을 자극하는 계기가 되면서 대도약의 발판이 조성되었다. 현재 리베라 델 두에로에는 와이너리 수가 270개가 넘고 포도 재배지가 5만 5000에이커에 육박하며 신세대의 뛰어난 와인 메이커들이 출현하고 있다. 이 지역의 출시 전 와인 숙성 요건은 리오하(크리안사, 레세르바, 그란 레세르바)와 똑같다. 리베라 델 두에로의 와인 양조용 주요 포도 품종은 다음과 같다.

| 가르나차 | 말벡 | 메를로 | 카베르네 소비뇽 | 템프라니요 |

다음은 내가 선호하는 리베라 델 두에로의 생산자들이다.

알토Aalto	**아바디아 레투에르타**Abadía Retuerta
알레한드로 페르난데스 Alejandro Fernandez	**아르수아가**Arzuaga
보데가스 에밀리오 모로 Bodegas Emilio Moro	**보데가스 세파**Bodegas Cepa
보데가스 펠릭스 칼레호 Bodegas Felix Callejo	**보데가스 마타로메라**Bodegas Matarromera
보데가스 로스 아스트랄레스 Bodegas Los Astrales	
콘다도 데 아사 Condado de Haza	**도미니오 데 핑구스**Dominio de Pingus
가르시아 피구에로 García Figuero	**아시엔다 모나스테리오**Hacienda Monasterio
레가리스Legaris	**몬테카스트로**Montecastro
파고 데 로스 카페야네스 Pago de los Capellanes	**페스케라**Pesquera
베가 시실리아	**비냐 마요르**Viña Mayor
보데가스 발데리스 Bodegas Valderiz	**보데가스 알리온**Bodegas Alion
보데가스 에르마노스 사스트레 Bodegas Hermanos Sastre	
보데가스 이 비녜다스 Bodegas y Viñedas	

– 리베라 델 두에로 와인의 추천 빈티지 –				
1996*	2001**	2004**	2005**	2009**
2010** 2011**	2012*	2013 2014**	2015** 2016**	2017 2018 2019

*는 특히 더 뛰어난 빈티지 **는 이례적으로 뛰어난 빈티지

페네데스 🌿

바르셀로나 바로 외곽에 위치한 페네데스는 카바Cava라는 유명한 스파클링 와인의 생산지이며 이곳에서 카바라는 명칭은 프랑스의 샴페인과 마찬가지로 자체적인 DO하에 보호받고 있다. 카바는 Class 11에서 차차 살펴보기로 하고, 여기에서는 페네데스 와인의 포도 품종부터 알아놓자.

카바	레드 와인	화이트 와인
샤르도네	카베르네 소비뇽	샤르도네
마카베오	가르나차	마카베오
파레야다	메를로	파레야다
샤렐로Xarel-lo	템프라니요	리슬링, 게뷔르츠트라미너

미국에서 스페인의 스파클링 와인을 얘기할 때 가장 유명한 이름은 코도르니우Codorníu와 프레시넷인데, 이 두 곳은 병 숙성 스파클링 와인 부문에서 세계 최대의 생산자다(프레시넷의 소유주인 페레르Ferrer 가문은 와인 매장에서 쉽게 볼 수 있는 상품인 세구라 비우다스 카바Segura Viudas Cava의 생산자이기도 하다). 이 와인들은 전통적 방식의 스파클링 와인치고 가격이 비싸지 않다.

페네데스 지역은 카바 외에 뛰어난 품질의 테이블 와인으로도 이름이 나 있다. 생산자들 중에는 토레스 가문이 대표적인데 토레스가 곧 품질을 대변하는 명칭으로 통할 정도다. 이 가문의 와인 중에서 가장 유명한 그란 코로나스 블랙 라벨Gran Coronas Black Label은 100% 카베르네 소비뇽으로 빚어지며, 구하기가 힘들고 값이 비싸다. 그러나 토레스 가문에서는 우수한 와인들을 모든 가격대에 걸쳐 다양하게 생산하고 있기도 하다. 다음은 내가 선호하는 페네데스의 생산자들이다.

알베트 이 노야Albet i Noya   장 레옹Jean Leon

마르케스 데 모니스트롤Marques de Monistrol   토레스Torres(마스 라 플라나Mas La Plana)

프리오라트, 과거와 현재
1995년: 와이너리 수 16개
2020년: 와이너리 수 103개

스페인에서 와인계의 이단아로 꼽히는 알바로 팔라시오스는 가족이 운영하는 리오하의 와이너리에서 와인 양조에 발을 내디뎠다가 프리오라트와 비에르소 지역까지 무대를 넓혀갔으며, 이 두 지역의 부흥에 일조했다. 그의 프리오라트 와인, 레르미타L'Ermita는 **스페인 와인 중에서 가장 비싸고 가장 등급 높은 와인**에 속한다. 가성비가 더 좋은 와인을 원한다면 핀카도피Finca Dofí를, 가성비 최고의 와인을 원한다면 레스 테라제스Les Terrasses를 권하고 싶다.

프리오라트 와인은 **알코올 도수가 최소한 13.5%**는 되어야 한다.

프리오라트

프리오라트는 페네데스 남쪽에 위치한 지역으로 스페인 와인 르네상스의 특징을 전형적으로 간직하고 있다. 프리오라트에서는 카르투지오 수도회의 수사들이 800년이 넘도록 포도원들을 경작해왔으나 1800년대 초에 들어서면서 정부가 경매를 통해 이곳의 땅을 지역 농민들에게 넘겨주었다. 그러다 1800년대 말에 필록세라 진디 때문에 대다수 농민이 포도 재배를 그만둘 수밖에 없게 되었고 이 농민 상당수는 헤이즐넛(개암)과 아몬드를 대신 재배하기 시작했다. 그러면서 1910년 무렵엔 와인은 조합에서 거의 다 만들다시피 했고 약 30년 전까지만 해도 프리오라트는 대체로 성찬 와인의 생산지로 인식되어 있었다.

1980년대 말 레네 바르비에르René Barbier와 알바로 팔라시오스Alvaro Palacios를 비롯하여 스페인의 가장 유명한 와인 생산자들 몇몇이 옛날의 카르투지오 수도회 포도원들을 되살리기 시작했다. 현재 프리오라트에서는 스페인 정부의 인증을 받은 최고 수준급의 레드 와인이 생산되고 있으며 프리오라트는 2003년에 정부로부터 DO에서의 최고 등급을 부여받았다. 프리오라트의 포도원들은 해발고도 약 305~914미터에 자리 잡고 있다. 포도원 대부분은 경사가 너무 가팔라 기계를 쓸 수가 없어서 옛날 방식으로 노새를 부리며 농사를 짓고 있다!

다음은 프리오라트에서 와인 양조에 이용되는 포도의 종류다.

스페인 토착 품종	세계적 품종
가르나차	메를로
카리녜나	시라
	카베르네 소비뇽

지극히 낮은 생산량과 수요량 때문에 저렴한 프리오라트는 찾아보기 힘들다. 최상급 와인의 경우엔 병당 가격이 100달러를 거뜬히 넘어선다. 다음은 내가 선호하는 프리오라트의 생산자들이다.

라 콘레리아 드스칼라 데이 La Conreria D'Scala Dei   **마스 덴 길**Mas d'en Gil

마스 라 몰라 Mas La Mola   **마스 이그네우스**Mas Igneus   **발 야크**Vall Llach

알바로 팔라시오스 Alvaro Palacios   **클로 다프네**Clos Daphne   **클로 데 로박**Clos de L'Obac

클로 마르티네 Clos Martinet   **클로 모가도르**Clos Mogador   **클로 에라스무스**Clos Erasmus

클로스 이 테라세스 Clos i Terrasses   **파밀리아 토레스**Familia Torres   **파사나우**Pasanau

– 프리오라트 와인의 추천 빈티지 –

2001** 2004** 2005** 2006* 2007 2008* 2009*
2010** 2012* 2013** 2014 2015** 2016** 2018 2019

*는 특히 더 뛰어난 빈티지   **는 이례적으로 뛰어난 빈티지

스페인의 화이트 와인

루에다

마드리드의 북서쪽에 위치한 루에다의 와인은 수백 년 전부터 이름이 나 있었으나 1970년대까지만 해도 팔로미노로 빚어지는 셰리와 유사한 스타일의 주정강화 와인이었다. 이제는 베르데호, 비우라를 원료로 쓰며 종종 소비뇽 블랑도 이용하는 새로운 스타일의 화이트 와인을 빚는데 드라이하고 과일 풍미가 풍부하며 상쾌하다.

리아스 바익사스

갈리시아Galicia(포르투갈 북부)의 산티아고 데 콤포스텔라Santiago de Compostela 인근에 위치한 리아스 바익사스에서도 1980년대부터 뛰어난 화이트 와인을 생산하고 있다. 이곳 와인의 90% 이상은 알바리뇨 포도로 빚는다.

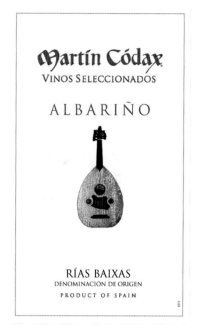

30달러 이하의 스페인 와인 중 가성비 최고의 와인 5종사

Alvaro Palacios Camins del Priorat · Bodegas Monticello Reserva ·
El Coto Crianza · Pesquera Tinto Crianza · Marrqués de Cáceres Crianza

전체 목록이 궁금하다면 427쪽 참조.

시음 가이드

복합적인 시음을 할 때는 앞서 맛본 와인이 다음 와인의 풍미를 압도하지 않도록 가벼운 스타일부터 묵직한 스타일의 순서로 마셔야 한다. 그래서 이번 시음의 구성도 영한(어린) 리오하 와인을 단독 시음한 다음, (리오하 그란 레세르바가 리베라 델 두에로 레세르바를 압도할 여지가 있는 만큼) 지역별이 아닌 등급별로 나눠 가장 어린 와인부터 가장 오래된 와인의 순서로 시음하도록 구성했다. 시음 중에 같은 지역 와인들의 공통된 풍미에 주목해보길 권한다.

리오하 리오하 와인 단독 시음

1. 리오하 호벤

크리안사 세 가지 와인의 비교 시음

2. 리오하 크리안사

3. 리베라 델 두에로 크리안사

4. 프리오라트 크리안사

레세르바 세 가지 와인의 비교 시음

5. 리오하 레세르바

6. 리베라 델 두에로 레세르바

7. 프리오라트 레세르바

그란 레세르바 세 가지 와인의 비교 시음

8. 리오하 그란 레세르바

9. 리베라 델 두에로 그란 레세르바

10. 프리오라트 그란 레세르바

음식 궁합

좋은 궁합 맞추기의 기본 원칙 하나는 같은 고장끼리 잘 맞는다는 것이다. 따라서 스페인 와인에는 지역이나 등급을 막론하고 토르티야 에스파뇰라(감자 오믈렛), 타파스(주요리를 먹기 전에 작은 접시에 담겨져 나오는 소량의 전채요리—옮긴이)를 비롯해 특히 하몬 이베리코(흑돼지 햄)와 만체고나 카브라(염소유 치즈) 등의 치즈와 짝을 맞추는 것이 무난하다.

스페인 와인의 **상식을 테스트**해보고 싶다면 436쪽의 문제를 풀어보기 바란다.

– 더 자세한 정보가 들어 있는 추천도서 –

제레미 왓슨의《스페인의 신와인과 전통와인 The New and Classical wines of Spain》
존 래드포드의《새로운 스페인The New Spain》
헤수스 바퀸, 루이스 쿠티에레스, 빅토르 데 라 세르나 공저의《리오하와 스페인 북서부Rioja and Northwest Spain》
호세 페닌의 편집으로 해마다 발행되는《페닌의 스페인 와인 가이드Peñin Guide to Spanish Wine》

이탈리아의 와인

이탈리아 레드 와인의 기초상식 ✻ 토스카나 ✻ 피에몬테 ✻

베네토 ✻ 시칠리아 ✻ 이탈리아의 기타 주요 와인 생산지

이탈리아 레드 와인의 기초상식

이탈리아에서는 200만 에이커 면적의 포도원을 **100만 명 이상의 재배자**가 소유하고 있다.

이탈리아의 와인 생산 역사는 3000년이 넘으며 현재는 세계 최대 와인 생산국의 대열에 올라 있다(프랑스와 이탈리아는 매년 최대 생산국의 영예를 차지하려 경쟁을 벌이고 있다). 이탈리아는 어디를 가든 포도나무가 보인다. 언젠가 이탈리아 와인을 파는 한 상인은 내게 이렇게 말했다. "전원이 따로 없죠. 이탈리아는 북쪽부터 남쪽까지 하나의 거대한 포도원이나 다름없어요."

이탈리아 와인은 일상생활에서 가볍게 마시든 진지하게 음미하며 마시든 어떤 경우에도 잘 맞는다. 이탈리아는 20개의 지역region과 96개의 군province으로 생산지가 나뉘며 2000종 이상의 포도를 재배한다. 하지만 이런 숫자에 기죽을 필요 없다. 기본 상식을 익히고 아래의 3대 생산지와 대표적 적포도를 중점적으로 알아두면 금세 이탈리아 와인에 훤해질 테니까.

내가 선호하는 이탈리아의 와인 생산지
베네토
토스카나
피에몬테

이탈리아에서는 **산지오베제**가 가장 많이 재배되는 품종이다.

지역	토스카나	피에몬테	베네토
포도 품종	산지오베제	네비올로	코르비나

이탈리아에는 프랑스의 AOC에 상응하는 '데노미나치오네 디 오리지네 콘트롤라타 Denominazione di Origine Controllata, DOC'로 와인 생산에 관련된 여러 사항을 규제하지만 프랑스의 AOC와 가장 큰 차이점으로서 숙성 요건까지 규제한다. 1963년에 발효된 이 DOC법에서 규제하는 사항은 다음과 같다.

- 지역 경계
- 원료로 쓰는 포도의 비율
- 알코올 함량
- 사용 가능한 포도 품종
- 에이커당 와인 생산량
- 숙성 요건

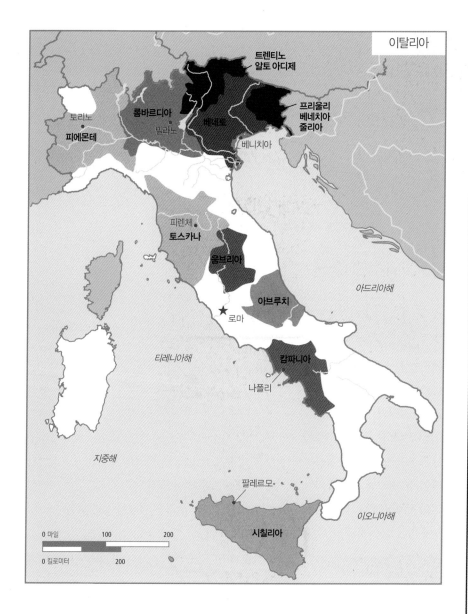

DOCG 와인

베네토

레치오토 델라 발폴리첼라Recioto della Valpolicella

레치오토 디 감벨라라Recioto di Gambellara

레치오토 디 소아베Recioto di soave

바르돌리노 수페리오레bardolino Superiore

소아베 수페리오레Soave Superiore

아마로네 델라 발폴리첼라Amarone della Valpolicella

코네글리아노 발도비아데네 프로세코 Conegliano Valdobbiadene-Prosecco

피에몬테

가비Gavi 또는 코르테세 디 가비Cortese di Gavi

가티나라Gattinara

겜메Ghemme

돌체타 디아노 달바Dolcetta Diano d'Alba

돌체토 디 돌리아니 수페리오레Dolcetto di Dogliani Superiore

돌체토 디 오바다 수페리오레Dolcetto di Ovada Superiore

로에로Roero

루체 디 카스타뇰레 몬페라토Ruche di Castagnole Monferrato

모스카토 다스티Moscato d'Asti 또는 d'Alba

바롤로

바르바레스코Barbaresco

바르베라 다스티Barbera d' Asti

바르베라 델 몬테페라토 수페리오레Barbera del Monteferrato Superiore

아퀴Acqui 또는 브라케토 다퀴Brachetto d' Acqui

알타 랑가Alta Langa

에르발루체 디 칼루소Erbaluce di Caluso

토스카나

모렐리노 디 스칸사노Morellino di Scansano

몬테쿠코 산지오베제Montecucco Sangiovese

베르나차 디 산 지미냐노Vernaccia di San Gimignano

브루넬로 디 몬탈치노Brunello di Montalcino

비노 노빌레 디 몬테풀차노Vino Nobile d' Montepulciano

엘바 알레아티코 파시토Elba Aleatico Passito

카르미냐노Carmignano

키안티Chianti

키안티 클라시코Chianti Classico

1980년대에 이탈리아 농무부는 더 높은 등급의 DOCG를 신설하여 한 단계 더 나아간 품질 통제에 나섰다. 여기에서 G는 가란티타Garantita(개런티)에 해당하는 약자로 시음위원회에서 와인 스타일의 신뢰성을 보장한다는 의미다. 또 하나의 등급으로 인디카지오네 제오그라피카 티피카Indicazione Geografica Tipica, IGT가 있는데 DOC의 자격 조건에는 미치지 못하지만 대부분 DOC 테이블 와인보다 품질 수준이 높다.

그 외 지역의 DOCG 와인

그레코 디 투포Greco di Tufo

라만돌로Ramandolo

리손Lison

몬테풀차노 아브루초 콜리네 테라마네
Montepulciano d'Abruzzo Colline Teramane

발텔리나 수페리오레Valtellina Superiore

베르나차 디 세라페트로나Vernaccia di
Serrapetrona

베르디치오 델 카스텔리 디 제시 클라시코
리제르바
Verdicchio del Castelli di Jesi Classico Riserva

베르멘티노 디 갈루라Vermentino di Gallura

베르디치오 디 마텔리카 리제르바Verdicchio
di Matelica Riserva

사그란티노 디 몬테팔코Sagrantino di
Montefalco

스칸초Scanzo

스포르차토 디 발텔리나Sforzato di Valtellina

알리아니코 데 타부르노Aglianico de Taburno

알리아니코 델 불투레 수페리오레Aglianico
del Vulture Superiore

알바나 디 로마냐Albana di Romagna

올트레 포파베세 메토도 클라시코
Oltrepo Pavese Metodo Classico

체라수올로 디 비토리아Cerasuolo di Vittoria

체사네세 델 필리오Cesanese del Piglio

카스텔리 디 제시 베르디치오 리제르바
Castelli di Jesi Verdicchio Riserva

코네로Conero

콜리 볼로네지 클라시코 피뇨레토Colli
Bolognesi Classico Pignoletto

콜리 아솔라니 프로세코Colli Asolani Prosecco

콜리 에유가네이 피오르 다란치오Colli
Euganei Fior d'Arancio

콜리 오리엔탈리 델 프리울리 피콜리트Colli
Orientali del Friuli Picolit

타우라시Taurasi

토르지아노 리제르바 몬테팔코Torgiano
Riserva Montefalco

프라스카티 수페리오레Frascati Superiore

프란차코르타Franciacorta

피아노 디 아벨리노Fiano di Avellino

피아베 말라노테Piave Malanotte

이탈리아 와인의 품질 등급

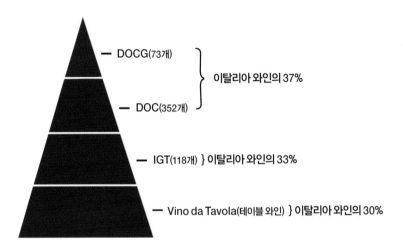

50년 전만 해도 이탈리아 와인의 90%가 테이블 와인이었다.

이탈리아의 와인명 명칭

보르도 와인은 대체로 라벨에 샤토의 명칭이 찍혀 있고 캘리포니아 와인은 라벨에 표기된 포도 품종이 그 와인명이다. 그러나 이탈리아에서는 와인명을 짓는 방법이 와인 생산지별로 달라서 포도 품종명을 붙이기도 하고 지역명이나 마을명, 아니면 상품명을 붙이기도 한다. 다음이 몇 가지 예다.

포도 품종	지역명이나 마을명	상품명
바르베라	키안티	티냐넬로
네비올로	바롤로	사시카이아
피노 그리지오	바르바레스코	오르넬라이아
산지오베제	몬탈치노	수무스

토스카나

토스카나는 와인 양조의 역사가 길다. 거의 3000년 전으로까지 거슬러 올라가 로마 이전 시대에 에트루리아인이 살던 때부터 시작되었다. 키안티는 토스카나의 와인 생산지이자 이탈리아에서 가장 유명한 와인이다. '키안티'라는 이름은 서기 700년부터 기록에 등장한다. 키안티의 대표 생산자인 브롤리오Brolio는 1141년부터 지금까지 30대가 넘게 가업을 이어 포도원을 가꾸면서 와인을 양조하고 있다.

키안티

현재의 DOCG법에서는 키안티를 생산할 때 산지오베제를 최소한 80% 사용하도록 규제하고 있지만 비전통적인 품종(카베르네 소비뇽, 메를로, 시라 등)의 사용을 전례 없는 비율인 20%까지 허용함으로써 다른 포도의 사용을 장려도 한다. 25년 동안 이런 변화와 더불어 포도원 시설과 와인 양조 기법이 발전하면서 현재 키안티의 품질과 명성은 대폭 상승했다. 다음은 키안티의 세 가지 등급이다.

키안티 가장 기본적인 등급. (가격대 ★)
키안티 클라시코 키안티 지방 내에서도 유서 깊은 지역산. 2년의 의무 숙성 기간을 거침. (가격대 ★★)
키안티 클라시코 리제르바 최소 27개월간 숙성하는 클라시코 지역산. (가격대 ★★★★)
키안티 클라시코 그란 셀렉시오네 최상급의 등급. 와이너리의 자체 포도원에서 재배한 포도만 써야 하며(에스테이트 보틀드 와인으로 생산) 최소 의무 숙성 기간이 30개월. (가격대 ★★★★)

키안티 구입 요령

키안티는 포도의 블렌딩에 따라 스타일이 아주 다양하다. 따라서 가장 먼저 취향에 잘 맞는 스타일을 찾아 정한 다음 반드시 신뢰할 만한 우수 생산자의 상품을 구입한다. 키안티의 우수 생산자 몇몇을 소개한다.

노촐레Nozzole   루피노Ruffino
르 마치올레Le Macchiole   리카솔리Ricasoli
멜리니Melini   몬산토Monsanto
몬테펠로소Montepeloso   미켈레 사타Michele Satta

키안티 중에서 **5분의 1만이** 키안티 클라시코 리제르바다.

클라시코Classico: 유서 깊은 클라시코 지역에 자리 잡은 모든 포도원.

키안티 클라시코와 키안티 클라시코 리제르바의 생산자들은 대체로 차별화를 위해 **산지오베제 100%**로 와인을 양조한다.

수페리오레superiore: 비교적 알코올 도수가 높고 숙성 기간이 긴 와인.

바디아 아 콜티부오노Badia a Coltibuono

브란카이아Brancaia

비냐마지오Vignamaggio

안티노리 테누타 벨베데레Antinori Tenuta Belvedere

카스텔라레 디 카스텔리나Castellare di Castellina

카스텔로 델 테리치오Castello del Terriccio

카스텔로 디 볼파이아Castello di Volpaia

카스텔로 디 폰테루톨리Castello di Fonterutoli

카스텔리누차 에 피우카Castellinuzza e Piuca

퀘르치아벨라Querciabella

파토리아 레 푸필레Fattoria le Pupille

포데레 그라타마코Podere Grattamacco

폰토디Fontodi

벨과르도Belguardo

브롤리오Brolio

산 펠리체San Felice

안티노리Antinori

카스텔로 데이 람폴라Castello dei Rampolla

카스텔로 디 보시Castello di Bossi

카스텔로 디 아마Castello di Ama

카스텔로 반피Castello Banfi

카파넬레Capannelle

파토리아 디 말리아노Fattoria di Magliano

페트라Petra

포데레 키아노Podere Chiano

프레스코발디Frescobaldi

그 외의 토스카나 와인

토스카나는 다른 종류의 와인도 여러 가지 생산하고 있지만 브루넬로 디 몬탈치노, 비노 노빌레 디 몬테풀치아노, 카르미냐노, 마렘마Maremma의 볼게리 지역산 슈퍼 투스칸Super Tuscan은 꼭 알아둘 만하다.

브루넬로 디 몬탈치노

이곳 몬탈치노 마을은 5000에이커에 달하는 포도원으로 둘러싸인 언덕 마루에 자리 잡고 있어 그 풍광이 숨이 막히도록 아름답다. 이 지역의 와인은 브루넬로(산지오베제의 별칭) 품종 100%로 만들어지며 세계 최상급의 대열에 낀다. 내가 굉장히 좋아하는 레드 와인이기도 하다. 브루넬로 디 몬탈치노는 1980년에 DOCG 등급을 부여받았다. 1995년 빈티지부터는 오크통에서의 최소 의무 숙성 기간이 기존의 3년에서 2년으로 변경되었다. 그 결과 과일 풍미가 더 풍부하고 더 마시기 편한 와인으로 거듭났다. 2008년에 브루넬로 디 몬탈치노의 와인 메이커들은 앞으로 와인의 원료로 산지오베제 100%를 쓰면서 다른 품종을 블렌딩하지 않기로 표결했다. 브루넬로 디 몬탈치노를 구매하려면 다음을 꼭 명심해두기 바란다. 최적의 음용기에 이르려면 5~10년 정도 숙성이 더 필요할 수도 있다는 것. 브루넬로 디 몬탈치노의 생산자들은 150곳이 넘는데 다음은 그중에서 내가 선호하는 생산자들이다.

가야Gaja

라 푸가La Fuga

리시니Lisini

라 폰데리나La Poderina

리비오 사세티Livio Sassetti

마르케시 데 프레스코발디Marchesi de Frescobaldi

브루넬로 디 몬탈치노는 공급량이 한정되어 있어서 값이 아주 비싼 와인도 있다. **토스카나의 레드 와인 중 가성비 최고의 와인**을 원한다면 로소 디 몬탈치노Rosso di Montalcino, 로소 디 몬테풀치아노Rosso de Montepulciano를 특히 뛰어난 빈티지산으로 찾아보길.

와인	경작면적 (에이커)	와이너리 수
브루넬로 디 몬탈치노	5040	201
비노 노빌레 디 몬테풀차노	3088	76
키안티 클라시코	1만 7800	381

바르비Barbil

비온디 산티Biondi-Santi

산 필리포San Filippo

실비오 나르디Silvio Nardi

알테시노Altesino

일 마로네토Il Marroneto

카사노바 디 네리Casanova di Neri

카스텔지오콘도Castelgiocondo

카파르초Caparzo

콘스탄티Constanti

콜로소르보Collosorbo

포지오 안티코Poggio Antico

폴리치아노Poliziano

발디카바Valdicava

산 펠리체

시로 파첸티Siro Pacenti

안티노리Antinori

우첼리에라Uccelliera

치아치 피콜로미니 다라고나Ciacci Piccolomini d'aragona

카스텔로 반피Castello Banfi

카파나Capanna

카피네토Carpineto

콜 도르치아Col d'orcia

테누타 디 세스타Tenuta di Sesta

포지오 일 카스텔라레Poggio Il Castellare

풀리니Fuligni

비노 노빌레 디 몬테풀차노

비노 노빌레 디 몬테풀차노는 문자 그대로 해석하면 '몬테풀차노 마을의 명품 와인'이라는 뜻이다. 이 와인은 현지 명칭으로 프루뇰로 젠틸레Prugnolo Gentile로 불리기도 하는 포도 품종, 산지오베제를 주원료로 써서 (최소 용량 70%에 따라) 빚는다. 몬탈치노 마을처럼 몬테풀차노 역시 와인 애호가들이라면 꼭 찾아가볼 만한 여행지다. 이 지역은 와이너리 수가 75곳이 넘으며 포도 경작면적은 3000에이커를 넘어선다. 다음은 내가 선호하는 비노 노빌레 디 몬테풀차노의 생산자들이다.

데이Dei

보스카렐리Boscarelli

아비뇨네시Avignonesi

파사티Fassati

폴리치아노Poliziano

라 브라체스카La Braccesca

빈델라Bindella

이카리오Icario

파토리아 델 체로Fattoria del Cerro

발디피아타Valdipiatta

살케토Salcheto

카르피네토Carpineto

포지오 알라 살라Poggio Alla Sala

카르미냐노

토스카나의 소규모 와인 생산지인 카르미냐노는 로마 시대부터 뛰어난 품질의 와인을 생산해왔으나 지난 20년 사이에야 인지도를 얻었다. 카르미냐노산 와인은 DOCG 규정상 최소 50%의 산지오베제와 10~20%의 카베르네 소비뇽이나 카베르네 프랑 등 그 외의 토착종 포도를 원료로 써야 한다. 최소한 3년간의 숙성을 거치기도 해야 한다. 카르미냐노산 와인은 다음의 생산자들을 눈여겨볼 만하다.

아르티미노Artimino

포지올로Poggiolo

빌라 디 카페차나Villa di Capezzana

현재 이탈리아에서는 **카베르네 소비뇽, 메를로,
샤르도네**를 원료로 와인을 빚는 와인 생산자들
도 많다.

토스카나의 또 다른 곳, 남서부 연안 지역

45년 전쯤에 내가 처음 토스카나를 방문했을 당시에는 가치를 쳐줄 만한 와인이 키
안티 하나뿐이었고 그나마도 아주 우수한 편은 아니었다. 현재는 세계정상급 와인
으로 꼽히지만, 당시에는 그랬다. 그러더니 약 30년 전부터 키안티 외에 토스카나의
또 다른 지역 이름이 사람들 입에 오르내리기 시작했다. 토스카나의 해안 지대, 마
렘마에 위치한 볼게리였다.

그 특유의 풍경(습지대)과 와인 양조 스타일 때문에 황야의 서부라는 별명을 얻기도
한 볼게리는 포도 경작면적이 2900에이커가 넘는다. 포도가 심어진 시기로 따지면
19세기까지 거슬러 올라가지만 세계적 주목을 끌게 된 것은 지난 40년 사이의 일이
다. 볼게리 와인은 토착 품종의 포도만을 원료로 쓸 수 있는 브루넬로나 디 몬탈치
노와 비노 노빌레 디 몬테풀차노와 달리 카베르네 소비뇽, 카베르네 프랑, 메를로 같
은 세계적인 품종의 적포도를 원료로 쓴다. 시라와 프티 베르도, 토스카나의 전통
품종인 산지오베제 등의 품종도 종종 원료로 쓴다.

수십 년 전 DOC에서는 카베르네 소비뇽 같은 특정 포도 품종의 사용을 금지했고,
그러면서 1970년대에는 키안티 와인의 시장도 침체에 빠지며 고전을 면치 못했다.
이탈리아의 양조업자들은 (캘리포니아 와인 메이커들이 메리티지 와인을 출시한 것처럼)
DOC 규정을 탈피해 더 뛰어난 와인을 만들기 위한 시도로서 법적 등급상으론 비
노 다 타볼라, 즉 테이블 와인에 들지만 독자적 스타일을 띠는 와인을 만들었다. 이
와인은 현재 IGT 등급으로 관리되고 있고, 당신도 어쩌면 이탈리아 레스토랑의 와
인 리스트와 고급 와인 매장에서 봤을지 모르지만, 이제는 세계적 명성을 얻으면서
'슈퍼 투스칸'이라는 이름으로 불리고 있다.

슈퍼 투스칸이라는 말은 와인 전문 기고가인 버트 앤더슨Burt Anderson이 붙여준 이
름이며 이탈리아 정부로부터 공식적 인정을 받지는 못했다. 다음은 볼게리에서 재
배되는 주요 포도 품종이다.

레드 와인	화이트 와인
메를로	베르멘티노
산지오베제	소비뇽 블랑
시라	트레비아노
카베르네 소비뇽	
카베르네 프랑	

다음은 내가 선호하는 슈퍼 투스칸이다.

생산자	슈퍼 투스칸 와인명	포도 품종
레 마키올레 Le Macchiole	메소리오 Messorio	메를로 100%
아그리콜라 산 펠리체 Agricola San Felice	비고렐로 Vigorello	산지오베제, 카베르네 소비뇽
안티노리 Antinori	구아도 알 타소 Guado al Tasso	카베르네 소비뇽, 메를로, 카베르나 프랑
안티노리	솔라이아 Solaia ('태양을 담은 와인'이라는 뜻)	카베르네 소비뇽 80%, 카베르네 프랑 20%
안티노리	티냐넬로 Tignanello	산지오베제 80%+카베르네 소비뇽, 카베르네 프랑
카스텔로 디 아마 Castello di Ama	라파리타 L'Apparita	메를로 100%
카스텔로 반피 Castello Banfi	숨무스 Summus	카베르네 소비뇽, 산지오베제, 시라
테누타 델 오르넬라이아	마세토 Masseto	메를로 100%
테누타 델 오르넬라이아 Tenuta dell'Ornellaia	르넬라이아 Ornellaia	카베르네 소비뇽 80%, 메를로 15%, 카베르네 프랑, 프티 베르도
테누타 산 귀도 Tenuta San Guido	사시카이아 Sassicaia	카베르네 소비뇽 85%, 카베르네 프랑 15%
테누타 세테 폰티 Tenuta Sette Ponti	오레노 Oreno	메를로, 카베르네 소비뇽, 프티 베르도
테누타 콜도르치아 Tenuta Col d'Occia	올마이아 Olmaia	카베르네 소비뇽 100%
투아 리타 Tua Rita	레디가피 Redigaffi	메를로 100%
폰토디 Fontodi	플라차넬로 델라 피에베 Flaccianello della Pieve	산지오베제 100%

슈퍼 투스칸 와인명에는 'aia'라는 접미사를 붙인 이름이 많은데, 이 말은 이탈리아어로 '양이 많다'라는 뜻이다. 즉, 'Sassicaia'는 자갈이나 돌sasso이 많다는 뜻이 되고, 'Solaia'는 태양이 많다는 뜻이 된다. 슈퍼 투스칸 와인이 빚어지기 시작한 뒤로 다수의 이탈리아 최상급 와인 생산자들이 자신들만의 독자적 '슈퍼' 블렌딩을 만들어왔다. 그래서 생산자에 따라 100% 카베르네 소비뇽을 원료로 쓰기도 하고(예: 올마이아) 카베르네 소비뇽, 메를로, 카베르네 프랑으로 보르도 스타일 블렌딩을 하는가 하면(예: 오르넬리아) 산지오베제를 주원료로 카베르네 소비뇽과 카베르네 프랑을 블렌딩하기도 한다(예: 티냐넬로).

최초의 슈퍼 투스칸 와인, 사시카이아는 1968년에 출시되었고 〈와인 스펙테이터〉로부터 2018년도 최고의 와인에 선정되었다.

브리코BRICCO: 언덕 비탈의 포도원.

피에몬테의 와인 생산 비율

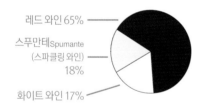

- 레드 와인 65%
- 스푸만테Spumante (스파클링 와인) 18%
- 화이트 와인 17%

피에몬테

풀 바디의 레드 와인 가운데 세계 최상급으로 꼽히는 와인들이 피에몬테에서 생산되고 있다. 최고의 포도원들은 랑게Langhe와 몬페라토Monnferrato 언덕에 자리잡고 있다. 피에몬테의 주요 포도 품종은 다음의 세 종이다.

바르베라	돌체토	네비올로
(4만 1000에이커)	(1만 6000에이커)	(9000에이커)

바르바레스코와 바롤로 마을에서는 토스카나의 최상급 DOCG 와인 두 가지가 생산되고 있다. 이 '무게감 묵직한' 와인들은 네비올로 품종으로 만들어지는데 산도가 높은 편이며 타닌과 알코올 함량이 높다. 따라서 어린 빈티지라면 식사에 곁들일 때 신중해야 한다. 자칫하면 음식을 압도할 수 있다.

	바르바레스코	VS	바롤로
포도 품종	네비올로		네비올로
최저 알코올 함량	12.5%		13%
스타일	바디가 가볍지만 섬세하고 우아함		비교적 풍미가 복잡하고 바디가 묵직함
최소 숙성 기간	2년(1년은 나무통 숙성)		3년(1년은 나무통 숙성)
'리제르바Riserva'의 의미	4년간 숙성		5년간 숙성
생산량	300만 상자		1000만 상자

다음은 바롤로에서 가장 높은 등급의 (크뤼급) 포도원들이다.

라 모라La Morra	라베라Ravera
레 코스테Le Coste	모스코니Mosconi

몬빌리에로Monvigliero

바롤로Barolo

브루나테Brunate

브리코 산 피에트로Bricco San Pietro

세랄룽가 달바Serralunga d'Alba

카스틸리오네 팔레토Castiglione Falletto

몬포르테 달바Monforte d'Alba

부시아Bussia

브리코 로케Brico Rocche

브리콜리나Briccolina

체레퀴오Cerequio

칸누비Cannubi

피에몬테 와인 중 내가 애호하는 생산자들은 다음과 같다.

가야Gaja

도메니코 클레리코Domenico Clerico

레나토 라티Renato Ratti

루치아노 산드로네Luciano Sandrone

마르케시 디 그레시Marchesi di Gresy

마솔리노Massolino

모카가타Moccagatta

비에티Vietti

안토니오 발라나Antonio Vallana

에르발루체 디 칼루소

콘테르노 판티노Conterno Fantino

폰타나프레다Fontanafredda

프루노토Prunotto

피오 체사레Pio Cesare

B. 자코사B. Giacosa

G. 콘테르노G. Conterno

다밀라노Damilano

라 스피네타La spinetta

로베르토 보에르치오Roberto Voerzio

마르카리니Marcarini

마르케시 디 바롤로Marchesi di Barolo

마스카렐로 에 피글리오Mascarello e Figlio

보르고뇨Borgogno

스키아벤자Schiavenza

안토니올로Antoniolo

체레토Ceretto

파올로 스카비노Paolo Scavino

프로두토리 델 바르바레스코Produttori del Barbaresco

피라Pira

A. 콘테르노A. Conterno

C. 리날디C. Rinaldi

M. 키아를로M. Chiarlo

이쯤에서 프루노토의 주세페 콜라Giuseppe Colla가 조언으로 들려주곤 하는 숙성 통칙을 짚고 넘어가보자. 우선 그해가 좋은 빈티지라면 바르바레스코는 최소한 4년은 두었다가 마신다. 같은 상황일 때 바롤로는 6년간 보관한다. 그러나 훌륭한 빈티지라면 바르바레스코는 6년간, 바롤로는 8년간 보관한다. "참는 자에게 복이 있다"는 말도 있지 않은가. 특히 와인에 딱 맞는 말이다. 대다수 피에몬테 와인은 10년 사이에 스타일이 변했다. 과거의 피에몬테 와인들이 어린 와인일 때는 타닌 성분이 강해서 음미하기 부담스러웠다면 현재는 마시기에 더 편해졌다.

피에몬테 와인 중에는 **가티나라**라는 또 하나의 뛰어난 와인이 있다. 안토니올로 레제르바스Antoniolo Reservas를 찾아보라.

2017년은 60년 사이에 **가장 적은 수확을 거둔 해**였다.

피에몬테를 가을에 가야 하는 세 가지 이유는 수확, 음식, 흰 송로버섯 때문이다.

피에몬테의 비교적 오래전의 우수 빈티지: 1982, 1985, 1988, 1989, 1990

– 피에몬테 와인의 최근 추천 빈티지 –						
1996**	1998*	1999*	2000**	2001**	2004**	2005*
2006**	2007**	2008**	2009*	2010**	2011**	2012**
2013**	2014*	2015**	2016*	2017*	2018**	2019

*는 특히 더 뛰어난 빈티지 **는 이례적으로 뛰어난 빈티지

베네토 🦋

베네토는 이탈리아 최대 와인 생산지다. 베네토라는 이름은 좀 낯설 테지만 사람에 따라 발폴리첼라, 바르돌리노, 소아베 같은 베네토의 와인은 언젠가 맛본 적이 있을 수도 있다. 이 세 와인은 모두 일관성이 좋고 마시기 편하며 숙성이 따로 필요 없다. 품질 면에서 볼 때 브루넬로디 몬탈치노나 바롤로에 견줄 만한 수준은 아니지만 꽤 괜찮은 테이블 와인이며 가격도 부담이 없다. 셋 중에서 가장 최상급은 발폴리첼라다. 리파소ripasso 방법으로 만든 발폴리첼라 수페리오레Valpolicella Superiore를 찾아보라. 리파소 방법이란 아마로네를 만들고 남은 포도껍질을 추가하여 알코올 함량을 높이고 풍미를 더욱 풍부하게 만드는 양조법이다. 다음은 찾기 쉬운 베네토 생산자들이다.

볼라Bolla	산타 소피아Santa Sofia	수아비아Suavia
안셀미Anselmi	알레그리니Allegrini	체나토Zenato
퀸타렐리Quintarelli	폴로나리Folonari	

아마로네

'아마로네'라는 이름은 '쓸쓸하다'는 뜻의 amar와 '크다'는 뜻의 one에서 유래되었다. 아마로네는 발폴리첼라 와인의 일종으로 베네토 지역 특유의 양조 과정을 거쳐 생산된다. (코르비나, 론디넬라, 몰리나라 품종의) 각 송이마다 가장 잘 익은 포도만 선별해 거적에 깔아서 말린 다음 건포도화시켜서 만들어진다. 아마로네를 양조하는 와인 메이커들은 당분을 대부분 발효시켜 알코올 함량을 14~16%까지 높인다. 아마로네의 법정 최저 알코올 함량은 14%다. 발폴리첼라는 1990년 이후 포도원의 규모가 2배나 늘었다. 다음은 내가 선호하는 아마로네 생산자들이다.

니콜리스Nicolis	로마노 달 포르노Pomana dal Forno	마시Masi
베르타니Bertani	알레그리니Allegrini	체나토Zenato
체사리Cesari	퀸타렐리Quintarelli	테데스키Tedeschi
토마시Tommasi	톰마소 부솔라Tommaso Bussola	

– 아마로네의 추천 빈티지 –						
1990**	1993	1995**	1997**	1998**	2000*	2001*
2003*	2004**	2006*	2008**	2009**	2010*	2011*
2012*	2013*	2015*	2016**	2017*	2018*	2019*

*는 특히 더 뛰어난 빈티지 **는 이례적으로 뛰어난 빈티지

시칠리아 ◦

판텔레리아섬은 달콤한 주정강화 와인 마르살라Marsala와 지비보Zibibbo(무스카토)의 생산지로 오래전부터 유명세를 떨쳤지만 시칠리아는 얼마 전까지만 해도 트레이드 마크로 내세울 만한 와인을 갖지 못했다. 시칠리아의 와인은 대부분 블렌딩 용도의 벌크 제품으로 프랑스나 북이탈리아로 실려 갔다.

그러다 1983년에 정부에서 샤르도네, 카베르네 소비뇽, 시라 등 세계적 품종의 포도 사용을 늘리기 위한 정책을 시행하면서 포도원 운영과 와이너리 관리에 대한 새로운 기법도 도입시켰는데 결과적으로 좋은 성과를 거두게 되었다! 2000년 무렵 여러 와이너리가 토착 품종으로 최상급 와인을 만드는 데 힘을 쏟으며 레드 와인용으로는 네로 다볼라, 네렐로 마스칼레세에, 화이트 와인용으로는 그릴로Grillo, 카타라토Catarratto, 인촐리아Inzolia에 주력하게 되었다.

시칠리아는 지중해에서 가장 큰 섬이자 이탈리아 전체에서 4위의 와인 생산지인 곳으로, 나는 20년 동안 세 번 다녀왔다. 첫 탐방 때는 지면을 따로 할애할 만한 특색이 눈에 띄지 않았다. 10년 전에도 마찬가지였다. 그러다 최근 탐방 때는 한 달을 머물며 서부 연안 지역부터 에트나산에 걸쳐 자리 잡은 50곳 이상의 와이너리를 방문했다. 첫 탐방 이후 어느새 많은 변화가 일어나 와인의 품질이 향상되었는가 하면 와인업계 전반이 새로운 경향으로 들어서 있었다. 현재 시칠리아는 생산자 453곳, DOC 와인 23개, DOCG 와인 1개를 보유하고 있다. 시칠리아에서는 옛것이 다시 새로운 것이 된다는 옛 속담이 틀린 말이 아니며 최고는 아직 나오지 않았다.

토양

시칠리아는 이탈리아에서 가장 덥고 건조한 지역이다. 내가 탐방을 가 있던 2017년 여름에도 매일같이 기온이 32~35도를 찍었고, 비는 한 방울도 내리지 않는 채로 바람만 많이 불었다. 시칠리아는 전반적으로 토양이 빈약한 데다 포도의 재배지가 언덕과 산악 지대에 자리 잡고 있다. 내가 만난 시칠리아의 어느 와인 메이커는 시칠리아와 에트나산은 서로 별세계 같다는 말을 하기도 했다. 실제로 에트나산의 포도원들은 이따금씩 달에 와 있는 듯한 기분을 느끼게 한다. 토양은 시커먼 화산토火山土이고 발이 푹 빠지기라도 하면 용암 가루가 피어 올라오니 그럴 만도 하다! 다음은 주요 와인 생산지를 생산 와인과 함께 정리해놓은 것이다.

노토Noto	모스카토
마르살라Marsala	주정강화 와인

영국인 존 우드하우스John Woodhouse는 우연히 **마르살라 와인**을 접하게 된 이후 영국으로 들여와 셰리, 포트와의 경쟁 반열에 올려놓았다.

한 와인 메이커에게 들은 말을 그대로 옮기자면 시칠리아에는 공식 언어가 이탈리아어(시칠리아어), 그리스어, 라틴어, 아랍어, 히브리어로 5개나 되는데 이는 섬의 **역사와 다양성**을 그대로 반영해주는 특징이다.

2011년	IGT 테레 시칠리아네Terre Siciliane 등급이 마련됨
2013년	콘소르치오Consorzio(조합)가 세워지고 생산자의 98%가 가입
2020년	DOC급 와인이 늘어남

시칠리아에서는 비의 70%가 에트나산에 **집중되어 내린다.**

와인계의 방랑 마법사 리카르도 코타렐로Riccardo Cotarello는 이탈리아 최고의 와인 컨설턴트이며 지난 10년 동안 시칠리아 와인의 품질을 끌어올리는 데 지대한 공헌을 했다.

활화산인 에트나산의 가장 최근의 분화는 2017년 3월에 일어났다.

용암이 식어 가루로 변하기까지는 **200년**이 걸린다.

미국에 이탈리아 와인을 들여오는 대수입상 **마르크 데 그라치아**Marc de Grazia는 에트나산에 테누타 델레 테레 네레Tenuta delle Terre Nere라는 포도원을 소유하고 있다.

시칠리아의 와인 생산 비율

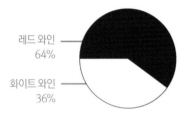

레드 와인
64%

화이트 와인
36%

멘피Menfi	레드 와인, 화이트 와인, 로사토
비토리아Vittoria	체라수올로 디 비토리아
시라쿠사Siracusa	레드 와인(네로 다볼라), 화이트 와인, 무스카토
에트나산Mt. Etna	레드 와인 80%, 화이트 와인 20%
파로Faro	레드 와인에만 주력

시칠리아의 포도 재배

이곳에서는 기후 조건 덕분에 어렵지 않게 유기농 포도를 재배할 수 있다.

적포도

토착 품종	
네로 다볼라	이 지역의 상징적 품종
네렐로 마스칼레세	에트나 레드 와인의 주요 품종
네렐로 카푸치오Nerello Cappuccio	에트나 산악 지대에서 네렐로 마스칼레세와 블렌딩하여 쓰는 품종
프라파토Frappato	비교적 가벼운 풍미의 품종
페리코네Perricone	풀 바디에 묵직한 와인의 원료로 쓰이는 품종
세계적 품종	
메를로	
시라	
카베르네 소비뇽	

청포도

토착 품종	
그릴로	마르살라의 베이스로 쓰이는 이 품종을 스파클링 와인으로 만들어 샤르도네 같은 세계적 품종과 블렌딩하는 추세가 일어나고 있다.
인촐리아	시칠리아 내에서 드라이한 화이트 와인의 양조에 최적의 품종
지비보(무스카토)	판텔레리아에서 달콤하고 그윽한 아로마의 와인을 빚기 위한 원료로 활용되는 품종
카타라토	가장 많이 재배되는 청포도 품종(전체 포도원의 60% 차지). 마르살라에서는 블렌딩용 품종으로 통용되고 있다.
세계적 품종	
샤르도네	
소비뇽 블랑	

네로 다볼라와 프라파토 포도로 빚는 체라수올로 디 비토리아는 시칠리아의 유일한 DOCG 와인이다. 스타일상으로 따지자면 네렐로 마스칼레세 포도는 (부드러운 과일 풍미가 풍부한) 피노 누아르와 (높은 산도와 타닌을 지닌) 네비올로의 중간쯤이다. 현재 시칠리아에서 재배되는 세계적 포도 품종 중 실력 쟁쟁한 와인 메이커들이 선호하는 품종은 햇빛과 뜨거운 열기를 좋아하는 시라다. 내가 시칠리아에서 맛봤던 최고의 와인 몇 종도 시라를 원료로 쓴 것이었다. 달콤한 와인을 좋아한다면 판텔레리아의 모스카토나 말바시아 델레 리파리Malvasia delle Lipari를 추천한다. 2011년에 마련된 IGT 테레 시칠리아네 등급은 시칠리아의 모든 와인에, 2017년에 제정된 DOC 시칠리아는 시칠리아에서 생산되는 상급 와인에 적용되는 등급이다.

시칠리아 와인 구입 요령

이 지역에서는 최근 15년 사이에 와이너리의 수가 3배로 늘어났으며 다음의 생산자를 주목해볼 만하다.(*는 내가 선호하는 생산자.)

굴피Gulf
두카 디 살라파루타Duca di Salaparuta
레갈레알리Regaleali
마르코 데 바르톨리Marco de Bartoli*(파시토 디 판텔레리아Passito di Pantelleria)
모르간테Morgante
바로네 빌라그란데Barone Villagrande
발리오 쿠라톨로Baglio Curatolo
세테솔리Settesoli
아바치아 산타 아나스타시아Abbazia Santa Anastasia
칸티엔 루소Cantien Russo
타스카 달메리타Tasca d'Almerita*(알메리타Almerita)
테누타 라피탈리아Tenuta Rapitalia
파소피시아로 콘트라다Passopisciaro Contrada*
팔라리Palari*
페우도 마카리Feudo Maccari
페우도 프린치피 디 부테라Feudo Principi di Butera
플라네타Planeta*

돈나푸가타Donnafugata*
란티에리Lantieri(리파리Lipari)

무라나Murana
발리오 디 피아네토Baglio di Pianetto
베난티Benanti*
스파다포라Spadafora*
제오르기 톤디Georghi Tondi
쿠수마노Cusumano*
테누타 델레 테레 네레Tenuta delle Terre Nere
테라차 델레트나Terrazza dell'Etna
파타시아Fatascia
페우도 디시사Feudo Disisa
페우도 몬토니Feudo Montoni*
프랑크 코르넬리센Frank Cornelissen
피리아토Firriato

다음은 시칠리아의 상징적 와인들 가운데 내가 선호하는 것들이다.

돈나푸가타 파시토 디 판텔레리아 벤 리에Donnafugata Passito di Pantelleria Ben Ryé
두카 디 살라파루타Duca di Salaparuta   두카 엔리코Duca Enrico
로소 델 콘테Rosso del Conte
마르코 데 바르톨리 마르살라 수페리오레Marco de Bartoli Marsala Superiore
스파다포라 솔레 데이 파드레Sapdafora Sole dei Padre
에트나 프레필록세라 라 비녜 디 돈 페피노Etna Prephylloxera La Vigne di Don Peppino

에트나 산악 지대에서 양조되는 레드 와인은 원료의 최소 80%가 **네렐로 마스칼레세여야 한다.**

시칠리아는 **젤라토와 카놀리**(작은 파이프 모양으로 튀긴 후 크림으로 속을 채워 만든 이탈리아 페이스트리-옮긴이)의 원조 지역이다.

페우도Feudo는 봉토封土라는 뜻이다.

시칠리아는 나의 **3대 인생 필수품**인 올리브 오일, 빵, 와인의 방면에서 특출 난 곳이다.

에트나 산악 지대에서 생산되는 와인의 80%는 **레드 와인**이다.

코르보 두카 엔리코Corvo Duca Enrico

코스 네로 다볼라 시칠리아 콘트라다Cos Nero d'Avola Sicilia Contrada

쿠수마노 네로 다볼라 시칠리아 사가나Cusumano Nero d'Avola Sicilia Sàgana

테누타 델레 테레 네레Tenuta delle Terre Nere

파소피시아로 테레 시칠리아네 콘트라다Passopisciaro Terre Siciliane Contrada

페우도 마카리 시칠리아 마아리스Feudoi Maccari Sicilia Mahâris

플라네타 샤르도네 시칠리아Planeta Chardonnay Sicilia

–에트나 레드 와인의 최근 추천 빈티지–									
2010*	2011	2012	2013	2014*	2015	2016*	2017*	2018	2019
*는 특히 더 뛰어난 빈티지									

–시칠리아의 최근 추천 빈티지–					
2014**	2015	2016*	2017*	2018	2019
**는 이례적으로 뛰어난 빈티지					

이탈리아의 기타 주요 와인 생산지

이탈리아는 와인 생산지 20곳 전역에서 우수 와인이나 명품 와인을 생산하고 있어서 비교적 유명하지 않은 생산지들도 간략하게나마 살펴볼 만하다. 그런 의미에서 지역별로 주요 포도 품종, 음미해볼 만한 최상의 와인, 내가 선호하는 생산자들을 표로 정리해보았다.

지역	주요 포도 품종	최상의 와인	추천 생산자
아브루초	몬테풀차노 다브루초 Montepulciano d'Abruzzo	몬테풀차노 Montepulciano 마시아렐리 Masciarelli	엘리오 몬티 Elio Monti 라 발렌티나 La Valentina 에미디오 페페 Emidio Pepe 발렌티니 Valentini
캄파니아	알리아니코 Aglianico 피아노 Fiano 그레코 Greco 산지오베제	그레코 디 투포 Greco di Tufo 피아노 디 아벨리노 Fiano di Avellino 타우라시 Taurasi	페우디 디 산 그레고리오 Feudi di San Gregorio 마스트로 베라르디노 Mastro-berardino 몰레티에라 Molettiera 몬테베트라노 Montevetrano 무스틸리 Mustilli 빌라 마틸데 Villa Matilde 데 콘칠리스 파에스툼 De Conciliis Paestum
프리울리 베네치아 줄리아	피노 그리지오 피노 비안코 샤르도네 소비뇽 블랑		리비오 펠루가 Livio Felluga 마르코 펠루가 Marco Felluga 마리오 스키오페토 Mario Schiopetto
롬바르디아	트레비아노 네비올로	프란차코르타 (스파클링 와인) 루가나 Lugana 발텔리나 Valtellina (그루멜로 Grumello) 사셀라 Sassella 인페르노 Inferno 발젤라 Valgella	스파클링 와인 생산자: - 벨라비스타 Bellavista - 카 델 보스코 Ca'del Bosco 발텔리나 생산자: - 콘티 세르톨리 Conti Sertoli - 파이 Fay - 니노 네그리 Nino Negri - 라이놀디 Rainoldi

바실리카타 지역 와인 중에서는 테레 델리 스베비 알리아니코Terre degli Svevi Aglianico를 추천한다. 지역별로 다음 와인도 찾아볼 만하다.
라치오: 마르코 카르피네티Marco Carpineti 와인
풀리아: 리베라Rivera
칼라브리아: 리반디Libandi
사르디니아: 산타디 아르졸라스Santadi Argiolas

이탈리아의 와인 생산 비율

| 50% 화이트 와인 | 50% 레드 와인 |

지역	주요 포도 품종	최상의 와인	추천 생산자
트렌티노 알토 아디제	**청포도:** 피노 그리지오 피노 비안코 샤르도네 소비뇽 게뷔르츠트라미너 **적포도:** 카베르네 소비뇽 카베르네 프랑 라그레인Lagrein 메를로		알로이스 라제데르Alois Lageder 칸티나 디 테를라노 Cantina di Terlano 콜테렌지오Colterenzio 페라리Ferrari(스파클링 와인) 포라도리Foradori H. 룬H. Lun 로탈리아노Rotaliano 테롤데고Teroldego 티에펜브루너Tiefenbrunner 트라민Tramin
움브리아	트레비아노 사그란티노Sagrantino 산지오베제 메를로	오르비에토Orivieto 사그란티노 디 몬테팔코 Sagrantino di Montefalco 토르지아노 로소 리제르바 Torgiano Rosso Riserva	아르날도 카프라이 Arnaldo Caprai 카스텔로 델레 레지네 Castello Delle Regine 룽가로티Lungarotti 파올로 베아Paolo Bea

이탈리아의 화이트 와인

이 책의 초판이 출간된 1985년에만 해도 이탈리아의 화이트 와인은 다뤄지지 않았다. 그만큼 당시엔 이탈리아의 와인 메이커들이 레드 와인의 양조에 매진하던 상황이었다. 그 무렵 시중 출시 상품 중 가장 인기 있던 화이트 와인인 오리비에토 소아베Orivieto Soave, 프라스카티 피노 그리지오Frascati Pinot Grigio, 베르디킬Verdicchil은 요즘도 여전히 저렴하고 부담스럽지 않은 맛의 일상 와인으로 유통되고 있다. 현재 이탈리아에서 최고의 화이트 와인 생산지는 트렌티노 알토 아디제와 프리울리 베네치아 줄리아(콜리오Collio)가 꼽힌다. 두 지역에서는 샤르도네, 리슬링, 소비뇽 블랑 같은 세계적 품종이 재배되고 있다. 이 품종들은 코르테세Cortese, 아르네이스 Arneis, 베르멘티노Vermentino, 그레케토Grechetto, 피아노, 가르가네가Garganega, 팔랑

기나Falanghina를 비롯해 (시칠리아의 스위트 와인의 원료로 쓰이는) 그 유명한 지비보 등의 토착 품종과 함께 이탈리아 전역에서 생산되고 있는 뛰어난 화이트 와인의 탄생에 기여하고 있다. 다음은 내가 선호하는 이탈리아의 화이트 와인이다.

스타일	생산자
가비Gavi	예르만 '빈타제 투니나'Jermann 'Vintage Tunina'
베르나차 디 산 지미냐노 Vernaccia di San Gimignano	안티노리 체르바르도 델라 살라 샤르도네 Antinori Cervardo Della Sala Chardonnay
베르디키오 데이 카스텔리 디 예시 클라시코 수페리오레 Verdicchio Dei Castelli Di Jesi Classico Superiore	브루노 자코사 로에로 아르네이스Bruno Giacosa Roero Arneis, 칸티나 테를라노 테를라네르 클라시코 Cantina Terlano Terlaner Classico, Livio Felluga Sauvignon Blanc
클라시코 수페리오 Verdicchio Dei Castelli di Jesi Classico Superiore	레리비오 펠루가 소비뇽 블랑 Livio Felluga Sauvignon Blanc
콜리오 샤르도네 Collio Chardonnays	라 스콜카 가비 데이 가비 블랙 라벨 La Scolca Gavi Dei Gavi Black Label

이탈리아 와인의 50년 전과 현재

이전까지만 해도 이탈리아인들에게 와인은 소금이나 후추처럼 음식의 맛을 돋우기 위한 양념 같은 존재였다. 하지만 그 후로 와인 양조는 좀 더 사업화가 되었고, 이탈리아 와인 메이커들의 철학도 크게 바뀌었다. 이제는 전 세계의 소비자를 끌어들일 만한 더 뛰어난 와인을 목표로 현대적 기술, 최신식 포도원 관리법, 현대적인 와인 양조법을 활용하고 있다. 실험적으로 카베르네 소비뇽과 메를로 같은 비전통적인 포도 품종을 사용한 와인 양조에 도전해왔다. 이런 실험은 캘리포니아에서의 실험과는 차원이 다르다. 다시 말해 이탈리아는 말 그대로 수천 년간 이어져온 전통을 깨고 있다. 이탈리아의 양조업자들은 수출 시장에 더 우수한 와인을 내놓기 위해 수십 세대 이전까지 거슬러 올라가는 와인 양조 기술을 버려야만 했다.

소비자들에게는 반갑지 않은 뉴스일 테지만 이탈리아 와인은 25년 사이 가격이 크게 뛰기도 했다. 이탈리아 와인 중에는 세계적으로 가장 고가에 드는 와인도 있다. 물론 이탈리아 와인이 그만한 가치가 없다는 말은 아니다. 다만 소비자 입장에서 가성비가 50년 전과 같지 않음을 말하고 싶을 뿐이다.

30달러 이하의 이탈리아 와인 중 가성비 최고의 와인 5총사

**Allegrini Valpolicella Classico • Castello Banfi Toscana Centine •
Michele Chiarlo d'Asti • Morgante Nero d'Avola • Taurino Salice Saletino**

전체 목록은 423~424쪽 참조.

피노 그리지오는 화이트 와인용 품종으로 프랑스의 알자스에서도 재배하는데, 프랑스에서는 피노 그리로 불린다. 오리건이나 캘리포니아에서도 잘 자란다.

피에몬테에서 가장 많이 재배되는 화이트 와인용 품종은 **모스카토**다(재배 면적 2만 5000에이커).

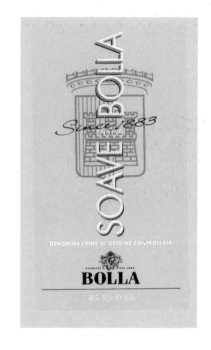

최근 들어 이탈리아에서는 **싱글 빈야드** single-vineyard(단일 포도원에서 생산된 포도를 엄격히 선별하여 제조한 와인) 표기 와인이 새로운 트렌드로 떠오르고 있다.

이탈리아에서는 생수나 맥주 소비는 증가하는 반면, **와인 소비는 감소**하는 추세다.

시음 가이드

대다수 사람이 프랑스나 미국 와인에 대해서는 좀 알지만 이탈리아 와인에 대해서는 거의 모른다. 그래서 이번 시음은 이탈리아나 스페인의 와인을 잘 모르는 이들에게 새로운 발견의 기회가 되도록 구성했다. 산지오베제, 네비올로로 빚은 새로운 와인 스타일에도 눈떠보기 바란다. 피에몬테 와인을 시음할 때는 레나토 라티의 조언대로 좀 가벼운 스타일인 바르베라로 시작해 더 풀 바디인 바르바레스코를 맛보고 나면 바롤로뿐 아니라 아마로네의 진가를 음미해보게 될 것이다.

토스카나 세 가지 와인 비교 시음

1. 키안티 클라시코 리제르바
2. 비노 노빌레 디 몬테풀차노
3. 브루넬로 디 몬탈치노

피에몬테 세 가지 와인 비교 시음

4. 바르베라나 돌체토
5. 바르바레스코
6. 바롤로

베네토 하나의 와인 단독 시음

7. 아마로네

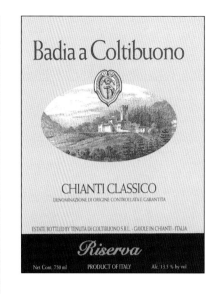

피에몬테의 레드 와인을 마실 때는 좀 가벼운 스타일인 바르베라나 돌체토부터 시작해서 점차 풀한 바디의 바르바레스코로 높여가다 보면 바롤로의 진가를 제대로 알 수 있다. 와인 양조업자 레나토 라티가 말했다시피 "바롤로는 종착지의 와인이다."

음식 궁합

이탈리아에서는 와인을 음식과 잘 어우러지도록 만든다. 모든 식사에 어김없이 와인이 같이 나온다. 그러면 지금부터 전문가들의 추천을 참고해 들어보자.

"**키안티**는 프로슈토(향신료가 많이 든 이탈리아 햄), 닭고기, 파스타와 잘 맞습니다. 피자는 두말하면 잔소리죠. **키안티 클라시코 리제르바**에는 최상품 소갈비 정찬이나 스테이크가 잘 어울려요."

— 암브로조 폴로나리, 루피노

"**키안티**는 온갖 고기요리와 잘 맞습니다. 하지만 스테이크, 멧돼지, 꿩 등의 사냥고기 같은 '맛이 강한' 요리뿐 아니라 페코리노 토스카노 치즈는 **브루넬로**를 위해 남겨둡니다."

— 에치오 리벨라, 카스텔로 반피

"피에몬테 와인은 시음할 때보다 음식과 같이 먹어야 좋다."
– 안젤로 가야

이탈리아 와인의 **상식을 테스트**해보고 싶다면 436쪽의 문제를 풀어보기 바란다.

- 더 자세한 정보가 들어 있는 추천도서-

메리 유잉 멀리건과 에드 매카시의《왕초보를 위한 이탈리아 와인Italian Wines for Dummies》

버튼 앤더슨의《사이먼 & 슈스터의 이탈리아 와인 포켓 가이드The Simon & Schuster Pocket guide to Italian Wines》

버튼 앤더슨의《이탈리아 와인 지도Wine Atlas of Italy》

빅터 하잔의《이탈리아 와인Italian Wine》

이안 다가타의《와인용 포도 재배에 잘맞는 이탈리아의 타고난 테루아Italy's Native Wine Grape Terroirs》

제랄린 브로스톰, 잭 브로스톰의《이탈리아 와인 들여다보기Into Italian Wine》

조셉 베스티아니치와 데이비드 린치의《이탈리아 와인Vino Italiano》

"**바르바레스코**와 잘 맞는 음식은 송아지고기나 에멘탈 또는 폰티나 같은 너무 진하지 않은 숙성 치즈입니다. 바르바레스코를 마실 때는 파마산 치즈나 염소젖 치즈는 피하는 게 좋습니다. **바롤로**는 제가 즐겨 먹기도 하는 양고기구이가 괜찮습니다."

– 안젤로 가야

"저는 가벼운 스타일의 **돌체토**를 마실 때는 모든 첫 코스요리와 온갖 흰살코기요리, 그중에서도 닭고기나 송아지고기를 즐겨 먹고 생선은 피합니다. 돌체토는 양념이 진한 소스에는 어울리지 않지만 토마토소스나 파스타와는 잘 맞습니다."

– 주세페 콜라, 프루노토

"**바르베라**나 **돌체토**는 닭고기나 가벼운 음식과 잘 어울립니다. 하지만 **바롤로**와 **바르바레스코**는 좀 묵직한 음식을 내야 와인의 바디와 맞습니다. 아니면 육즙이 배어나오도록 굽거나, 바롤로 와인에 푹 절인 로스트비프, 와인으로 조리한 고기요리, 꿩고기, 오리고기, 산토끼고기, 치즈도 좋습니다. 바롤로 와인으로 조리한 리소토도 추천하고 싶습니다. 디저트에 와인을 낼 때, 딸기나 복숭아와 함께 **돌체토** 와인을 내보세요. 와인의 드라이한 맛과 과일의 달콤한 맛이 대비를 이루면서 미각을 자극합니다!"

– 레나토 라티

"어린 **키안티**에 권하고 싶은 요리는 닭고기구이, 비둘기고기, 미트소스 파스타입니다. 숙성된 키안티는 맛을 돋우기 위해 키안티를 넣고 졸인 고기를 곁들인 파스타, 꿩고기 등의 사냥고기, 멧돼지고기, 로스트비프가 좋아요."

– 로렌차 데 메디치, 바디아 아 콜티부오노

"저는 **키안티**에 토스카나의 유명한 구이요리, 특히 비스테카 알라 피오렌티나(소고기를 숯불에 구운 피렌체식 스테이크 요리)를 즐겨 먹지만 가금류나 햄버거와 같이 먹어도 맛있어요. **키안티 클라시코 리제르바**에는 멧돼지나 잘 숙성된 파마산 치즈를 즐겨 먹습니다. 로스트비프, 칠면조구이, 양고기, 송아지고기와도 찰떡 궁합이에요."

– 피에로 안티노리

시칠리아의 레드 와인에는 양고기, 돼지고기, 염소고기 요리가 잘 어울리고 **시칠리아의 화이트 와인**에는 노랑촉수, 황새치, 참치 요리를 권하고 싶다.

오스트레일리아와
뉴질랜드의 와인

오스트레일리아

영국은 (자신들이 붙인 명칭대로) 미국의 독립전쟁에서 식민지를 잃은 후 또 다른 식민지 개발지를 찾다가 1788년에 뉴사우스웨일스주에 시드니를 세웠다. 오스트레일리아의 와인 산업은 바로 이 해부터 시작되었고 와인 산업 초반엔 주정강화 와인에 주력했다. 그러다 1830년대에 카베르네 소비뇽 포도가 보르도의 샤토 오브리옹에서 잘라 온 꺾꽂이 가지들로 멜버른 인근에 심어졌고 1832년에는 제임스 버즈비가 프랑스 론 밸리의 샤푸티에 포도원에서 시라 가지를 잘라 와서 헌터 밸리에 심었다. 오

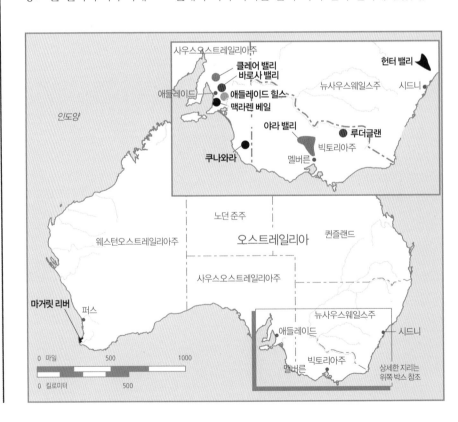

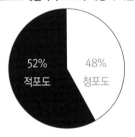

오스트레일리아, 과거와 현재
1970년: 포도 경작면적 9만 2000에이커
2020년: 포도 경작면적 36만 1090에이커

오스트레일리아의 미국에 대한 와인 수출
1990년: 57만 8000상자
2020년: 1630만 상자

오스트레일리아 포도 수확량의 비율

52% 적포도
48% 청포도

2020년을 기준으로 오스트레일리아의 와인 생산 지역은 65곳이며, **와이너리 수는 2500개**에 육박한다.

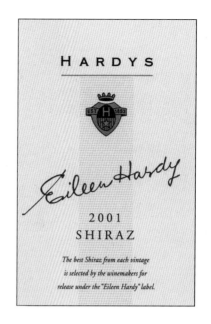

스트레일리아에서 가장 규모가 크거나 가장 명성 높은 와인 기업으로 꼽히는 헨쉬키Henschke, 린드만Lindemans, 올랜도Orlando, 펜폴드Penfolds, 세펠트Seppelt 등은 설립 연대가 19세기까지 거슬러 올라가는 역사를 자랑하며 현재 아주 뛰어난 와인을 생산해내고 있다.

과거에만 해도 오스트레일리아는 와인보다 캥거루나 서핑으로 더 유명했지만 현재는 세계 최대의 와인 생산국 순위에서 당당히 6위에 있다. 1970년대부터는 우수한 품종명 와인이 생산되기 시작하더니 그 뒤로 급속도로 품질이 향상되었다. 오스트레일리아 와인 수출은 1988년부터 2008년까지 100% 가까이 증가해서 현재 30억 달러대를 넘어서고 있다!

오스트레일리아의 와인 생산지는 65곳이 넘으며, 이 생산 지역의 지역명은 GI Geographical Indication(지리적 표시제. 오스트레일리아에서 시행되는 원산지 명칭의 통제 제도로 1993년에 도입되었다. 프랑스의 AOC와 유사하지만 유럽과 달리 엄격한 제한이 따르지 않는

오스트레일리아는 생산 와인의 대부분을 **중국**으로 수출하고 있다.

오스트레일리아는 미국에 와인을 수출하는 수출국 순위 3위를 차지하고 있으며 특히 **옐로우 테일**Yellow Tail을 가장 많이 수입하고 있다. 옐로우 테일의 판매량은 2001년의 20만 상자에서 2020년엔 거의 1100만 상자로 껑충 뛰었다.

또 다른 와인 생산지로는 스파클링 와인으로 유명한 **태즈메이니아**와 주정강화 와인으로 유명한 **루더글렌**이 있다.

다. GI가 표시된 와인은 적어도 85% 이상의 포도가 해당 지역에서 재배된 것으로 만들어져야 한다는 것이 유일한 제한이다—옮긴이)로 분류되어 있다. 그러면 이 많은 생산지를 전부 다 외워야 할까? 그래도 오스트레일리아 와인을 제대로 익히려면 최고의 와인 생산지들과 생산지별 명산품 정도는 익혀두어야 한다.

지역	품종
사우스오스트레일리아주	
애들레이드 힐스Adelaide Hills	샤르도네, 소비뇽 블랑
클레어 밸리Clare Valley	리슬링
바로사 밸리Barossa Valley	시라즈, 그르나슈
맥라렌 베일McLaren Vale	시라즈, 그르나슈
쿠나와라Coonawarra	카베르네 소비뇽
뉴사우스웨일스주	
헌터 밸리Hunter Valley	세미용
빅토리아주	
야라 밸리Yarra Valley	샤르도네, 피노 누아르
웨스턴오스트레일리아주	
마거릿 리버Margaret River	카베르네 소비뇽, 샤르도네, 소비뇽 블랑, 세미용

사우스오스트레일리아주는 오스트레일리아 와인의 생산량 가운데 거의 절반을 차지하는 생산지다. 세계적으로 드물게 필록세라에 감염된 적이 없는 지역(74쪽 참조)에 들어서, 대다수 포도 재배자들이 여전히 포도나무 고유의 접본을 사용하고 있다.

오스트레일리아에서 재배 중인 포도의 품종은 100종이 넘지만 그중에 토착종은 전무하다. 다음은 주요 청포도 품종이다.

샤르도네	소비뇽 블랑	세미용	리슬링
(5만 1460에이커)	(1만 7000에이커)	(1만 4000에이커)	(1만 에이커)

다음은 주요 적포도 품종이다.

시라즈/시라	카베르네 소비뇽	메를로	피노 누아르
(9만 5743에이커)	(6만 5000에이커)	(2만 3000에이커)	(1만 2000에이커)

오스트레일리아의 와인 산업에는 1990년 빈티지를 시작으로 LIPLabel Integrity Program가 발효되었다. LIP는 프랑스의 AOC법처럼 와인 생산을 다각도로 관리하고 있지는 않지만 빈티지, 품종, 지리적 표시제GI를 규정하고 감독한다. 오스트레일리아의 와인 라벨은 LIP나 오스트레일리아 식품기준법Australian Food Standards Code에 설정된 그 밖의 규정에 따라 많은 정보를 표시하고 있다.

측면의 라벨을 예로 살펴보자. 생산자는 펜폴드로 되어 있다. 여러 품종을 블렌딩한 경우에는 이 라벨처럼 각 품종의 비율을 표시해야 하는데 가장 높은 비율을 차지하는 품종을 맨 앞에 둔다. 이 라벨과 같이 '클레어 밸리' 등의 특정 와인 생산지가 명시되어 있다면 그 와인 원료의 최소한 85%가 그 지역산 포도여야 한다. 빈티지가 찍혀 있다면 그 와인의 95%는 그 빈티지의 것이어야 한다.

오스트레일리아에는 세계 최고령에 드는 시라즈(시라) 포도나무가 여러 그루 있는데, 이 중 상당수는 **100년**이 넘었다.

오스트레일리아 와인은 30%가 **시라즈**고 **샤르도네**가 16%다.

새들을 위해

포도원 운영자들에게 최대 골칫거리 중 하나는 포도에 단맛이 무르익을 무렵 새들의 식욕이 더 왕성해진다는 것이다. 포도 재배자들은 이 문제를 위해 허수아비, 초음파 퇴치기 등의 여러 방법을 쓰고 있지만 가장 좋은 방법은 보호용 그물 씌우기가 아닐까?

현재 오스트레일리아 와인의 75% 이상이 **스크류캡 마개** 와인이다.

스위트 와인을 좋아하는가? 그렇다면 챔버스Chambers의 뮈스카나 뮈스카델을 마셔보길 권한다.

오스트레일리아에서 가장 선망받는 **와인상**은 1962년에 지미 왓슨이라는 오스트레일리아의 와인 바 운영주 이름을 따서 제정된 지미 왓슨 메모리얼 트로피Jimmy Watson Memorial Trophy이며, 해마다 1년 된 레드 와인 가운데 최고의 와인을 뽑아 상을 준다. 1회부터 15회까지 연속으로 라벨에 Burgundy type이나 Claret type이라고 표기된 와인들에게 수상의 영예가 안겨지다가 1976년이 되어서야 품종 표기 와인이 트로피를 받게 되었다.

1994년 이후부터 오스트레일리아를 비롯한 대다수 와인 생산국들은 EU와인협정에 따르고 있다. 그런데 이 협정의 내용 중에는 Burgundy, Champagne, Port, Sherry 같은 이름을 일반 명칭으로 차용하여 쓰지 못하게 하는 규정이 있다. 오스트레일리아의 가장 유명한 와인으로 꼽히는 펜폴드 그레인지 에르미타주Penfolds Grange Hermitage의 생산자인 펜폴드사에서는 이 와인협정에 따르기 위해 프랑스의 론 밸리에서 생산되는 와인에 붙는 이름인 Hermitage를 와인 명칭에서 빼고 펜폴드 그레인지로 개명했다. 펜폴드 그레인지는 '새롭게 바뀐' 이름에도 불구하고 여전히 오스트레일리아 최고 와인으로서의 위상을 지키고 있다. 최근에 그레인지Grange 1951년 빈티지 한 병이 8만 달러에 팔리기도 했다.

내가 선호하는 오스트레일리아 와인 생산자

그랜트 버지 Grant Burge (메사 시라즈Meshach Shiraz)

눈 와이너리 Noon Winery (리저브 카베르네 소비뇽Reserve Cabernet Sauvignon)

다렌버그D'Arenberg (더 데드 암 시라즈The Dead Arm Shiraz)

드 보르톨리 De Bortoli (노블 원Noble One)

르윈 에스테이트 Leeuwin Estate (아트 시리즈 샤르도네Art Series Chardonnay 또는 카베르네 소비뇽)

마운트 메리 Mount Mary (퀸텟Quintet)

몰리두커 시라즈 Mollydooker Shiraz (벨벳 글로브Velvet Glove)

바스 펠릭스 Vasse Felix (마거릿 리버 샤르도네Margaret River Chardoaany 및 세미용)

보이저Voyager (마거릿 리버 소비뇽 블랑/세미용Margaret River Sauvignon Blanc/Sémillon)

쇼 앤 스미스 Shaw & Smith (M3 빈야드 애들레이드 힐스 샤르도네M3 Vineyard Adelaide Hills Chardonnay)

얄룸바Yalumba (더 멘지스 쿠나와라 카베르네 소비뇽The Menzies Coonawarra Cabernet Sauvignon)

예링 스테이션 Yering Station (시라즈 비오니에Shiraz Viognier)

울프 블라스 Wolf Blass (블랙 라벨 시라즈Black Label Shiraz)

위라 위라 Wirra Wirra (RSW 시라즈 및 앙젤뤼스 카베르네 소비뇽Angelus Cabernet Sauvignon)

잼스헤드Jamshead (세빌 시라Seville Syrah)

짐 베리 Jim Barry (맥레이 우드 시라즈McRae Wood Shiraz)

카트눅Katnook (오디세이 카베르네 소비뇽Odyssey Cabernet Sauvignon)

컬런 와인즈 Cullen Wines (다이아나 메들린Diana Madeline)

케슬러Kaesler (올드 바스타드 시라즈Old Bastard Shiraz)

케이프 멘텔 Cape Mentelle (카베르네 소비뇽Cabernet Sauvignon)

크리스 링랜드 Chris Ringland

클라렌던 힐스Clarendon Hills (힉킨보탐 그르나슈Hickinbotham Grenache)

타빌크Tahbilk (에릭 스티븐스 퍼브릭 시라즈Eric Stevens Purbrick Shiraz 또는 카베르네 소비뇽)

토브렉 빈트너스Torbreck Vintners (런릭Run Rig)

페털루마Petaluma (애들레이드 힐스 시라즈Adelaide Hills Shiraz)

펜폴드Penfolds (그레인지Grange, 빈 707 카베르네 소비뇽Bin 707 Cabernet Sauvignon)

포웰 앤 선Powell & Son (브레네커 그르나슈Brennecker Grenache)

피터 르만Peter Lehmann (리저브 리슬링Reserve Riesling 또는 세미용)

하디스Hardy's (샤토 레이넬라 셀러 넘버원 시라즈Château Reynella Cellar No. One Shiraz)

헨쉬키Henschke (시릴 카베르네 소비뇽Cyril Cabernet Sauvignon, 힐 오브 그레이스Hill Of Grace)

헨틀리 팜Hentley Farm (더 뷰티The Beauty)

호프만 빈야드 시라즈Hoffman Vineyard Shiraz

오스트레일리아의 빈티지는 **그 해의 전반기에** 결정된다. 포도를 2월에서 5월까지 수확하기 때문이다.

2006년은 수확기가 가장 늦은 해였고 2013년은 수확기가 가장 이른 해였다. 마 거릿 리버의 와인은 2013년산이 뛰어난 빈티지로 꼽힌다.

오스트레일리아 와인 **상식을 테스트**해보고 싶 다면 437쪽의 문제를 풀어보기 바란다.

– 더 자세한 정보가 실린 추천도서 –
제임스 할리데이의 《오스트레일리아 와인 안 내서Australian Wine Companion》

– 최근의 추천 빈티지(바로사, 쿠나와라, 맥라렌 베일) –

2004** 2005** 2006* 2010** 2012** 2013* 2014
2015** 2016* 2017* 2018* 2019 2020
*는 특히 더 뛰어난 빈티지 **는 이례적으로 뛰어난 빈티지

30달러 이하의 오스트레일리아 와인 중 가성비 최고의 와인 5총사

Jacob's Creek Shiraz Cabernet • Leeuwin Estate Siblings Shiraz •
Lindeman's Chardonnay Bin 65 • Penfolds "Bin 28 Kalimma" Shiraz •
Rosemount Estate Shiraz Cabernet(Diamond Label)

전체 목록은 418쪽 참조.

뉴질랜드

뉴질랜드는 천연의 아름다움을 간직한 해안선, 굽이굽이 펼쳐진 언덕, 장엄하게 솟은 산, 환상적인 기후를 자랑한다. 뉴질랜드는 번지점프의 고향이기도 한데, 이 번지점프야말로 아직 한창 젊은 신생 와인 산업의 활력과 왕성함을 그대로 대변해주는 상징이다. 기록상으로 뉴질랜드에서 와인이 생산된 최초의 빈티지는 1836년이었고 1985년 무렵엔 포도 재배지의 규모가 대략 1만 5000에이커에 이르렀다. 하지만 당시 이 포도 재배지에 심어진 포도들(뮐러 투르가우가 가장 많았다) 대다수는 다량의 저급 와인으로 빚어졌다. 와인 양조업자들이 너무 많은 양의 와인을 생산하는 바람에 재고가 어마어마할 지경이었다. 급기야 정부가 포도밭의 4분의 1에서 포도나무를 뽑는 재배자에게 현금을 지원해주겠다고 나서면서 포도나무 뽑기 운동을 주도했다. 그 결과로 하급 와인의 원료로 쓰이던 포도들이 대량으로 제거되자 고품질의 와인 주조용 포도들에 대한 관심이 되살아나며 소비뇽 블랑, 피노 누아르, 샤르도네의 재식이 확산되었다. 이러한 변화는 뉴질랜드 와인 산업에 새로운 출발점

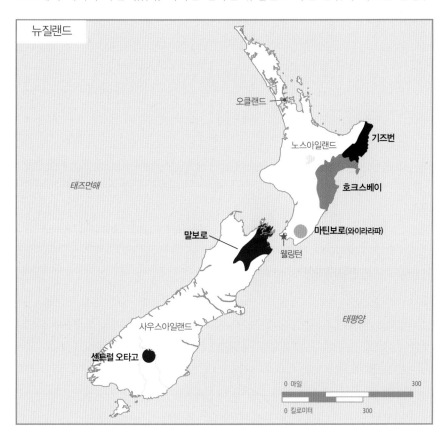

뉴질랜드

오클랜드

노스아일랜드

기즈번

호크스베이

마틴보로(와이라라파)

말보로

웰링턴

태즈먼해

사우스아일랜드

센트럴 오타고

태평양

0 마일   300
0 킬로미터   300

뉴질랜드 인구의 95%는 차로 48km 거리 내로 바다에 인접해서 살고 있다.

뉴질랜드의 포도 경작면적

1985년	1만 5000에이커
1986년	1만 1000에이커 (포도나무 뽑기 운동이 있었던 해)
2020년	9만 5600에이커

뉴질랜드, 과거와 현재
1985년 : 와이너리 수 100개
2020년 : 와이너리 수 500개 이상

뉴질랜드의 와인 생산 비율

80% 화이트 와인

20% 레드 와인

뉴질랜드 와인의 90% 이상은 **스크류캡 마개**의 와인이다.

뉴질랜드는 세계 최고의 **소비뇽 블랑** 생산량에서 프랑스에서 이어 2위를 점유하고 있다.

뉴질랜드는 와인 외에 낙농품과 모직으로 유명하다. 뉴질랜드의 와이너리들은 겨울 동안 **포도원에 양들을 방목**하면서 풀과 잡초를 제거한다.

뉴질랜드는 1996년에 **피노 누아르**의 재배면 적이 1000에이커에 불과했으나, 현재는 1만 4000에이커 이상으로 늘어났다.

뉴질랜드에 **소비뇽 블랑**이 처음 심어진 때는 1975년이었다.

뉴질랜드에서는 **60%**에 이르는 포도원에서 소비뇽 블랑이 재배되고 있다.

이 되었다. 그 뒤로 30년 사이에 뉴질랜드의 와인과 포도원들은 비약적인 발전을 해 현재는 뉴질랜드의 소비뇽 블랑과 피노 누아르 와인이 세계의 와인계로부터 그 수준을 인정받고 있다.

최근 들어 그 열기가 다소 식긴 했으나, 뉴질랜드 와인은 진화를 거듭하고 있다. 와인 메이커들은 25종 이상의 다양한 포도 품종을 제약 없이 자유롭게 재배하면서 뉴질랜드의 토양과 기후가 지닌 왕성한 잠재력을 차츰 깨닫고 있다. 뉴질랜드의 현재 와인 메이커와 포도원 운영자들을 1세대이자 신출내기들이라고 간주하고 전망해보자면, 앞으로 뉴질랜드는 세계적 수준의 와인을 더욱더 많이 생산해낼 것이다. "최고는 아직 나오지 않았다." 뉴질랜드의 이 홍보 테마는 그 말 그대로다.

뉴질랜드에는 두 개의 섬, 노스아일랜드와 사우스아일랜드에 모두 10곳의 와인 생산지가 있으며 이 중 가장 주목할 만한 다섯 곳을 유명 와인과 함께 소개한다.

생산지	포도 품종
노스아일랜드	
기즈번	샤르도네
호크스베이	보르도 스타일의 블렌딩 와인, 샤르도네, 시라
마틴보로/와이라라파	피노 누아르
사우스아일랜드	
말보로	소비뇽 블랑, 피노 누아르
센트럴 오타고	피노 누아르

센트럴 오타고산의 포도는 세계 최남단에서 수확되는 포도다. 뉴질랜드의 대표적 포도 품종은 다음과 같다.

샤르도네   소비뇽 블랑   피노 누아르

피노 그리와 시라도 앞으로 몇 년 안에 대표 품종으로 떠오를 가망성이 엿보인다.

말보로의 소비뇽 블랑

30년 전에 소비뇽 블랑은 뉴질랜드의 전체 포도 수확량의 4%에도 못 미쳤다. 현재 말보로에는 뉴질랜드 포도밭의 75% 이상이 몰려 있으며 이곳에서 뉴질랜드 소비뇽 블랑의 90%를 생산한다. 그런 만큼 뉴질랜드는 "세계의 소비뇽 블랑의 수도"라고 자처하고 있지만 뉴질랜드의 테루아는 프랑스나 캘리포니아와 크게 다르다. 와인 전문 작가들은 뉴질랜드 소비뇽 블랑 와인을 묘사할 때 "상큼하다, 미네랄 풍미가 있다, 자몽이나 라임 외에 열대 과일 특유의 새콤한 풍미가 전해진다, 풀잎 특유의 톡 쏘고 강렬하고 기운찬 아로마가 있다"는 등의 표현을 즐겨 쓴다. 심지어 "고양이 오줌 냄새" 같다고 표현하는 이들도 종종 있다! 나름 매력적이지 않은가?

내가 선호하는 뉴질랜드의 와이너리

그레이왜키Greywacke

노틸러스Nautilus

드라이 리버Dry River

마투아 밸리Matua Valley

배비치Babich

빌라 마리아Villa Maria

세레신Seresin

세인트 클레어Saint Clair

아미스필드Amisfield

아타 랑기Ata Rangi

에스크 밸리Esk Valley

쿼츠 리프Quartz Ree

클라우디 베이Cloudy Bay

테 마타Te Mata

트리니티 힐Trinity Hill

펠튼 로드Felton Road

기센Giesen

도그 포인트Dog Point

리폰Rippon

머드 하우스Mud House

벨 힐Bell Hill

브랜코트Brancott (몬태나montana)

세이크리드 힐Sacred Hill

스파이 밸리Spy Valley

아스트로라베Astrolabe

에스카프먼트Escarpment

쿠메우 리버Kumeu River

f크래기 레인지Craggy Range

킴 크로포드Kim Crawford

투 패덕스Two Paddocks

팰리저Palliser

포레스트Forrest

2018년은 뉴질랜드에서 **가장 더웠던 여름**으로 기록되었다.

뉴질랜드 포도나무의 70%는 수령이 **10년** 이하다.

30달러 이하의 뉴질랜드 와인 중 가성비 최고의 와인 5총사

Brancott Estate Pinot Noir Reserve • Cloudy Bay "Te Koko" •
Kim Crawford Sauvignon Blanc • Stoneleigh Pinot Noir • Te Awa Syrah

전체 목록은 425쪽 참조.

시음 가이드

오스트레일리아는 여러 품종의 포도로 와인을 양조한다. 그런 의미에서 이번 시음의 첫 순서는 오스트레일리아의 다양성을 느껴보도록 구성해봤다. 포도 품종별 비교 시음의 경우엔 같은 품종이라도 뉴질랜드와 세계의 다른 와인 생산지 간에 어떤 차이가 나는지 느껴보도록 구성했다. 단, 오스트레일리아 와인 시음 후에 이어서 뉴질랜드 와인을 시음하거나 반대로 시음해서는 안 된다. 두 나라의 와인을 별도로 시음하길 권한다. 쿠나와라 카베르네 소비뇽이 뉴질랜드 소비뇽 블랑을 압도하거나, 오리건 피노 누아르는 클레어 밸리 리슬링을 압도할 소지가 다분해서 해두는 당부다.

오스트레일리아 네 가지 화이트 와인의 비교 시음

1. 클레어 밸리 리슬링

2. 애들레이드 힐스 소비뇽 블랑

3. 헌터 밸리 세미용

4. 마거릿 리버 샤르도네

세 가지 레드 와인의 비교 시음

5. 야라 밸리 피노 누아르

6. 맥라렌 베일 시라즈

7. 쿠나와라 카베르네 소비뇽

뉴질랜드 두 가지 소비뇽 블랑의 비교 시음

1. 말보로 소비뇽 블랑

2. 상세르

두 가지 피노 누아르의 비교 시음

　　3. 센트럴 오타고 피노 누아르

　　4. 오리건 피노 누아르

음식 궁합

풍부한 과일 풍미에 진하고 강한 오스트레일리아의 **시라즈**는 중국 음식(특히 돼지고기요리)이나 케밥과 짝을 맞추는 것이 좋다. 뉴질랜드의 **피노 누아르**는 오리고기, 양고기, 바닷가재요리가 잘 어울린다. 오스트레일리아의 **샤르도네**와 뉴질랜드의 **소비뇽 블랑** 모두 해산물과 궁합이 좋다. 게, 바닷가재, 연어같이 다소 기름진 요리에는 샤르도네가 잘 맞고, 굴과 새우같이 비교적 담백한 요리에는 소비뇽 블랑이 좋다.

뉴질랜드 와인 **상식을 테스트**해보고 싶다면 437쪽의 문제를 풀어보기 바란다.

– 더 자세한 정보가 들어 있는 추천도서 –

마이클 쿠퍼의 《뉴질랜드 와인 구매 가이드
Buyer's Guide to New Zealand》

CLASS 9

남미의 와인

남미 와인의 기초상식 ✳ 칠레 ✳ 아르헨티나 ✳ 그 외의 남미 와인

브라질 – 18만 9000헥타르
아르헨티나 – 55만 2000헥타르
우루과이 – 2만 1600헥타르
칠레 – 33만 6000헥타르

칠레는 폭은 175km에 불과하지만 태평양을 따라 약 4023km가 넘는 해안선이 쭉 뻗어 있어서 기후가 아주 다양하다. 북부 지역은 사막 같은 기후, 남부 지역은 빙하성 기후가 펼쳐진다.

남미 와인의 기초상식

서반구 대부분 지역이 그렇듯 남미의 와인 양조 역시 16세기에 스페인 사람들이 들어오면서 비로소 첫발을 떼었다. 신대륙 정복자들과 식민지 개척자들이 키워서 성찬식에 사용할 목적으로 포도나무를 가져왔고 이 포도나무가 교회와 더불어 널리 퍼져나갔다.

남미의 다수 국가는 와인 양조의 역사가 수백 년에 이르지만 최근까지는 국내 소비용도로만 와인을 생산했다. 20세기에는 정치적 격변에 휘말리며 우수한 와인의 생산에 차질이 생겼으나 정세가 안정된 이후 와인업계 전반이 새로운 방향으로 초점을 맞추게 되었다. 이제 포도 재배자들은 세계적 품종의 적절한 재식 방법과 재배 방식에 이전보다 더 주의를 기울였을 뿐만 아니라 타냐, 카베르네 소비뇽 같은 상징적 품종을 개발하기도 했다.

지난 50년 사이에 수출 시장이 부상하면서 이곳 남미의 와인 양조가들은 꾸준히 생산 와인의 스타일에 변화를 시도해왔다. 이 지역의 와인 산업은 급속도의 성장세를 이어왔고 침체의 징후도 전혀 없이 세계 소비자들에게 가성비 뛰어난 와인들을 대주고 있다.

칠레

수도 산티아고에서 241km 거리 내의 중부 지역에서는 뛰어난 와인 주조용 포도를 재배하기에 이상적인 지중해성 기후를 띠고 있어, 주간에는 따뜻하고 밤에는 서늘하며 해양성 바람이 불어온다.

고봉의 평균 높이가 해발 3962m가 넘는 세계 최장의 산맥인 눈 덮인 장엄한 안데스산맥을 끼고 있어 홍수와 점적관수를 활용해 물 공급의 측면에서 풍족함을 누리고 있다.

칠레에서는 1551년에 스페인인들이 포도를 재배했고 1555년에 처음으로 와인을 생산했다. 1800년대 중반에 포도원 소유자들이 카베르네 소비뇽, 메를로 같은 프랑스의 품종을 들여왔으나, 칠레 와인 수출 시장은 1870년대부터 퍼지기 시작한 필록세라가 유럽과 미국을 초토화시킨 이후에야 본격적으로 성장했다.

하지만 1938년에 정부가 새로 포도밭을 조성하지 못하게 금지하면서 와인 산업의 성장세에 갑자기 제동이 걸리고 말았다. 이 금지령은 1974년에 이르러서야 철회되었고 그 사이에 칠레 와인의 품질은 심각하게 훼손되었다.

그 후 1979년에 스페인의 와인 명가 토레스가 스테인리스 스틸 발효통

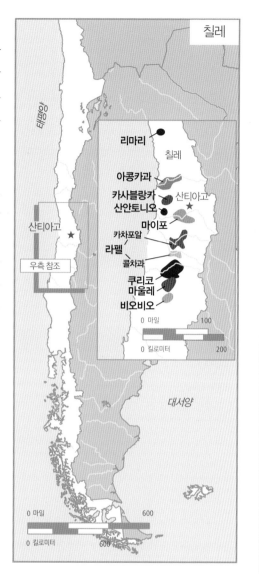

칠레의 와인을 실컷 맛보고 난 뒤 칠레의 국민 술 **피스코 사우어**Pisco Sour로 마무리하는 것이 하나의 전통이다. 피스코 사우어는 브랜디에 레몬즙과 라임즙(혹은 둘 중 하나), 시럽, 달걀흰자, 소량의 앙고스투라 비터즈Angostura bitters(럼주에 앙고스투라 나무껍질을 담가 만드는 칵테일용 고미제苦味劑)를 섞어 만드는 칵테일이다. 그날이 힘든 하루였다면 피스코가 더 많이 필요하게 마련이다!

등의 현대 기술을 도입하며 칠레 와인 산업의 현대화를 주도했다.

1990년대에 들어설 무렵 칠레는 조만간 세계 수준급의 와인 생산지 대열에 들어설 만한 품질 향상이 향상되었고 레드 와인, 그중에서도 주로 카베르네 소비뇽 부문에서의 품질 향상이 두드러졌다. 그 후로 와인 산업은 꾸준히 발전을 이어갔지만 칠레가 30년 사이에 일구어낸 변화는 이런 와인의 품질 향상만이 아니다. 이제는 현대식의 향상된 인프라에 힘입어 관광객과 투자자들을 끌어모으고 있다.

칠레는 미국에 **여섯 번째로 많은 와인을 수출하**는 나라다.

미국에서 인기 있는 칠레 와인 5대 브랜드
산 페드로San Pedro
산타 리타Santa Rita
산타 카롤리나Santa Carolina
왈누트 크레스트Walnut Crest
콘차 이 토로Concha y Toro
출처: 임팩트 데이터뱅크

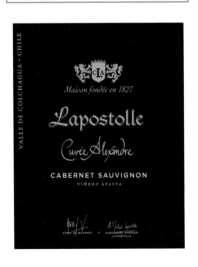

외국인 투자의 사례

외국의 와이너리	국가	칠레의 와이너리
안티노리	이탈리아	알비스Albis
덴 오드펠Dan Odfjell	노르웨이	오드펠 빈야드Oddfjell Vineyards
O. 푸르니에O. Fournier	스페인	O. 푸르니에
퀸테사	미국 캘리포니아	베라몬테Veramonte
토레스 와이너리Torres Winery	스페인	미구엘 토레스 와이너리Miguel Torres Winery

프렌치 커넥션

프랑스의 투자자	칠레의 와이너리
바롱 필립 드 로칠드	알마비바Almaviva
브뤼노 프라와 폴 퐁타이예	아퀴타니아Aquitania
샤토 라피트 로칠드	로스 바스코스Los Vascos
샤토 라로즈 트랭토동	카사스 델 토퀴Casas del Toqui
그랑 마니에	카사 라포스톨Casa Lapostolle
윌리엄 페브르	페브르Fèvre

칠레의 와이너리들은 EU의 라벨 표기 요건을 충실히 따르고 있어서 라벨에 표기된 포도 품종이나 빈티지나 원산지Domaine of Origin, DO의 원료를 85%는 사용해야 한

다. 현재 칠레의 와인 메이커들에게는 많은 자유를 허용한다. 그 결과 프랑스산 오크통에서의 숙성 같은 옛 전통, 스테인리스 스틸 발효통 등의 신기술, 점적관수 등의 향상된 포도원 관리법이 한데 어우러지면서 더 뛰어난 와인들이 생산되고 있다. 칠레의 와인 양조 산업은 아직도 배움과 실험을 이어가면서 더욱 발전하고 있으며 15~25달러대의 칠레 레드 와인은 세계 최고 가성비의 와인에 든다!

칠레같이 폭이 좁은 지형의 나라에서 주요 와인 생산지를 나누기란 좀 까다롭다. 칠레를 살펴볼 때는 동서 지역과 남북 지역으로 나누는 것이 가장 좋다. 먼저 동쪽에서 서쪽까지를 서로 다른 기후를 보이는 세 지대로 나눠볼 수 있다.

해안 지대 서늘한 기후
중앙 계곡 지대 따뜻한 기후
안데스산맥 지대 서늘하거나 따뜻한 기후

남북쪽 기준으로는 다음 지역이 주목할 만하다.

라펠 밸리/콜차과　　　**마이포 밸리**　　　**카사블랑카 밸리**

대표적인 적포도 품종은 다음과 같다.

메를로　　**시라**　　**카르메네르**Carménère　　**카베르네 소비뇽**

위의 품종 외에 말벡, 카리냥, 피노 누아르, 생소가 새롭게 재배되면서 칠레의 풍경은 더욱 다양해지고 있다. 다음은 칠레의 대표적인 청포도 품종이다.

샤르도네　　　**소비뇽 블랑**

카르메네르

칠레는 와인 산업 초창기 당시 보르도의 영향을 크게 받았고, 그에 따라 카베르네 소비뇽이 칠레의 가장 대표적인 레드 와인용 품종이 되었다. 한편 칠레인들은 1850년대에 들어서 메를로나 카베르네 프랑 같은 보르도의 다른 품종들도 재배했다. 그런데 1994년에 행해진 한 DNA 분석 결과, 메를로라는 이름으로 재배되어 팔리던 포도 가운데 상당량이 보르도의 또 다른 포도로서 두꺼운 껍질에 단맛이 도는 부드러운 타닌과 낮은 산도가 특징인 카르메네르였다.

하지만 마케팅의 참사라 할 만한 이러한 사태 이후 칠레는 오히려 유리한 정체성을 새로 얻게 되었다. 카르메네르가 칠레의 최고 품종에 들게 되었는가 하면, 세계에서

칠레의 또 다른 와인 생산지와 생산 와인

네우켄Neuquen: 소비뇽 블랑, 메를로, 피노 누아르, 말벡

리마리Limari: 카베르네 소비뇽

마울레Maule: 카베르네 소비뇽

비오비오Bío Bío: 피노 누아르

산안토니오San Antonio: 샤르도네

아콩카과Aconcagua: 카베르네 소비뇽

우코 밸리Uco Valley: 세미용, 말벡

카차포알Cachapoal: 카베르네 소비뇽

카파야테Cafayate: 말벡, 카베르네 소비뇽, 타나, 토론테스

쿠리코Curicó: 카베르네 소비뇽, 소비뇽 블랑

칠레에서 재배되는 프리미엄급 포도 가운데 32%는 **카베르네 소비뇽**이다.

칠레의 포도는 **필록세라로부터 안전**하다(74쪽 참조).

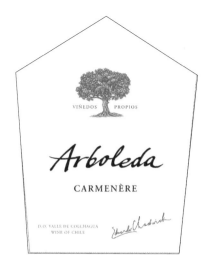

칠레의 와인 메이커들 중 **40%**는 **여성**이다.

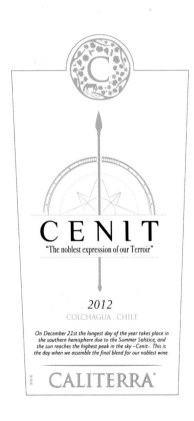

카르메네르를 단일 품종으로 생산하는 유일한 국가는 여전히 칠레뿐이기 때문이다. 하지만 1997년까지도 카르메네르는 와이너리들 사이에서 일관성이 없었다. 대체로 제대로 숙성되지 않아 풋풋하고 강한 풀냄음이 났다. 그런데 10년 사이에 품질이 대폭 향상되었다. 카르메네르로 뛰어난 와인을 빚으려면 필요한 조건이다.

- 차지고 배수가 잘되는 토양에 포도나무를 심어야 한다.
- 포도나무의 수령이 오래될수록 더 뛰어난 와인으로 빚을 수 있다.
- 늦게 여무는 포도라서 기후 조건이 좋아야 한다.
- 수확기 말이 되면 포도 잎을 떼어 햇빛을 최대한 쬐도록 한다.
- 카베르네 소비뇽이나 시라와 블렌딩하면 더 좋다.
- 과일 풍미, 타닌, 산도가 잘 어우러지게 하려면 새것이 아닌 오크통에서 최소한 12개월 동안 숙성시켜야 한다.

카르메네르는 어릴 때(3~7년) 즐길 수 있는 와인이다. 최상급은 20달러 정도 되며, 지금도 여전히 가성비가 뛰어난 와인이다.

내가 선호하는 칠레의 와인 생산자

네옌Neyen
레이다Leyda
로스 바스코스 (레 딕스 데 로스 바스코스Le Dix De Los Vascos)
마테틱Matetic (Eq)
몬테스Montes (알파 엠Alpha M, 폴리Folly)
발디비에소Valdivieso (카발로 로코Caballo Loco, 에클라Eclat)
비냐 산 페드로Viña San Pedro
산타 리타Santa Rita (카사 레알Casa Real)
산타 카롤리나Santa Carolina (비냐 카사블랑카Viña Casablanca)
아나케나AnakenaOna
아퀴타니아Aquitania
에라수리스 (돈 막시미아노Don Maximiano)
에체베리아Echeverria
운두라가Undurraga (알타소르Altazor)
차드윅Chadwick
카사 라포스톨 (퀴베 알렉산드레Cuvée Alexandre, 클로 아팔타Clos Apalta)
카사 실바Casa Silva
코노 수르Cono Sur (오시오Ocio)

데 마르티노De Martino

모란데Morand
미구엘 토레스Miguel Torres
베라몬테Veramonte (프리무스Primus)
비냐 코일레Viña Koyle

세냐Seña
아르볼레다Arboleda
알마비바Almaviva
에밀리아나 오르가니코Emiliana Orgánico
오드펠Odfjell
윌리엄 페브르William Fevre
카르멘Carmen (그랑 비뒤르Grand Vidure)

칼리테라Caliterra (세니트Cenit)

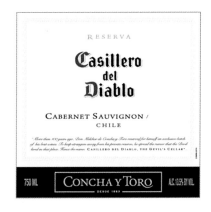

코우시뇨 마쿨 Cousiño Macul (**피니스 테라에**Finis Terrae, **안티과스 레세르바스**Antiguas Reservas, **로타**Lota)

콘차 이 토로 (**돈 멜초르**Don Melchor)

킹스턴 패밀리 빈야즈 Kingston Family Vineyards　　　**타발리**Tabali

타라파카Tarapaca (**레세르바 프리바다**Reserva Privada)　　**타마야**Tamaya

O. 푸르니에 (**센타우리**)

– 칠레의 최근 추천 빈티지 –									
카사블랑카: 2011	2012**	2013*	2014	2015**	2016*	2017	2018**	2019	2020
마이포: 2005**	2006*	2007**	2008*	2010*	2011*				
2012** 2013*	2014	2015**	2016*	2017*	2018**	2019**	2020		
콜차과: 2005*	2007*	2010	2011	2012*	2013*				
2014 2015*	2016*	2017	2018**	2019*	2020				

*는 특히 더 뛰어난 빈티지 **는 이례적으로 뛰어난 빈티지

30달러 이하의 칠레 와인 중 가성비 최고의 와인 5총사

Arboleda Carmenère • Casa Lapostolle "Cuvée Alexandre" Merlot •
Concha y Toro Puente Alto Cabernet • Montes Cabernet Sauvignon •
Veeramonte Sauvignon Blanc

전체 목록은 419쪽 참조.

칠레 와인 **상식을 테스트**해보고 싶다면 437쪽의 문제를 풀어보기 바란다.

– 더 자세한 정보가 들어 있는 추천도서 –
피터 리차즈의 《**칠레의 와인**The Wines of Chile》

아르헨티나 ✦

아르헨티나의 와인 전통은 스페인의 식민 지배를 받던 시대로 거슬러 올라간다. 뛰어난 와인을 생산하고 있는 아메리카 대륙의 다른 여러 나라와 마찬가지로 이 땅에 처음 포도나무를 심고 재배한 이들은 선교사들이었다. 아르헨티나는 예수회 선교사들이 멘도사와 산후안 북부 지역에서 포도나무를 재배했다. 예전까지만 해도 아르헨티나의 와인은 품질이 좋으면서도 값이 저렴해서 수출은 전혀 하지 않고 국내에서 소비되었다. 그러나 30년 사이에 많은 변화가 일어났다. 그 변화 중 한 가지는 새로운 투자가 엄청나게 쏟아지고 있다는 것이다. 그것도 금전적 투자만이 아니라 세계적 명성을 지닌 전문가들이 포도원과 와이너리를 소유하는 식의 개인적 투자까지 활발하다.

남미 대륙에서 두 번째로 큰 나라인 아르헨티나는 레드 와인용 포도를 재배하기에 기후 조건과 토양이 뛰어나다. 아르헨티나인들은 연간 일조일이 300일이고 연간 강우량이 약 20cm에 불과한 여

> 아르헨티나에는 1000개가
> 넘는 와이너리가 있는데
> 이 중에서 600개 이상이
> 멘도사에 자리 잡고 있다.

건에서 포도원에 물을 대기 위해 수로와 댐으로 정교한 관개망을 구축해놓았다.
다음은 남북부 지대에서 가장 대표적인 와인 생산지와 최우수 와인들이다.

와인 생산지	포도 품종
북부 지역	
살타	토론테스 리오하노, 카베르네 소비뇽
카파야테	말벡, 카베르네 소비뇽, 타나Tannat, 토론테스 리오하노
쿠요	
멘도사	말벡, 템프라니요, 카베르네 소비뇽
산후안	보나르다Bonarda, 시라
우코 밸리	세미용, 말벡
파타고니아	
리오네그로	피노 누아르, 토론테스 리오하노
네우켄	소비뇽 블랑, 메를로, 피노 누아르, 말벡

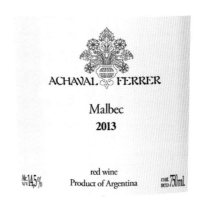

50만 에이커의 면적에 이르는 아르헨티나 포도원들의 70% 이상이 멘도사에 몰려
있지만 위의 7개 지역 가운데 눈여겨볼 만한 곳은 살타다.
다음은 아르헨티나의 주요 적포도 품종이다.

말벡은 코트Cot라고도 불리며 프랑스의 카오르 지역에서 더러 풀 바디 와인의 원료로 쓰고 있다. 이 지역의 주목할 만한 생산자로는 샤토 드 오 세르Château de Haute Serre가 있다.

아르헨티나에서는 블렌딩에 **바르나르도**(이탈리아식 명칭으로는 카르보노charbono)라는 포도를 사용한다. 아르헨티나의 바르나르도 재배면적은 4만 5500에이커에 이르지만, 타닌 함량이 낮아서 대체로 말벡이나 카베르네 소비뇽과 블렌딩하고 있으며 단일 품종 와인으로 빚는 경우는 드물다.

| 말벡 | 메를로 | 시라 | 카베르네 소비뇽 | 템프라니요 |

다음은 주요 청포도 품종이다.

| 소비뇽 블랑 | 토론테스 리오하노Torrontés Riojano |

아르헨티나의 품종명 표기 와인은 모두 라벨에 표기된 포도 100%로 빚어진다.

외국인 투자

멘도사에서 에이커당 토지 가격이 7만 5000달러라는 점을 생각하면 그리 놀라운 일도 아닐 테지만, 최근에 유력한 기업들 다수가 아르헨티나에 대한 투자에 나서고 있다.

외국의 와이너리	국가	아르헨티나의 와이너리
샹동Chandon	프랑스	보데가스 샹동Bodegas Chandon
콘차 이 토로	칠레	트리벤토Trivento 산 마르틴San Martin
코르도니우Cordorníu	스페인	셉티마 와이너리Séptima Winery
헤스Hess	스위스	콜로메 와이너리Colomé Winery
O. 푸르니에	스페인	O. 푸르니에
폴 홉스	미국	비냐 코보스Viña Cobos
페르노 리카르Pernod Ricard	프랑스	에샤르 와이너리Etchart Winery
소그라페 비뉴스Sogrape Vinhos	포르투갈	핀카 플리츠만Finca Flichman

보르도 커넥션

보르도의 와이너리	지역	아르헨티나의 와이너리
샤토 슈발 블랑	프랑스	슈발 데 안데스Cheval Des Andes
샤토 르 봉 파스퇴르 Château Le Bon Pasteur	포므롤	클로 드 로스 시에테Clos De Los Siete
샤토 르 게이Château Le Gay	포므롤	몬테비에호Monteviejo
샤토 레오빌 푸아페레	생줄리앙	쿠벨리에르 로스 안데스Cuvelier Los Andes
샤토 말라틱 라그라비에르 Château Malartic-Lagraviere	페삭 레오냥	보데가스 디아만데스Bodegas Diamandes
샤토 클라르크, 다소, 리스트락 Château Clarke, Dassault, Listrac	생테밀리옹	플레차스 드 로스 안데스Flechas De Los Andes
뤼르통Lurton	프랑스	프랑수아 뤼르통François Lurton

1980년대와 1990년대에 들어오면서 연간 국내 소비량이 뚝 떨어졌다. 75리터 이상이던 연간 1인당 와인 소비량이 30리터로 줄었다. 한편 아르헨티나 대불황기(1998~2002)에 페소화 가치가 하락하면서 수출의 수익성이 더 높아졌다. 마침 외국인 투자와 와인 양조 컨설턴트들이 자리를 잡으면서 아르헨티나가 수출 시장으로 들어서기에도 타이밍이 들어맞았을 뿐만 아니라 말벡 포도 품종 덕분에 아르헨티나 와인만의 독자성이 부여되었다. 현재 아르헨티나는 남미 대륙에서 최대의 와인 생산국으로 올라섰고 전 세계적으로도 5위 규모이고 와인 소비국 순위에서도 세계 6위다. 아직도 포도나무 재배에 적절한 땅이 수천 에이커라 새로운 와인과 와인 생

아르헨티나의 국민 요리는 소고기다. 아르헨티나 사람들은 1인당 하루에 227g 정도의 소고기를 먹는다. 또한 상당수의 와이너리들이 **우수한 레스토랑**을 함께 운영하고 있다. 프란시스 말만 Francis Mallman 1884와 O. 푸르니에 와이너리의 우르반Urban이 그렇다.

가족과 함께 **파타고니아**에 가보길 권한다. 세계에서 공룡 화석이 가장 많은 곳이다.

세계에서 가장 유명한 와인 컨설턴트인 미셸 롤랑Michel Rolland은, 5곳의 와이너리가 서로 보일 만큼 가까이 모여 있는 곳에서 클로 드 로 시에테 Clos de los Siete라는 에스테이트에 자신의 와인 양조 지식을 쏟아붓고 있다. 그는 최고급 와인 메이커와 포도 재배자들도 파트너로 두고 있다.

산지가 출현할 만한 유망 생산지이며 여전히 생산 와인의 가격 대비 품질이 세계 최고다. 앞으로 20년 동안 더 다양하고 더 우수한 와인이 생산될 것이다.

내가 선호하는 아르헨티나 와인 생산자

루이기 보스카Luigi Bosca (이코노Icono)

마테르비니Matervini

발 데 플로레스Val de Flores

보데가 노르톤Bodega Norton (페르드리엘 싱글 빈야드Perdriel Single Vineyard)

보데가 노에미아 드 파타고니아Bodega Noemía de Patagonia

비냐 코보스Vina Cobos (마르치오리 빈야드Marchiori Vineyard)

살렌테인Salentein (프리무스 말벡Primus Malbec)

수잔나 발보Susana Balbo

아차발 페레Achaval Ferrer (핑카 미라도르Finca Mirador)

알타 비스타Alta Vista (알토)

엔리케 포스테르Enrique Foster (말벡 피르마도Malbec Firmado)

웨이네르트Weinert

카테나 사파타Catena Zapata (아드리안나 빈야드Adrianna Vineyard)

쿠벨리에르 로스 안데스 (그랜드 말벡Grand Malbec)

테라사스Terrazas (말벡 아핑카도Malbec Afincado)

티칼Tikal (로쿠라Locura)

프로에미요Proemio

핀카 플리츠만Finca Flichman

O. 푸르니에O. Fournier (알파 크룩스 말벡Alfa Crux Malbec)

루카Luca (니코 바이 루카Nico By Luca)

멘델Mendel (핑카 레모타Finca Remota)

셉티마Septima

슈발 데 안데스Cheval des Andes

에샤르Etchart

카이켄Kaiken

클로 드 로 시에테Clos de los Siete

트라피체Trapiche

프랑수아 뤼르통 (차카예스Chacayes)

핀카 소페니아Finca Sophenia

– 멘도사 말벡의 최근 추천 빈티지 –

2006** 2009** 2010* 2011* 2012*

2013** 2016* 2017** 2018** 2019 2020

*는 특히 더 뛰어난 빈티지 **는 이례적으로 뛰어난 빈티지

30달러 이하의 아르헨티나 와인 중 가성비 최고의 와인 5총사

Alamos Chardonnay · Catena Malbec · Clos de los Siete Malbec ·
Salentein Malbec · Susana Balboa Cabernet Sauvignon

전체 목록은 417쪽 참조.

그 외의 남미 와인

남미는 칠레와 아르헨티나의 품질 뛰어난 카베르네 소비뇽만으로 그치지 않고 메를로, 시라, 템프라니요. 소비뇽 블랑의 재배량을 점점 늘리는 한편 전반적으로 품종을 다양화시키고 있다. 칠레는 카르메네르로 특화된 위상을 세웠고 아르헨티나의 와인 메이커들은 카르메네르와 똑같이 프랑스가 원산지이지만 보르도 블렌딩에서 존재감이 낮고 상대적으로 비인기 품종인 말벡으로 입지를 굳혔다. 우루과이는 피레네산맥이 고향인 타나의 종주국으로 자처하고 있으며 뛰어난 품질을 지닌 알바리뇨가 생산되는 곳이기도 하다. 남미 와인의 새로운 약진에 관심이 있다면 우루과이와 브라질 남부 지역을 눈여겨볼 만하다.

시음 가이드

아르헨티나에서 병 라벨에 포도 품종을 표기하려면 그 품종 100%로 양조해야 한다. 반면 칠레에서는 EU 규정의 표준인 85%를 따른다. 그래서 칠레의 와인은 대체로 블렌딩을 하며 그런 만큼 와인 메이커가 사용하는 포도 품종에 따라 스타일이 아주 다양해질 여지가 있다. 아르헨티나와 칠레 모두 공식 등급 체계가 없다 보

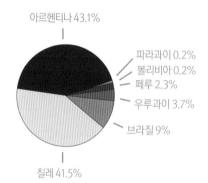

남미의 지역별 와인 생산 비율

아르헨티나 43.1%
파라과이 0.2%
볼리비아 0.2%
페루 2.3%
우루과이 3.7%
브라질 9%
칠레 41.5%

우루과이의 주목할 만한 와인
보데가 마리찰Bodega Marichal
보데가 보우사Bodega Bouza
보데가스 가르손Bodegas Garzón
파밀리아 데이카스Familia Deicas
피사노Pisano

니 시음 가이드를 해주기가 상대적으로 어렵지만 어떠한 경우든 시음은 가벼운 스타일부터 묵직한 스타일 순으로 해야 한다. 이 지역 와인들은 대체로 가격대가 와인의 바디나 무게감을 가늠케 해주는 기준이기도 하다.

이번 시음은 아르헨티나의 말벡과 칠레의 카베르네 소비뇽을 중심으로 구성했다. 말벡과 카베르네 소비뇽은 남미의 대표적인 적포도 품종인 만큼 두 와인은 해외에서도 찾기가 쉽다. 메를로나 타나 같은 그 외 품종의 단일 품종 와인은 찾기 어렵지만 만약 찾게 된다면 관점을 넓혀 남미 레드 와인의 다양성을 경험해보는 차원에서 단독 시음하길 권한다.

아르헨티나의 말벡 세 가지 와인의 비교 시음

1. 라이트 바디(가격대 ★)
2. 미디엄 바디(가격대 ★★)
3. 풀 바디(가격대 ★★★)

칠레의 카르메네르 두 가지 와인의 비교 시음

4. 라이트 바디(가격대 ★)
5. 풀 바디(가격대 ★★)

칠레의 카베르네 소비뇽 세 가지 와인의 비교 시음

6. 라이트 바디(가격대 ★)
7. 미디엄 바디(가격대 ★★)
8. 풀 바디(가격대 ★★★)

음식 궁합

칠레와 아르헨티나의 **카베르네 소비뇽**에는 스테이크, 그릴에 구운 소고기 안심이나 양고기 같은 전통적인 고기 요리를 추천한다. **카르메네르**는 전반적으로 산도가 낮으므로 지방이 적은 음식과 좋은 짝을 이룬다. 야채그릴구이, 가지스튜, 그릴구이 치킨에 곁들여 마셔보길 권한다. **말벡**은 카베르네 소비뇽보다 타닌이 부드러우니 치맛살스테이크나 치마양지스테이크같이 기름기 없는 살코기요리에 곁들이면 기분 좋게 마시기 좋다. 피자, 엠파나다, 토마토와 미트소스로 간단히 만든 파스타와도 잘 어울린다. 타닌이 강한 **타나**는 기름진 양고기요리와 궁합이 잘 맞고, 진한 치즈와는 더 찰떡궁합이다.

아르헨티나 와인 **상식을 테스트**해보고 싶다면 437쪽의 문제를 풀어보기 바란다.

- 더 자세한 정보가 들어 있는 추천도서 -
미셸 롤랑과 엔리케 크라볼로스키의 《아르헨티나의 와인Wines of Argentina》

독일의
와인

독일 와인의 기초상식 ✷ 독일 와인의 스타일 ✷

프레디카츠바인 등급 ✷ 독일 와인의 구매 요령

독일 와인의 기초상식

현재 독일은 세계 8위의 와인 생산국으로서, 와인 생산 마을이 1400곳이 넘고 포도원의 수가 2600개를 넘는다. 이 많은 곳을 어떻게 다 공부할지 막막한가? 하지만 1971년 이전에 독일 와인을 공부했더라면 3만 개나 되는 이름을 외워야 했을 것이다. 당시에는 수많은 사람이 포도원을 아주 작은 구획으로 나눠각각 소유하고 있었던 탓에 외워야 할 이름이 그 정도로 많았다.

독일 정부는 독일 와인을 이해하는 데 뒤따르는 혼동을 줄이기 위해 1971년 새로운 와인법을 통과시켰다. 이 법령에 따르면 포도원으로 인가를 받으려면 토지 넓이가 최소한 12.5에이커는 되어야 했다. 그 결과 독일의 포도원 수는 대폭 줄었으나 소유자 수는 증가했다.

독일의 와인 생산량은 세계적으로 2~3%에 불과하다(독일은 맥주가 국민 음료인 나라다). 또 어떤 와인을 생산하느냐는 날씨에 크게 좌우된다. 왜 그럴까? 포도 재배지의 위치 때문이다. 독일은 포도나무를 재배할 수 있는 지대에서 최북단에 위치해 있고 우수 포도원의 80%가 경사진 비탈지에 있다. 그래서 독일에서는 기계 수확은 꿈도 꿀 수 없다.

다음 그림을 보면 독일에서 최상급 와인을 위한 포도를 재배하는 데 비탈진 땅에 만족할 수밖에 없는 이유가 이해될 것이다.

독일에서는 10만 명의 포도 재배자가 약 25만 5000에이커에서 포도나무를 재배하고 있다. **한 명당 평균 경작면적이 2.5에이커다.**

도대체 포도원의 주인은 누구?

파슈포르터 골드트뢰프헨 Piesporter Goldtröpfchen
– 소유주 350명

벨레너 존네누어 Wehlener Sonnenuhr
– 소유주 250명

브라우네베르거 유퍼 Brauneberger Juffer
– 소유주 180명

수확 기계 1대가 60명 분의 일을 해낸다.

지구본이 가까이 있다면 손가락으로 독일을 짚은 다음 북위 50도 선을 따라 서쪽으로 북아메리카까지 쭉 따라가보라. 캐나다의 뉴펀들랜드를 가리킬 테니.

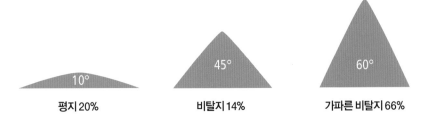

10°	45°	60°
평지 20%	비탈지 14%	가파른 비탈지 66%

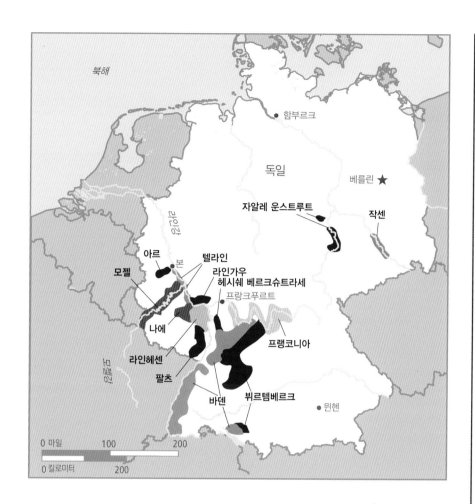

독일, 과거와 현재

1970년: 포도 경작면적 7만 7372헥타르

2020년: 포도 경작면적 10만 182헥타르

독일의 와인 생산 비율

레드 와인 35%

화이트 와인 65%

85% 예를 들어 와인 라벨에 '리슬링'이라고 포도 품종이 표시되어 있다면 그 와인의 85%는 틀림없이 리슬링으로 만든 것이다.

독일 와인의 라벨에 빈티지가 표시되어 있다면, 원료로 쓰인 포도의 85%가 그 해에 수확된 것이다.

최상급 독일 와인 생산자들은 라벨에 표시된 품종과 빈티지의 원료를 100% 사용한다.

독일의 주요 와인 생산지

독일에는 공식적인 와인 생산지가 13곳이지만 그중 다음의 4곳에서만 독일 최상급의 와인을 생산한다.

라인헤센	라인가우	모젤	팔츠
		(2007년까지는 '모젤 자르 루버')	(1992년까지는 '라인팔츠')

라인 와인은 모젤 와인보다 바디가 묵직하다. 모젤 와인이 대체로 산도가 더 높고 알코올 도수는 더 낮다. 모젤 와인이 사과, 배, 모과류의 가을철 과일 풍미가 특징이라면 라인 와인은 살구, 복숭아, 승도복숭아류의 여름철 과일의 풍미가 특징이다. 주요 와인 생산지별로 다음의 마을들이 눈여겨볼 만하다.

라인 와인과 모젤 와인의 차이점을 한눈에 구분할 수 있는 방법은 병을 살펴보는 것이다. 라인 와인은 갈색 병에, 모젤 와인은 녹색 병에 담겨 나온다.

독일은 1435년부터 리슬링을 재배했다.

독일의 리슬링 재배지는 무려 5만 8000에이커가 넘는다. 리슬링 재배 순위에서 독일 다음인 북미 지역은 2만 1000에이커, 오스트레일리아와 프랑스 알자스는 각각 1만 800에이커와 8300에이커다.

약 75년 전만 해도 독일 와인은 대부분 드라이하고 산도가 아주 높았다. 고급 레스토랑에서조차 독일 와인을 서빙할 때는 산도와의 밸런스를 위해 설탕 한 스푼을 같이 가져다주기도 했다.

독일 와인은 알코올 함량이 보통 8~10%로, 평균 12~14%인 다른 유럽 국가의 와인과 대비된다.

날씨만 좋다면, 포도는 따지 않고 오래 놔둘수록 더 달콤해진다. 하지만 이렇게 할 경우, 와인 메이커들은 위험을 감수해야 한다. 자칫 악천후라도 닥치면 모두 잃을 수 있다.

라인헤센 오펜하임Oppenheim, 나켄하임Nackenheim, 니르슈타인Nierstein

라인가우 엘트빌레Eltvile, 에르바흐Erbach, 뤼데스하임Rüdesheim, 라우엔탈Rauenthal, 호흐하임Hochheim, 요하니스베르크Johannisberg

모젤 에르덴Erden, 피스포르트Piesport, 베른카스텔Bernkastel, 그라흐Graach, 위르치히Ürzig, 브라우네베르크Brauneberg, 벨렌Wehlen

팔츠 다이데스하임Deidesheim, 포르스트Forst, 바켄하임Wachenheim, 루퍼츠버그Ruppertsberg, 뒤르크하이머Dürkheimer

독일의 포도 품종

리슬링 단연코 가장 많이 재배되며 독일에서 재배하기에 가장 적합한 품종이다. 라벨에 '리슬링'이라는 명칭이 보이지 않는다면 그 와인은 리슬링을 거의 쓰이지 않은 것이다. 라벨에 포도 품종이 표시되어 있다면 독일법에 따라 그 포도 품종을 최소한 85% 원료로 쓴 것이다. 리슬링은 독일에서 재배되는 포도 가운데 23%를 차지한다.

뮐러 투르가우Müller-Thurgau 리슬링과 샤슬라Chasselas의 교배종이며 독일 와인 중 12.5%가 이 포도로 빚는다.

실바너Silvaner 독일 와인 중 5%를 이 품종의 포도로 만든다.

슈패트부르군더Spätburgunder 피노 누아르의 별칭.

독일 와인의 스타일

간단히 말해서, 독일 와인은 당도와 산도의 밸런스가 좋으며 알코올 함량이 낮다. 다음의 공식을 기억하라.

당분 + 효모 = 알코올 + 탄산가스

당분의 궁극적 원천은 바로 햇빛이다! 포도나무가 남쪽으로 비탈진 경사지에 있고 그 해의 기후가 좋다면 햇볕을 많이 받아 당분이 충분히 형성된다.

그런데 와인 메이커들은 햇볕을 충분히 얻지 못할 때가 많다. 그 결과 포도의 산도가 높고 알코올 함량이 낮아진다. 이 점을 보완하기 위해 일부 와인 메이커는 발효시키기 전, 머스트에 당분을 첨가하여 알코올 함량을 높인다. 이 과정을 '가당'이라고 한다(독일의 상급 와인에는 가당이 금지돼 있다).

독일 와인은 다음과 같이 세 가지 기본 스타일이 있다.

트로켄Trocken	**할프트로켄**Halbtrocken	**프루티**
드라이	미디엄 드라이	조금 드라이한

단, 이 분류에서는 와인의 숙성도를 고려하지 않는다는 점에 유의할 것!

쉬스레제르베(발효되지 않은 포도즙)

독일 와인은 발효 후에 남은 잔당에서 천연의 달콤함을 끌어낸다고 오해하는 사람들이 있다. 그러나 일부 와인은 발효 후에 드라이한 맛이 나온다. 그래서 독일의 대다수 와인 메이커들은 같은 포도원에서 딴, 같은 품종에 같은 당도의 미발효 포도즙 중에서 일정량을 따로 보관한다. 이렇게 보관된 쉬스레제르베süssreserve는 천연 당분을 그대로 지니고 있다가 발효된 와인에 첨가된다. 그러나 최상급 에스테이트(포도원)에서는 쉬스레제르베 방식을 활용하지 않고 발효를 중지시키는 방식을 활용해 특유의 스타일을 만든다.

포도의 숙성도에 따른 독일 와인의 등급

1971년 제정된 독일법에 따라 크게 다음의 두 등급으로 나뉜다.

도이처 바인 Deutscher Wein 독일산 와인에 매겨지는 최하위 등급으로 라벨에 포도원 이름을 명기하지 않는다. 독일 외의 지역에서는 좀처럼 접하기 힘들다.

크발리테츠바인 말뜻 그대로 '고급 와인'으로 다시 두 종류로 나뉜다.

1. **쿠베아**QbA 13개의 특정 지역에서 생산되는 고급 와인.
2. **프레디카츠바인**Prädikatswein 특등급 와인. 이 등급의 와인은 가당이 금지되어 있다.

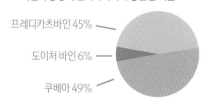

독일의 통상적 빈티지에서의 등급별 비율

프레디카츠바인 45%

도이처 바인 6%

쿠베아 49%

프레디카츠바인 등급

품질, 가격, 포도 숙성도에 따라 프레디카츠바인은 다음과 같이 분류된다.

카비네트Kabinett 정상적인 수확 시기에 딴 포도로 만든 가볍고 세미드라이한 와인.

슈페트레제Spätlese '늦수확'이라는 뜻 그대로, 이 미디엄 스타일의 와인은 수확기보다 늦게 딴 포도로 만든다. 햇볕을 더 많이 받은 포도로 만든 이 와인은 바디가 더 묵직하고 풍미도 더 깊다.

아우스레제Auslese '선별된'이라는 뜻 그대로, 특별히 잘 익은 포도를 선별해 만든 와인이며 미디엄부터 비교적 풀한 정도의 스타일을 띤다. 아우스레제의 수확 방식은 잘 익은 포도는 따고, 덜 익은 포도는 놔두는 식이니 토마토 따는 방식과 다를 바 없다.

베렌아우스레제Beerenauslese 일일이 '한 알 한 알 골라낸' 포도라는 뜻이며, 이렇게 한 알씩 골라낸 달콤한 포도로 만든 독일의 명성 높은 디저트 와인이다. 베렌아우스레제는 대체로 10년에 두세 번밖에 생산되지 않는다.

트로켄베렌아우스레제Trockenbeerenauslese 베렌아우스레제보다 한 단계 높은 등급이다. 건포도에 가까울 정도로 드라이(트로켄)해진 포도로 만드는 와인이라는 뜻일 뿐이다. 이렇게 '건포도화된' 포도로 만든 트로켄베렌아우스레제는 아주 진하고 꿀처럼 달콤하며 몸값도 아주 비싸다.

아이스바인Eiswein 얼 때까지 따지 않고 놔둔 포도로 만든 아주 달콤하게 농축된 희귀 와인. 과즙도 얼어 있는 상태에서 짠다. 법에 따라 현재 이 등급에 속하는 와인은 적어도 베렌아우스레제를 만들기에 적합할 만큼 익은 포도로 만들어야 한다.

에델포일레

'보트리티스 시네레아'는 독일에서 '에델포일레Edelfäule'라고 불리며, 소테른 부분(241쪽 참조)에서도 설명했다시피 특별한 조건에서 포도를 공격하는 곰팡이균이다. 베렌아우스레제나 트로켄베렌아우스레제를 만드는 데 필요한 수단이기도 하다. 이 귀부병은 생육기 말기에 이른 시기, 즉 밤이면 공기가 차서 이슬이 듬뿍 맺히고 아침에는 안개가 끼며 낮에는 따뜻한 시기에 발생한다. 귀부병에 걸린 포도는 점점 쪼그라들고 수분이 증발하면서 당분 함량이 농축된다. 이 곰팡이에 침범당한 포도는 보기에는 좀 흉하지만 그 겉모습에 속아서는 안 된다. 그 포도로 만든 와인을 맛보면 무슨 뜻인지 알 것이다.

독일 와인 고르는 요령

우선 생산지가 4곳의 대표적 와인 생산지 중 한곳인지부터 살펴본다. 그다음 포도 품종이 리슬링인지를 확인한다. 리슬링은 최상의 맛을 띠는데 라벨에 리슬링이 찍혀 있다면 품질 마크나 다름없다. 빈티지도 눈여겨봐야 한다. 그 와인이 좋은 해에 만들어졌는지 아닌지는 독일 와인에서 특히 중요한 확인 사항이다. 끝으로 명성 있는 재배자나 생산자의 제품을 고르는 것이 가장 중요하다.

그렇다면 100달러짜리 베렌아우스레제와 200달러짜리 베렌아우스레제는 (100달러라는 가격 차이 외에) 무엇이 다를까? 포도에 있다. 100달러짜리 베렌아우스레제는 대부분 뮐러 투르가우나 실바너 포도로 만들어지지만, 200달러짜리 베렌아우스레제는 리슬링이 원료다. 와인 생산지 또한 품질을 가르는 한 요인이다. 전통적으로 최고의 베렌아우스레제와 트로켄베렌아우스레제는 라인이나 모젤 지역산이다.

와인의 품질은 다음의 조건을 갖출 때 높아진다.

- 우수 포도원에서 재배한 포도로 만들 때
- 포도를 적합한 기후에서, 뛰어난 빈티지에서 재배했을 때
- 수확량이 낮은 해에 수확한 포도로 만들 때
- 훌륭한 와인 메이커의 손을 거쳐 빚어질 때

2019년 빈티지가 없는 아이스바인

기후 변화 때문이든 우연히 벌어진 일이든 간에 이 해에는 기온이 매우 더워서 포도가 도저히 얼 수가 없었다.

내가 선호하는 독일의 와인 생산자

모젤

닥터 루젠Dr. Loosen

닥터 파울리 베르크바일러Dr. Pauly-Bergweiler

닥터 H. 타니쉬Dr. H. Thanisch

라인홀트 하트Rheinhold Haart

뢰벤Loewen

뮈렌호프Meulenhof

샤르츠호프베르거Scharzhofberger

샹크트 우르반스-호프St. Urbans-Hof

셰퍼Schaefer

슐로스 리저Schloss Leiser

에곤 뮐러Egon Müller

젤바흐 오스터Selbach-Oster

조 조스 크리스토펠 에르벤Joh. Jos. Christoffel Erben

케셀슈타트Kesselstatt

프리드리히 빌헬름 김나지움Friedrich-Wilhelm-Gymnasium

프리츠 학Fritz Haag

C. 폰 슈베르트C. von Schubert

J. J. 프륌J.J. Prüm

S. A. 프룸S. A. Prum

라인헤센

슈트룹Strub

켈러Kelle

라인가우

게오르크 브로이어Georg Breuer

로베르트 바일Robert Weil

슐로스 요하니스베르크Schloss Johannisberg

슐로스 폴라즈Schloss Vollrads

요세프 라이츠Josef Leitz

케슬러

퀸스틀러Künstler

페터 야코프 퀸Peter Jacob Kühn

팔츠

다팅Darting

닥터 다인하드Dr. Deinhard

닥터 뷔르클린 볼프Dr. Bürklin Wolf

린겐펠더Lingenfelder

뮐러 카토이르Müller-Catoir

바세르만 요르단Basserman-Jordan

A.P. Nr. 2 602 041 008 02

2 = 정부 인정 사무국 또는 검사소
602 = 병입자의 지역 코드
041 = 병입자 식별 번호
008 = 제품 번호
02 = 위원회로부터 시음을 받은 해

독일 와인의 구매 요령

라벨을 주의 깊게 읽는 것이 요령이다. 독일 와인의 라벨에는 많은 정보가 담겨 있다. 측면의 라벨을 예로 살펴보자.

Joh. Jos. Christoffel Erben 은 생산자다.

2001 은 포도의 수확 연도다.

Ürzig 는 마을 이름이며, **Würzgarten** 은 포도가 재배된 포도원이다(뉴욕인을 New Yorker라고 지칭하는 것처럼 독일어에서도 'Ürzig'에 접미사 '–er'을 붙여 'Ürziger'로 지칭한다).

Mosel 은 와인의 원산지다.

Riesling 은 포도 품종이다. 이렇게 포도 품종이 찍혀 있으면 그 와인의 원료로 리슬링이 최소한 85% 쓰였다는 의미다.

Auslese 는 숙성 정도를 가리키며, 이 와인은 과숙성된 포도송이로 만든 것이다.

Qualitätswein mit Prädikat 는 와인의 품질 등급이다.

A.P. Nr. 2 602 041 008 02 는 공식 테스트 번호다. 시음 패널의 시음을 거쳤으며 정부에서 규정한 엄격한 품질 기준을 통과했음을 증명한다.

Gutsabfüllung 은 '농장에서 병입된estate-bottled'을 뜻하는 말이다.

VDP

독일 최고의 와이너리 약 200곳에 높은 등급을 부여해주는 기관. 다음은 병에 VDP 로고가 찍힌 와인에서 눈여겨볼 만한 단어들이다.

그로세 라게 Grosse Lage 최상급의 논드라이non-dry 와인을 만드는 독일의 최상급 포도원에 부여한다.

에르스테 라게 Erste Lage 모젤과 라인가우 이외 지역의 특급 포도원에 부여한다.

에르스테스 게벡스 Erstes Gewächs 라인가우에서만 적용되는 등급으로 최상급 드라이 와인을 생산하는 최상급 포도원에 부여한다.

그로세스 게벡스 Grosses Gewächs 'Great Growth(우수한 포도)'라는 뜻. 라인가우를 제외한 모든 지역에 적용하는 등급으로 최상급 드라이 와인을 만드는 최상급 포도원에 부여한다.

독일은 10년 사이에 **드라이한 와인과 로제 와인**의 생산량이 더욱 늘어났다.

예전에만 해도 리슬링은 10월쯤이면 여물어 11월 중순까지가 수확기였으나 2000년 이후부터는 9월이면 수확해도 될 만큼 여문다.

베렌아우스레제와 트로켄베렌아우스레제의 비교적 오래전의 훌륭한 빈티지: 1985, 1988, 1989, 1990, 1996

독일에서 2014년 빈티지는 100년 만에 가장 높은 평균 온도를 기록한 해다.

최근 트렌드

독일은 현재 그 어느 때보다 높은 품질의 와인을 생산하고 있으며, 이런 우수 독일 와인에 대한 세계적인 관심도도 높아졌다. 좀 가벼운 스타일의 트로켄(드라이), 할프 트로켄(미디엄 드라이), 카비네트, 심지어 슈페트레제도 아페리티프로 마시거나 아주 가벼운 음식과 곁들이기에 무난할 것이다. 구이요리, 특히 양념구이요리나 캘리포니아식 음식과 함께 먹어도 좋다. 독일 와인을 맛본 적이 없거나 오래전에 맛본 경험이 전부라면 독일 화이트 와인의 진수를 선사해주는 2010, 2011, 2015, 2018년 같은 빈티지를 추천한다. 반가운 소식이 하나 있다. 독일 와인 라벨의 고딕 활자가 현대적인 디자인으로 바뀌어 좀 더 읽기 쉬워졌다.

독일에서 슈페트부르군더Spätburgunder로 불리는 피노 누아르는 재배 면적이 약 3만 에이커에 이른다. 독일의 와인 메이커들은 예전부터 쭉 레드 와인을 만들어왔지만 최근까지도 그 양이 아주 적었다. 기후 변화로 기온이 오르면서 바덴과 뷔르템베르크 남부 지역의 와인 양조가들은 수년 전에 비해 더 많은 레드 와인을 생산하고 있다.

– 독일 화이트 와인의 최근 추천 빈티지 –

2001**   2002*   2003*   2004*   2005**   2006*   2007**   2008*   2009**
2010**   2011**   2012   2013   2015**   2016   2017**   2018**   2019

*는 특히 더 뛰어난 빈티지   **는 이례적으로 뛰어난 빈티지

30달러 이하의 독일 와인 중 가성비 최고의 와인 5총사

Dr. Loosen Riesling • J.J. Prüm Wehlener Sonnenuhr Spätlese •
Josef Lietz Rüdesheimer Klosterlay Riesling Kabinett •
Selbach–Oster Zeltinger Sonnenuhr Riesling Kabinet •
Strub Niersteiner Olberg Kabinett 또는 Spätlese

전체 목록은 422쪽 참조.

시음 가이드

독일의 화이트 와인은 프랑스나 캘리포니아의 와인에 비해 그 진가를 제대로 인정받지 못하고 있다. 사람들은 독일의 화이트 와인이라고 하면 가벼운 바디에 잔당 함량이 높다며 시시하게 여기기 일쑤인데, 이것은 실수다. 독일의 와인은 주요 와인 생산지, 포도원, 등급, 기본적인 독일어 발음만 배우고 나면 이해하기 쉬울 뿐 아니라 어느새 그 뛰어난 화이트 와인의 매력과 우아함에 빠져들게 될 것이다.

우수한 품질의 독일 와인 한 가지 와인만 단독 시음

   1. 독일의 크발리테츠바인이면 뭐든 괜찮음

카비네트 두 가지 카비네트 비교 시음

   2. 모젤의 리슬링 카비네트

   3. 라인헤센의 리슬링 카비네트

슈페트레제 두 가지 슈페트레제 비교 시음

   4. 모젤의 리슬링 슈페트레제

   5. 팔츠의 리슬링 슈페트레제

아우스레제 두 가지 아우스레제 비교 시음

   6. 팔츠의 리슬링 아우스레제

   7. 라인가우의 리슬링 아우스레제

5년 사이에 **독일의 스파클링 와인(젝트)**의 생산량이 30% 넘게 증가했다.

음식 궁합

"리슬링 슈페트레제 할프트로켄을 마실 때요? 우리 지방에서는 예부터 팔츠 숲속의 수많은 시냇물에서 잡아 올린 민물고기를 요리해 먹었지요. 저는 송어를 즐겨 먹는데 타임, 바질, 파슬리, 양파를 깔고 와인을 뿌려서 익혀 먹거나 아니면 훈제하여 서양고추냉이를 약간 얹어 먹죠. 이 와인은 응용하기가 아주 좋아서 흰살코기라면 뭐든 잘 어울립니다. 팔츠에서는 돼지고기도 닭고기나 거위요리처럼 전통 음식입니다."

— 라이너 린겐펠더, 바인구트 린겐펠더 에스테이트, 팔츠

"과일 풍미가 진하고 적당히 달콤하면서 밸런스가 좋은 **리슬링 슈페트레제** 와인은 어울리는 음식이 무척 다양하죠. 그래요, 그게 해답이에요. 순한 카레가루와 참깨, 생강 등으로 맛을 낸 너무 맵지 않은 요리부터 시작해보세요. 아니면 그라블랙스(뼈를 발라 설탕과 소금, 후추 등에 절인 연어)나 훈제연어도 괜찮습니다. 리슬링 슈페트레제는 발사믹 비나이그레테(포도를 발효시켜 만든 발사믹 식초와 올리브 오일을 재료로 만든 새콤한 드레싱)에 버무린 야채 샐러드와도 잘 맞습니다. 드레싱이 너무 시큼하지만 않다면 나무딸기를 약간 넣어도 좋습니다. 많은 사람이 와인과 샐러드의 조합을 기피하지만 그 둘은 멋진 궁합이에요.

고급 프랑스 요리, 오리나 거위의 신선한 간을 그 육즙으로 살짝 지진 요리 혹은 소스를 듬뿍 얹은 송아지 췌장 요리에도 잘 어울리죠. 신선한 야채와 과일, 라임즙이나 레몬즙 혹은 발사믹 식초에 재워둔 신선한 해산물을 버무린 샐러드도 좋습니다. 오래 숙성된 **슈페트레제**와는 사슴고기구이, 크림소스가 들어간 요리, 과일로 속을 채우거나 과일을 곁들인 흰살코기요리가 괜찮습니다. 그냥 신선한 과일하고만 먹거나 아페리티프로 먹어도 맛있습니다.

리슬링 슈페트레제 할프트로켄은 음식 친화적인 와인이라 뭐든 잘 어울립니다. 그래도 신선한 해산물과 신선한 생선이 가장 먼저 떠오르는군요. 순한 비나이그레테를 얹은 샐러드, 조화시키기가 다소 까다로운 코스인 크림수프와도 기가 막히게 잘 맞습니다. 특별한 음식을 먹을 때 딱히 어떤 와인을 곁들여야 할지 모르겠다면 슈페트레제 할프트로켄이 대체로 안전한 모험이 될 겁니다.

너무 뻔한 얘기일지 모르겠으나 **아이스바인**에는 푸아그라가 딱이죠."

— 요하네스 젤바흐, 젤바흐 오스터, 모젤

젤바흐 오스터는 캘리포니아의 베테랑 와인 메이커 폴 홉스와 손을 잡고 뉴욕의 핑거 레이크스 지역에서 리슬링의 재배에 도전했다.

독일의 화이트 와인 **상식을 테스트**해보고 싶다면 438쪽의 문제를 풀어보기 바란다.

– 더 자세한 정보가 들어 있는 추천도서 –

아르민 딜과 조엘 페인의 《독일 와인 가이드The Gault-Millau Guide to German Wine》

스테판 라인하르트의 《독일의 최상급 와인The Finest Wines of Germany》

테리 테이즈의 《와인의 가치: 그 숭고함을 기리다What Makes a Wine Worth Drinking: In Praise of the Sublime》

피터 시셀의 《내 삶의 비화: 와인 양조가, 수감자, 군인, 스파이The Secrets of My Life: Vinter, Prisoner, Soldier, Spy》

스파클링 와인

스파클링 와인 기초상식 ✳ 샴페인 ✳

기타 전통 방식의 스파클링 와인: 크레망, 카바, 프란치아코르타 ✳ 프로세코

스파클링 와인 기초상식

과일맛과 신맛의 밸런스는 기포와 함께 **좋은 스파클링 와인**을 만드는 요건이다.

요즘 미국인들은 스파클링 와인을 실컷 마시며 즐거운 시간을 보내고 있다. 현재 스파클링 와인 시장은 캘리포니아가 절반 이상 차지하면서 판매를 주도하고 있다. 샴페인도 여전히 판매세가 꺾이지 않고 있다. 프로세코와 더불어 프란치아코르타도 호황을 누리는 중이다. 이런 추세에서 스페인의 카바나 프랑스의 크레망의 인기도 빼놓을 수 없다. 그러면 지금부터 스파클링 와인을 통틀어 가장 인기 높은 샴페인의 세계부터 들여다보자.

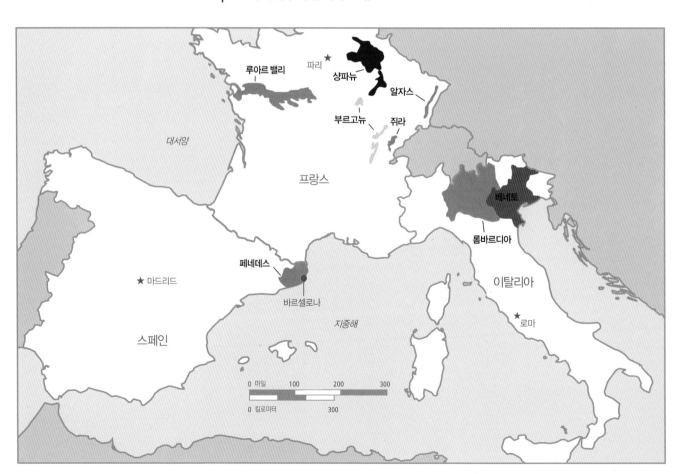

샴페인 🌿

샴페인은 신년 전야, 생일 등의 기념일에 즐겨 마시는 기포가 보글보글 올라오는 바로 그 와인이다. 하지만 이런 식으로만 이해해서는 샴페인을 제대로 안다고 할 수 없다. 엄밀히 말해 샹파뉴Champagne(영어식 표기는 '샴페인')는 프랑스의 한 지역명이다. 프랑스 '북단'의 와인 생산지로 파리에서 북동쪽으로 1시간 반 거리에 있으며 이런 지역 위치는 중요하다. 샹파뉴 지역을 비롯해 비교적 서늘하고 북방 기후대에 속하는 기후대에서는 포도가 다른 대다수 지역에 비해 산도가 더 높다. 샴페인의 신맛은 와인에 상쾌함을 선사해줄 뿐만 아니라 수명을 늘려주기도 하는 요소다.
샹파뉴의 와인 생산지는 크게 다음의 네 구역으로 나뉜다.

랭스 산악 지대 Reims Mountain   **마른 계곡**Marne Valley

오브Aube   **코트 데 블랑**Côte des Blancs

이 네 구역의 포도원 총면적은 8만 에이커이며 이곳에서 1만 5000명이 넘는 재배자가 포도를 재배해서 약 250개의 네고시앙, 즉 제조사에 판다.
와인 메이커들이 샴페인의 원료로 쓰는 포도는 다음의 세 가지다.

샤르도네 30%

피노 뫼니에 32%

피노 누아르 38%

프랑스에서는 샹파뉴 지역에서 만든 스파클링 와인만 '샴페인'이라는 명칭을 사용할 수 있다. 일부 미국 생산자들이 자신들의 스파클링 와인 라벨에 샴페인이란 명칭을 사용하고 있긴 하지만 그런 와인은 샴페인이 아니며 진짜 샴페인과는 비교도 안 된다.
샴페인은 다음과 같이 크게 세 종류로 나뉜다.

샴페인의 세계적인 명성에는 **여인들이 기여한 공로**가 크다. **마담 드 퐁파두르**(루이 15세의 애첩)는 "샴페인은 마시고 난 후에도 여인을 아름다워 보이게 하는 유일한 술"이라고 말했다. **마담 드 파라베르**(루이 15세의 정부)는 "샴페인은 얼굴이 붉어지지 않으면서도 눈을 반짝이게 해주는 유일한 술"이라고 했다.
릴리 볼랭제 Lilly Bollinger **부인**은 언제 샴페인을 마시느냐는 영국 기자의 질문에 이렇게 답했다. "기쁠 때도 슬플 때도 마시죠. 가끔 혼자 있을 때 마시기도 해요. 손님이 올 때 샴페인이 빠져서는 안 돼요. 배가 고프지 않을 때는 홀짝거리고 배가 고플 때는 쭉 들이켜요. 그 외에는 절대 손대지 않아요. 목마를 때만 빼고요."
전해오는 풍문에 따르면, **마릴린 먼로**는 350병의 샴페인으로 목욕을 했다고 한다. 그녀의 전기를 쓴 조지 배리스에 의하면 "마치 산소를 들이쉬듯" 샴페인을 즐겼다고 한다.

1850년경까지만 해도 샴페인은 모두 **달콤**했다.

빈티지 샴페인은 전체 샴페인 중 **10%도 안 된다.**

"이것은 부르고뉴가 아니다. 보르도도 아니다. 이것은 화이트 와인이다. 그것도 2~3년 이상 저장해서는 안 되는 스파클링 와인. 어릴 때 마셔야 한다."

– 클로드 테탱제

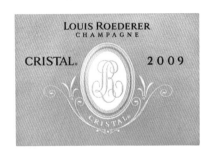

돔 페리뇽 샴페인은 6~8년의 숙성 기간을 거친 후에야 출시한다.

논빈티지/ 멀티플 빈티지 두 해 이상의 빈티지를 블렌딩. 생산되는 샴페인의 80% 이상은 빈티지가 표기되어 있지 않다. 여러 해의 와인을 블렌딩해 만들었다는 말이다.

빈티지 한 해의 빈티지로만 제작. 빈티지 샴페인은 해당 빈티지의 수확물 100%를 원료로 사용해야 한다.

'프레스티지' 퀴베'Prestige' cuvée 한 해의 빈티지로만 제작.

다른 대다수 와인업계와 달리 개별 하우스가 각자 빈티지 해로 선언할 것인지를 직접 결정하기 때문에 모든 해가 빈티지 해가 아니다(347쪽 참조). 프레스티지 퀴베 샴페인은 대체로 다음의 요건을 갖추고 있다.

- 최상급 마을의 최상급 포도로 만들 것
- 포도의 첫 압착즙으로 만들 것
- 논빈티지 샴페인보다 오랜 기간 병 숙성 과정을 거칠 것
- 빈티지 해에만 만들 것
- 소량만 생산

메토드 샹프누아즈

샴페인을 만드는 방법은 일명 '메토드 샹프누아즈Méthode Champenoise'라고 부른다. 샹파뉴 외의 지역에서는 이런 양조법을 '메토드 트라디시오넬Méthode Traditionnelle', '클래식 메소드Classic Method', '메토드 트라디시오날Méthode Tradicional' 등으로 부른다. EU에서는 '메토드 샹프누아즈'라는 명칭을 샹파뉴 이외의 지역에서 생산된 스파클링 와인에 사용할 수 없도록 금지하고 있다. 메토드 샹프누아즈의 10단계 과정은 다음과 같다.

수확 수확은 보통 9월 말에서 10월 초에 한다.

포도 압착 AOC 규정에 따라 두 번째 압착한 포도즙까지만 쓸 수 있다. 프레스티지 퀴베 샴페인은 보통 첫 압착즙만 쓴다. '타이유taille', 즉 두 번째 압착즙으로는 퀴베(첫 압착즙)와 블렌딩해 빈티지나 논빈티지 샴페인을 만드는 것이 보통이다.

발효 머스트가 와인으로 거듭나는 단계. 다음의 공식을 기억하라.

당분＋효모＝알코올＋탄산가스

대다수의 샴페인은 스테인리스 스틸 탱크에서 1차 발효를 거친다. 이 1차 발효는 2~3주 걸리며 이때 탄산가스가 공기 중으로 날아가면서 스틸 와인(기포가 없는 일반

적인 와인)이 만들어진다.

블렌딩 샴페인 생산에서 가장 중요한 단계다. 여기에 쓰이는 스틸 와인 각각은 단일 마을에서 생산된 단일 포도 품종으로 만들어진다. 이 단계에서 와인 메이커는 여러 가지 결정을 내리는데, 다음은 그중 가장 중요한 결정 사항들이다.

1. 세 가지 포도 품종 중 어떤 품종들을 어떤 비율로 블렌딩할 것인가?
2. 어떤 포도원의 포도를 쓸 것인가?
3. 어떤 해 혹은 어떤 빈티지의 와인을 섞을 것인가? 그해 수확한 포도로 빚은 와 인들만 섞을 것인가, 아니면 여러 해 빈티지의 와인들을 같이 섞을 것인가?

리퀴르 드 티라주 블렌딩 과정이 끝나면, 2차 발효를 위해 설탕과 효모를 혼합한 이 리퀴르 드 티라주Liqueur de Tirage를 섞어 넣고 병에 담아 임시 병마개로 막는다.

2차 발효 2차 발효 중에는 탄산가스가 병 속에 그대로 남아 기포를 생성한다. 이 과 정에서 병 속에 자연적인 침전물(찌꺼기)이 생기기도 한다.

숙성 찌꺼기를 그대로 둔 채로 숙성시키는 이 숙성 기간은 와인의 품질을 크게 좌우 한다. 논빈티지 샴페인은 병입 후 최소한 15개월을 숙성시켜야 하고 빈티지 샴페인 은 병입 후 최소한 3년을 숙성시켜야 한다.

리들링(찌꺼기 처리) 이제 와인병들을 A자 모양으로 경사진 나무판의 구멍들에 병 목 쪽을 아래로 하여 하나씩 꽂는다. 르미외르remueur, 즉 리들러riddler(와인병을 정 기적으로 돌려 찌꺼기 가라앉히기 작업을 하는 사람)가 샴페인 병이 꽂힌 나무판을 둘러 보면서 병 하나하나를 약간씩 돌려주는 동시에 경사도를 조금씩 높이며 세워준다.

샴페인의 공통적인 아로마	
사과향	이스트 냄새(빵 반죽 냄새)
토스트향	헤이즐넛향
시트러스향	호두향

샴페인 라벨에 R. D.가 표기되어 있다면 그 와인이 **최근에 디스고르징 과정을 거쳤다**는 의미다.

이런 식으로 6~8주 후면 병은 거의 거꾸로 세워지면서 찌꺼기가 병목으로 모이게 된다(이 방법은 프랑수아 클리코François Clicquot의 미망인 바브 니콜 퐁사르당Barbe-Nicole Ponsardin이 1816년에 고안해낸 것이다).

디스고르징Disgorging**(찌꺼기 제거)** 병 입구를 아주 차가운 염수 용액에 담가 얼린 다음 임시 병마개를 제거하면 언 찌꺼기가 탄산가스의 압력에 밀려 튀어나온다.

도자쥐Dosage**(첨가제 보충)** 찌꺼기 제거 후에 와인과 설탕 혼합액을 병 속에 섞는다. 이때 와인 메이커의 결정에 따라 샴페인이 스위트한지 드라이한지가 정해진다. 아래 그림은 샴페인 당도의 단계다.

브뤼 나투르	엑스트라 브뤼	브뤼	엑스트라 섹/드라이	섹	데미섹	두
Brut nature	Extra brut	Brut	Extra sec/dry	Sec	Demi-sec	Doux
설탕 무첨가	아주 드라이	드라이	세미드라이	세미스위트	스위트	아주 스위트

병의 재밀봉 임시 병마개가 아닌 진짜 코르크 마개로 병을 밀봉한다. 그다음엔 뮤슬렛muselet이라고 부르는 철사로 병목을 감고 코르크 위로 메탈 캡을 씌운다.

샴페인의 양조는 까다롭고 손이 많이 가고 비용도 많이 드는 일이다. 샴페인이 다른 우수 와인이나 스파클링 와인류에 비해 대체로 가격이 비싼 것도 다 이런 이유 탓이다. 내용물이 압축되어 담기는 까닭에 보통의 와인병보다 두껍고 단단한 병을 써야 한다는 점 역시 가격을 높이는 요인이다.

다양한 샴페인의 스타일

통칙: 블렌딩할 때 청포도가 많이 들어갈수록 더 가벼운 스타일이, 적포도가 많이 들어갈수록 더 풀한 스타일이 된다.

블랑 드 블랑Blanc de Blancs 샴페인은 100% 샤르도네로 만든 샴페인이며 블랑 드 누아르Blanc de Noir는 피노 누아르 100%로 만든 샴페인이다. 일부 생산자들은 와인을 나무통에서 발효시키기도 한다. 볼랭제는 일부 샴페인만을, 크뤼그에서는 자사의 모든 와인을 이런 식으로 발효시킨다. 이렇게 나무통에서 발효시키면 스테인리스 스틸 통에서의 발효보다 바디와 부케가 더 풍부해진다.

샴페인 고르는 요령

먼저 어떤 스타일의 샴페인을 구입할지부터 결정한다. 풀 바디로 할지 라이트 바디로 할지, 또 브뤼 나투르부터 두 중에서 어느 정도의 당도가 좋을지를 정해야 한다. 그다음엔 반드시 신뢰할 만한 제조자·생산자가 내놓은 샴페인을 고른다. 샴페인의 생산자는 4000곳이 넘는데 모두가 고유의 하우스 스타일에 자부심을 가지고 해마다 한결같은 블렌딩을 하기 위해 심혈을 기울이고 있다. 고정불변의 법칙은 아니지만 미국 내에 보급되는 샴페인 하우스들의 스타일은 대체적으로 아래와 같이 분류된다. 단, 프레스티지 퀴베 샴페인의 가격은 수요에 따라 크게 좌우된다.

가볍고 섬세	A. 샤르보 에 피스 A. Charbaut et Fils	자크송 Jacquesson
가벼운 것에서 중간까지	빌카르 살몽 Billecart-Salmon	도츠 Deutz
	니콜라 푀이야트 Nicolas Feuillatte	로랑 페리에 Laurent-Perrier
	G. H. 멈 G. H. Mumm	페리에 주에 Perrier-Jou
	포므리 Pommery	테탱제 Taittinger
	뤼나르 페르 에 피스 Ruinart Pére & Fils	브루노 파이야르 Bruno Paillard
중간	샤를 하이드지크 Charles Heidsieck	모에 & 샹동 Moët & Chandon
	파이퍼 하이드지크 Piper-Heidsieck	폴 로저 Pol Roger
	살롱 Salon	
중간에서 풀까지	드라피에 Drappier	루이 뢰데르 Louis Roederer
	앙리오 Henriot	
풀하고 리치	볼랭제 Bollinger	뵈브 클리코 Veuve Clicquot
	크뤼그 Krug	A. 그라티엔 A. Gratien

샴페인을 평가하려면 기포를 보면 된다. 기포는 샴페인에서 없어서는 안 되는 요소로서 샴페인의 질감과 마우스필을 선사한다. 좋은 와인일수록 기포가 더 작고 풍성하다. 기포가 더 오랫동안 올라와야 좋은 샴페인이다.

숙성

대체로 샴페인은 구입 즉시 마시는 게 좋지만 경우에 따라 더 놔두면서 숙성시켜도

포도를 직접 재배하여 샴페인을 만드는 소규모 생산자 **20%**

샴페인 하우스 **80%**

샴페인 하우스들은 샹파뉴 지역 와인 판매량의 약 3분의 2를 차지하지만, 그들이 소유한 포도밭 면적은 **10%에도 미치지 못한다.**

내가 즐겨 마시는 **샴페인의 생산자들을** 소개한다. 자크 셀로스 Jacques Selosse, 에글리 우리에 Egly-Ouriet, 라망디에 베르니에 Larmandier-Bernier, 피에르 피터 Pierre Peters, 빌마르 에 시에 Vilmart & CIE, C. 부샤른 C. Boucharn, 마크 에브라 Marc Hebrart, 마리 쿠르탕 Marie-Courtin, 탈랑 Tarlant.

미국에서 판매량이 **가장 많은 5대** 샴페인 하우스
니콜라 푀이야트
모에 & 샹동
뵈브 클리코
파이퍼 하이드지크
페리에 주에

된다. 논빈티지 샴페인은 2~3년 내에 마시면 되고, 빈티지나 프레스티지 퀴베 샴페인은 10~15년까지 보관해도 좋다. 15년 전에 결혼 10주년 기념 선물로 받은 돔 페리뇽을 아직까지 아껴두고 있다면 더 기다릴 것 없이 당장 병을 따라!

– 샴페인의 추천 빈티지 –

1995** 1996** 2002** 2004** 2005* 2006**
2008* 2009* 2012** 2013* 2015* 2018* 2019*

*는 더 뛰어난 빈티지 **는 이례적으로 뛰어난 빈티지

기타 전통 방식의 스파클링 와인

크레망

샴페인은 프랑스 북동부의 특정 지명을 딴 명칭으로 그 지역산 와인의 병에만 표기할 수 있다. 프랑스에서는 알자스, 보르도, 부르고뉴, 쥐라, 루아르 밸리를 비롯한 다른 8개 지역에서도 메토드 샹프누아즈로 스파클링 와인을 생산한다. 이 와인들의 탄산가스 함유량은 샴페인의 절반 정도이지만 사용 가능한 포도 품종, 에이커당 포도 수확량, 최소 숙성 기간 등의 엄격한 규정을 따르고 있기도 하다. AOC법에서는 1970년대와 1980년대부터 크레망Crémant('크림 같은'의 뜻으로 상대적으로 낮은 함량의 탄산가스가 입에 닿는 느낌을 묘사한 말)에 원산지 통제 명칭AOC을 부여해주었다.

크레망 달자스

프랑스의 크레망은 대부분 알자스산으로 크레망 달자스Crémant d'Alsace는 이 지역 와인 생산량의 22%를 차지한다. 이 지역 와인 메이커들은 주로 피노 그리, 피노 블랑, 피노 누아르, 리슬링을 원료로 쓴다. 내가 선호하는 크레망 달자스 생산자들이다.

구스타브 로렌츠 Gustave Lorentz   **루시앙 알브레흐트**Lucien Albrecht   **피에르 스파르**Pierre Sparr

크레망 드 부르고뉴

부르고뉴에서의 크레망 양조는 포도 품종의 제약을 받지 않는다. 크레망은 부르고뉴에서 생산되는 와인의 약 7%를 차지한다. 다음은 내가 선호하는 크레망 드 부르고뉴Crémant de Bourgogne 생산자들이다.

2011년에 샹파뉴는 1822년 이후로 **가장 이른 수확기**를 맞았다.

2016년은 생육 기간 중 **꽃샘추위**가 닥쳐 포도나무가 썩고 곰팡이가 피는 바람에 샴페인의 뛰어난 빈티지가 되지 못했다.

영국인들이 오고 있다!
이 말에 기후 변화를 떠올렸다면 제대로 맞혔다. 이제 영국에서도 런던 남부에 위치한 켄트에서 스파클링 와인(잉글리시 피즈English Fizz)을 만들고 있다. 심지어 테탱제 같은 몇몇 샴페인 생산자가 이곳 포도원에 투자하고 있기까지 하다. 참고로 2018년은 환상적인 빈티지였다.

'**펫낫**Pét-Nat' 스타일이란 'pétillant naturel'(천연 스파클링 와인)을 가리킨다. 와인 메이커들은 1차 발효가 끝나기 전에 병입을 해서 탄산가스의 함량을 낮추는데 샴파뉴는 법에 따라 메토드 샹프누아즈로만 와인을 양조할 수 있어 이런 와인을 만들 수 없다.

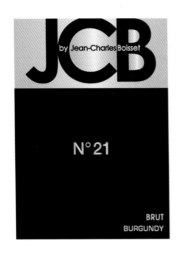

루이 부이요Louis Bouillot   바이 라피에르Bailly-Lapierre

부아세Boisset   시모네 페브르Simonnet-Febvre

최상급에 드는 부르고뉴의 에미낭이나 그랑 에미낭 크레망도 찾아볼 만하다.

크레망 뒤 쥐라

주로 샤르도네와 피노 누아르를 원료로 쓰며 쥐라에서 생산되는 와인의 20% 이상을 차지하여 지역에서 위상이 높다. 내가 선호하는 크레망 뒤 쥐라Crémant du Jura 생산자들이다.

도멘 드 사비니Domaine de Savagny   도멘 롤레Domaine Rolet   티소Tissot

크레망 드 루아르

여러 품종의 포도를 원료로 쓸 수 있지만 슈냉 블랑으로 양조한 와인이 가장 뛰어나다. 내가 선호하는 크레망 드 루아르Crémant de Loire 생산자들이다.

그라티엥 에 메이에Gratien & Meyer   랑글루아 샤토 드 루아르Langlois-Château de Loire

부베 라뒤베Bouvet-Ladubay   에커맨Ackerman

카바

(바르셀로나에서 남서쪽으로 48km 떨어진) 스페인 북동부, 카탈루냐의 피레네산맥 지역에서는 160년도 더 이전부터 전통 방식의 스파클링 와인을 만들어왔다. 카바의 주요 포도 품종은 샤르도네, 마카베오, 파레야다Parellada, 자렐로Xarel-lo이며 1970년에 공식 명칭으로 지정된 카바는 와인 메이커들이 발효와 숙성을 위해 와인을 보관해두던 동굴cave에서 따온 것이다. 카바의 대표 주자인 두 생산자, 프레시넷과 코도르뉴는 사람들 사이에 어느 정도 알려진 이름이다. 프레시넷의 소유주인 페레르 가문은 세구라 비우다스도 생산한다. 카바는 전통 방식으로 양조되는 스파클링 와인 중 가성비가 뛰어난 와인이다. 내가 선호하는 카바 생산자들이다.

라벤토스Raventos   레카레도 마타 카사노바스Recaredo Mata Casanovas

세구라 비우다스Segura Viudas   코도르뉴Codorníu

프레시넷Freixenet   후베 이 캄프스Juve y Camps

프란치아코르타

이탈리아 롬바르디아산의 이 스파클링 와인 역시 샴페인과 카바처럼 전통 방식으로 양조한다. 사용이 허용된 포도 품종은 샤르도네, 피노 네로(피노 누아르), 피노 비앙코다. 논빈티지 프란치아코르타는 최소 숙성 기간이 18개월, 빈티지 프란치아코르타는 30개월이다. 다음은 출시 와인을 찾기 쉬우면서도 우수한 생산자들이다.

베를루키Berlucchi　　　　　　　벨라비스타Bellavista
카 델 보스코Ca'del Bosco　　　　페르헤티나Ferghettina

프로세코

내 강의에 들어오는 수강생들은 누구나 이탈리아 와인을 적어도 세 가지는 알고 있다. 키안티, 피노 그리지오에 더해 10년 사이에 프로세코까지 알게 되었다. 하지만 프로세코의 역사가 14세기까지 거슬러가는 점을 감안하면 인지도를 얻기까지 오랜 세월이 걸린 셈이다. 내가 이 책의 25주년 기념판에서 프로세코를 처음 짤막하게 설명했을 당시에야 베네토 지역의 이 스파클링 와인은 인기를 얻는 중이었다. 2018년에는 이탈리아 와인 중 미국에서 가장 빠른 성장세를 타기까지 했다!

이런 빠른 성장세의 이유는 프로세코라는 명칭이 발음하기 쉽고 샴페인처럼 탄산 가스가 많지 않은 데다 풍부한 과일맛, 낮은 알코올, (대부분이 20달러 이하인) 착한 가격까지 갖춘 덕분이다. 그렇다면 어떻게 이런 스파클링 와인의 생산이 가능할까? 와인 메이커들이 샤르마 방식Charmat method으로 양조해 대형 스테인리스 스틸 탱크나 유리 탱크에서 2차 발효를 시킨다. 프로세코는 주요 포도 품종이 이탈리아 품종인 글레라Glera이며 베네토나 프리울리 베네치아 줄리아의 일부 지역에서만 생산이 가능하다. 당도를 구분하는 단계가 다르기도 해서 가장 드라이한 맛이 브뤼, 그다음은 엑스트라 드라이, 가장 단맛을 드라이로 구분해 부른다.

프로세코는 어릴 때 마셔야 하는 와인이다. 그러니 숙성시키지 말고 칵테일로 맛보길 권한다. 가장 유명한 프로세코 칵테일로는 어니스트 헤밍웨이와 오슨 웰스가 단골손님이던 베니스의 명소 해리스 바Harry's Bar에서 1930년대에 탄생된 벨리니Bellini가 꼽힌다. 확신하는데 헤밍웨이와 웰스는 프로세코와 복숭아 퓨레를 2 대 1의 비율로 섞어서 즐겼을 것이다. 여러분도 그 맛을 한번 즐겨보시길! 다음은 출시 와인을 찾기 쉬운 프로세코 생산자들이다.

니노 프랑코Nino Franco　　라 마르카La Marca　　루네타Lunetta　　레 콜투레Le Colture

프란치아코르타Franciacorta는 샴페인과 마찬가지로 브뤼부터 데미섹까지의 당도가 있다.

프로세코Prosecco는 원래 포도의 이름이며 2008년에 지역명으로 지정되었다. 최상급의 프로세코는 DOCG 등급을 부여받는다. 미디엄 바디에 상큼하고 향이 그윽한 스타일의 프로세코는 높은 산도, 섬세한 밸런스, 낮은 알코올(11.5~12%)이 특징이다.

"베니스의 프로세코는 밀워키의 맥주와 같은 존재다."
– 레티 티그Lettie Teague, 〈월 스트리트 저널〉

지난해, 미국에서의 프로세코 판매량이 35% 증가했고 프로세코는 이제 세계에서 가장 많이 팔리는 스파클링 와인으로 등극했다.

베네치아의 해리스바에 있는 어니스트 헤밍웨이.

샴페인 병 안의 기포는 얼마나 될까? 과학자 빌렘벡에 따르면, 1병당 **4900만** 개라고 한다.

2010년 다이버들이 거의 200년 동안 바다 아래 잠겨 있던 난파선에서 150병의 샴페인을 발견했다. (세계에서 가장 오래된 샴페인으로 추정되는) 그 샴페인들 중 뵈브 클리코, 쥐글라Juglar(현재는 자크송), 하이드직크Heidsieck도 있었다. 일부는 **아직도 마실 수 있는 상태였다.**

"그대여, 세상에는 해서는 안 되는 일이란 게 있소. 돔 페리뇽 '53을 섭씨 0도보다 높게 마셔서는 절대로 안 되오. 그것은 귀마개도 끼지 않고 비틀스 음악을 듣는 것만큼이나 몹쓸 짓이오!"
– 〈골드핑거Goldfinger〉(1964)에서 제임스 본드 역을 맡은 숀 코네리의 대사

로저 무어는 돔 페리뇽 1962년산을 좋아했고 **피어스 부로스넌**은 볼랭저 1961년산을 마셨다.

샴페인 병이 7% 정도 가벼워지면서 **더 환경 친화적으로** 추세가 바뀌고 있다. 슬림해진 병 디자인과 더 오목하고 넓어진 병 바닥이 가장 두드러진다.

보르톨로미올Bortolomiol 보르톨로티Bortolotti 카비트Cavit 미오네토Mionetto
벨리시마Bellissima 조닌Zonin

스파클링 와인 병을 따는 올바른 방법

파티에서 칼로 샴페인 병을 따는, 위험하지만 재미있는 묘기는 달인들에게 맡기는 것이 상책이겠지만 샴페인 병을 따는 올바른 방법은 알아두어야 한다. 병 속의 압력은 6기압 정도로, 약 6.45㎠당 40k에 가깝다. 말하자면 자동차 타이어의 3배다! 아래의 순서대로 따라 할 때는 어느 단계에서든 병을 당신 자신이나 다른 사람들, 또 깨지기 쉬운 물건들 쪽으로 향하지 않게 한다.

1. 병을 차게 해둔다.
2. 병마개를 감싼 호일을 뜯어낸다.
3. 손을 코르크 위쪽에 얹은 후 병을 다 딸 때까지 그대로 둔다. 병 따기의 다음 단계들을 이어가다 보면 이 모습이 우스워 보일 수도 있지만, 병을 따던 중에 갑자기 코르크가 펑하고 터져 나와 놀랐던 적이 있었다면 이 단계의 중요성에 수긍할 것이다.
4. 철사를 푼다. 풀어낸 철사는 벗겨내든 그대로 걸쳐두든 상관없다.
5. 천 소재 냅킨으로 조심스럽게 코르크를 감싼다. 그래야 코르크가 갑자기 튀어나오더라도 냅킨이 안전하게 막아준다.
6. 주로 쓰는 쪽의 손으로 냅킨으로 감싼 코르크를 잡고 다른 손으로 병을 잡는다. 병과 코르크를 서로 다른 방향으로 천천히 돌리면서 코르크를 빼낸다. 요란스러운 소리와 함께 뻥 터지면서 거품이 흘러나오게 해서는 안 된다.

뻥 소리를 내면서 개봉하면 귀와 눈은 즐거울지 몰라도 보글보글 올라오는 샴페인 특유의 기포를 발생시키는 탄산가스가 빠져나간다. 샴페인 병을 위의 방법대로 따면 탄산가스가 거의 손실되지 않아서 몇 시간이 지나도록 기포가 올라올 수 있다.

샴페인 잔

샴페인은 무조건 '적당한 잔'에 따라야 한다. 한 설에 따르면 현재 우리가 쓰는 쿠페coupe(잔이 위로 갈수록 폭이 넓어지고 깊이가 얕은, 다리 달린 잔)는 그리스 신화 속 여인 헬레네의 가슴을 본떠서 만들었다고 한다. 실제로 그리스인들은 가슴 모양의 잔mastos에 와인을 따라 마셨지만 현재까지 남아 있는 잔들은 대부분 손잡이만 있고 다리는 달려 있지 않다. 그로부터 수세기 이후의 인물과 연관된 또 다른 설도 있다. 프랑스의 왕비 마리 앙투아네트의 왼쪽 가슴을 본떠서 만들었다는 설인데 신빙성이 낮다. 어느 쪽이 맞든 쿠페는 표면적이 넓어서 샴페인의 기포가 더 빨리 사라진다. 그래서 현재는 플루트형이나 튤립형 잔을 사용하는데 이런 모양의 잔은 와인의 아로마를 더 잘 모아주기도 한다.

샴페인 vs 스파클링 와인

샴페인은 메토드 샹프누아즈를 활용해 만들며 프랑스의 샹파뉴 지역이 그 생산지이다. 나는 샴페인을 세계 최고의 스파클링 와인이라고 생각한다. 샹파뉴는 뛰어난 스파클링 와인을 생산하는데 없어서는 안 될 요소들이 이상적으로 조합된 지역이다. 토양은 고운 백토질이고, 스파클링 와인 양조용 포도의 최적의 재배지이며, 스파클링 와인 스타일에 이상적인 기후대인 위치에 자리 잡고 있다.

세계의 도처에서 너도나도 스파클링 와인을 생산하고 있지만 품질에는 큰 차이가 있으므로 몇몇 명산지를 알아놓으면 좋다. 스페인에서 '메토도 트라디시오날'을 활용해 생산하는 카바는 품질이 뛰어나다. 독일의 젝트Sekt도 있다. 이탈리아에서도 '스파클링' 와인을 뜻하는 스푸만테가 생산되며 베네토에서 생산하는 프로세코의 인기가 높아지고 있다. 미국에서는 캘리포니아와 뉴욕주가 대표 생산지로 꼽힌다. 캘리포니아는 도멘 샹동, 아이언 호스Iron Horse, J, 코벨Korbel, 멈 퀴베 나파Mumm Cuvée Napa, 파이퍼 소노마Piper-Sonoma, 뢰데르 에스테이트, 샤펜베르거Scharffenberger, 슈렘스버그Schramsberg 등 우수한 스파클링 와인을 다수 빚어내고 있다. 캘리포니아의 대형 와이너리들 대다수도 스파클링 와인을 출시하고 있다. 뉴욕에서 생산되는 스파클링 와인으로는 포마노크, 스파클링 포인트Sparkling Point, 닥터 콘스탄틴 프랭크가 유명하다. 오리건의 스파클링 와인으론 소터Soter, 아가일이 있고 뉴멕시코의 그루에Gruet도 맛볼 만하다.

전통 방식으로 생산하지 않는 스파클링 와인의 대다수는 프로세코의 경우처럼 2차 발효를 스테인리스 스틸 탱크에 담아 진행한다. 이런 식의 발효를 일명 샤르마 마르티노티 방식이라고 부른다. 이 방식에서는 한 번 발효로 스파클링 와인 10만 병 분량이 생산 가능한 대용량 탱크가 사용되기도 한다.

헬레네가 아름다웠다고는 하나, 헬레네를 본떠 만든 잔은 확실히 펑퍼짐하고 얕았다!

미국에서 소비되는 스파클링 와인의 40%는 수입산이며 미국산 스파클링 와인의 약 20%는 **정통 방식**으로 생산되고 있다.

미국은 샴페인의 **최대 수입국**이다.

2020년에 미국에 상품을 가장 많이 출하한 5대 샴페인 하우스

1. 모에 & 샹동
2. 뵈브 클리코
3. 니콜라 파이아트Nicolas Feuillatte
4. G. H. 멈
5. 로랑 페리에

시음 가이드

이번 시음은 새로운 와인 상식의 습득을 축하하기에 더없이 좋은 방법이다. 유럽의 스파클링 두 가지를 맛본 다음 미국의 스파클링 와인 두 가지에 이어 두 샴페인을 잔에 따라 들어 올리며 건배를 해보자.

유럽의 스파클링 와인 두 가지 스파클링 와인 비교 시음

1. 프로세코
2. 카바 브뤼

캘리포니아의 스파클링 와인 두 가지 스파클링 와인 비교 시음

3. 앤더슨 밸리산 스파클링 와인
4. 나파 밸리산 스파클링 와인

샴페인 두 가지 샴페인 비교 시음

5. 논빈티지 샴페인
6. 빈티지 샴페인

음식궁합

샴페인은 최고의 다용도를 뽐내는 와인 중 하나로, 아페리티프에서 디저트까지 수많은 음식과 함께 마실 수 있다. 전문가들이 제안하는 샴페인과 음식의 궁합을 소개한다.

"절대로 단것과는 짝을 맞추지 마세요. **콩테 드 샹파뉴 블랑 드 블랑**에는 해산물, 캐비어 또는 꿩파테가 잘 맞습니다. 치즈도 기포가 올라오는 샴페인과 잘 어울리지 않지요."

— 클로드 테탱제

"**브뤼 논빈티지**를 마실 때는 꼬치고기 무스(거품을 낸 생크림 따위를 친 생선 퓌레) 같은 가벼운 전채요리가 좋아요. **빈티지 샴페인**에는 꿩고기, 랍스터 같은 해산물이 괜찮고, **로제 샴페인**에는 딸기 디저트를 추천합니다."

— 크리스티안 폴 로저

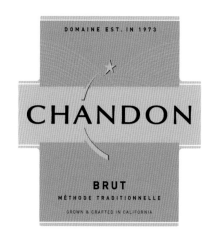

도멘 샹동은 프랑스에서 돔 페리뇽을 생산하고 있는 모에 헤네시 그룹의 소유다. 돔 페리뇽을 만드는 같은 와인 메이커가 비행기로 캘리포니아에 건너와 도멘 샹동의 블렌딩을 도와주고 있다.

브뤼와 엑스트라 드라이는 아페리티프로 내거나 식사 중에 마시기에 적당하다. 섹과 데미섹은 디저트 또는 웨딩 케이크와 잘 맞는다!

스파클링 와인 상식을 테스트해보고 싶다면 439쪽의 문제를 풀어보기 바란다.

— 더 자세한 정보가 들어 있는 추천도서 —
피터 림의 《샴페인Champagne》

CLASS 12

주정강화 와인

주정강화 와인 기초상식 ※ 셰리

포트 ※ 기타 주정강화 와인

셰리는 스페인 와인 생산량의 **3%에도 못 미친다.**

푸에르토데 산타 마리아는 **크리스토퍼 콜럼버스의 배**가 만들어진 곳이자 그의 탐사 항해를 위한 카스티야의 이사벨라 여왕과의 모든 합의가 이뤄진 곳이다.

팔로미노는 헤레스의 포도밭에서 재배되는 모든 포도의 **90%**를 차지한다.

주정강화 와인 기초상식 ⚜

주정강화 와인은 2단계 과정을 거쳐 양조된다. 먼저 베이스 와인을 만든 다음 중성 브랜디(증류 와인)를 첨가해 알코올 함량을 높인다. 이때 중성 브랜디의 첨가 시점에 따라 당도가 달라진다. 주정강화 와인은 종류에 따라 다른 색의 포도를 쓰기도 한다. 셰리는 청포도를 원료로, 포트는 여러 적포도를 블렌딩해서 쓴다.

셰리 ⚜

포트와 셰리는 세계의 2대 주정강화 와인이다. 이 와인들은 공통점도 많지만 각각의 최종 스타일에서는 차이가 크다. 포트와 셰리는 중성 브랜디를 첨가하는 시점에서 갈린다. 포트는 발효 중에 중성 브랜디를 첨가한다. 이때 첨가된 알코올 성분이 효모를 죽여 발효를 중단시키는데, 포트가 비교적 달콤한 이유가 여기에 있다. 반면 셰리는 발효 후에 브랜디를 첨가한다. 알코올 함량은 포트는 20%, 셰리는 18% 정도다. 먼저 셰리부터 얘기해보자. 셰리는 일조량이 풍부한 스페인의 남서부 지역에서 생산된다. 특히 다음의 세 마을이 연결된 삼각지대가 1등급 셰리의 생산지다.

산루카르 데 바라메다 Sanlúcar de Barrameda   **푸에르토 데 산타 마리아**Puerto de Santa María

헤레스 데 라 프론테라 Jerez de la Frontera

셰리라는 영어식 와인명은 헤레스 데 라 프론테라의 옛 스펠링인 'Xeres'의 영어식 발음에서 유래된 것이다. 셰리의 원료로 쓰이는 주요 포도 품종 두 가지다.

팔로미노   **페드로 히메네스**Pedro Ximénez

셰리에는 여러 종류가 있다.

만사니야	피노	아몬티야도	올로로소	크림
Manzanilla	Fino	Amontillado	Oloroso	Cream
드라이	드라이	드라이, 미디엄 드라이	드라이, 미디엄 드라이	스위트

셰리의 세계에서 PX는 페드로 히메네스 포도의 약칭으로 통한다. 크림셰리는 PX와 올로로소를 블렌딩한 것이다.

산화 제어

와인을 만들 때는 양조 과정 중에 와인에 산소가 유입되지 못하게 하려고 주의를 기울이는 것이 보통이지만 바로 이런 산소 유입이 와인을 셰리로 변신시키는 역할을 톡톡히 한다. 셰리를 양조할 때는 일부러 산소를 유입시키기 위해 와인을 통에 3분의 2까지만 채운 후 공기가 유입되도록 마개를 느슨하게 막는다. 그런 다음 통을 보데가, 그러니까 지상에 설치된 와인 저장소에 놔둔다. 이 저장 과정에서 와인의 일부가 증발되는데 이런 증발분(일명 '천사의 몫')이 매년 최소 3%에 이른다. 이제 헤레스의 사람들이 늘 행복에 젖어 있는 이유를 알 것도 같지 않은가? 셰리를 호흡하며 살기 때문이다!

솔레라 공법

셰리 양조의 다음 단계는 솔레라 공법Solera Method을 활용하는 이른바 '프랙셔널 블렌딩fractional blending'이다. 여러 해의 빈티지 와인을 연속 블렌딩하는 방식이다(같은 크기의 통들을 숙성 연수별로 층층이 쌓은 다음 수평수직으로 파이프를 연결하여 제일 오래 숙성된 최하단의 술통에서 일정한 양만 빼서 병입하는 방식-옮긴이). 병입 단계에서는 각각의 통에서 절대 3분의 1이 넘지 않는 양의 와인을 추출시켜 새로운 빈티지의 와인이 채워질 공간을 만든다. 이런 식의 블렌딩은 '모母'와인을 베이스 와인으로 사용하고 더 어린 와인으로 생기를 더해주면서 셰리의 '하우스' 스타일에 일관성을 부여해준다.

솔레라 시스템의 과정 중에 **10~20여 종에 이르는 여러 수확기 와인**이 블렌딩되는 경우도 있다.

셰리 구입 요령

생산자를 보고 구입하는 것이 가장 좋다. 포도를 구입하고 블렌딩을 하는 사람은 생산자이기 때문이다. 다음 10개의 생산자가 수출 시장의 60%를 점유하고 있다.

곤살레스 비아스González Byass	산데만Sandeman
세이보리 앤 제임스Savory and James	에밀리오 루스타우Emilio Lustau

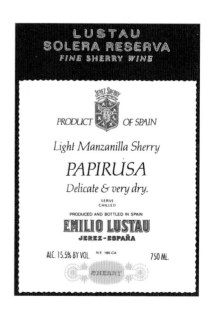

오늘날의 셰리는 숙성 시에 **미국산 오크**만 사용한다.

오스본Osborne

이달고Hidalgo

페드로 도멕Pedro Domecq

윌리엄스 & 험버트Williams & Humbert

크로프트Croft

하베이스Harveys

셰리의 보관

셰리는 개봉 후에도 보통 테이블 와인보다 오래간다. 높은 알코올 함량이 방부제 역할을 해주는 덕분이다. 하지만 한번 개봉하고 나면 신선도가 떨어진다. 셰리를 최상의 상태로 마시려면 개봉한 병을 냉장고에 넣어두고 2주 안에 다 마셔야 한다. 만사니야 셰리와 피노 셰리는 화이트 와인과 같은 식으로 하루 이틀 안에 마신다.

시음 가이드

셰리는 주정이 강화된 와인이기 때문에 일반 와인보다 알코올 함량이 높다. 다음 다섯 가지 대표적 스타일의 셰리를 시음할 때는 이 점을 명심하고 적절한 양만 따라서 과하지 않게 시음한다. 이번 시음은 가장 드라이한 만사니야부터 시작해 단계적으로 더 높은 당도의 셰리를 맛보도록 구성했다.

다섯 가지 셰리 비교 시음 :

1. 만사니야
2. 피노

3. 아몬티야도

4. 올로로소

5. 크림

음식 궁합

"아주 오래되고 귀한 **셰리**는 치즈와 함께 마셔야 합니다. **피노**와 **만사니야**는 아페리 티프로 내거나 담백한 생선구이나 생선튀김 혹은 훈제연어와 곁들이면 좋습니다. 훈제연어는 화이트 와인과 함께 먹으면 맛이 더 살아나지요. **아몬티야도**는 담백한 치즈, 초리소(소시지), 햄, 시시 케밥(꼬치에 고기를 끼운 꼬치요리) 을 곁들이는 것이 적당합니다. 바다거북수프나 콩소메의 맛을 돋우는 데도 적격이 죠. **크림셰리**의 경우 쿠키, 패스트리, 케이크를 추천해드립니다. 하지만 **페드로 히메 네스**는 커피나 브랜디를 마시기 전에 바닐라 아이스크림에 얹어 먹거나 디저트 와인 으로 마시는 것이 바람직합니다."

— 호세 이그나시오 도멕

"**피노**는 꼭 차갑게 내야 합니다. 저는 피노를 스페인의 타파스(전채요리)에 곁들여 아 페리티프로 즐겨 마시고 거의 모든 생선요리에 곁들입니다. 피노와 어울리는 요리로 추천할 만한 음식은 조개류, 랍스터, 참새우, 잔새우, 생선수프, 연어 같은 담백한 생 선입니다."

— 마우리시오 곤살레스

셰리 양조 시 침전물을 제거하여 맑게 만들기 위 한 방법으로 달걀흰자를 풀어서 넣는다. 그러면 침전물이 **달걀흰자**에 달라붙어 통 아래로 가라 앉는다. 그러나 불가피한 문제점이 발생한다. '남 은 달걀노른자는 어쩌지?' 혹시 플랜flan이란 말 을 들어보았는가? 플랜은 커스터드류의 디저트 로 달걀노른자로만 만든다. 헤레스에서는 이 디 저트를 토시노 데 시엘로tocino de cielo라고 부 르는데, 풀어서 말하면 '천국의 지방the fat of the heaven'이라는 뜻이다.

– 더 자세한 정보가 들어 있는 추천도서 –

줄리안 제프스의 《셰리Sherry》

탈리아 바이오치의 《셰리Sherry》

포트는 1670년대부터 배에 실려 영국으로 수출되었다. 1800년대에 이르러 오랜 수송 기간 동안 포트의 변질을 막고자 선적자들이 브랜디로 주정강화를 시켰는데, 이것이 오늘날 우리가 아는 포트가 탄생하게 된 유래다.

포트의 연간 생산 비율

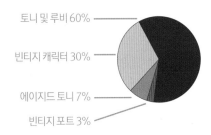

토니 및 루비 60%

빈티지 캐릭터 30%

에이지드 토니 7%

빈티지 포트 3%

포르투갈의 와인은 포트가 다가 아니다. 포르투갈에서는 최근 10년 사이에 드라이한 레드 와인과 화이트 와인으로 역점을 옮기는 추세다. 다음은 그중에서 내가 선호하는 와인이다.
도루 지역: 레알 캄파니아 벨라Real Companhia Velha, 퀸타 카스트루Quinta Castro, 퀸타 두 파사도루Quinta du Passadouro, 로제스Rozes, 두름Durum, 카자 페헤이리냐Casa Ferreirinha, 니에포르트Niepoort
알렌테주Alentejo 지역: 루이스 두아르테 비뇨스Luis Duarte Vinhos, 수자나 에스테반Susana Esteban

포트

포트는 포르투갈 북쪽 지방인 도루가 생산지다. 최근에는 '포트'라는 명칭의 남용에 대한 대응책으로서 포르투갈산 정통 포트의 명칭을 포트의 항구 도시 '오포르투Oporto'의 이름을 딴 '포르투Porto'로 변경했다. 포트는 발효 중에 중성 브랜디를 첨가하며 이때 발효가 중단되면서 9~11% 정도의 잔당이 남겨진다. 포트가 달콤한 이유가 여기에 있다. 포트는 두 종류로 나뉘며 스타일이 다양하다.

오크통 숙성 포트

루비 포트 Ruby Port	빛깔이 진하고 과일 풍미가 두드러지는 스타일. 어린 논빈티지 와인을 블렌딩. (가격대 ★)
토니 포트 Tawny Port	비교적 가볍고 섬세한 스타일. 여러 빈티지의 와인을 블렌딩. (가격대 ★★)
에이지드 토니 Aged Tawny	오크통 숙성을 거치며 숙성 기간이 더러 40년을 넘기도 하는 스타일. (가격대 ★★~★★★)
콜헤이타Colheita	단일 빈티지로 빚어 최소 7년의 나무통 숙성을 거치는 스타일. (가격대 ★★~★★★★)

병 숙성 포트

레이트 보틀드 빈티지 Late Bottled Vintage, LBV	단일 빈티지로 빚어 4~6년 병 숙성을 거치는 스타일. 빈티지 포트와 비슷하지만 더 가벼워서 출시되자마자 디캔팅 없이 바로 마시기에도 무난한 스타일. (가격대 ★★★)
빈티지 캐릭터 Vintage Character	LBV와 비슷하지만 더 뛰어난 해의 빈티지 와인들을 블렌딩해서 빚는 스타일. (가격대 ★★)
퀸타Quinta	단일 포도원의 포도로 빚는 스타일. (가격대 ★★★~★★★★★)
빈티지 포트 Vintage Port	나무통에서 2년 숙성 후 병 속에서 장기간 숙성을 거치는 스타일. (가격대 ★★★★)

2016년과 2017년에 대다수 포트 하우스들이 **2년 연속으로 빈티지 선언**을 했다. 150년 만에 처음 있는 일이었다.

포르투에서는 모든 해가 빈티지 해가 아니다
생산자들이 매해 빈티지의 우수성을 판단해 빈티지 포트를 만들지 말지를 정한다.

영국인들은 포트 애호가들이다. 전통적으로 부모들은 아기가 태어나면 포트를 사서 아기가 성인이 될 때까지 보관해두는데, 이것은 자식의 성숙뿐만 아니라 좋은 포트의 숙성을 염원하는 일이기도 하다.

기록상 **최초의 빈티지 포트**는 1765년산이었다.

오크통 숙성 포트는 병입 후 바로 마실 수 있으며 숙성을 시켜도 맛이 더 좋아지지 않는다. 반대로 병 숙성 포트는 병입 이후에도 숙성이 이뤄지면서 맛이 더 좋아진다. 포트의 빈티지는 제조사별로 다르다. 예를 들어 2003, 2007, 2011년은 대다수 생산자들이 빈티지로 선언했으나 그 사이의 해들은 상당수의 생산자들이 빈티지로 인정하지 않았다. 뛰어난 빈티지 포트는 빈티지의 우수성에 따라 빈티지 해 이후로 15~30년 후가 음용 적기가 된다! 최고의 빈티지를 알고 싶다면 아래를 참고하라.

포트 구입 요령

셰리와 마찬가지로 포트도 포도 품종을 선택의 기준으로 삼아서는 안 된다. 자신이 선호하는 스타일과 블렌딩을 정한 다음 가장 신뢰할 만한 생산자를 찾아보길 권한다. 미국에서 구입 가능한 포트 중 가장 주목받는 생산자들은 다음과 같다.

니에푸르트Niepoort & Co., Ltd.	다우Dow
라모스 핀토Ramos Pinto	로버트슨스Robertson's
산데만Sandeman	와레스Warre's & Co.
처칠Churchill	콕번Cockburn
콥케Kopke	퀸타 도 노발Quinta do Noval
퀸토 도 베수비오Quinto Do Vesuvio	크로프트Croft
테일러 플라드게이트Taylor Fladgate	폰세카Fonseca
하베이스 오브 브리스톨Harveys of Bristol	A. A. 페레이라A. A. Ferreira
C. 다 실바C. da Silva	W. & J. 그라함W. & J. Graham

포트 제대로 음미하기

포트는 병 안에 침전물이 있을 가능성이 다분하므로 마시기 전에 디캔팅을 하면 그 맛을 더 제대로 음미할 수 있다(402쪽 참조). 또 셰리와 마찬가지로 알코올 함량이 높아서 개봉을 해도 보통의 테이블 와인보다 오래간다. 다만, 최적의 상태에서 음미하려면 개봉 후 일주일 안에 다 마신다.

– 포트의 추천 빈티지 –

1963** 1966* 1970** 1977** 1983* 1985* 1991* 1992*
1994** 1997** 2000** 2003** 2007** 2009** 2010
2011** 2015* 2016** 2017** 2018* 2019

*는 특히 더 뛰어난 빈티지 **는 이례적으로 뛰어난 빈티지

시음 가이드

포트도 셰리와 마찬가지로 알코올 함량이 높은 만큼 다른 Class에서의 시음 때보다 양을 줄여 시음한다. 가장 어린 스타일부터 오래된 스타일 순으로 진행하면서, 콜헤이타가 단일 빈티지 포트이고 퀸타가 단일 포도원의 포도로 빚어진 포트라는 스타일 차이를 떠올리며 음미해본다.

세 종류의 오크통 숙성 포트 비교 시음

  1. 루비 포트

  2. 토니 포트, 10년 이상 된 것

  3. 콜헤이타

세 종류의 병 숙성 포트 비교 시음

  4. 레이트 보틀드 빈티지

  5. 퀸타

  6. 빈티지 포트

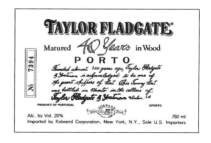

음식 궁합

포트의 달콤함을 생각하면 의외다 싶겠지만 포트는 다양한 음식과 짝이 맞는 다재다능한 와인이다. 프랑스인은 포트를 아페리티프로 마신다. 포트의 달콤함은 포치드페어(서양배 디저트) 같은 달달한 다른 음식과 기가 막힌 조화를 이루지만 바로 그 달콤함이 치즈(특히 스틸턴 치즈), 다크초콜릿, 호두같이 쓴맛이나 짠맛을 가진 음식의 균형을 잡아주기도 한다. 나는 그 자체만으로도 진가를 발휘하는 이 포트를 식후 디저트 와인으로 즐긴다.

기타 주정강화 와인

또 다른 주정강화 와인으로는 이탈리아와 프랑스의 베르무트, 이탈리아의 마르살라, 프랑스의 피노 데 샤랑트Pineau des Charentes, 포르투갈의 마데이라가 있다. 마데이라 와인은 예전만큼 인기는 끌지 못하고 있지만 미국에서 수입된 최초의 와인일 것으로 추정된다. 조지 워싱턴을 비롯한 식민지 개척자들이 즐겨 마셨으며 독립선언을 위한 축배를 들 때 마신 와인이기도 하다.

주정 강화 와인의 **상식을 테스트**해보고 싶다면 439쪽의 문제를 풀어보기 바란다.

─ 더 자세한 정보가 들어 있는 추천도서 ─

고드프리 스펜스의 《포트 길잡이The Port Companion》
제임스 서클링의 《빈티지 포트Vintage Port》

기타
와인 생산국

캐나다 ❋ 남아프리카공화국 ❋ 오스트리아 ❋ 헝가리 ❋ 그리스

캐나다

1800년대 초반부터 상업적 와인 양조를 시작한 캐나다는 와인 역사가 뉴욕주의 역사와 흡사하다. 두 곳 모두 초반엔 겨울철 추위에도 강한 라브루스카종 포도(콩코드, 카토바, 나이아가라)를 재배했다. 캐나다의 와이너리들 대다수는 뉴욕주와 마찬가지로 주정강화 와인 생산에 주력하면서 라벨에는 포트나 셰리 같은 유럽의 와인 명칭을 차용해 붙이는 것이 보통이었다. 미국처럼 캐나다 역시 전국적 금주령이 1916년부터 1927년까지 시행된 바 있다. 그러다 1970년대에 들어서 캐나다의 포도 재배에 처음 크나큰 변화가 일어났다. 몇몇 소규모 생산자들이 프랑스의 교배종 포도로 실험을 감행했던 것이다. 그 뒤로 캐나다에서는 40년 동안 유럽의 비니페라종 포도를 원료로 최상급 와인들을 빚어왔다.

캐나다의 대표적인 와인 생산지는 태평양 연안의 '브리티시컬럼비아주'와 오대호 동쪽 지역에 위치한 '온타리오주' 두 곳이다. 두 지역이 서로 다른 여러 스타일의 와인을 생산하고 있다.

와인 산지	포도 품종
브리티시컬럼비아주/오카나간 밸리	샤르도네, 피노 그리, 메를로, 카베르네 소비뇽, 시라, 게뷔르츠트라미너, 피노 누아르
온타리오주/나이아가라반도	샤르도네, 리슬링, 피노 누아르, 비달, 카베르네 프랑

온타리오주

포도 재배면적	1만 7000에이커
와이너리 수	242개

브리티시컬럼비아주

포도 재배면적	1만 500에이커
와이너리 수	317개

캐나다가 북쪽으로 치우쳐 위치한 탓에 뛰어난 와인이 생산되기에는 너무 추울 것 같다고 생각하는 사람들이 많은데 그렇지 않다. 독일 같은 다른 서늘한 기후대의 와인 생산지들과 마찬가지로, **최상의 포도원** 대부분이 기후를 진정시켜주는 물가 가까이에서 포도를 재배하고 있다. 온타리오주에는 온타리오호와 이리호가 있으며, 브리티시컬럼비아주에는 오카나간호가 있다.

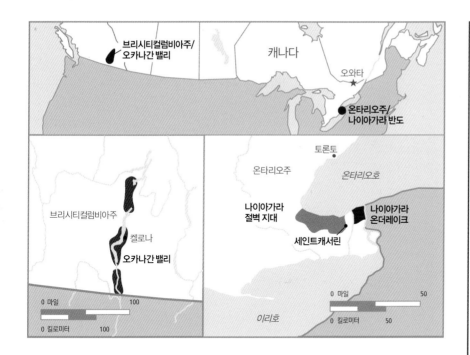

다음은 캐나다의 대표적인 청포도 품종이다.

게뷔르츠트라미너　　**리슬링**　　**비달**Vidal　　**샤르도네**　　**피노 그리**

대표적인 적포도 품종은 다음과 같다.

메를로　　**시라**　　**카베르네 소비뇽**　　**카베르네 프랑**　　**피노 누아르**

온타리오주와 브리티시컬럼비아주에는 각각 1988년과 1990년에 와인의 생산 규제를 위해 품질인증제도인 VQAVintners Quality Alliance가 있다. 이 VQA 마크를 획득하려면 100% 비니페라종 포도를 사용하고 정해진 기준을 따라야 한다. 와인 라벨에 품종명을 표기하려면 그 품종을 최소한 85%는 사용해야 한다. 또한 DVADesignated Viticultural Area(공식 인정한 포도 산지)를 표기하려면 포도의 95%가 그 지역산이어야 하며, 포도원 명칭을 표기하려면 그 포도원의 포도를 100% 사용해야 한다. 현재 VQA 마크를 획득한 와이너리는 100곳이 넘는다.

퀘벡주(138개의 와이너리 보유)와 **노바스코샤주**(20개의 와이너리 보유)에서도 포도를 재배하는데 교배종이 주요 품종이다.

VQA 와인의 60%는 화이트 와인이다.

캐나다 출신 영화배우 **댄 애크로이드**와 캐나다의 아이스하키 영웅 **웨인 그레츠키**는 캐나다의 와이너리들에 투자하고 있다.

브리티시컬럼비아주의 대표적인 포도 품종
청포도 : 피노 그리, 샤르도네
적포도 : 메를로, 피노 누아르

내가 선호하는 캐나다의 와이너리

도멘 퀘이루스Doamine Queylus

마틴스 레인Martin's Lane

빅 헤드Big head

서맥 리지Sumac Ridge

아미스필드Amisfield

이니스킬린Inniskillin

체크메이트Checkmate

토마스 배쳴더Thomas Bachelder

레 클로 조르단Le Clos Jordanne

미션 힐Mission Hill(최대 와이너리)

샤토 데 샤름Château des Charmes

시다 크릭Cedar Creek

온 세븐On Seven

잭슨 트릭스Jackson-Triggs

타스Tawse

헨리 오브 펠햄Henry of Pelham

캐나다의 아이스 와인

1975년에 세워진 이니스킬린은 1927년 이후로 온타리오주에 처음 생겨난 신설 와이너리였다. 1984년 캐나다에 아주 추운 겨울이 닥친 후 처음 아이스 와인을 내놓았다. 아이스 와인을 만들려면 포도를 포도나무에 얼게 놔두었다가 손으로 직접 따야 한다. 그런 후에 얼어 있는 상태에서 조심스럽게 눌러 짜면 당분을 비롯한 여러 성분이 진하게 녹아 있는 미량의 농축즙을 얻을 수 있다. 캐나다 와인법에 따르면 아이스 와인에는 비니페라종 포도(통상적으로 리슬링이 쓰임)와 프랑스의 교배종 비달만 사용할 수 있다. 리터당 잔당 함량은 최소한 125g이어야 한다. 아이스 와인은 대체로 값이 비싸고 하프 보틀(375㎖)로 나온다.

2014년에 캐나다 정부는 아이스 와인에 대한 엄격한 규정을 세웠다. 규정의 한 예로, 포도의 수확은 **영하 8℃ 이하**일 때만 가능하다.

캐나다 와인 **상식을 테스트**해보고 싶다면 440쪽의 문제를 풀어보기 바란다.

- 더 자세한 정보가 들어 있는 추천도서 -

토니 애스플러의 《왕초보를 위한 캐나다 와인 가이드Canadian wine for Dummies》,《빈티지 캐나다Vintage Canada》,《캐나다의 와인지도The Wine Atlas of Canada》

- 캐나다 와인의 최근 추천 빈티지 -							
온타리오주: 2010*	2011	2012*	2013*	2014*	2015	2016*	2017
브리티시컬럼비아주: 2010	2011	2012	2013	2014*			
2015*	2016*	2017	2018	2019*			

*는 특히 더 뛰어난 빈티지

남아프리카공화국의 와인 생산 비율

45%
화이트 와인

55%
레드 와인

웨스턴케이프주의 와인 생산지 대부분은 **케이프타운**과 멀지 않은 곳에 위치하는데 차로 2시간 거리 내에 있다.

남아프리카공화국

남아프리카공화국은 와인 주조용 포도 재배지로는 세계에서 가장 오래된 지질에 속하는 곳이다. 1652년에 네덜란드인 정착자들이 케이프타운을 세운 뒤로 7년 후에 첫 포도를 수확했다. 이들 이주자의 후손과 이곳에 정착한 위그노교도들의 후손은 약 350년에 걸쳐 포도를 재배하고 와인을 만들면서 1685년에 세계적으로 명성 자자한 콘스탄티아 와인 에스테이트를 설립했다. 비교적 최근까지 남아프리카공화국의 와인은 대부분이 국내나 유럽에서 판매되어 미국에서는 구경하기가 힘들었다. 남아프리카공화국은 1990년 이전에도 우수한 와인을 양조하는 생산자들이 소수 있긴 했으나 와인의 대다수는 대규모 조합들에서 주력 생산하던 주정강화 와인과 브랜디였는데 이런 와인과 브랜디는 할당 제도에 따르느라 품질보다 양이 중시되었다. 1994년에 이르러 아파르트헤이트(남아프리카공화국 백인정권의 유색인종차별 정책―옮긴

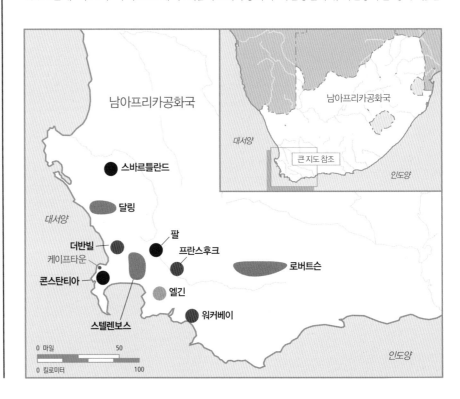

이)가 폐지되고 넬슨 만델라가 민주적 선거를 통해 대통령으로 당선되며 남아프리카공화국의 경제적 고립이 풀리면서 남아프리카공화국의 와인은 전 세계 시장으로 판로가 열리게 되었다.

남아프리카공화국은 지형과 기후 조건이 아주 다양하다. 포도원들은 해발 91~396m대에 분포하며, 연안의 서늘한 기후대에 터를 잡은 포도원이 있는가 하면 여름날의 기온이 섭씨 38도를 넘는 곳에 자리한 포도원도 있다. 극과 극이 공존하는 땅, 남아프리카공화국은 성장 가능성으로 가득하다.

남아프리카공화국의 와인 생산지들은 지리학적 위치에 따라 크게 두 지역으로 나뉜다. 남아프리카공화국 와인의 97%를 생산하는 웨스턴케이프주와 노던케이프주다. 이 두 지역은 또다시 지역region, 구역district, 구획ward으로 나뉘는데 가장 중요한 생산지는 해안 지역이다. 다음은 해안 지역 내에서도 역사적으로 가장 주목할 만한 와인 산지wo 세 곳과 각 지역의 대표 포도 품종이다.

와인 산지wo	포도 품종
해안 지역	
콘스탄티아Constantia	소비뇽 블랑, 뮈스카
스텔렌보스Stellenbosch	샤르도네, 카베르네 소비뇽, 피노타주, 보르도 스타일의 블렌딩
팔Paarl	샤르도네, 시라, 슈냉 블랑

이외에 다음의 지역도 주목할 만한 와인 생산지들이다.

와인 산지	포도 품종
달링Darling	소비뇽 블랑
더반빌Durbanville	소비뇽 블랑, 메를로
엘긴Elgin	리슬링, 소비뇽 블랑, 피노 누아르
프란스후크Franschhoek	카베르네 소비뇽, 시라, 세미용
로버트슨Robertson	샤르도네, 시라즈
스바르틀란드Swartland	시라즈, 피노타주, 론 스타일의 블렌딩
워커베이Walker Bay	샤르도네, 피노 누아르

다음은 남아프리카공화국의 주요 청포도 품종이다.

샤르도네 슈냉 블랑(스틴Steen) 소비뇽 블랑

남아프리카공화국 화이트 와인의 벤치마크로 꼽을 만한 와인이 슈냉 블랑일지, 소비뇽 블랑일지는 여전히 의견이 분분하다. 다만 역사적으로는 슈냉 블랑이 그 자리

세계 최상급의 슈냉 블랑들은 남아프리카공화국산 아니면 프랑스 루아르 밸리산이다.

를 차지해왔으며, 남아프리카공화국에서 재배되는 슈냉 블랑 포도 중에는 100년이 넘은 나무들도 있다. 슈냉 블랑은 생산자에 따라 오크통 숙성을 거치기도 하고 거치지 않기도 한다. 그런가 하면 두 방법을 활용하는 와인 메이커들도 있다.

다음은 내가 선호하는 남아프리카공화국 슈냉 블랑이다.

그루트 포스트 Groote Post   **드 트래포드**De Trafford   **루데라**Rudera

세더버그Cederberg   **아이오나**Iona   **카누**Kanu

다음은 남아프리카공화국에서 재배되는 주요 적포도 품종이다.

보르도 스타일의 블렌딩   **시라즈/시라**   **카베르네 소비뇽**   **피노타주**

(카베르네 소비뇽, 메를로, 카베르네 프랑)

외국인 투자

투자자	외국의 와이너리	지역 및 국가	남아프리카의 와이너리
안느 쿠앵트로 위숑 Anne Cointreau-Huchon		프랑스	모르겐호프Morgenhof
브뤼노 프라	샤토 코스 데스투르넬	보르도	안빌카Anwilka
도널드 헤스Donald Hess		캘리포니아 아르헨티나 오스트레일리아	글렌 칼루Glen Carlou
위베르 드 부아르 Hubert De Boüard	샤토 앙젤뤼스 Château Angélus	보르도	안빌카
메이 드 랭크쟁 May de Lencquesaing	샤토 피숑 랄랑드 Château Pichon-Lalande	보르도	글레넬리Glenelly
미셸 라로쉬 Michel Laroche		샤블리	라브니르L'Avenir
필 프리즈 Phil Freese	이전에 몬다비에 몸담은 경력이 있음	캘리포니아	빌라퐁테Vilafonté
피에르 뤼르통 Pierre Lurton	샤토 슈발 블랑	보르도	모르겐스터Morgenster
젤마 롱	예전에 시미Simi 와이너리에 있었음	캘리포니아	빌라퐁테

20년 사이에 남아프리카공화국의 와인은 극적으로 향상했다. 이제는 세계의 최상급 와인들과 동등한 수준의 각광을 받고 있는 와인들이 많다. 와인 메이커들이 잃

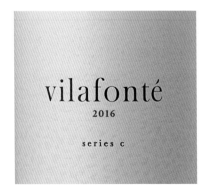

어버린 시간을 벌충하려 노력을 기울이는 만큼 앞으로 더 훌륭한 와인들이 나올 것이다. 남아프리카공화국은 와이너리의 수가 540개가 넘으며 포도원의 3분의 1이 1994년 이후에 포도나무를 새로 심었다. 포도나무의 수령이 생산되는 와인의 품질에 결정적인 역할을 하는 점을 감안할 때 이 점은 중요하다.

1973년에 실행된 원산지표시제도Wine of Origin, WO 규정은 라벨 표기를 엄격히 규제하고 있다. 라벨에 지역, 구역, 구획을 표기하려면 원료의 100%가 그 원산지에서 생산된 포도여야 한다. 에스테이트 보틀드라는 문구를 표시하려면 해당 에스테이트에서 재배한 포도 100%로 와인을 양조해야 한다. 빈티지를 표기하려면 원료의 85%가 해당 빈티지의 포도여야 하고, 포도 품종을 표기하려면 원료의 최소한 85%가 해당 품종 포도여야 한다. WO에서는 헥타르당 포도 수확량이나 관개 등은 특별히 규제하지 않는다.

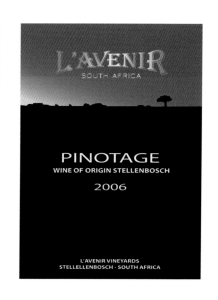

피노타주

이 품종은 1925년에 스텔렌보스대학교의 한 포도 재배학자가 피노 누아르와 생소를 교배하여 만들었다. 지금까지 피노타주는 하나로 통일된 풍미 프로필을 가져본 적이 없다. 피노타주로 빚은 와인은 아세테이트, 바나나 혹은 분무 페인트 냄새가 나며 아주 강하고 뒷맛이 쓴, 가벼우면서 다소 단조로운 와인이 될 수도 있고, 아니면 과일 풍미가 풍부하고 우아한 여운이 오래 남는 묵직한 풀 바디에 농후하고 밸런스가 잘 잡혀 있어 20년 이상 숙성이 가능한 와인이 될 수도 있다.

피노타주의 최고 생산자들을 보면 비슷비슷한 방식을 따르고 있다.

- 비교적 서늘한 기후대의 최소한 15년 된 포도나무에서 딴 포도를 쓴다.
- 에이커당 산출량이 낮다.
- 개방식 발효조 안에 껍질을 같이 담가 장시간의 메서레이션을 한다.

- 오크통에서 최소한 2년간 숙성시킨다.
- 피노타주 포도를 카베르네 소비뇽과 블렌딩한다.
- 병 숙성 기간이 최소한 10년이다.

내가 선호하는 피노타주 생산자들은 다음과 같다.

라브니르L'Avenir **시몬식**Simonsig **캐논콥**Kanonkop **페어뷰**Fairview

남아프리카공화국의 디저트 와인

프랑스 보르도 지역의 소테른과 독일의 트로켄베렌아우스레제가 세상에 나오기 오래전부터 남아프리카공화국에서는 세계에서 가장 달콤하기로 손꼽히는 와인을 생산했다. 특히 콘스탄티아에서는 1700년대부터 뮈스카 포도로 향기 그윽한 와인을 빚어왔다. 와인 에스테이트(와인 농장) 클레인 콘스탄티아Klein Constantia에서는 지금도 보트리티스 시네레아에 감염시키기보다는 건포도화시킨 포도를 원료로 원조 스타일의 와인을 생산한다.

내가 선호하는 남아프리카공화국 와인 생산자

스바르틀란드
뮬리노Mullineux
포셀레인버그Porseleinberg

새디 패밀리Sadie Family
A. A. 바덴호스트 패밀리A. A. Badenhorst Family

스텔렌보스
글레넬리Glenelly
드 토렝De Toren
라브니르L'Avenir
러스텐버그Rustenberg
루데라Rudera
모르겐스터Morgenster
밀루스트Meerlust
브리에센오프Vriesenhof
시몬식Simonsig
어니 엘스Ernie Els
조단Jordan (미국에서는 자딘Jardin으로 구입 가능)
켄 포레스터Ken Forrester

닐 엘리스Neil Ellis
드 트래포드De Trafford
라츠 패밀리Raats Family
러스트 엉 브레데Rust En Vrede
멀더보스Mulderbosch
모르겐호프Morgenhof
베르겔레겐Vergelegen
시러스Cirrus
안빌카Anwilka
워터포드Waterford
캐논콥Kanonkop
텔레마Thelema

엘긴
폴 클루버Paul Cluver

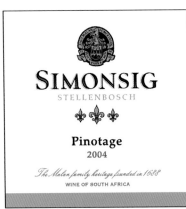

워커베이

부차드 핀레이슨Bouchard-Finlayson

해밀턴 러셀Hamilton Russell

애쉬번Ashbourne

콘스탄티아

스틴버그Steenberg

클레인 콘스탄티아Klein Constantia

콘스탄티아 위지그Constantia Uitsig

팔

글렌 칼루Glen Carlou

빈우덴Veenwouden

페어뷰Fairview

니더버그Nederburg

빌라퐁테Vilafonté

프란스후크

그레이엄 벡Graham Beck

부켄하우츠클로프Boekenhoutskloof

보쉔달Boschendal

앤터니 루퍼트Antonij Rupert

– 웨스턴케이프주 와인의 최근 추천 빈티지 –

2006* 2008* 2009** 2011* 2012* 2013* 2015* 2016 2017** 2018 2019*

*는 특히 더 뛰어난 빈티지 **는 이례적으로 뛰어난 빈티지

30달러 이하의 남아프리카공화국 와인 중 가성비 최고의 와인 5총사

Doolhof Dark Lady of the Labyrinth Pinotage •
Ken Forrester Sauvignon Blanc • Rustenberg 1682 Red Blend •
Thelema Cabernet Sauvignon • Tokara Chardonny Reserve Collection

전체 목록은 426쪽 참조.

남아프리카공화국 와인의 역사

1652년 네덜란드인들이 케이프타운에 들어왔다

1659년 최초의 와인을 빚었다

1688년 프랑스의 위그노교도들이 들어왔다

1788년 콘스탄티아의 달콤한 와인이 전설의 반열에 오르다

1886년 필록세라의 창궐로 남아프리카공화국의 포도원들이 초토화되었다

1918년 남아프키카 전역의 와인 가격과 생산량을 통제하기 위해 와인생산자협동조합(KWV)를 설립

1918~1995년 KWV에서 주로 브랜디와 주정강화 와인을 생산

1973년 와인 원산지 표기 체계를 이행하다

1990년 넬슨 만델라가 석방되고 무역 제재를 종식

1994년 넬슨 만델라가 대통령으로 선출

1994년 남아프리카공화국 와인의 새로운 시대가 시작

1997년 KWV가 협동조합에서 기업체 모임 단체로 탈바꿈하다

남아프리카공화국은 2016년에 기록상 **가장 건조한 해**였다.

남아프리카공화국 와인 **상식을 테스트**해보고 싶다면 440쪽의 문제를 풀어보기 바란다.

– 더 자세한 정보가 들어 있는 추천도서 –

팀 제임스의 《새로워진 남아프리카공화국의 와인Wines of the New South Africa》

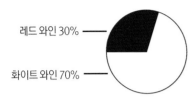

오스트리아의 와인 생산 비율

레드 와인 30%

화이트 와인 70%

다뉴브 강변의 마을 클로스터노이부르크에 가서 1114년까지 거슬러 올라가는 역사를 자랑하는 수도원을 찾아가보라. 클로스터노이부르크에 가면 꼭 도나우란트의 그뤼너 펠틀리너를 맛봐야 한다. 1860년에 세워져 세계에서 역사가 가장 오래된, **클로스터노이부르크 와인양조학교**도 찾아가볼 만하다.

오스트리아

현재의 오스트리아 땅에서 포도 재배와 와인 양조가 시작된 역사는 기원전 4세기까지 거슬러 올라가지만 오스트리아가 우수한 와인의 생산지로 각광받기 시작한 것은 불과 25년 전이다. 현재 오스트리아는 화이트 와인 부문에서 드라이 스타일과 스위트 스타일에 걸쳐 유럽에서 가장 우아하고 맛 좋기로 손꼽히는 와인들도 몇 가지 내놓고 있다. 특히 그뤼너 펠틀리너나 리슬링 포도로 빚은 와인들은 음식과의 조화가 완벽하리만큼 뛰어나며, 오스트리아 와인이 최근에 미국에서 성공을 거두게 된 원인이기도 하다. 실제로 셰프들이나 소믈리에들 모두 이 와인들이 생선류나 가금류에서 대부분의 육류요리까지 자신들의 메뉴판에 올려진 거의 모든 음식과 잘 어울린다는 데 이의를 달지 않는다. 게다가 오스트리아 와인들은 아시아 요리의 양념들과 만나도 그 맛이 압도되지 않는다.

오스트리아의 와인 생산지는 로어 오스트리아, 빈, 부르겐란트, 슈티리아 이렇게 네

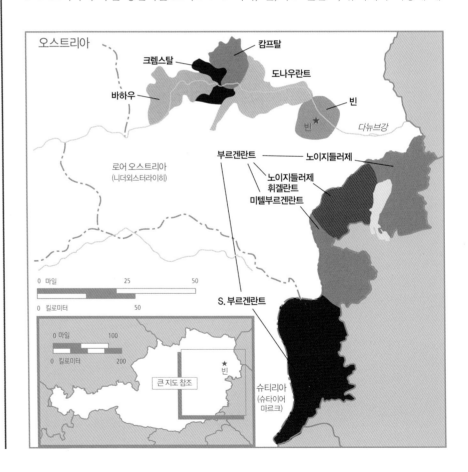

오스트리아

크렘스탈

캄프탈

바하우

도나우란트

빈

빈 ★

다뉴브강

부르겐란트

노이지들러제

노이지들러제 휘겔란트

미텔부르겐란트

로어 오스트리아 (니더외스터라이히)

0 마일   25   50

0 킬로미터   50

S. 부르겐란트

0 마일   100

0 킬로미터   200

큰 지도 참조

빈 ★

슈티리아 (슈타이어마르크)

지역으로 나뉘는데 모두 오스트리아 동쪽 국경을 따라 위치해 있다. 이 중 로어 오스트리아와 빈은 다뉴브강과 다뉴브강을 에워싼 비옥한 계곡이 특징인 북부 지역에 속한다. 로어 오스트리아는 오스트리아 와인의 60%가 생산되는 지역이며 빈은 세계의 대도시 중 유일하게 와인을 생산하는 곳이다. 다음은 4곳의 와인 생산지에서도 가장 주목할 만한 두 지역과 각 지역별 와인 생산 구역 및 주력 와인들이다.

로어 오스트리아(화이트 와인): 바하우Wachau, 캄프탈Kamptal, 크렘스탈Kremstal, 도나우란트Donauland

부르겐란트(레드 와인, 디저트 와인): 노이지들러제Neusiedlersee, 미텔부르겐란트Mittelburgenland, 노이지들러제 휘겔란트Neusiedlersee-Hügelland

다음은 화이트 와인용 품종이다.

그뤼너 펠틀리너   리슬링   소비뇽 블랑   샤르도네(모리용Morillon)

다음은 레드 와인용 품종이다.

블라우프랜키슈(렘베르거Lemberger)   싱크트 라우렌트St. Laurent   피노 누아르

오스트리아는 라벨 표기 측면에서 독일과 유사한 기준을 따르고 있으나, 통제가 더 엄격하다. 기본적인 품질 등급은 포도의 숙성도, 포도즙이나 머스트의 발효 시 당도에 따라 결정된다. 다음의 세 가지가 그 주요 품질 등급이다.

타펠바인Tafelwein   크발리테츠바인   프레디카츠바인

한편 오스트리아의 와인위원회는 크발리테츠바인 이상급의 와인에 대해 시음을 하고 화학적 분석을 실시해 소비자들에게 맛, 스타일, 품질을 보증해준다. 오스트리아에서는 라벨에 특정 포도명을 표기하려면 그 품종의 포도가 최소한 85% 쓰여야 한다. 라벨에 빈티지를 표기하려면 원료의 최소한 85%가 그 해 빈티지여야 하고, 와인 생산지를 명기하려면 와인 전체(100%)가 그 지역에서 생산된 것이어야 한다. 오스트리아의 와인은 독일처럼 대다수가 화이트 와인이다. 독일과 달리 대체로 드라이한 편으로 알코올 도수가 높고 바디가 더 묵직해서 오히려 알자스 와인과 유사

바하우 지역의 와인

슈타인페더Steinfeder: 최대 알코올 함량 10.7%

페더슈필Federspiel: 최대 알코올 함량 12.5%

스마라그트Smaragd: 최소 알코올 함량 12.5%

출처: 〈소믈리에 저널Sommelier Journal〉

그뤼너 펠틀리너는 오스트리아에서 재배되는 포도의 **3분의 1 이상**을 차지한다.

블라우프랜키슈는 카베르네 쇼비뇽을 블렌딩한다.

츠바이겔트Zweigelt라는 포도는 블라우프랜키슈Blaufränkisch와 생 로랑의 교배종이다.

오스트리아 와인 **상식을 테스트**해보고 싶다면 440쪽의 문제를 풀어보기 바란다.

– 더 자세한 정보가 들어 있는 추천도서 –

피터 모서의 《최고의 오스트리아 와인 가이드 The Ultimate Austrian Wine Guide》

필립 블롬의 《오스트리아의 와인 The Wines of Austria》

하다. 숙성도 단계는 발효 후의 잔당을 나타내는데, 오스트리아에는 아주 드라이한 트로켄부터 아주 스위트한 트로켄베렌아우스레제까지 있다.

숙성도에 따른 분류

드라이	스위트	아주 스위트
트로켄	타펠바인	아우스레제
할프트로켄	란트바인	아이스바인
리블리히	크발리테츠바인	베렌아우스레제
	카비네트	아우스브루흐
	프레디카츠바인	트로켄베렌아우스레
	슈페트레제	

아우스브루흐는 세계적으로 알아주는 명품 디저트 와인이다. 1617년부터 부르겐란트의 루스트Rust라는 마을에서 양조되고 있다. 프랑스의 소테른, 독일의 베렌아우스레제, 헝가리의 토카이 같은 훌륭한 와인들과 견주어도 뒤지지 않으며, 보트리티스에 감염된 포도로 빚는데 토커이처럼 푸르민트를 주원료로 쓴다.

내가 선호하는 오스트리아 와인 생산자

니콜라이호프Nikolaihof

루디 피힐러 Rudy Pichler

슐로스 고벨스부르크 Schloss Gobelsburgz

크놀Knoll

프라거Prager

히르츠베르거Hirtzberger

니글Nigl

브륀들마이어Brundlmayer

알징거Alzinger

크라허Kracher

히르쉬Hirsch

F. X. 피힐러F. X. Pichler

– 오스트리아 와인의 최근 추천 빈티지 –

2006** 2007* 2008** 2009* 2011*
2012 2013 2015** 2016** 2017* 2018 2019

*는 특히 더 뛰어난 빈티지 **는 이례적으로 뛰어난 빈티지

30달러 이하의 오스트리아 와인 중 가성비 최고의 와인 5총사

Alois Kracher Pinot Gris Trocken • Hirsch "Veltliner #1" •
Nigel Grüner Veltliner Kremser Freiheit • Schloss Gobelsburg • Sepp Moser Sepp Zwigelt

전체 목록은 419쪽 참조.

헝가리 🌿

헝가리의 와인 산업은 문화적으로나 경제적으로나 거의 1000년에 걸쳐 번성을 누려왔으며 그 역사를 거슬러가자면 로마 제국 시절에까지 이른다. 헝가리의 가장 유명한 명품 와인 토카이는 16세기부터 생산되었고 토커이 지역은 1700년에 세계 최초로 포도원 등급이 매겨진 곳이다. 한편 헝가리 와인의 명성은 1949년부터 1989년까지 공산주의 통치하에 크게 쇠퇴하기도 했다. 와인 생산이 국가 독점 체제로 통제되던 그 시절 동안엔 생산의 방향이 벌크 와인 쪽으로 바뀌면서 기존의 우수 와인들의 품질을 유지하거나 향상시키는 일은 등한시되었다. 하지만 공산주의 몰락 이후 이탈리아, 프랑스, 독일의 와인 메이커들로부터 쇄도해 들어오는 투자금을 디딤돌 삼아 다시 우수 와인 생산에 중점을 두게 되었다. 현재 헝가리는 소비뇽 블랑, 샤르도네, 피노 그리 품종의 도입, 현대적 와인 양조 설비, 새로운 포도원 관리 기술에 힘입어 몰락 직전이던 우수 와인 생산 산업을 재건시켜나가고 있다.

헝가리의 와인 생산은 22개 지역에서 하는데 이 중 여러분도 익히 들어봤을 만한 7개 지역과 지역별 주요 품종은 다음과 같다.

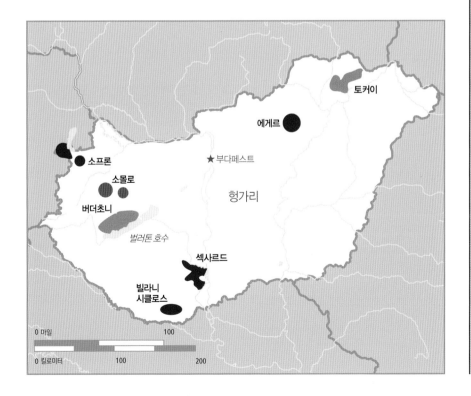

헝가리어는 안 그래도 어려운데 와인을 한 잔 마신 후에는 특히 더 그렇다! 다음을 참고하면 이름 뒤에 감추어진 와인의 스타일을 이해하는 데 도움이 될 것이다.

헝가리의 포도명	별칭
켑프란코시 Blaufränkisch	블라우프랜키슈
트라미니 Tramini	게뷔르츠트라미너
쉬르케버라트 Szürkebarát	피노 그리
죌드 벨트리니 Zöld Veltlini	그뤼너 펠틀리너 Grüner Veltliner

벌러톤 호수는 중유럽에서 가장 큰 호수다.

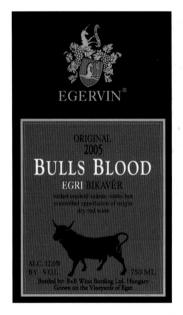

버더초니: 올라스리즐링

빌라니 시클로스: 카베르네 소비뇽, 켁프란코시

소몰로: 푸르민트

소프론: 켁프란코시

섹사르드: 카다르카, 메를로, 카베르네 소비뇽

에게르: 켁프란코시, 피노 누아르

토커이: 푸르민트, 하르슐레벨뤼

다음은 헝가리의 주요 포도 품종이다.

	헝가리 토착 품종	세계적 품종
청포도	올라스리즐링Olaszrizling 푸르민트 하르슐레벨뤼	샤르도네 소비뇽 블랑 피노 그리(쉬르케버라트)
적포도	카다르카Kadarka 켁프란코시 포르투기저	메를로 카베르네 소비뇽 피노 누아르

Tokay: Tokaji의 영어식 표기
Tokaj: 마을명
Tokaji: 와인 생산지명

*1600년대에 토카이에서는 포도원에서의 **욕설**
이 불법으로 규정되어 있었다. 당시엔 토카이가
신으로부터의 선물로 여겨져 신성시되었던 까
닭에, 욕을 하면 무거운 벌금이 징수되었다.*

토카이

일명 '흐르는 황금liquid gold'으로도 불리는 이 와인은 프랑스의 소테른이나 독일의
트로켄베렌아우스레제와 어깨를 나란히 견줄 만한 와인으로 토커이Tokaji라는 마을
이 생산지다. 이 토커이 마을은 헝가리의 북동쪽 변경에 위치하고 있으며 세계 최고
最古의 와인 생산지에 든다. 헝가리식 명칭으로는 토커이 어수Tokaji Aszú이며 대체로

헝가리 토착 품종 네 가지를 블렌딩하고 푸르민트를 주원료로 하여 빚는다. 가을 수확기가 되면 보트리티스 시네레아 곰팡이에 감염된 포도, 즉 어수aszú를 포도송이에서 한 알씩 따서 살짝 으깨놓는다. 이때 보트리티스 시네레아에 감염되지 않은 포도는 발효시켜 베이스 와인으로 만든다. 으깨놓은 어수를 푸토뇨시puttonyos라는 바구니에 담아서 원하는 달콤함의 정도에 맞추어 베이스 와인에 블렌딩한다. 달콤함의 정도는 푸토뇨시, 즉 베이스 와인에 몇 바구니의 어수를 넣는가에 따라 측정할 수 있다. 모든 토카이의 라벨에는 예외 없이 '푸토뇨시'라는 단어가 들어간다. 베이스 와인에 보트리티스 시네레아에 감염된 포도(으깬 것)를 더 많이 넣을수록 와인은 더 달콤하다. 푸토뇨시 와인은 네 단계로 나뉜다.

3푸토뇨시	4푸토뇨시	5푸토뇨시	6푸토뇨시
리터당 당분 함량 60g	리터당 당분 함량 90g	리터당 당분 함량 120g	리터당 당분 함량 150g

토카이 와인 중에서도 가장 달콤한 와인은 에센시아Essencia(더러는 Eszencia로 표기)라고 한다. 에센시아는 당도가 높아 발효를 마치는 데 수년의 시간이 걸리며 발효를 마친 시점에도 알코올 함량이 2~5%에 불과하다. 이 에센시아는 세계에서 가장 희귀한 와인에 든다.

내가 선호하는 토카이 생산자

디스노쾨Disznókö

샤토 데레즐라Château Dereszla

셉시Szepsy

헤트쇠뢰Hétszölö

로열 토카이 와인 컴퍼니Royal Tokaji Wine Company

샤토 파조스Château Pajzos

오레무시Oremus

– 토카이의 추천 빈티지 –

2000** 2001* 2002 2003* 2005 2006* 2007* 2008
2013* 2014 2015* 2017 2018 2019

*는 특히 더 뛰어난 빈티지

소테른의 **당분 함량**은 90g이고 트로켄베렌아우스레제의 경우는 150g이다.

토커이에서는 **서모로드니**Szamorodni라는 와인도 생산한다. 서모로드니는 세미드라이에서 세미스위트까지 있지만 3 푸토뇨시 와인보다 당분 함량이 낮다.

토커이 어수의 전통적인 땅딸막한 병은 용량이 **500㎖**로 750㎖인 통상적인 병의 용량과 차이가 있다.

헝가리 와인 **상식을 테스트**해보고 싶다면 440쪽의 문제를 풀어보기 바란다.

– 더 자세한 정보가 들어 있는 추천도서 –
가브리엘라 로할리, 가보르 메사로스 공저의
《헝가리 와인 가이드Wine Guide Hungary》

그리스 ᔕ

펠로폰네소스 지역에서 와인이 생산되기 시작한 지는 7000년도 더 되었고 와인이 그리스인의 문화와 삶에서 중요한 부분을 차지했던 시기는 최소한 기원전 7세기까지 거슬러 올라간다. 그리스와 지중해 국가 전역에서 와인은 줄곧 가장 많이 거래되는 상품에 속했다. 1985년 전까지만 해도 그리스의 와인 대다수는 다소 평범했으며, 수출은 대규모 벌크 와인 생산자들이 주축이 되어 주로 해외의 그리스인 사회를 소비층으로 하여 이뤄졌다. 그리스가 1981년에 EU에 가입한 이후부터 와인 양조 기술과 그리스의 포도원들에 막대한 투자를 했다. 그 결과 25년 사이에 그리스의 와인 산업은 우수한 와인의 생산에 전력을 기울여왔다. 와인 메이커들의 헌신과 EU 보조금에 힘입어 그리스 전역에 최신식 와이너리들이 세워졌다. 다음은 그리스의 최고 와인 생산지와 구역들이다.

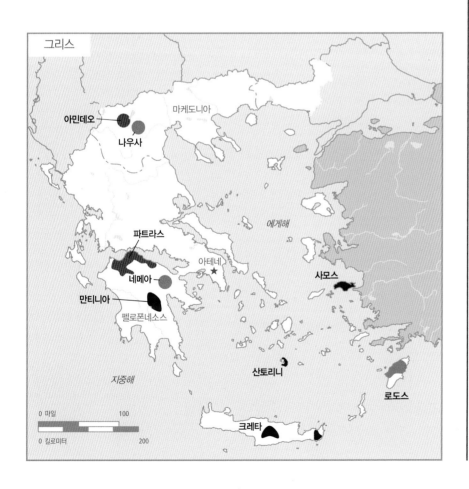

그리스어 어원의 술 관련 단어
Libation(제주祭酒): 그리스어 *leibein*(따르다)에서 유래
Symposium(주연酒宴): 그리스어 *symposion*(함께 술을 마시다)에서 유래
Enology(와인 양조학): 그리스어 *oinos*(술)와 *logos*(공부 또는 연설)의 합성어

"술wine은 사람을 충동질하는 마력이 있어, 아무리 지각 있는 사람이라도 노래하고 실실 웃게 하며 춤을 추고 입 밖에 내지 않아야 좋을 말들을 내뱉도록 부추긴다."
– 《오디세우스》중 오디세우스의 대사

"18세 미만의 미성년자들에게는 애초부터 술을 금지하는 법을 통과시키고 육신이나 영혼에 계속 불을 붓는 것은 나쁜 것이라고 가르쳐서 (…) 젊은이들의 격정적인 성향을 경계해야 하지 않을까? 서른 살 미만의 청년들은 술을 적당히 마셔도 되지만 취하도록 마시거나 폭음하지 않도록 삼가라고 지도해야 한다. 그러나 마흔 살에 이른 이들에게는 주연에 참석하여 다른 신들이 아닌 디오니소스를 불러내 연장자들의 오락이기도 한 그 의식에 초대할 수 있게 해주어, 디오니소스가 나이 먹은 이들의 괴팍함을 치료하는 강력한 약으로서 부여해준 그 의식을 통해 다시 젊어지게, 근심을 잊으면서 단단하게 굳어진 마음을 버리고 더 부드럽고 더 유연해지게 해줘도 될지 모른다…"
– 플라톤

그리스의 초창기 와인 생산자들

아카이아 클라우스 Achaia Clauss		1861년
보우타리 Boutari		1879년
쿠르타키스 Kourtakis		1895년

그리스에는 3000개가 넘는 섬이 있는데 그중 **사람이 거주하는 섬은 63개**에 불과하다.

산토리니 섬에는 **세계 최고령에 드는 포도나무들**이 자라고 있다. 이 중 상당수가 100살 이상이다.

그리스 와인의 전형적인 특징을 설명하기란 어려운 일이다. 이것은 그리스의 지도를 훑으며 그 많은 섬과 산들, 지중해 지역의 에게해와 이오니아해에 인접한 위치를 보기만 해도 바로 이해될 것이다. 그리스는 유럽에서 세 번째로 산이 많은 나라다. 포도원의 대다수가 산악 지대의 경사지나 외진 섬에 있으며 면적이 1헥타르(2.471에이커)에도 미치지 못한다.

그리스의 와인 생산지는 특징이 다양하다. 기후 면에서 일부 지역은 지중해성 기후(뜨거운 여름, 긴 가을, 짧고 온화한 겨울)이지만, 산악 지역은 대륙성 기후에 더 가까워 풍부한 햇빛, 온화한 겨울, 건조한 여름, 서늘한 저녁 날씨가 특징이다. 어떤 포도원들은 8월에 포도를 따는가 하면 10월에야 수확하는 곳도 있다.

신화에 따르면 디오니소스가 그리스인들에게 와인을 선물해준 곳이 바로 아티카인데 아테네가 속한 이 아티카는 현재 레치나와 사바티아노로 유명하며 아주 흥미진진한 실험 몇 가지가 펼쳐지고 있기도 하다.

다음은 그리스의 대표적인 청포도 품종이다.

아시르티코 Assyrtiko	**모스코필레로** Moschofilero	**로디티스** Roditis

다음은 대표적인 적포도 품종이다.

마브로다프니 Mavrodafni	**시노마브로** Xinomavro	**아이오르이티코** Agiorgitiko

그리스의 우수한 와인들은 대부분 그리스 정부에서 지정한 OPAP(상품上品의 원산지 표기 와인들로 대체로 드라이함)와 OPE(원산지 표기 제한 와인으로 모두 스위트함)에 해당된다. OPAP 와인과 OPE 와인 모두 1971년에 이 등급으로 지정된 포도 재배 지역에서 생산된 와인을 지칭한다. 네메아는 OPAP 와인에, 파트라스의 뮈스카는 OPE 와인에 속한다. OPAP 와인은 병 위쪽에서 빨간색 줄무늬를, OPE 와인은 파란색 줄무늬를 찾으면 된다. 그리스의 테이블 와인에 상응하는 에피트라페지오스 오에노스EO라는 등급도 있는데, 이 등급은 원산지 명칭을 표기하지 않아 여러 지역의 와인을 블렌딩할 수 있다. 그리스 와인의 대對미국 수출량은 5년 동안 30% 증가했으며 앞으로 10년 사이에 등장할 그리스 와인에도 더욱 기대를 걸어볼 만하다.

레치나

레치나는 소나무 송진을 착향료로 첨가해 빚는 와인이다. 고대에는 운송과 보관 중에 와인이 산화되는 것을 막기 위해 암포라(목 부분이 몸체보다 좁고 양쪽에 손잡이가 달린 전형적인 항아리 형태의 그리스 도기)에 소나무 송진을 발라 공기가 통하지 않도록 밀폐시켰다. 그런데 이때 송진이 와인 속으로 새어 들어가는 경우가 종종 발생했는데, 나중에 그리스인들은 그 소나무의 풍미에 익숙해지게 되었다. 내 친구 한 명은 (테레빈유를 연상시키는) 레치나의 톡 쏘는 아로마를 두고 처음엔 별로 안 좋아했는데 서서히 좋아하게 되는 기호, 이른바 '학습된 기호'라고 말하곤 했다.

내가 선호하는 그리스 와인 생산자

가이아 에스테이트Gaia Estate

드리오피Driopi

메르쿠리Mercouri

사모스 코퍼러티브Samos Cooperative

스쿠라스Skouras

알파 에스테이트Alpha Estate

오에노포로스Oenoforos

키르 야니Kir Yianni

게로바실리우Gerovasiliou

마노우사키스Manoussakis

부타리Boutari

세멜리Semeli

시갈라스Sigalas

에스테이트 아르기로스Estate Argyros

첼레포스Tselepos

파블리디스Pavlidis

기후 변화 때문일까? 온도 변화로 인해 2017년 이후 그리스의 수확량이 50%로 줄었다.

그리스 와인 **상식을 테스트**해보고 싶다면 440쪽의 문제를 풀어보기 바란다.

– 더 자세한 정보가 들어 있는 추천도서 –
니코 마네시스의 《사진과 함께 보는 그리스 와인The Illustrated Greek Wine Book》
콘스탄티노스 라자라키스의 《그리스의 와인 The Wines of Greece》

– 그리스 와인의 최근 추천 빈티지 –

2008*   2012   2013   2015*   2016*   2017**   2018   2019

*는 특히 더 뛰어난 빈티지 **는 이례적으로 뛰어난 빈티지

아는 만큼 깊어지는
와인의 세계

와인과 음식의 궁합 ※ 와인 궁금증 13문 13답 ※
최고 중의 최고 ※ 최고 중의 최고 가성비

와인과 음식의 궁합

케빈 즈랠리·안드레아 로빈슨

여러분은 이 책의 Class 12까지 오는 동안 100가지 이상의 와인을 시음하면서 쇼핑 카트에 담을 만한 기호에 맞는 와인들을 찾았을 것이다. 그런데 우리가 이렇게 와인을 구매하는 목적은 무엇일까? '음식'이다!

이번 와인 원정의 마지막 정류지이자 여정의 목적지는 바로 '식탁'이다. 와인과 음식은 서로에게 운명적인 존재다. 세계 최고의 식문화를 자랑하는 민족인 프랑스인, 이탈리아인, 스페인인의 식습관을 보라. 소금병이나 후추병이 미국인 식탁의 필수품이라면 유럽인에게는 와인병이 필수품이다.

와인과 음식 짝짓기 기본 전략

와인과 음식의 궁합에 대해 지금까지 들은 모든 이야기는 잊어버려라. 와인과 음식의 짝을 맞추는 데는 한 가지 규칙밖에 없다. 종류에 상관없이 여러분이 좋아하는 와인이 바로 음식의 최고 짝이다. 누가 뭐라든 자신이 좋으면 그만 아닌가!

요리할 때는 식사에 내리는 와인이나 그 와인과 같은 스타일의 와인을 넣어보는 것도 좋다.

시너지

음식 이야기를 하는데 웬 '시너지'냐고? 복잡하게 생각할 필요 없다. 지금까지 식사와 함께 와인을 즐기지 않았더라도 그냥 모험의 기회가 활짝 열려 있는 셈이라고 생각하면 된다. 기억하라. 식사에 와인을 곁들이는 유럽은 우유나 아이스티가 부족해서 그런 전통이 생긴 것이 아니다. 오히려 내가 '와인과 음식의 시너지'라고 칭하는 효과로 인해 생긴 것이다. 이 둘이 만나면 서로의 맛을 더 살려준다.

어떻게 해야 시너지 효과를 얻을까? 음식들 중에는 서로 같이 먹으면 양쪽의 맛이 더 살아나는 것들이 있다. 굴에 갓 짜낸 레몬즙을 뿌리거나 마리나라(토마토, 양파, 마늘, 향신료로 만든 이탈리아 소스) 스파게티에 파마산 치즈를 뿌려 먹는 것처럼 서로 맞는 음식의 짝이 있다. 음식과 와인 짝지어주기도 이런 식이다. 정말로 간단하다. 음식과 와인은 종류별로 아로마, 질감, 풍미가 다른 만큼 음식과 와인을 같이 맛보면 물을 홀짝이며 식사할 때보다 더 흥미로운 풍미를 느껴볼 수 있다. 음식의 맛을 돋워줄 와인을 고르려면 와인과 음식의 스타일에 대해 기본 상식만 있으면 된다. 우선적으로 고려할 원칙으로는 음식의 풍미가 그윽할수록 와인도 그윽한 풍미로 맞춰야 한다.

안드레아 로빈슨은 윈도우즈온더월드에서 근무한 바 있다. 마스터소믈리에위원회가 수여하는 '마스터 소믈리에'를 받은 여성은 세계에서 15명뿐인데 그녀가 그중 한 명이다. 그녀는 와인에 관한 책도 여러 권 썼으며 2002년에는 유명한 제임스 비어드 재단으로부터 '와인 및 주류계 일류 전문가'로 인정받았다.

2013년에 〈뉴 잉글랜드 저널 오브 메디슨New England Journal of Medicine〉지를 통해 재차 확인되었다시피 올리브 오일, 견과류, 콩, 생선, 과일, 채소를 많이 섭취하는 지중해식 식생활과 **와인은 건강에 좋은 궁합**이다

"나는 와인을 마시며 요리한다. 그러다 종종 음식에 넣기도 한다."

– W. C. 필즈

여러분은 메뉴판에 집착하는가, 아니면 와인 리스트에 더 매달리는가? 나는 와인 리스트를 먼저 보고 선택한 다음 다음의 고려 사항에 따라 **요리를 선택**한다.
- 내가 좋아하는 와인의 종류는?
- 음식의 질감(무겁거나 가벼운 정도)
- 음식의 조리법(구이, 튀김, 조림 등)
- 소스(크림, 토마토, 와인 등)

산도

산은 풍미에 터보차저turbocharger의 역할을 한다. TV에서 음식 프로그램을 본 적이 있다면 알겠지만 출연 셰프들이 갖가지 요리에 레몬이나 라임을, 다시 말해 산성 식품을 넣는다. '신맛'이 필요 없는 음식조차 약간의 산성 성분이 들어가면 풍미가 살아난다. 산도가 높은 와인을 크림이나 치즈소스가 들어간 요리에 곁들이면 요리의 풍미를 더 오래 느껴볼 수 있다.

질감

타닌 얘기를 하면서 살펴봤다시피 와인에는 질감이 있다. 미묘한 풍미의 차이도 있어서 그런 차이에 따라 그 와인이 특정 요리에 적당한 선택이 될 수도 있고 뛰어나거나 감동적인 선택이 될 수도 있다. 풀 바디의 와인은 입 안을 꽉 채우는 질감과 뚜렷하고 짙은 풍미가 있어서 미각을 확 깨워 주의를 기울이게 만든다. 하지만 음식과의 궁합 문제에 이르면, 섬세한 요리의 참맛을 잃게 하고 양념이 진한 요리와는 조화되지 못한다. 와인과 음식의 궁합에서는 조화와 밸런스를 찾아야 한다. 음식 맛이 강하거나 짙을수록 풀 바디 와인을 선택한다. 좀 부드러운 음식에는 미디엄 바디나 라이트 바디가 최고의 선택이다. 와인의 질감을 이해하게 되면 음식과의 조화는 어려운 일이 아니다. 395~396쪽에는 와인의 질감에 따라 그에 어울릴 만한 음식들을 분류해놓았다.

와인과 치즈

기호에 관련된 모든 문제가 그러하듯 와인과 치즈에도 나름의 논쟁이 있다. 와인과 치즈는 서로가 '천생연분'이다. 좋은 치즈와 좋은 와인은 서로 풍미와 복잡 미묘함을 증대시켜준다. 치즈의 단백질은 레드 와인의 타닌을 부드럽게 해준다.
둘의 궁합을 맞출 때 핵심은 치즈를 신중하게 선택하는 것이다. 그런데 바로 이것이 논쟁의 초점이다. 일부 셰프들과 요리 전문가들은 사람들이 가장 많이 먹는 치즈 중에는 와인과 상극인 것도 있다고 한다. 와인 맛을 압도하기 때문인데 브리 같은 숙성 치즈가 대표적인 예다. 따라서 '단순한 것이 최고'라는 접근법이 필요하다. 다음은 와인과 최고의 궁합을 이루는 치즈들이다.

체다	쉐브르	폰티나
고다	그뤼에르	만체고
몬터레이 잭	몽라셰	모차렐라
페코리노	탈레지오	톰므

와인은 **소금**과 만나면 타닌과 알코올이 더 부각된다.

차를 마실 때 우유를 타는가, 레몬을 넣는가? 우유는 입 안을 **달콤함**으로 덮지만, 레몬은 혀에 **입 안을 마르게 하는 듯한 상쾌함**을 남긴다.

와인의 **쓴맛**은 높은 타닌과 높은 알코올 함량이 합쳐져서 생기는 것이다. 그래서 석쇠구이, 숯불구이 또는 겉만 살짝 익힌 요리와 아주 잘 어울린다.

프랑스 진통 요리가 비뇨하기로 유명해진 이유 중 하나는 단지 프랑스인들이 자신들의 와인을 '돋보이게' 하고 싶었기 때문일지도 모른다. 와인이 특별하거나 '과시'할 만하다면 그 의도는 참 좋은 생각이다.

와인을 준비할 때는 각각의 요리마다 **5명당 1병**이 적절하다. 그러면 1명에게 약 150㎖가 돌아가게 된다.

파르미지아노 레지아노

이번엔 내가 좋아하는 와인과 치즈의 궁합이다.

쉐브르 상세르, 소비뇽 블랑
만체고 리오하, 브루넬로 디 몬탈치노
몽라셰 또는 숙성된(드라이한) 몬터레이 잭 카베르네 소비뇽, 보르도
페코리노나 파르미지아노 레지아노 키안티 클라시코 리제르바, 브루넬로 디 몬탈치노, 카베르네 소비뇽, 보르도, 바롤로, 아마로네

브리에는 어떤 와인이 잘 맞을까? 샴페인이나 스파클링 와인이 좋다. 블루치즈는 맛이 강해서 대부분의 와인을 압도하지만, 예외가 있으니 기대하시라. 바로 디저트 와인이다! 특히 맛이 기가 막힌 최고의 궁합은 이것이다.

로크포르 치즈 프랑스 상세르
스틸턴 치즈 포트

에피타이저

샴페인과 스파클링 와인은 마법 같은 효과를 발산해준다. 샴페인은 지금도 여전히 결혼식 만찬이든, 집에서의 만찬이든 축하, 로맨스, 번창, 기쁨의 상징이지만 카바, 프로세코 등의 스파클링 와인도 에피타이저 와인으로 손색이 없다.

레드 와인

라이트 바디	미디엄 바디	풀 바디
리오하 크리안사	돌체토	말벡*
바르돌리노	리오하 레세르바 및 그란 레세르바	메를로*
발폴리첼라	말벡*	바롤로
보르도(상품명 와인)	메를로*	바르바레스코
보졸레	바르베라	보르도(우수 샤토 와인)
보졸레 빌라주	보르도(크뤼 부르주아)	샤토네프 뒤 파프
부르고뉴(빌라주)	부르고뉴 프리미에 및 그랑 크뤼	시라/시라즈*
피노 누아르*	시라/시라즈*	에르미타주
	진판델*	진판델*
	카베르네 소비뇽*	카베르네 소비뇽*
	코트 뒤 론	
	크로제 에르미타주	
	크뤼 보졸레	
	키안티 클라시코 리제르바	
	피노 누아르*	

어울리는 음식		
에다마메(풋콩)	가지	감자
연어	감자	고구마
오리고기	강낭콩	버섯
옥수수	고구마	부추
완두콩	돼지갈비살	비프스테이크(등심)
주키니	로스트치킨	송아지갈비
참치	버섯	수렵고기
토마토	부추	양갈비
피망	엽조류	양다리요리
황새치	호박	

* 이 중 몇몇 와인은 라이트 바디에서 풀 바디까지의 스타일이 생산자에 따라 다르다. 해당 와이너리의 고유 스타일을 잘 모르겠다면 소믈리에나 와인 매장 직원에게 도움을 청한다.

내가 **피크닉에서 즐겨 마시는 레드 와인**은 보졸레다. 훌륭한 보졸레는 타닌이 느껴지지 않는 신선한 과일맛의 진수며, 산도가 높아 어떠한 피크닉 음식과 잘 어우러진다.

피노 누아르는 대다수가 **레드 와인을 가장한 화이트 와인**이나 다름없어서 생선이나 가금류 요리와 환상의 짝꿍이다.

타닌이 많은 **햇 레드 와인**은 고지방 음식과 마시면 더 좋은 맛을 느낄 수 있다. 지방은 타닌을 부드럽게 해준다.

녹색 채소는 몸에는 좋지만 레드 와인과는 잘 맞지 않는다. 아티초크, 콜리플라워, 방울 양배추, 양배추, 케일 같은 십자화과 채소에는 글루코시놀레이츠라는 쓴맛을 가진 화합물이 함유되어 있어서 와인의 **맛도 쓰게 만든다.**

비트와 고수 잎 같은 특정 채소와 허브를 와인과 짝맞추려 할 때는 조심하는 편이 좋다. 대다수 사람은 비트에서 흙맛을 느끼며 줄리아 차일드조차 고수 잎은 질색한다. 어쨌든 **입맛은 DNA에 새겨진 개인적인 문제**이긴 하지만!

화이트 와인

라이트 바디	미디엄 바디	풀 바디
독일의 카베니트 및 슈페트레제	가비	뫼르소
뮈스카데	게뷔르츠트라미너	비오니에
베르데호	그라브 화이트 와인	샤르도네*
베르디치오Verdicchio	그뤼너 펠틀리너	샤블리 그랑 크뤼
샤블리	마콩 빌라주	샤샤뉴 몽라셰
소비뇽 블랑*	몽타뉘	퓔리니 몽라
소아베	상세르	
아르비에토Orvieto	생 베랑	
알바리뇨	샤르도네*	
알자스 리슬링	샤블리 프리미에 크뤼	
알자스 피노 블랑	소비뇽 블랑/퓌메 블랑*	
프라스카티	푸이 퓌메	
피노 그리	푸이 퓌세	
피노 그리지오		

어울리는 음식		
가자미	가리비	가지
굴	가지	랍스터
넙치	강낭콩	로스트 치킨
샐러드	농어	연어
송아지고기 파이야르	도미	오리고기
에다마메	등심 스테이크	완두콩
오이	완두콩	참치
옥수수	토마토	토마토
허가자미	피망	피망
	호박	호박
		황새치

- 이 중 몇몇 와인은 라이트 바디에서 풀 바디까지의 스타일이 생산자에 따라 다르다. 해당 와이너리의 고유 스타일을 잘 모르겠다면 소믈리에나 와인 매장 직원에게 도움을 청한다.

내가 **피크닉을 갈 때 즐겨 마시는 화이트 와인**은 독일의 리슬링 카비네트나 슈페트레제다. 뜨거운 여름 낮에는 시원한 독일의 리슬링만 한 화이트 와인도 없는 것 같다. 과일맛, 신맛, 단맛의 밸런스가 뛰어나 샐러드, 과일, 치즈와 환상적으로 어울린다. 좀 드라이한 스타일의 리슬링을 좋아한다면 알자스, 워싱턴주, 뉴욕의 핑거 레이크스산이 입맛에 맞을 것이다.

샤르도네는 대다수가 화이트 와인을 가장한 레드 와인이다(특히 캘리포니아산 샤르도네). 그래서 나는 샤르도네가 **스테이크와 더없이 잘 맞는 와인**이라고 생각한다.

와인의 맛을 더욱 끌어올려 주는 터보차저!
감칠맛 높은 음식(아미노산 글루타메이트)
- 버섯(특히 건표고버섯)
- 베이컨
- 숙성 치즈(특히 파르메산 치즈와 고다 치즈)
- 연어
- 염지육
- 익힌 굴
- 정어리
- 참치
- 해산물 수프/부야베스

모든 음식에 어울리는 와인

음식에 와인을 곁들여 마시는 일은 식사 중의 즐거움이 되어야지 스트레스가 되어서는 안 된다. 하지만 스트레스가 되어버리는 경우가 많다.

그래서 수많은 와인 중에 하나를 골라야 하는 상황에 놓이면 좀 귀에 익은 이름의 와인을 고르기 십상이다. 그 와인이 먹으려는 음식과 잘 맞거나 말거나 덮어놓고 고르는 셈이다. 하지만 잘 맞는 와인을 고르는 데 아주 쉬운 방법이 있다.

다음은 어떠한 음식에도 어울릴 만한 '무난한' 와인들을 목록으로 정리한 것이다.

이 와인들은 하나같이 라이트 바디에서 미디엄 바디에 속하는 것들로, 과일맛과 신맛이 풍부하며 타닌이 낮다. 와인과 음식의 풍미 사이에 밸런스가 잘 잡혀 어느 한쪽이 다른 쪽의 맛을 압도하지 않게 해준다. 이 와인들은 음식을 돋보이게 하는 데도 최상의 선택이다.

그런가 하면 내가 '레스토랑 룰렛'이라고 부르는 상황, 즉 한 사람은 생선을, 다른 사람은 고기를 시키는 등 각자 다른 요리를 주문할 때도 적격이다. 한편 스파이시한 맛이 유독 강한 제3세계 음식들은 풍미가 강한 와인과 충돌할 수 있지만, 이 와인들이라면 잘 어우러질 것이다. (당연한 얘기지만 이 와인들은 와인만 따로 마셔도 괜찮다!)

실패할 염려가 없는 선택: 확신이 서지 않을 때는 로스트치킨이나 두부를 주문하라. 두 음식은 라이트 바디든, 미디엄이나 풀 바디든 거의 모든 스타일의 와인과 잘 맞는다.

무난한 와인

로제 와인	화이트 와인	레드 와인
거의 모든 로제 와인, 진판델 화이트 와인	독일의 리슬링, 카비네트, 슈페트레제	리오하 크리안사
	마콩 빌라주	메를로
	샴페인 및 스파클링 와인	보졸레 빌라주
	소비뇽 블랑/퓌메 블랑	코트 뒤 론
	푸이 퓌메 및 상세르	키안티 클라시코
	피노 그리지오	피노 누아르

스파이시소스의 음식에는 샴페인이나 스파클링 와인 같은 탄산가스가 든 와인을 추천한다.

소스

미묘한 풍미의 음식은 와인을 주인공처럼 돋보이게 해주지만 소스도 와인과 음식의 궁합에서 중요한 요소다. 소스에 따라 음식의 맛과 질감이 달라지기 때문에 소스가 시큼한가, 강한가, 톡 쏘는가 등도 잘 살펴봐야 한다.

톡 쏘도록 얼얼한 소스가 들어간 음식은 와인 특유의 미묘함과 복잡함을 느낄 수 없게 압도한다. 닭가슴살요리를 예로 들어 소스가 어떤 영향을 미치는지 알아보자. 먼저 소스 없이 파이야르(얇은 고기를 두드려 그릴 등에 익힌 요리)로 요리할 경우엔 라이트 바디의 화이트 와인과 잘 맞는다. 그런데 크림소스나 치즈소스를 넣어 요리한다면 산도가 높은 미디엄 바디나 풀 바디의 화이트 와인이 더 낫다. 토마토소스가 들어갈 때는 라이트 바디의 레드 와인이 좋다. 이렇듯 와인의 선택에서 소스를 배제해서는 안 된다!

디저트 와인

베렌아우스레제, 포트, 소테른, 토카이는 저마다 스타일이 다르지만 달콤하다는 공통점이 있다. 다 같이 디저트 와인으로 분류되는 이유도 그 달콤함이 입맛을 정돈해주어 식후에 만족감을 안겨주기 때문이다.

미국에서는 디저트로 커피가 더 일반적이지만 잔으로 파는 메뉴에 디저트 와인을 추가하는 레스토랑이 점점 늘고 있다(디저트 와인은 풍미가 아주 진하기 때문에 여럿이 나눠 마시는 경우가 아니면 병으로 시키는 것은 추천하지 않는다. 집에서 마실 때도 작은 병에 든 디저트 와인을 이용하는 것이 좋다). 디저트를 먹기 몇 분 전에 디저트 와인을 맛보면 입맛을 돋우고 가다듬기에 좋다.

다음은 내가 즐기는 와인과 디저트의 궁합이다.

아스티 스푸만테 생과일, 비스코티쿠키

베렌아우스레제 및 늦수확한 리슬링 과일파이, 크렘 브륄레(커스터드 크림 위에 설탕을 뿌리고 그 설탕에 열을 가해 딱딱하게 만든 것), 아몬드쿠키

마데이라 밀크초콜릿, 견과류파이, 크렘캐러멜, 커피나 모카맛 디저트

뮈스카 봄 드 브니즈 크렘 브륄레, 생과일, 과일셔벗, 레몬파이

포트 다크초콜릿, 호두, 와인에 졸인 배, 스틸턴 치즈

셰리(페드로 히메네스) 바닐라아이스크림(그 위에 와인을 부어서 먹음), 건포도와 견과류를 넣어 만든 케이크, 무화과 열매나 건과일을 넣은 디저트류

소테른이나 토카이 과일파이, 와인에 졸인 배, 크렘 브륄레, 캐러멜과 헤이즐넛 크림을 곁들인 디저트, 로크포르 치즈

부브레 과일파이, 생과일

빈 산토 Vin Santo 비스코티쿠키(와인에 살짝 적셔 먹음)

디저트 와인을 디저트로 맛보는 것도 괜찮다. 그렇게 하면 미각을 온전히 와인의 복잡미묘함과 맛 좋은 풍미를 음미하는 데 집중할 수 있다. 특히 집에서 와인을 즐기기에 간편한 방법이다. 코르크를 따는 수고만으로 디저트 준비가 끝이 아닌가! 디저트 와인 한 잔이면 훨씬 적은 칼로리로, 게다가 무지방으로 디저트의 달콤함을 만끽할수 있다.

- 더 자세한 정보가 들어 있는 추천도서 -
안드레아 로빈슨의 《간단히 정리한 와인과 음식의 멋진 궁합Great Wine & Food Made Simple》
이반 골드스테인의 《환상의 짝Perfect Pairings》

와인 궁금증 13문 13답

캘리포니아와 프랑스 중
어느 곳의 와인이 더 뛰어난가요?

마침 강조하고 싶은 점이 있던 참인데 정말 좋은 질문이다! 캘리포니아와 프랑스 모두 훌륭한 와인을 만들고 있다. 프랑스 와인은 프랑스가 최고이고 캘리포니아 와인은 캘리포니아가 최고다! 두 지역은 저마다 독특한 특성을 띠고 있다. 프랑스나 캘리포니아는 대체로 같은 포도 품종을 재배하지만 토양, 기후, 전통 등에서 여러 가지로 다르다.

프랑스인은 자신들의 토양을 칭송해 마지않으며 최고의 와인은 최고의 토양에서만 나온다고 믿는다. 반면 처음 캘리포니아에 포도가 심어졌을 당시, 토양은 어떤 포도를 어디에 심어야 하는가를 결정하는 주요소에 들지도 못했다. 그러나 최근 몇십 년 사이에 토양이 캘리포니아 포도원 소유주들 사이에서 훨씬 중요한 요소로 자리 잡게 되면서 이제는 와인 메이커들의 입에서 자신들의 최상급 카베르네 소비뇽이 특정 지역이나 포도원에서 탄생된다는 말들이 나오고 있다.

기후 측면에서 보면 나파와 소노마는 부르고뉴와 보르도와 기온이 확실히 다르다. 유럽의 양조업자들이 생육기 중의 한파와 폭풍우 같은 문제들로 머리가 허옇게 세는 데 비해, 캘리포니아의 양조업자들은 풍부한 햇볕과 따스한 기온에 내맡기다시피 할 만큼 여유롭다.

전통이야말로 두 지역 간의 가장 큰 차이점이다. 유럽에서의 포도원과 와이너리의 양조 풍습은 수세대에 걸쳐 변하지 않고 전해오고 있으며, 이러한 오래된 양조 기술(이 중 일부는 법으로 규정되어 있기도 하다)이 각 지역의 고유 스타일을 결정한다. 반면 캘리포니아에서는 전통이 거의 없어서 와인 메이커들이 자유로이 실험을 펼치며 소비자의 수요에 맞춰 새로운 제품을 만들어내고 있다. 투 벅 척을 마셔본 적이 있다면 내 말을 이해할 것이다. 부르고뉴는 2000년 동안이나 와인을 만들어왔지만 캘리포니아는 와인 르네상스를 맞은 지 이제 갓 50주년이 되었다. 보르도 와인을 마실지 나파 밸리 와인을 마실지는 그날의 기분에 따라 정하는 것이 상책이다.

포도나무 나이도 와인의 품질에 영향을 미치나요?

포도나무는 나이가 들면, 특히 30년이 넘으면 생산력이 떨어진다. 포도나무는 대체로 수령이 50년이 되면 대부분 다시 심는다. 프랑스 와인의 라벨에서 가끔 'Vieilles Vignes(오래된 포도나무)'이라는 명칭을 볼 수 있다. 캘리포니아에서는 수령이 75년 이상 된 포도나무의 포도로 빚은 진판델이 많다. 이렇게 오래된 포도나무들이 어린 포도나무들과는 다른 복잡미묘함과 맛을 부여해준다는 것이 나를 비롯한 여러 와인 시음가의 신념이기도 하다. 대다수 국가의 어린 포도나무에서 딴 포도는 와이너리의 상급 와인의 원료로 쓰이지 못한다. 프랑스 보르도의 샤토 라피트 로칠드에서는 포도원의 최연소(15년 미만 수령) 포도나무의 포도로는 카뤼아드 드 라피트 로칠드라는 세컨드 와인을 빚는다.

미국에서 최고의 와인 서비스를 받을 수 있는 곳은?

다음의 레스토랑들은 우수 와인 서비스 부문에서 요식업계의
오스카상이라 일컫는 제임스 비어드 어워드를 수상했다.

1994 Valentino(산타 모니카)

1999 Union Square Café(뉴욕)

2001 Yountville, French Laundry(캘리포니아주 욘트빌)

2002 Gramercy Tavern(뉴욕)

2003 Daniel(뉴욕)

2004 Babbo(뉴욕)

2006 Aureole(라스베이거스)

2007 Citronelle(워싱턴 D.C)

2008 Eleven Madison Park(뉴욕)

2009 Le Bernardin(뉴욕)

2010 Jean Georges(뉴욕)

2011 The Modern(뉴욕)

2012 No.9 Park(보스턴)

2013 Frasca Food and Wine(콜로라도주 볼더)

2014 The Barn at Blackberry Farm(테네시주 월랜드)

2015 A16(샌프란시스코)

2016 Bern's Steakhouse(플로리다주 탬파)

2017 Canlis(워싱턴주 시애틀)

2018 FIG(사우스캐롤라이나주 찰스턴)

2019 Benu(샌프란시스코)

다음은 제임스 비어드 어워드의 '올해의 와인 및 주류 전문가'
부문의 수상자들이다.

1991 로버트 몬다비 와이너리의 로버트 몬다비

1992 보리우 와이너리의 앙드레 첼리체프

1993 윈도우즈온더월드의 케빈 즈랠리

1994 보니둔 빈야드의 랜들 그램

1995 〈와인 스펙테이터〉지의 마빈 생켄Marvin Shanken

1996 슈렘스버그 빈야드의 잭과 제이미 데이비스Jack and
Jaimie Davies 형제

1997 시미 와이너리의 젤마 롱

1998 〈와인 애드버킷〉지의 로버트 파커

1999 〈뉴욕 타임스〉지의 프랭크 프리얼Frank Prial

2000 커밋 린치Kermit Lynch(집필가이자 수입상)

2001 제럴드 애셔Gerald Asher(집필가)

2002 안드레아 로빈슨(작가)

2003 앵커 브루잉Anchor Brewing사의 프리츠 메이택Fritz Maytag

2004 카렌 맥네일Karen MacNeil(작가)

2005 이탈리아와인판매상협회Italian Wine Merchants의 조셉 베
스티아니치

2006 디넥스그룹The Dinex Group의 다니엘 존스Daniel Johnnes

2007 리지 빈야드의 폴 드레이퍼

2008 테리 테이즈 에스테이트 셀렉션Terry Theise Estate Selection의
테리 테이즈(수입상)

2009 데일 드그로프(집필가이자 마스터 믹솔로지스트)

2010 셰이퍼 빈야드Shafer Vineyards의 존 셰이퍼John Shafer와
더그 셰이퍼Doug Shafer

2011 올드 립 밴 윙클 디스틸러리Old Rip Van Winkle Distillery의
줄리안 P. 밴 윙클 3세Julian P. Van Winkle Ⅲ

2012 테루아Terroir의 폴 그리에코Paul Grieco

2013 세바스토폴Sebastopol, 메리 에드워즈 와이너리의 메리
에드워즈

2014 브루클린 브루어리Brooklyn Brewery의 가렛 올리버Garrett
Oliver

2015 미나그룹Mina Group의 라잣 파르Rajat Parr

2016 란초스 데 타오스Ranchos De Taos, 델 마구에이 싱글 빌
리지 메스칼Del Maguey Single Village Mezcal의 론 쿠퍼Ron
Cooper

2017 도그피시 헤드 크래프트 브루어리Dogfish Head Craft
Brewery의 샘 칼라지오니Sam Calagione

2018 그르기치 힐스 에스테이의 밀젠코 그르기치

2019 메인주 포틀랜드 소재 알라가시 브루잉 컴퍼니
Allagash Brewing Company의 롭 토드Rob Tod

앞으로 와인 산업이 유망한 곳은 어디인가요?

20년 사이에 크게 발전하면서 대폭적으로 품질이 향상된 다음의 지역이 특히 주목할 만하다.

남아프리카공화국: 소비뇽 블랑, 시라, 피노 누아르

뉴질랜드: 소비뇽 블랑, 피노 누아르   **아르헨티나:** 말벡

오스트리아: 그뤼너 펠틀리너   **이탈리아:** 프로세코

칠레: 카베르네 소비뇽

프랑스: 랑그독 루시옹, 쥐라, 프로방스 로제

스페인 : 리베라 델 두에로, 프리오랏   **미국 :** 소노마 카운티

헝가리: 토카이

와인의 적정 숙성 기간은 어떻게 되나요?

〈월스트리트 저널〉의 보도에 따르면, 대부분의 사람이 특별한 날을 위해 와인 2~3병을 몇 년씩 아껴둔다고 한다. 하지만 좋은 생각이 아니다. 레드 와인, 화이트 와인, 로제 와인을 망라한 모든 와인의 90% 이상은 1년 안에 마셔야 한다. 드라이한 리슬링, 소비뇽 블랑, 피노 그리지오, 보졸레 같은 와인은 구입 즉시 마셔도 된다. 단, 최상의 해에 최상급의 생산자가 빚은 와인의 숙성에 관한 한 다음의 가이드라인을 참고한다.

화이트 와인	
독일산 리슬링 (아우스레제, 베렌아우스레제, 트로켄베렌아우스레제)	3~30년 이상
캘리포니아산 샤르도네	2~10년 이상
프랑스 부르고뉴산 화이트 와인	3~8년 이상
프랑스산 소테른	3~30년 이상
레드 와인	
바롤로 및 바르바레스코	5~25년 이상
보르도산 샤토 와인	5~30년 이상
브루넬로 디 몬탈치노	3~15년 이상
빈티지 포트	10~40년 이상
스페인 리오하 와인(그란 레세르바)	5~20년 이상
아르헨티나산 말벡	3~15년 이상
에르미타주, 시라	5~25년 이상
캘리포니아 · 오리건산 피노 누아르	2~5년 이상
캘리포니아산 메를로	2~10년 이상
캘리포니아산 진판델	5~15년 이상
캘리포니아산 카베르네 소비뇽	3~15년 이상
키안티 클라시코 리제르바	3~10년 이상

와인 숙성의 법칙을 일반화할 때는 (특히 빈티지 차이에 따라) 예외가 따르기 마련이다. 한 예로 나는 100년 이상 된 보르도 와인을 마셔보았는데 여전히 맛이 강했다. 50년이 지나서도 여전히 숙성 시간이 필요한 훌륭한 소테른이나 포트도 있을 수 있다. 그러나 이 표의 숙성 기간은 범주별 와인의 95% 이상에 해당된다. 보르도에는 아직도 숙성 중인 최고령의 와인이 있다. 바로 1797년산 샤토 라피트 로칠드다.

와인은 반드시 코르크로 막아야 하나요?

코르크 마개의 원료로 대부분 포르투갈과 스페인에서 재배하는 오크나무가 쓰이는데 와인의 밀봉에 코르크를 사용하는 이유는 전통에 따른 관례일 뿐이다. 시중에 판매되는 대부분의 와인은 코르크 마개를 사용하지 않아도 별 지장이 없다. 와인의 90%는 1년 안에 소비되어야 하기 때문에 스크류 마개를 사용하더라도 코르크 마개보다 낫지는 않겠지만 그에 못지않은 역할을 해준다. 스크류 마개의 와인이 당신에게 무엇을 의미하는지 생각해보라. 코르크 스크류도 필요 없고 코르크를 부러뜨릴 일도 없으며, 불량 코르크로 인해 와인이 상할 염려도 없다.

물론 특정 와인들, 즉 5년 이상 숙성 가능성이 있는 와인들은 코르크의 밀봉이 이로운 역할을 해주지만 이 경우에도 명심해야 할 점이 있다. 코르크의 생명은 25~30년이니 그 후에는 와인을 마시거나 다른 코르크를 찾아봐야 한다.

요즘은 스텔뱅 스크류캡을 마개로 쓰는 와이너리들이 많다. 그중에서도 캘리포니아 와이너리(보니 둔, 소노마 커트러Sonoma

Cutrer 등) 및 오스트레일리아, 뉴질랜드, 오스트리아의 와이너리가 많이 사용하고 있다. 스크류캡의 사용률은 전체 병 와인의 10%에도 미치지 못하지만 뉴질랜드와 오스트레일리아는 와인의 스크류캡 밀봉률이 각각 93%와 75%에 이른다.

'코르키드 와인'이란 어떤 와인인가요?

코르키드는 와인 애호가들에게 아주 심각한 문제다. 몇몇 추산치에 따르면 불량 코르크로 오염되는 비율이 전체 와인의 2~4%에 이른다. 코르키드 와인을 유발하는 주범은 TCA(2,4,6-trichloranisole의 약칭)이다. '코르키드' 와인은 쉽사리 잊혀지지 않을 만한 냄새를 풍긴다. 사람에 따라 눅눅하고 습한 곰팡내 같다고 하는가 하면, 젖은 마분지 냄새 같다고도 하는 그런 냄새다. 코르키드 와인은 와인의 과일향이 코르크에 압도되어 마실 수 없다. 이것은 10달러짜리 와인이든 1000달러짜리 와인이든 어떤 와인이든 일어날 수 있는 일이다.

와인의 디캔팅은 어떻게 해야 하나요?

바람직한 준수 규칙은 로마의 법칙 따르기다. 아니, 와인 얘기이니 프랑스의 법칙을 따르면 된다. 부르고뉴에서는 보졸레를 비롯한 섬세한 와인은 디캔팅을 하지 않지만 보르도에서는 카베르네 소비뇽과 메를로를 어린 와인일수록 디캔팅해서 마신다. 빈티지 포트는 디캔팅해도 되지만 루비 포트나 토니 포트는 디캔팅을 삼가길 권한다. 디캔팅은 다음과 같이 하면 된다.

1. 병목을 감싸고 있는 캡슐을 완전히 제거한다. 그래야 따를 때 병목을 통해 흘러나오는 와인이 잘 보인다.
2. 촛불을 켠다. 대부분의 레드 와인은 병이 짙은 암녹색 유리로 되어 있어서 따를 때 안이 보이지 않는다. 그런데 촛불을 켜고 따르면 어두운 병 속의 와인이 좀 더 잘 보이고, 약간은 극적인 분위기까지 연출된다(당장 쓸 만한 초가 없다면 손전등을 써도 괜찮다).
3. 디캔터(유리 물병이나 유리 주전자를 이용해도 된다)를 한 손으로 꼭 잡는다.
4. 다른 손으로 와인병을 들어 디캔터에 와인을 살살 따른

다. 이때 와인병이나 디캔터는 병목을 지나는 와인이 잘 보일 만한 촛불의 각도에 맞추어 잡아야 한다.
5. 계속 따르다가 병목에서 침전물이 보이면 멈춘다!
6. 와인이 아직 남아 있다면 침전물이 가라앉을 때까지 병을 세워두었다가 남아 있는 와인을 디캔팅한다.

코르크 바닥에 붙어 있는 녀석의 정체가 궁금해요.

간혹 와인병이나 코르크 바닥에 타르타르산(주석산)이 붙어 있는 경우가 있다. 타르타르산은 수정 같은 모양의 무해한 침전물이며 유리나 얼음사탕처럼 생겼다. 이 수정 같은 침전물은 레드 와인 속에서는 타닌으로 인해 적갈색의 녹빛을 띤다.
와이너리에서는 와인의 온도를 낮춤으로써 대부분 타르타르산을 제거한 후 병입한다. 모든 와인에서 이러한 제거방식이 제대로 효과를 내는 것은 아니므로 오랜 기간 너무 차가운 온도에(냉장고에) 보관하면 코르크에 이런 침전물이 생길 수 있다. 독일처럼 추운 지역은 수정 같은 결정체가 생길 가능성이 훨씬 높다.

와인을 마시면 왜 두통이 생기나요?

아마 과음을 한 탓일 테지만 수년 동안 내 강의에 들어왔던 수강생 중 10%가 의사였는데, 그들 중 누구도 이 의문에 대해 확실한 답을 제시해주지 못했다. 어떤 사람들은 화이트 와인을 마시면 두통이 생기고, 어떤 사람들은 레드 와인을 마시면 두통이 생긴다. 하지만 알코올 섭취에 관한 한 탈수증이 그 다음 날의 기분에 중요한 역할을 하는 것은 확실하다. 따라서 와인 한 잔을 마실 때마다 물 두 잔을 마셔서 몸의 탈수를 막는 것도 좋다. 알코올의 체내 대사 방식에 영향을 미치는 요소 중 가장 중요한 세 가지는 건강, 유전적 특징, 성별이다.
레드 와인에는 정도의 차이가 있지만 히스타민 성분이 함유되어 있어서 알레르기가 있을 경우 불쾌감과 두통을 느낄 수 있다. 나도 레드 와인에 살짝 알레르기가 있어서 날마다 그런 두통을 '겪는다!' 여러 의사에게 들은 바로는 식품첨가제도 두통의 원인이라고 한다. 많은 연구 결과가 뒷받침해주듯 유전적 특징 역시 고질적 두통을 일으키는 한 원인이다. 성별과 관련해

특정 효소들 때문에 여성이 남성보다 혈액에서 더 많은 알코올을 흡수하는 것이 원인으로 작용한다. 여성은 하루에 한 잔이 안전선이지만 똑같이 건강한 남성은 두 잔까지 안전하다.

개봉한 뒤 다 마시지 못한 와인은 어떻게 할까요?

와인스쿨에서 수강생들이 가장 자주 묻는 질문에 속한다(하지만 나 자신은 이런 문제를 겪어본 적이 없다). 레드 와인이든 화이트 와인이든 마시다 남으면 다시 코르크로 막아 즉시 냉장고에 넣는다. 주방 조리대 같은 곳에 내놓아서는 안 된다. 따뜻한 기온에서는 박테리아가 번식하기 때문에 실온인 주방에 놔두면 와인이 금방 상한다. 냉장고에 보관하면 대부분의 와인은 48시간 동안 풍미를 잃지 않는다. 맛이 더 좋아진다고 단언하는 이들도 있으나 나는 동의하지 않는다. 결국 와인은 산화된다. 알코올 도수가 8~14%인 테이블 와인은 여지없이 그렇다. 알코올 도수가 더 높은 17~20%의 포트와 셰리 같은 와인은 더 오래가지만 그래도 2주 이상 냉장고에 보관하지 않는다. 산소와의 접촉을 최소화해야 와인이 더 오래간다. 펌프로 병 속의 공기를 빼주는 특수 도구를 저렴한 것으로 구입하는 방법도 있다. 일부 와인 수집가들은 병 속에 무미무취의 아르곤이나 질소 같은 불활성 기체를 뿌려 넣어 산소의 침입을 막기도 한다. 남은 와인을 잘 보관하려 이렇게 저렇게 해봤지만 다 실패했더라도 요리용으로 요긴히 쓸 수 있다는 사실을 기억하길!

2025년쯤엔 어느 국가의 이야기를 쓸 것 같나요?

미국, 아르헨티나, 중국, 불가리아와 루마니아 등의 동유럽 국가가 앞으로 기대되는 곳이다.

와인 관련서 중 애장 도서는?

《와인 바이블》을 구입해준 여러분에게 감사의 마음을 전한다.

이 책이 와인의 전반적인 이해에 도움이 되길 바란다. 취미생활이 그렇듯 와인도 알수록 더 많이 알고 싶다는 목마름이 끊이지 않기 마련이다. 이 책은 그 점을 감안해 각 부문의 말미에 추천도서를 소개했지만 다음의 책들도 필독서로 권하고 싶다.

안드레아 로빈슨, 《간추린 우수 와인편람Great Wine Made Simple》

알도 솜, 《와인 심플Wine Simple》

에드 매카시, 메리 유잉 멀리건 공저, 《왕초보를 위한 와인Wine for Dummies》

오즈 클라크, 《오즈 클라크의 신 와인백과Oz Clarke's New Encyclopedia of Wine》

오즈 클라크, 《오즈 클라크의 와인 지도Oz Clarke's Wine Atlas》

오즈 클라크, 《와인 핵심 정리The Essential Wine Book》

오즈 클라크, 《포도와 와인Grapes and Wine》

잰시스 로빈슨, 《옥스퍼드 컴패니언 투 와인Oxford Companion to Wine》

카렌 맥네일, 《더 와인 바이블The Wine Bible》

탐 스티븐스, 《소더비 와인백과Sotheby's Wine Encyclopedia》

휴 존슨, 《휴 존슨의 현대 와인백과Hugh Johnson's Modern Encyclopedia of Wine》

휴 존슨, 잰시스 로빈슨 공저, 《세계 와인 지도World Atlas of Wine》

위의 책들이 백과사전 같아 부담스럽다면 포켓형 와인 가이드 두 권 중 하나를 권한다.

오즈 클라크, 《오즈 클라크의 휴대용 와인가이드Oz Clake's Pocket Wine Guide》

휴 존슨, 《휴존슨의 와인 포켓백과Hugh Johnson's Pocket Encyclopedia of Wine》

최고 중의 최고

나는 와인의 세계로 들어선 뒤 공부하고 가르치고, 글을 읽고 쓰고, 시음을 해보고 곳곳으로 여행을 다니며 50년의 세월을 와인과 함께 보냈다. 와인과 관련된 전반적 상황을 쭉 지켜본 셈이다. 와인, 와인 관련 출판물, 와인 작가, 와인 '전문가', 레스토랑의 와인 리스트, 와인 관련 논쟁, 와인 이벤트 등을 목격했다. 그렇게 지켜봐온 경험에 비추어볼 때 이제 와인의 위상은 예전과 달라졌다. 전 세계에서 우수한 품질의 와인이 생산되면서, 한때 소수의 와인 애호가들만 마시던 와인은 이제 세계적인 주류로 올라섰다. 그런 의미에서 '최고 중의 최고'를 꼽아보았고 선정 기준은 신뢰성, 창의성, 연륜, 영향력, 일관성에 두었다. 와인 기호가 그러하듯 이번 선정 역시 순전히 나의 '개인적인' 판단임도 밝혀둔다.

와인 부문

카베르네 소비뇽의 최고 생산지

프랑스 보르도(메독)

차순위: 캘리포니아

가성비 최고의 생산지: 칠레

보르도의 샤토 와인은 세계 최고의 와인이며 이 지역의 샤토 수는 대략 7000개나 되어, 어떠한 가격대든 선택의 폭이 넓다. 캘리포니아에서 가장 뛰어난 카베르네 소비뇽은 북부 해안 지대, 특히 나파 밸리와 소노마산이다. 나파 밸리산의 카베르네 소비뇽이 대체로 과일맛과 바디가 강하다면, 소노마산의 카베르네 소비뇽은 더 부드럽고 우아하다. 칠레는 경작지의 가격이 나파 밸리나 보르도에 비해 훨씬 낮아서 칠레의 카베르네 소비뇽은 품질 대비 가격이 훌륭하다.

메를로의 최고 생산지

프랑스 보르도(생테밀리옹, 포므롤)

차순위: 캘리포니아

메를로는 생테밀리옹과 포므롤의 우수 샤토들이 와인의 주원료로 사용하는 품종이자 보르도에서 가장 많이 재배되는 적포도다. 생테밀리옹과 포므롤 두 지역 간의 주된 차이점은 가격과 희귀성이다. 포므롤은 포도나무 경작지가 1986에이커이지만 생테밀리옹은 2만 3000에이커가 넘는다. 따라서 가성비가 더 좋은 와인을 원한다면 생테밀리옹 와인이 적절하다. 캘리포니아의 나파 밸리에서도 우수한 품질의 메를로가 생산되고 있다.

피노 누아르의 최고 생산지

프랑스 부르고뉴

차순위: 오리건과 캘리포니아

부르고뉴는 역사와 전통이 깊은 지방이다. 2000년도 훨씬 전부터 포도나무를 재배했으며 프랑스 법에 따라 보졸레 지역 외에는 섬세하고 예민한 품종인 피노 누아르만이 유일하게 재배 가능한 적포도다. 부르고뉴에서 생산되는 우수한 피노 누아르의 단점이라면, 가격과 희귀성이다.

오리건은 미국 최고의 피노 누아르와 더불어 뛰어난 샤르도네도 생산하고 있다. 이런 이유로 많은 이가 오리건을 '미국의 부르고뉴'라고 일컫기도 한다. 캘리포니아의 피노 누아르 역시 서늘한 기후의 지역산이 최고다.

샤르도네의 최고 생산지

프랑스 부르고뉴

차순위: 캘리포니아

내가 아무리 캘리포니아의 최상위급 샤르도네 생산자들을 좋아한다고 해도 과일맛과 신맛의 우아함과 밸런스에서 부르고뉴 화이트 와인을 따를 상대는 없다. 나무통에서 숙성시키지 않은 샤블리부터 나무통 발효 및 숙성을 거친 몽라셰, 가볍고 마시기 편한 마콩, 세계적으로 유명한 푸이 퓌세까지 누구에게나 부담 없는 다양한 스타일과 가격이 있다.

소비뇽 블랑과 마찬가지로, 캘리포니아산 가운데 최고의 샤르도네는 카네로스나 산타바버라 같은 서늘한 기후의 지역산이다. 나는 알코올 함량이 높고 오크향이 지나친 샤르도네는 그다지 좋아하지 않는다.

소비뇽 블랑의 최고 생산지

프랑스 루아르 밸리

차순위: 뉴질랜드와 캘리포니아

루아르 밸리에서 생산되는 소비뇽 블랑은 상세르나 푸이 퓌메라는 지역명으로 유명하다. 반면 뉴질랜드의 최상품 소비뇽 블랑은 생산자명으로 팔린다.

루아르 밸리와 뉴질랜드의 소비뇽 블랑은 스타일의 차이가 뚜렷하다. 두 지역의 소비뇽 블랑 모두 미디엄 바디에 산도가 높으며 생선과 가금류에 잘 어울리지만, 뉴질랜드산 소비뇽 블랑은 루아르 밸리산과는 달리 톡 쏘는 열대성 과일의 향을 띤다. 사람에 따라 이러한 향을 좋아할 수도 있고 싫어할 수도 있는데, 내 스타일은 아니다!

소비뇽 블랑은 캘리포니아에서 재배되는 청포도 가운데 샤르도네 다음으로 둘째가는 품질의 품종이다. 최고의 소비뇽 블랑은 비교적 서늘한 기후에서 재배된 포도로 빚고 오크향이 없으며 알코올 함량이 낮은 와인이다.

리슬링의 최고 생산지

독일

차순위: 프랑스 알자스와 뉴욕주 핑거 레이크스 지역

와인 전문가와 감별가들 대다수는 세계 최고의 화이트 와인으로 리슬링을 꼽는다. 독일산 리슬링은 드라이, 오프 드라이(단맛이 전혀 없는 와인을 완전히 '드라이'한 와인이라고 한다면, 조금 단맛이 있는 것을 '오프 드라이' 혹은 '미디엄 드라이' 와인이라고 표현─옮긴이), 세미스위트, 스위트로 스타일이 다양한데 바로 그런 점을 들어 나는 독일을 리슬링의 최고 생산지로 꼽고 싶다. 알자스산 리슬링은 95%가 드라이하다. 핑거 레이크스에서 생산되는 리슬링은 드라이, 세미드라이, 스위트한 스타일이 있다.

최고의 플라잉 와인 메이커

미셸 롤랑

30년 사이에 전 세계적으로 높은 품질의 와인에 대한 수요가 폭발적으로 증가했다. 다른 부문의 사업과 마찬가지로 와인 양조업에서도 품질 향상을 도와줄 컨설턴트를 고용하고 있다. 특히 보르도 태생인 미셸 롤랑은 플라잉 와인 컨설턴트flying wine consultant(여러 나라를 방문하며 포도 재배와 와인 양조에 대한 컨설팅을 제공하는 사람─옮긴이)로 명성을 날리며 4대륙의 100개가 넘는 와이너리와 함께 일하고 있다. 전 세계에서 생산되는 와인의 품질과 스타일에 미치는 그의 영향력은 지대하다.

세계 최고의 와인 시음가/세계 최고의 와인 평론가

몇 년 전까지는 답하기 쉬운 문제였다. 그때만 해도 선뜻 로버트 M. 파커 주니어를 첫손가락에 꼽고, 그다음으로 마이클 브로드벤트와 스티븐 탠저를 꼽으면 되었다.

2019년에 파커는 자신이 1978년에 설립했던 〈와인 애드버킷〉에서 공식적으로 은퇴했다. 안타깝게도 마이클 브로드벤트는 2020년에 작고했다. 탠저는 안토니오 갈로니Antonio Galloni, 조시 레이놀즈Josh Reynolds, 닐 마틴Neal Martin과 함께 웹 기반 와인 평론 매체 '바이너스Vinous'에 합류했다.

내가 존경하는 그 밖의 와인 평론가들로는 브루스 샌더슨(〈와인 스펙테이터〉), 레이 아일(〈푸드 앤 와인〉), 제인 앤슨과 스티븐 스퍼리어(〈디캔터〉), 에릭 아시모프(〈뉴욕 타임스〉), 에스터 모블리(〈샌프란시스코 크로니클〉), 잰시스 로빈슨(〈더 파이낸셜 타임스〉), 레티 티그(〈월 스트리트 저널〉), 소속 없이 독자적으로 활동하는 와인 평론가 제임스 서클링도 있다.

가장 '재미있는' 코르크

캘리포니아 나파 밸리의 프로그스립 와이너리 Frog's Leap Winery

프로그스립 와이너리의 소유주이자 캘리포니아 최고의 와인 메이커로 꼽히는 존 윌리엄스John Williams는 프로그스립 와이너리에서 생산하는 모든 와인의 코르크에 'Ribit(개굴개굴)'이라는 글자를 새겨넣음으로써 와인 음미에 유머까지 곁들여주고 있다.

보관 및 숙성 부문

투자 가치가 가장 높은 와인

프랑스 보르도의 명품 샤토 와인과 캘리포니아의 카베르네 소비뇽

40년 동안 나는 쭉 와인에 '투자'해왔다. 수집해놓은 와인을 팔아본 적은 없지만, 만약 판다면 어떤 투자 시장보다 수익성이 좋을 것이다. 와인의 투자 시장이 폭락하더라도 내가 마시면 되니 뭐가 문제인가! 보르도는 2000년부터 2010년까지 사상 최고 품질의 와인이 생산되었다. 2000년, 2005년, 2009년, 2010년에 뛰어난 빈티지를 맞고 2001년과 2006년은 특히 더 뛰어난 빈티지였다. 2015년, 2016년, 2018년 역시 유난히 뛰어난 빈티지였다.

최고 품질의 캘리포니아 카베르네 소비뇽을 사기가 점점 힘들어지고 있으며 카베르네 소비뇽이 잘 자라는 나파 밸리산이 더 그렇다. 나파 밸리 역시 2012년부터 2019년까지 연속으로 뛰어난 빈티지를 맞았다.

자녀의 성인식이나 은혼식을 위해
저장해두기 좋은 최고의 와인

20년 이상 숙성이 가능한 와인은 소수에 불과하지만 이렇게 오랜 기간 숙성된 와인을 함께 나눠 마시는 일은 와인 수집이 안겨주는 최고의 기쁨이다.

1991년산	북부 론, 포트, 캘리포니아의 카베르네 소비뇽
1992년산	포트, 캘리포니아의 카베르네 소비뇽 및 진판델
1993년산	캘리포니아의 카베르네 소비뇽 및 진판델
1995년산	보르도, 론, 리오하, 캘리포니아의 카베르네 소비뇽
1996년산	부르고뉴, 피에몬테, 보르도(메독), 부르고뉴, 독일(아우스레제 이상 급)
1997년산	캘리포니아의 카베르네 소비뇽, 토스카나(키안티, 브루넬로 등), 피에몬테, 포트, 오스트레일리아의 시라즈
1998년산	보르도(생테밀리옹/포므롤), 남부 론, 피에몬테
1999년산	피에몬테, 북부 론, 캘리포니아의 진판델
2000년산	보르도
2001년산	나파 밸리의 카베르네 소비뇽, 소테른, 독일(아우스레제 이상 급), 리오하, 리베라 델 두에로
2002년산	나파 밸리의 카베르네 소비뇽, 독일(아우스레제 이상 급), 부르고뉴(그랑 크뤼 급), 소테른
2003년산	북부 및 남부 론, 소테른, 보르도, 포트
2004년산	나파 밸리의 카베르네 소비뇽, 피에몬테
2005년산	보르도, 소테른, 부르고뉴, 남부 론, 피에몬테, 토스카나, 독일, 리오하, 리베라 델 두에로, 남부 오스트레일리아, 나파 밸리의 카베르네 소비뇽, 워싱턴주의 카베르네 소비뇽
2006년산	보르도(포므롤), 북부 론, 바롤로, 바르바레스코, 브루넬로 디 몬탈치노, 독일(아우스레제 이상 급), 아르헨티나의 말벡
2007년산	소테른, 남부 론, 나파 밸리의 카베르네 소비뇽, 포트
2008년산	바롤로, 바르바레스코, 보르도, 나파 밸리의 카베르네 소비뇽
2009년산	캘리포니아의 카베르네 소비뇽
2010년산	보르도, 론 밸리, 브루넬로
2011년산	바롤로, 바르바레스코, 포트
2012년산	나파 밸리의 카베르네 소비뇽
2013년산	나파 밸리의 카베르네 소비뇽
2014년산	나파 밸리의 카베르네 소비뇽
2015년산	바롤로, 바르바레스코, 보르도, 나파 밸리의 카베르네 소비뇽
2016년산	나파 밸리의 카베르네, 보르도, 론(북부와 남부)
2017년산	나파 밸리 카베르네 소비뇽, 빈티지 포트
2018년산	보르도, 나파 밸리 카베르네 소비뇽
2019년산	론(북부와 남부), 바롤로, 바르바레스코, 나파 밸리 카베르네 소비뇽, 보르도

숙성시키기에 가장 좋은 와인
보르도의 명품 샤토 와인

30년 이상 숙성 가능한 레드 와인을 생산하는 우수한 와인 생산지들은 많다. 하지만 100년 후에도 마실 수 있는 레드 와인과 화이트 와인을 모두 생산하는 와인 생산지는 전 세계에서 보르도가 유일하다!

숙성용으로 가장 좋은 병 크기
매그넘(1.5리터)

와인을 수집하거나 빚는 내 지인들의 말을 들어보면, 최상급 와인들은 표준 용량의 병보다 매그넘에서 숙성시켜야 숙성 기간도 더 오래가고 숙성 과정도 더 천천히 진행한다고 한다. 한 주장에 따르면 이런 차이가 생기는 이유는 와인의 양 대비 병 속 공기(와인과 코르크 사이의 공기)의 양 때문이다. 디너파티에서 와인을 매그넘에 담아서 내면 더 재미있기도 하다.

와인 보관의 최적 온도

12.7도

와인을 수집 중이거나 수집할 계획이라면 투자한 와인들을 잘 간수하는 일은 필수다. 우수 와이너리들은 한곳의 예외도 없이 와인을 12.7도에 맞춰 보관·숙성하고 있다. 실제로 여러 연구에서 밝혀진 바에 따르면 이 12.7도가 와인을 장기 보관하는데 최적의 온도이고 23.8도에서 보관된 와인은 숙성 속도가 2배 빨라진다고 한다. 따뜻한 온도가 와인을 너무 빨리 숙성시킬 소지가 있다면, 너무 낮은 온도에서는 와인이 얼어 코르크가 밀려나오면서 숙성이 즉각 중단되고 말 소지가 있다. 와인 냉장고를 사거나 적절한 온도 조절 장치를 갖춘 와인셀러를 마련해놓으면 보관이 편리할 것이다.

와인 보관의 최적 습도

상대 습도 75%

와인을 5년 이상 숙성시킬 계획이라면 이 이상적인 습도에 유념해야 한다. 하지만 그럴 계획이 없다면 걱정하지 않아도 된다. 습도가 너무 낮으면 코르크가 말라버려서 와인이 병 밖으로 샐 위험이 있다. 그런데 와인이 밖으로 나올 수 있다는 것은 공기가 안으로 들어갈 수도 있다는 얘기이기도 하다. 한편 습도가 너무 높으면 라벨이 손상될 위험이 있다. 나는 코르크가 상할 위험보다 라벨 손상의 위험을 감수하겠다.

음식 부문

점심 식사에 가장 어울리는 레드 와인

피노 누아르

가볍고 마시기 편한 스타일의 피노 누아르로 점심의 단골 메뉴인 수프, 샐러드, 샌드위치 같은 음식의 맛을 살리는 게 좋다.

점심 식사에 가장 어울리는 화이트 와인

리슬링

점심으로 무엇을 먹든 (8~10%) 알코올 도수가 낮은 독일의 리슬링 카비네트가 괜찮다. 리슬링 카비네트는 살짝 잔당이 느껴져서 음식, 그중에서도 샐러드와 기가 막히게 어울린다. 좀 드라이한 스타일의 리슬링을 선호한다면 알자스, 워싱턴주, 뉴욕의 핑거 레이크스 지역산의 리슬링이 입맛에 잘 맞을 것이다.

와인과 가장 잘 어울리는 치즈

파르미지아노 레지아노

이번엔 좀 더 사적인 얘기를 털어놓아야 할 것 같다! 나는 이탈리아 음식과 와인을 정말 좋아하지만 파르미지아노 레지아노는 이탈리아 치즈라고 해서 꼭 이탈리아 와인하고만 맞는 것은 아니다. 보르도나 캘리포니아의 카베르네 소비뇽과도 아주 잘 맞는다.

생선요리와 최고의 찰떡궁합인 레드 와인

피노 누아르

차순위: 키안티 클라시코, 보졸레, 리오하

피노 누아르는 가볍고 마시기 편안해서 부담스럽지 않다. 대체로 산도가 높고 타닌 함량이 낮아서 여러 요리와 잘 맞는다. 한마디로 레드 와인으로 가장한 '화이트 와인'이다. 6명이나 8명이 각자 다른 요리를 먹는 식사 자리라면 피노 누아르가 제격이다. 키안티 클라시코나 스페인의 리오하 와인(크리안사나 레세르바)도 생선요리와 잘 맞는다. 나는 한여름에 바비큐나 그릴 요리로 준비된 생선이나 새우를 먹을 때는 보졸레 빌라주나 크뤼가 좋다.

육류요리와 최고의 찰떡궁합인 화이트 와인

샤르도네

'생선에는 화이트 와인'이라는 말을 누가 만들어냈는지는 모르겠지만, 그 사람은 아마도 리슬링, 피노 그리지오, 소비뇽 블랑을 염두에 두고 했을 것이다. 대다수의 샤르도네는 참치, 연어, 황새치 정도만 빼고 웬만한 생선요리를 압도한다.
대다수 샤르도네는 화이트 와인으로 가장한 '레드 와인'이며, 특히 캘리포니아와 오스트레일리아의 묵직하고 오크향이 나며

알코올 함량이 높은 샤르도네가 더 그러하다.

일반적으로 샤르도네는 가격이 비쌀수록 오크향이 더 묵직하다. 맛, 무게감, 타닌 모두를 감안할 때 샤르도네와 완벽한 궁합은 등심스테이크 같은 요리다!

닭고기와 가장 잘 어울리는 와인

모든 와인

닭고기는 와인에 곁들여 먹기에 좋은 최고의 요리다. 와인의 풍미를 압도하지 않아 레드 와인이든 화이트 와인이든 또 라이트 바디, 미디엄 바디, 풀 바디도 가리지 않고 거의 모든 와인과 어울린다.

양고기와 가장 잘 어울리는 와인

보르도나 캘리포니아의 카베르네 소비뇽

보르도에서는 아침, 점심, 저녁 가릴 것 없이 식탁에 양고기가 올라온다! 맛이 강한 양고기에는 강한 와인이 제격이라 캘리포니아나 보르도산 풀 바디의 묵직한 카베르네 소비뇽이 환상적인 짝이다.

최고의 식후 와인

포트

포트는 조금만 마셔도 충분히 즐거움을 만끽할 수 있다. 이 달콤한 (알코올 도수 20%의) 주정강화 와인 한 잔이면 흡족한 입맛과 함께 식사가 마무리된다. 나는 루비 포트든, 토니 포트든, 빈티지 포트든 종류를 막론하고 포트는 대체로 북동부 지역의 쌀쌀한 시기인 11월에서 3월 사이에 마신다. 포트를 마시기에 최고의 분위기는, 식사 후 주방이 말끔히 정리되고 아이들이 꿈나라로 가 있을 무렵 벽난로 앞에 앉아 있는데 마침 밖에는 눈이 내리고 곁에는 반려견이 있을 때다.

초콜릿과 가장 잘 어울리는 와인

포트

내게 초콜릿과 포트는 식사의 마무리를 의미한다. 둘 다 진하고 달콤하며 흡족한 느낌을 주어 같이 먹으면 때로는 퇴폐적 만족감을 주기도 한다.

레스토랑에서 병으로 주문하기 좋은 최고의 와인

가격대가 75달러 이하일 것!

나는 인생 대부분을 레스토랑업에 몸담아온 사람이지만, 실험적인 와인 시음의 장소로 가장 피해야 할 곳이 바로 레스토랑이라고 생각한다. 레스토랑은 와인에 가산금을 붙여 팔기로 유명한 데다 더러 소매가의 2배나 3배까지 붙이기도 해서 하는 소리다. 한 병에 100달러가 넘은 와인을 보는 경우도 흔하다. 하지만 25달러이면서 50달러 급의 맛이 나거나, 50달러이면서 100달러 급의 맛이 나는 와인을 찾는 것이 더 흥미롭다. 나는 몇 년 전에 니나Nina와 팀 자갓Tim Zagat 부부(프랑스의 〈미슐랭〉과 함께 전 세계 미식가들에게 '바이블'로 불리는 최고의 레스토랑 가이드북인 〈자갓〉의 공동 창간자—옮긴이)와 함께 일하면서 125곳이 넘는 뉴욕시 소재 레스토랑의 와인 리스트를 조사해봤다.

팀과 나는 레스토랑에 가면 웬만해선 75달러 이상의 와인은 마시지 않는다는 원칙에 생각이 같다. 단, 다른 사람이 돈을 낸다면 예외지만 2018년에 와인 리스트들을 조사해보며 50달러 이하, 75달러 이하, 100달러 이하의 와인이 각각 몇 퍼센트를 차지하는지 알아봤는데, 놀랍게도 이 레스토랑들은 와인의 상당 비율이 적당한 가격대였다! 나는 와인 가격이 높거나 75달러 이하의 와인을 구경하기 힘든 레스토랑에서는 지갑을 잘 열지 않는다.

파티나 환영 리셉션에 가장 어울리는 와인

샴페인

차순위: 모든 종류의 스파클링 와인

샴페인과 스파클링 와인은 세계 최고의 다용도 와인이다.

밸런타인데이에 가장 어울리는 와인

샤토 칼롱 세귀르

한때 샤토 라피트, 샤토 라투르, 샤토 칼롱 세귀르를 소유했던 세귀르 후작은 이렇게 말했다. "비록 내가 라피트와 라투르에서 와인을 만들지만 내 마음은 칼롱에 가 있다." 라벨의 하트 모양은 여기에서 유래된 것이다.

추수감사절에 가장 어울리는 와인

추수감사절에는 칠면조뿐 아니라 온갖 요리(고구마, 크랜베리, 호박파이, 칠면조 속을 채운 소 등)가 같이 차려지기 때문에 적당한 와인을 고르기가 쉽지 않다. 추수감사절은 미국 최대의 가족 행사이기도 하므로 삼촌이나 이모와 함께 마실 최고의 와인을 고르고 싶을 것이다. 그렇다면 '무난한' 와인을 권하고 싶다. 이 와인들 중 신뢰할 만한 생산자가 내놓은 저렴한 와인을 고른다면 후회 없을 것이다. 더 구체적으로 알고 싶다면 '와인과 음식의 궁합'(392쪽 참조)과 395~396쪽의 목록을 훑어보기 바란다. 참고로 나는 추수감사절의 가족 만찬 자리에서 칠면조를 먹은 후에 그날의 견과류, 과일과 함께 아몬티야도 셰리를 낸다.

최고의 와인잔

리델

오스트리아의 리델 가문은 30년이 넘도록 개혁을 추구하며 특

별히 고안된 여러 가지 와인잔을 만들어냄으로써 와인 음미를
새로운 차원으로 부상시켰다. 포도 품종별 최고 성분들을 두드
러지게 하는 잔들을 고안하기도 했는데, 이는 카베르네 소비뇽
과 피노 누아르는 서로 다르므로 마땅히 서로 다른 잔에 마셔
야 한다는 원칙에 따른 것이다. 리델사에서 출시되는 와인잔은
제품 구성이 다양해서 용도에 따라 특별한 날을 위한 잔과 평
상시에 이용하는 잔을 선택하여 구매할 수 있다. 이 중에서도
최상품 제품은 손으로 만드는 소믈리에 시리즈이며, 그다음이
상대적으로 중가대의 비넘Vinum 시리즈다. 평상시 먹는 와인용
으로, 와인잔에 큰돈을 쓰고 싶지 않은 이들을 위해 비교적 저
렴한 가격대의 오버추어Overture 시리즈도 출시되고 있다.
나는 일상적으로 와인을 마실 때는 473㎖(16온스) 용량의 리비
시그니처Libby Signatere 잔을 쓴다. 저렴한 가격에 품질이 좋은
데다 잘 깨지지도 않아서 좋다.

최고의 와인 전문지

〈와인 스펙테이터Wine Spectator〉

차순위 전문지: 〈디캔터Decanter〉, 〈와인광Wine Enthusiast〉

마빈 생켄이 1979년에 〈와인 스펙테이터〉를 인수하던 당시에
도 이 와인 전문지는 훌륭한 잡지였으나 구독자는 극소수에
불과했다. 그런데 35년 이상이 흐른 사이 구독자를 수백 명에
서 280만 명으로 늘려놓았다. 구독자의 증가가 증명하듯 〈와
인 스펙테이터〉에 실리는 기사나 등급은 꼭 읽어볼 만하다.
〈디캔터〉는 완전히 다른 포맷과 관점을 띠고 있다. 영국에서 발
행하는 이 잡지에는 마이클 브로드벤트, 클리브 코우츠, 휴 존
슨, 린다 머피Linda Murphy, 스티븐 스퍼리어Steven Spurrier, 엘린
맥코이Elin MaCoy를 위시한 여러 인물의 특집 기사도 실린다. 와
인셀러, 와인글라스, 와인 액세서리 판매가 주된 사업인 사업
가 아담 스트럼Adam Strum이 창간한 〈와인광〉도 주목할 만한 와
인 전문지다.

최고의 와인 이벤트

〈와인 스펙테이터〉 주관의 '뉴욕 와인 익스피리언스'

〈와인 스펙테이터〉에서 주관하는 뉴욕 와인 익스피리언스New
York Wine Experience는 2021년으로 40주년을 맞았다. 이번 선정에
서는 아이디어를 냈던 사람으로서의 자부심에 따른 나의 편견이
어느 정도 작용했음을 인정할 수밖에 없지만 이 와인 이벤트를
최고로 선정한 이유는 다음의 세 가지 창설 원칙에 있다.

1. 세계 최고 수준급의 와이너리들만 초대한다.
2. 와인 메이커나 소유자가 반드시 참석해야 한다.
3. 모든 수익금은 장학금으로 쓰인다.

여행지로 최상인 와인 생산지

프랑스 보르도

캘리포니아주 나파 밸리

이탈리아 토스카나

나에게 멋진 휴가란 훌륭한 와인에 환상적인 레스토랑, 완벽한 기후, 가까운 바다, 아름다운 경치에 (지나친 욕심일 수도 있지만) 인심 좋은 사람들까지 고루 갖추어져 있어야 한다! 위 세 지역의 와인 생산지야말로 조건을 모두 갖춘 곳이다.

와인에 얽힌 최대의 착각

모든 와인이 숙성시키면 더 좋아진다는 생각

대학 시절이나 20대 초반에 자주 사 마셨던 와인을 생각해보라. 그 와인들에 어느 정도의 가격을 치렀는지도 생각해보라! 장담하지만 그 와인들은 그리 오래가는 와인들이 아니었을 것이다! 당연한 일이다. 모든 와인의 90%는 1년 안에 마셔야 하며, 9%는 5년을 넘기면 안 된다. 현재 전 세계에서 생산되는 와인 중 1% 미만의 와인만이 5년 이상 숙성 가능하다.

와인에 얽힌 최대의 환상

와인은 누가 마셔도 같은 맛을 느낀다는 생각

와인이든 뭐든 모두가 똑같은 맛을 느끼지는 않는다. 미각과 후각은 지문이나 눈송이처럼 사람마다 다 제각각이다. 사람은 보통 5000~1만 개의 미뢰가 있는데, 통계적으로 보면 2만 개를 가진 사람도 있고 아예 없는 이들도 더러 있다! 사람마다 미뢰 수가 얼마나 되는지 측정하기란 매우 힘든 노릇이므로 나는 오로지 나 자신의 판단만 믿는다. 여러분에게도 그러길 권한다.

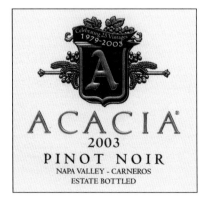

최고 중의 최고 가성비
30달러 이하의 가격 대비 우수 품질의 와인

몇 년 전에 나는 15개국 80개의 지역을 순회하며 400곳의 와인 생산지에서 6000개가 넘는 와인을 시음해봤다. 단 1년 만에 그 여러 지역을 돌며 펼쳤던 그때의 시음 경험은 눈이 번쩍 뜨일 만한 경험이었다. 소비자들에게는 희소식일 테지만, 모든 가격대에서 높은 품질의 와인을 맛보았기 때문이다. 물론 명품 와인은 언제나 그랬듯 여전히 고가여서 소수의 사람들만 제외하면 맛보기 어렵지만 세계 경기의 침체(2009년)는 와인의 가격 면에서 볼 때 대체로 소비자에게 유리해지는 결과를 낳았다. 정말로 좋은 와인을 고르려면 고가를 들여야 한다는 개념을 바꾸는 데 일조한 셈이다. 지금은 30달러 이하이면서도 100달러 이상의 와인에 필적할 만한 품질의 와인들이 수백 가지나 된다. 한마디로 지금이야말로 합리적인 가격에 아주 훌륭한 와인을 살 수 있는 기회. 전 세계에는 이외에도 가격 대비 월등한 품질의 가성비 최고 와인들이 많지만, 이 중 상당수는 쉽게 구할 수 없다는 이유로 제외되었다.

이 리스트에 실린 와인들은 대다수가 30달러 이하의 가격대이지만, 30달러가 넘으면서도 가성비가 뛰어나다고 생각되는 와인들도 일부 포함되었음을 밝혀둔다.

미국

노스캐롤라이나, 펜실베이니아, 버지니아, 뉴욕주를 비롯한 여러 지역에서 가성비 뛰어난 와인들이 나오고 있다. 다만 이곳 와인들 대부분이 그 지역에서만 구입할 수 있다는 점이 안타깝다. 미국을 대표하는 와인 생산지 캘리포니아주는 화이트 와인으로 소비뇽 블랑과 샤르도네, 레드 와인으로 카베르네 소비뇽, 메를로, 피노 누아르, 진판델, 시라 같은 품질 뛰어난 와인을 내놓으며 미국 시장의 대부분(90%)을 점유하고 있다. 미국 내 와인 생산량에서 2위를 차지하는 워싱턴주에서도 가격 대비 품질이 아주 뛰어난 소비뇽 블랑, 메를로, 샤르도네, 카베르네 소비뇽을 생산하고 있다. 물론 오리건주의 와인 중에도 합리적인 가격으로 구입할 수 있는 피노 누아르와 샤르도네를 찾을 수 있다. 다음은 내가 선호하는 미국의 와인 생산자 및 가성비 좋은 와인이다.

레드 와인

A to Z Wineworks Pinot Noir
Acacia Carneros Pinot Noir
Acrobat Pinot Noir
Alexander Valley "Sin Zin" Zinfandel
Andrew Will Cabernet Sauvignon
Argyle Pinot Noir
Artesa Pinot Noir
Atalon Cabernet Sauvignon
Atwater Cabernet Franc
Au Bon Climat "La Bauge" Pinot Noir
Au Bon Climat Pinot Noir
Au Contraire Pinot Noir
B. R. Cohn Silver label Cabernet Sauvignon
Beaulieu Coastal Merlot
Beaulieu Rutherford Cabernet Sauvignon
Bedrock Zinfandel Old Vine
Benton−Lane Pinot Noir
Benziger Merlot
Beringer Knights Valley Cabernet
    Sauvignon
Bogle Zinfandel
Bonny Doon "Le Cigare Volant"
Broadside "Margarita Vineyard" Cabernet
    Sauvignon
Buena Vista Pinot Noir
Byron Pinot Noir
Calera Pinot Noir
The Calling "Rio Lago Vineyard" Cabernet
    Sauvignon
Cambria Julia's Vineyard Pinot Noir
Cartlidge & Browne Pinot Noir
Castle Rock Pinot Noir
Chalone Pinot Noir
Chappellet Mountain Cuvee
Chapter 24 "Two Messengers" Pinot Noir
Charles Krug Merlot
Chateau Ste Michelle "Canoe Ridge" Merlot
Chateau Ste Michelle "Indian Wells"
    Cabernet Sauvignon
Cline Syrah / Shiraz
Cline Zinfandel
Clos du Bois Reserve Merlot
Cloudline Pinot Noir
Columbia Crest Merlot
Cooper Mountain Pinot Noir

Decoy Red Sonoma
Dry Creek Cabernet Sauvignon
Edna Valley Pinot Noir
Elements by Artesa Cabernet Sauvignon
Erath Pinot Noir
Etude Lyric Pinot Noir
Ex Libris Cabernet Sauvignon
Ferrari−Carano Merlot
Fess Parker Syrah / Shiraz
Fetzer Vineyard Valley Oaks Merlot
Foley Pinot Noir Two Sisters
Folie a Deux Cabernet Sauvignon
Forest Glen Cabernet Sauvignon
Forest Glen Merlot
Forest Glen Syrah / Shiraz
Francis Ford Coppola "Director's Cut" Pinot
    Noir
Frei Brothers Merlot
Frog's Leap Cabernet Sauvignon
Frog's Leap Merlot
Gallo of Sonoma Cabernet Sauvignon
Geyser Peak Reserve Cabernet Sauvignon
Goldschmidt Merlot
Hess Select Cabernet Sauvignon
Hogue Merlot
Joel Gott Cabernet Sauvignon
Joel Gott Zinfandel
Justin Syrah / Shiraz
Ken Wright Pinot Noir
Kendall Jackson Merlot
L'Ecole No. 41 Shiraz
La Crema Pinot Noir
Laurel Glen Quintana Cabernet Sauvignon
Loring Pinot Noir
Louis M. Martini Sonoma Cabernet
    Sauvignon
MacMurray Ranch Pinot Noir
Markham Merlot
McManis Cabernet Sauvignon
Meiomi Pinot Noir
Miner Family "Stage Coach" Merlot
Mt. Veeder Winery Cabernet Sauvignon
Napa Ridge Merlot
Pinot Noir "Sharecropper" Pinot Noir
Ponzi "Tavola" Pinot Noir

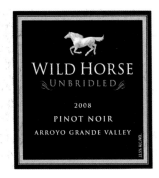

Qupe Bien Nacido Vineyard Syrah/Shiraz
Ravenswood "Belloni" Zinfandel
Raymond Merlot
Red Lava Vineyards Syrah/Shiraz
Rex Hill Pinot Noir
Ridge Sonoma Zinfandel
Robert Mondavi Merlot
Robert Mondavi Napa Cabernet Sauvignon
Route Stock Cabernet Sauvignon
Rodney Strong Cabernet Sauvignon
Rutherford Vintners Cabernet Sauvignon
Saint Francis Cabernet Sauvignon
Saint Francis Merlot
Sean Minor Cabernet Sauvignon
Sebastiani Cabernet Sauvignon

Seven Hills Cabernet Sauvignon
Seven Hills Merlot
Siduri Pinot Noir
Silver Palm Cabernet Sauvignon
Souverain Merlot
Stag's Leap Wine Cellars "Hands of Time"
    Cabernet Sauvignon
Swanson Merlot
Turley Juvenile Zinfandel
Waterbrook Merlot
Wild Horse Pinot Noir
Willamette Valley Vineyards Pinot Noir
Wolffer Estate Merlot
Wyatt Pinot Noir
Zaca Mesa Syrah/Shiraz

화이트 와인

Acacia Chardonnay
Argyle Chardonnay
Arrowood Grand Archer Chardonnay
Barboursville Reserve Viognier
Beaulieu Coastal Sauvignon Blanc
Benziger Chardonnay
Bergström "Old Stones" Chardonnay
Beringer Chardonnay
Beringer Sauvignon Blanc
Boundary Breaks "Ovid Line North"
    Riesling
Buena Vista Sauvignon Blanc
Calera Central Coast Chardonnay
Cambria "Katherine's Vineyard"
    Chardonnay
Channing Daughters "Scuttlehole"
    Chardonnay
Chateau Montelena Sauvignon Blanc
Chateau St. Jean Chardonnay
Chateau St. Jean Sauvignon Blanc
Chateau Ste Michelle Chardonnay
Chateau Ste Michelle "Eroica" Riesling
Clos Pegase Mitsuko's Vineyard
    Chardonnay
Columbia Crest Sémillon-Chardonnay
Covey Run Chardonnay
Covey Run Fumé Blanc
Cristom Vineyard Pinot Blanc/Gris

Cuvée Daniel (Au Bon Climat) Chardonnay
Dr. Konstantin Frank Riesling
Elk Cove Vineyards Pinot Blanc/Gris
Estancia Chardonnay
Ferrari-Carano Fumé Blanc
Fetzer Vineyard Valley Oaks Chardonnay
Francis Ford Coppola "Director's Cut"
    Chardonnay
Frog's Leap Sauvignon Blanc
Geyser Peak Sauvignon Blanc
Girard Sauvignon Blanc
Grgich Hills Fumé Blanc
Groth Sauvignon Blanc
Hall Winery Sauvignon Blanc
Heitz Cellars Chardonnay
Hermann J. Wiemer Riesling
Hess Select Chardonnay
High Hook Vineyards Pinot Blanc/Gris
Hogue Columbia Valley Chardonnay
Hogue Fumé Blanc
Honig Sauvignon Blanc
Joel Gott Chardonnay
Joel Gott Sauvignon Blanc
Kendall-Jackson Vintner's Reserve
    Chardonnay
Kendall-Jackson Vintner's Reserve
    Sauvignon Blanc
Kenwood Sauvignon Blanc

King Estate "Signature Collection"
   Pinot Blanc/Gris
La Crema Chardonnay
La Crema Pinot Blanc/Gris
Landmark "Overlook" Chardonnay
Mason Sauvignon Blanc
Matanzas Creek Sauvignon Blanc
Mer Soleil "Silver" (unoaked) Chardonnay
Merryvale Starmont Chardonnay
Morgan Chardonnay

Ponzi Pinot Blanc/Gris
Provenance Sauvignon Blanc
Ravines Riesling
Rodney Strong Sauvignon Blanc
Rutherford Ranch Chardonnay
Sbragia Family Sauvignon Blanc
Silverado Sauvignon Blanc
Simi Chardonnay
Truchard Chardonnay

아르헨티나

아르헨티나는 멘도사 지역이나 말벡 포도로 유명하지만 보나르다, 카베르네 소비뇽, 샤르도네로 빚은 와인들도 가격 대비 품질이 우수하다. 다음은 내가 선호하는 아르헨티나의 와인 생산자 및 가성비 좋은 와인이다.

레드 와인

Achaval-Ferrer Malbec
Alamos Malbec
Alta Vista Malbec Grand Reserva
Bodega Norton Malbec
Bodegas Esmeralda Malbec
Bodegas Renacer "Enamore"
Bodegas Weinert Carrascal
Catena Malbec
Catena Zapata Cabernet Sauvignon
Clos de los Siete Malbec
Cuvelier Los Andes "Coleccion"
Domaine Jean Bousquet Malbec

Kaiken Cabernet Sauvignon Ultra
Luigi Bosca Malbec
Miguel Mendoza Malbec Reserva
Perdriel Malbec
Salentein Malbec Portillo
Susana Balboa Cabernet Sauvignon
Susana Balboa Malbec
Terrazas Malbec Reserva
Tikal Patriota
Trapiche Oak Cask Malbec
Valentin Bianchi Malbec

화이트 와인

Alamos Chardonnay
Alta Vista Torrontes Premium
Bodegas Diamandes de Uco Chardonnay

Catena Chardonnay
Michel Torino Torrontés Don David

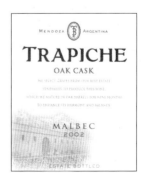

오스트레일리아

오스트레일리아는 25년 전에 우수한 품질의 와인을 뛰어난 가격에 내놓으며 전 세계에서 선풍적 인기를 끈 뒤로 지금까지도 그 위상을 지키고 있다. 오스트레일리아는 적포도 품종인 시라즈가 가장 유명한데 대개 카베르네 소비뇽과 블렌딩하여 빚는다. 하지만 이 드넓은 땅 곳곳의 여러 지역에서는 시라즈 외에도 뛰어난 품질에 믿기지 않는 가격의 카베르네 소비뇽, 샤르도네, 소비뇽 블랑을 생산하고 있다. 다음은 내가 선호하는 오스트레일리아의 와인 생산자 및 가성비 좋은 와인이다.

레드 와인

Alice White Cabernet Sauvignon
Banrock Station Shiraz
Black Opal Cabernet Sauvignon or Shiraz
Chapel Hill Grenache "Bushvine"
Chapel Hill Shiraz "Parson's Nose"
d'Arenberg "The Footbolt" Shiraz
d'Arenberg Grenache The Derelict Vineyard
d'Arenberg "The Stump Jump" Red
Jacob's Creek Cabernet Sauvignon
Jacob's Creek Shiraz Cabernet
Jamshead Syrah
Jim Barry Shiraz "The Lodge Hill"
Jim Barry Cabernet Sauvignon
   "The Cover Drive"
Kilikanoon "Killerman's Run" Shiraz
Langmeil Winery "Three Gardens" Shiraz/
   Grenache/Mourvèdre

Leeuwin Estate Siblings Shiraz
Lindeman's Shiraz Bin 50
Marquis Philips Sarah's Blend
McWilliam's Shiraz
Mollydooker "The Boxer" Shiraz
Nine Stones Shiraz
Penfolds "Bin 28 Kalimna" Shiraz
Peter Lehmann Barossa Shiraz
Rosemount Estate Shiraz Cabernet
   (Diamond Label)
Salomon Estate "Finnis River" Shiraz
Schild Shiraz
St. Hallett Shiraz
Taltarni T Series Shiraz
Two Hands Shiraz "Gnarly Dudes"
Yalumba Y Series Shiraz Viognier
Yangarra Shiraz Single Vineyard

화이트 와인

Banrock Station Chardonnay
Cape Mentelle Sauvignon Blanc–Sémillon
Grant Burge Chardonnay
Heggies Vineyard Chardonnay
Jim Barry Riesling
Lindemans Chardonnay Bin 65
Matua Valley Sauvignon Blanc
Oxford Landing Sauvignon Blanc
Pewsey Vale Dry Riesling

Rolf Binder Riesling "Highness"
Rosemount Estate Chardonnay
Saint Clair "Pioneer Block 3" Sauvignon
   Blanc
Saint Hallett "Poacher's Blend" White
Trevor Jones Virgin Chardonnay
Yalumba Y Series Unwooded Chardonnay
Yalumba Y Series Unwooded Chardonnay

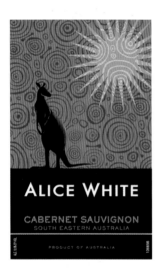

오스트리아

오스트리아의 청포도 가운데 대표적인 품종은 그뤼너 펠틀리너와 리슬링이다. 이 와인들은 어떠한 음식과도 잘 어울리고 마시기 편하며 구하기도 쉽다. 다음은 내가 선호하는 오스트리아의 와인 생산자 및 가성비 좋은 와인이다.

레드 와인

Glatzer Zweigelt

Sepp Moser Sepp Zweigelt

화이트 와인

Albert Neumeister Morillon Steirsche
　Klassik
Alois Kracher Pinot Gris Trocken
Brundlmayer Grüner Veltliner Kamptaler
　Terrassen
Forstreiter "Grand Reserve" Grüner
　Veltliner
Franz Etz Grüner Veltliner (Liter)
Hirsch Grüner Veltliner Heiligenstein

Hirsch "Veltliner #1"
Knoll Grüner Veltliner Federspiel Trocken
　Wachau Loibner
Nigl Grüner Veltliner Kremser Freiheit
Salomon Grüner Veltliner
Salomon Riesling Steinterrassen
Schloss Gobelsburg
Walter Glatzer Grüner Veltliner
　"Dornenvogel"

칠레

카베르네 소비뇽은 칠레가 가성비 최고의 생산지다. 메를로, 카르메네르, 소비뇽 블 랑 또한 칠레의 와인 중 주목할 만한 품종이다. 다음은 내가 선호하는 칠레의 와인 생산자 및 가성비 좋은 와인이다.

레드 와인

Arboleda Carménère
Caliterra Cabernet Sauvignon or Merlot
Carmen Carménère
Casa Lapostolle "Cuvée Alexandre" Merlot
Concha y Toro Puente Alto Cabernet
　Sauvignon
Cono Sur 20 Barrels Cabernet Sauvignon
Cousiño-Macul Antiguas Reserva
De Martino Syrah/Shiraz

Errazuriz Cabernet Sauvignon
Los Vascos Reserve Cabernet Sauvignon
Montes Alpha Cabernet Sauvignon
Montes Alpha Merlot Apalta Vineyard
Santa Carolina Cabernet Sauvignon
Veramonte Primus "The Blend"
Veranda Pinot Noir Ritua
Viña Aquitania Lazuli Cabernet Sauvignon
Viña San Pedro Cabernet Sauvignon

화이트 와인

Casa Lapostolle Cuvee Alexander
　Chardonnay
Casa Lapostolle Cuvee Alexander Valley
　Sauvignon Blanc

Cono Sur "Bicycle Series" Viognier
Veramonte Sauvignon Blanc
Vina Aquitania "Sol del Sol" Chardonnay
　"Traiguen" 2008

프랑스

프랑스는 종종 아주 고가의 와인(보르도나 부르고뉴의 명품 와인 등)으로 명성을 떨치지만, 그런 프랑스에서도 언제나 가성비 최고급의 와인들은 만들어져왔다. 알자스의 리슬링, 피노 블랑, 피노 그리, 루아르 밸리의 뮈스카데, 상세르, 푸이 퓌메, 부르고뉴의 보졸레, 마콩, 샤블리, 부르고뉴 블랑, 부르고뉴 루즈, 론 밸리의 코트 뒤 론과 크로제 에르미타주, 보르도의 프티 샤토 크뤼 부르주아를 비롯해 프로방스, 랑그도크, 루시용 등지의 와인들이 그런 예다. 다음은 내가 선호하는 프랑스의 와인 생산자들 및 가성비 좋은 와인들이다.

레드 와인

"A" d'Aussières Rouge Corbières

Baron de Brane

Brunier Le Pigeoulet Rouge VDP Vaucluse

Brunier "Megaphone" Ventoux Rouge

Chapelle–St–Arnoux Châteauneuf–du–
  Pape Vieilles Vignes

Château Bel Air

Château Cabrières Côtes du Rhône

Château Cantemerle

Château Cap de Faugeres

Château Caronne–Sainte–Gemme

Château Chantegrive

Château d'Escurac "Pepin"

Château de Maison Neuve

Château de Mercey Mercurey Rouge

Château de Trignon Gigondas

Château de Villambis

Château Greysac

Château Haut du Peyrat

Château Labat

Château La Cardonne

Château La Grangère

Château Lalande–Borie

Château Lanessan

Château Laroque

Château Larose–Trintaudon

Château Le Bonnat

Château Le Sartre

Château Malescasse

Château Malmaison

Château Malromè

Château Maris La Touge Syrah

Château Pey La Tour Reserve du Château

Château Peyrabon

Château Pontensac

Château Puy–Blanquet

Château Puynard

Château St–Julian

Château Segondignac

Château Senejac

Château Thébot

Château Tour Leognan

Cheval Noir

Clos Siguier Cahors

Confidences de Prieure–Lichine

Côte–de–Nuits–Village, Joseph Drouhin

Croix Mouton

Cuvée Daniel Côtes de Castillon

Domaine André Brunel Côtes–du–Rhône
  Cuvée Sommelongue

Domaine Bouchard Pinot Noir

Domaine d'Andezon Côtes–du–Rhône

Domaine de la Coume du Roy Côtes du
  Roussillon–Villages "Le Desir"

Domaine de Lagrézette Cahors

Domaine de'Obrieu Côtes du Rhône
  Villages "Cuvée les Antonins"

Domaine de Villemajou "Boutenac"

Domaine Michel Poinard Crozes–
  Hermitage

Domaine Roches Neuves Saumur–
  Champigny

Georges Duboeuf Beaujolais–Villages

Georges Duboeuf Morgon "Caves Jean–

Ernest Descombes"

Gérard Bertrand Domaine de L'Aigle Pinot
  Noir

Gérard Bertrand Grand Terroir Tautavel

Gilles Ferran "Les Antimagnes"

Guigal Côtes du Rhône

Guigal Gigondas

J. Vidal–Fleury Côtes du Rhône

Jaboulet Côtes du Rhône Parallèle 45

Jaboulet Crozes–Hermitage Les Jalets

Jean–Luc Colombo Côte de Rhône

Jean–Maurice Raffault Chinon

Joseph Drouhin Côte de Beaune–Villages

La Baronne Rouge "Montagne
  d'Alaric"

La Vieille Ferme

Lafite Réserve Spéciale

Laplace Madiran

Le Médoc de Cos

Legende

Louis Jadot Château des Jacques Moulin–

à–Vent

M. Chapoutier Bila–Haut Côtes de
  Rousillon Villages

Maison Champy Pinot Noir Signature

Marc Rougeot Bourgogne Rouge "Les
  Lameroses"

Marjosse Réserve du Château

Mas de Gourgonnier Les Baux de Provence
  Rouge

Michel Poinard Crozes–Hermitage

Montirius Gigondas Terres des Aînés

Nicolas Thienpont Selection St–Emilion
  Grand Cru

Perrin & Fils Côtes du Rhône

René Lequin–Colin Santenay "Vieilles
  Vignes"

Sarget de Gruaud–Larose

Thierry Germain Saumur–Champigny

Villa Ponciago Fleurie La Réserve
  Beaujolais

화이트 와인

Ballot-Millot et Fils Bourgogne Chardonnay

Barton & Guestier Sauternes

Bertranon Bordeaux Blanc

Bouzeron Domaine Gagey

Château Bonnet Blanc

Château de Maligny Petit Chablis

Château de Mercey Mercurey Blanc

Château de Rully Blanc "La Pucelle"

Château de Sancerre

Château du Mayne Blanc

Château du Trignon Côtes du Rhône Blanc

Château Fuissé

Château Graville-Lacoste Blanc

Château Jeanguillon Blanc

Château Larrivet Haut-Brion

Château Loumelat

Château Martinon Blanc

Clarendelle

Claude Lafond Reuilly

Domaine de Montcy Cheverny

Domaine Delaye St-Véran "Les Pierres
  Grises"

Domaine des Baumard Savennières

Domaine Jean Chartron Bourgogne Aligoté

Domaine les Hautes Cances Cairanne

Domaine Mardon Quincy "Très Vieilles
  Vignes"

Domaine Paul Pillot Bourgogne
  Chardonnay

Domaine St-Barbe Mâcon Clesse "Les
  Tilles"

Faiveley Bourgogne Blanc

Francis Blanchet Pouilly Fumé "Cuvée
  Silice"

Georges Duboeuf Pouilly-Fuissé

Helfrich Riesling

Hugel Gentil

Hugel Pinot Gris

Hugel Riesling

J. J. Vincent Pouilly-Fuissé "Marie
  Antoinette"

Jonathon Pabiot Pouilly-Fumé

Joseph Drouhin St-Véran

Laroche Petit Chablis

Louis Jadot Mâcon-Villages

Louis Jadot St-Véran

Louis Latour Montagny

Louis Latour Pouilly-Vinzelles

Maison Bleue Chardonnay

Marjosse Blanc Réserve du Château

Mas Karolina Côtes Catalanes Blanc

Michel Bailly Pouilly-Fumé

Moreau Chablis

Olivier Leflaive St-Aubin

Pascal Jolivet Attitude

Pascal Jolivet Sancerre

Robert Klingenfus Pinot Blanc

Sauvion Pouilly-Fumé Les Ombelles

Sauvion Sancerre "Les Fondettes"

Simonnet-Febvre Chablis

Thierry Germain Saumur Blanc Cuvée
  "Soliterre"

Thierry Pillot Santenay Blanc "Clos Genet"

Trimbach Gewurztraminer

Trimbach Pinot Gris Reserve

Trimbach Riesling

William Fèvre Chablis

Willm Cuvée Emile Willm Riesling Réserve

Zind Humbrecht Pinot Blanc

로제 와인

Château d'Esclans Whispering Angel

Château d'Aqueria Tavel

Château Miraval Côtes de
  Provence Rosé "Pink Floyd"

독일

독일은 카비네트와 슈페트레제 스타일의 와인에서 가격 대비 우수한 품질의 와인들이 많다. 다음은 내가 선호하는 독일의 와인 생산자 및 가성비 좋은 와인이다.

화이트 와인

Dr. Loosen Riesling

J. J. Prüm Wehlener Sonnenuhr Spätlese

Josef Leitz Rüdesheimer Klosterlay
  Riesling Kabinett

Kerpen Wehlener Sonnenuhr Kabinett

Kurt Darting Dürkheimer Hochbenn
  Riesling Kabinett

Leitz "Dragonstone" Riesling

Meulenhof Wehlenuhr Sonnenuhr Riesling
  Spätlese

Saint Urbans–Hof Riesling Kabinett

Schloss Vollrads Riesling Kabinett

Selbach Piesporter Michelsberg Riesling
  Spätlese

Selbach–Oster Zeltinger Sonnenuhr
  Riesling Kabinett

Strub Niersteiner Olberg Kabinett or
  Spätlese

Weingut Max Richter Mülheimer Sonnelay
  Riesling Kabinett

그리스

Boutari Moschofilero Mantinia

D. Kourtakis Assyrtiko Santorini

Douloufakis Dafnios Lia

이탈리아

이탈리아는 현재 와인의 품질이 사상 최고 수준에 올라서 있다! 또한 이탈리아 전역에서 가성비 최고의 와인들이 나오고 있다. 토스카나의 키안티 클라시코 리제르바, 로소 디 몬탈치노, 로시 디 몬테풀차노, 피에몬테의 바르베라와 돌체토, 베네토의 발폴리첼라, 소아베, 스파클링 와인 프로세코, 아브루치의 몬테풀차노 다브루초, 북이탈리아 지역의 피노 그리지오와 피노 블랑, 시칠리아의 네로 다볼라 등이 대표적이다. 다음은 내가 선호하는 이탈리아의 와인 생산자 및 가성비 좋은 와인이다.

레드 와인

Aldo Rainoldi Nebbiolo

Aleramo Barbera

Allegrini Palazzo della Torre

Allegrini Valpolicella Classico

Antinori Badia a Passignano Chianti
    Classico

Altesino Rosso di Altesino

Antinori Santa Cristina Sangiovese

Antinori Tormaresca Trentangeli

Avignonesi Rosso di Montepulciano

Badia a Coltibuono Chianti Classico

Baglia di Pianetto "Ramione"

Barone Ricasoli Chianti Classico

Bertani Valpolicella

Braida Barbera d'Asti "Montebruna"

Bruno Giacosa Barbera d'Alba

Cantina del Taburno Aglianico Fidelis

Carpazo Rosso di Montalcino

Caruso e Minini I Sciani Sachia

Casal Thaulero Montepulciano d'Abruzzo

Cascata Monticello Dolcetto d'Asti

Castellare di Castellina Chianti Classico

Castello Banfi Toscana Centine

Castello di Gabbiano Chianti Classico

Castello Monaci Liante Salice Salentino

Col d'Orcia Rosso di Montalcino

Contesa Montepulciano d'Abruzzo

Damilano Barbera d'Asti

Di Majo Norante Sangiovese Terre degli
    Osci

Einaudi Dolcetto di Dogliani

Fattoria di Felsina Chianti Classico Riserva

Fontanafredda Barbera d'Asti

Francesco Rinaldi Dolcetto d'Alba

Fuedo Maccari Nero d'Avola

Guado al Tasso–Antinori Il Bruciato

Il Marroneto Brunello di Montalcino

La Mozza Morellino di Scansano "I Perazzi"

Le Rote Vernaccia di San Gimignano

Librandi Ciro Riserva "Duca San Felice"

Lungarotti Rubesco

Manzone Nebbiolo Langhe "Crutin"

Marchesi de' Frescobaldi Chianti Classico

Marchesi de' Frescobaldi Chianti Rúfina

Marchesi di Barolo Barbera d'Alba

Masi "Campofiorin"

Massolino Dolcetto d'Alba

Melini Chianti Classico Riserva
    "La Selvanella"

Melini Chianti Classico Terrarossa

Michele Chiarlo Barbera d'Asti

Mocali Rosso di Montalcino

Monchiero Carbone Barbera d'Alba

Morellino di Scansano

Morgante Nero d'Avola

Montesotto Chianti Classico

Nino Negri Inferno

Nozzole Chianti Classico

Planeta Santa Cecilia

Podere Ciona "Montegrossoli"

Poggio al Casone La Cattura

Poggio al Tesoro Mediterra

Poggio Il Castellare Rosso di Montalcino

Principe Corsini Chianti Classico "Le Corti"

Rapitalà Nero d'Avola

Regaleali (Tasca d'Almerita) Rosso

Ruffino Chianti Classico "Riserva Ducale"
    (Tan label)

Ruffino "Modus"
Salcheto Vino Nobile di Montalcino
San Polo "Rubio"
Sandrone Nebbiolo d'Alba Valmaggiore
Santa Cristina Chianti Superiore
Silvio Nardi Rosso di Montalcino
Tasca d'Almerita Lamuri
Taurino Salice Salentino
Tenuta dell'Ornellaia Le Volte
Tenuta di Arceno Arcanum Il Fauno
Tolaini "Valdisanti"

Tormaresca "Torcicoda"
Travaglini Gattinara
Tua Rita Rosso di Notri
Valle Reale Montepulciano d'Abruzzo
Vietti Barbera d'Asti
Volpaia Chianti Classico
Zaccagnini Montepulciano d'Abruzzo
    Riserva
Zenato Valpolicella
Zeni Amarone della Valpolicella

화이트 와인

Abbazia di Novacella Kerner
Alois Lageder Pinot Bianco
Alois Lageder Pinot Grigio
Anselmi Soave
Antinori Chardonnay della Sala Bramito del
    Cervo
Antinori Vermentino Guado al Tasso
Bolla Soave Classico
Bollini Trentino Pinot Grigio
Boscaini Pinot Grigio
Botromagno Gravina Bianco
Cantina Andriano Pinot Bianco
Caruso e Minini Terre di Giumara Inzolia
Ceretto "Blange" Langhe Arneis
Clelia Romano Fiano di Avellino "Colli di
    Lapio"
Coppo Gavi "La Rocca"
Doga delle Clavule Vermentino
Elena Walch Pinot Grigio
Eugenio Collavini Pinot Grigio "Canlungo"
Jermann Pinot Grigio
Kellerei Cantina Terlan Pinot Bianco

La Carraia Orvieto Classico
Le Rote Vernaccia di San Gimignano
Maculan "Pino & Toi"
Malabaila Roero Arneis
Marchetti Verdicchio dei Castelli di Jesi
    Classico
Marco Felluga Collio Pinot Grigio
Mastroberardino Falanghina
Paolo Scavino Bianco
Peter Zemmer Pinot Grigio
Pieropan Soave
Pighin Pinot Grigio
Pra Soave Classico
Sergio Mottura Grechetto "Poggio della
    Costa"
Sergio Mottura Orvieto
Terenzuola Vermentino Colli di Luni
Teruzzi & Puthod "Terre di Tufi"
Terredora Greco di Tufo (Loggia della Serra)
Toscolo Vernaccia di San Gimignano
Villa Matilde Fiano di Avellino

로제 와인

Antinori Guado al Tasso Scalabrone Rosato

프로세코

Adami
Bortolomiol
Le Colture

La Tordera
Mionetto
Zardetto

뉴질랜드

뉴질랜드에서 가장 눈여겨볼 만한 포도 품종은 소비뇽 블랑과 피노 누아르다. 뉴질랜드의 소비뇽 블랑은 열대 특유의 향을 지녔을 뿐 아니라 끝맛에 상쾌한 시트러스의 여운이 남기로 세계적인 명성을 얻고 있지만 뉴질랜드의 피노 누아르 역시 품질 뛰어난 와인의 대열에 들어서 있다. 다음은 내가 선호하는 뉴질랜드의 와인 생산자 및 가성비 좋은 와인이다.

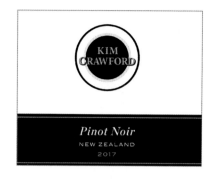

레드 와인

Babich Pinot Noir
Brancott Estate Pinot Noir Reserve
Coopers Creek Pinot Noir
Crown Range Pinot Noir
Jules Taylor Pinot Noir
Kim Crawford Pinot Noir
Man o' War Syrah
Mt. Beautiful Pinot Noir Cheviot Hills
Mt. Difficulty Pinot Noir
Mud House Pinot Noir
Neudorf Vineyards Pinot Noir
    "Tom's Block" (Nelson)

Oyster Bay Pinot Noir
Peregrine Pinot Noir
Sacred Hill Pinot Noir
Saint Clair Pinot Noir "Vicar's Choice"
Salomon & Andrew Pinot Noir
Stoneleigh Pinot Noir
Te Awa Syrah
The Crossings Pinot Noir
Trinity Hill Pinot Noir
Yealands Pinot Noir

화이트 와인

Ata Rangi Sauvignon Blanc
Babich Sauvignon Blanc
Babich Unwooded Chardonnay
Brancott Estate Sauvignon Blanc
Cloudy Bay "Te Koko" Sauvignon Blanc
Coopers Creek Sauvignon Blanc
Craggy Range Te Muna Road Sauvignon
    Blanc
Cru Vin Dogs "Greyhound" Sauvignon
    Blanc
Giesen Sauvignon Blanc
Glazebrook Sauvignon Blanc
Isabel Estate Sauvignon Blanc
Kim Crawford Sauvignon Blanc
Kono Sauvignon Blanc
Kumeu River Village Chardonnay
Man o' War Sauvignon Blanc
Mohua Pinot Gris

Mohua Sauvignon Blanc
Mt. Nelson Sauvignon Blanc
Mt. Difficulty Pinot Gris
Neudorf Chardonnay
Neudorf Sauvignon Blanc
Nobilo Sauvignon Blanc
Oyster Bay Sauvignon Blanc
Pegasus Bay Chardonnay
Peregrine Pinot Gris
Saint Clair Sauvignon Blanc
Salomon & Andrew Sauvignon Blanc
Seresin Sauvignon Blanc
Stoneleigh Chardonnay
Stoneleigh Sauvignon Blanc
Te Awa Chardonnay
Te Mata "Woodthorpe"
Villa Maria "Cellar Selection" Sauvignon
    Blanc

포르투갈

Duorum Tons Red

Quinta do Crasto

Quinta de Cabriz

Real Companhia Velha

남아프리카공화국

남아프리카공화국은 슈냉 블랑과 소비뇽 블랑부터 카베르네 소비뇽과 피노타주까지 다양한 품종으로 가성비 최고의 와인을 생산하면서 소비자에게 폭넓고 다양한 선택권을 선사하고 있다. 다음은 내가 선호하는 남아프리카공화국의 와인 생산자 및 가성비 좋은 와인이다.

레드 와인

Boekenhoutskloof "Chocolate Block" Meritage

Doolhof Dark Lady of the Labyrinth Pinotage

Jardin Syrah

Groot Constantia Shiraz

Kanonkop Pinotage

Mount Rozier "Myrtle Grove" Cabernet Sauvignon

Mulderbosch Faithful Hound

Kanonkop Kadette Red

Rupert & Rothschild Classique

Rustenberg 1682 Red Blend

Thelema Cabernet Sauvignon

화이트 와인

Boschendal Chardonnay

Buitenverwachting Sauvignon Blanc

Ken Forrester Sauvignon Blanc

Groot Constantia Sauvignon Blanc

Glenelly Chardonnay

Raats Family Chenin Blanc

Stellenbosch Vineyards Chenin Blanc

Thelema Sauvignon Blanc

Tokara Chardonnay Reserve Collection

스페인

리오하의 와인은 50년도 더 전에 내가 처음 와인을 공부하기 시작했을 때부터 변함없이 가성비 최고의 와인으로 꼽기에 손색이 없었고, 크리안사와 레세르바가 대표적이다. 각각 리베라 델 두에로와 프리오라트의 햇살 속에서 무르익는 템프라니요와 가르나차도 품질이 좋으며, 리아스 바익사스의 알바리뇨와 페네데스의 카바(스파클링 와인)도 뛰어나다. 다음은 내가 선호하는 스페인의 와인 생산자 및 가성비 좋은 와인이다.

레드 와인

Alvaro Palacios Camins del Priorat
Algueira Ribiera Sacra
Antidoto Ribera del Duero Cepas Viejas
Baron de Ley Reserva
Bernabeleva Camino de Navaherreros
Beronia Rioja Reserva
Bodega Numanthia Termes
Bodegas Beronia Reserva
Bodegas Emilio Moro "Emilio Moro"
Bodegas La Cartuja Priorat
Bodegas Lan Rioja Crianza
Bodegas Leda Mas de Leda
Bodegas Marañones 30 Mil Maravedies
Bodegas Montecillo Crianza or Reserva
Bodegas Muga Reserva
Bodegas Ontañón Crianza or Reserva
Bodegas Palacios Remondo Crianza
Bodegas Señorío de Barahonda "Carro" Tinto
Bodegas Urbina Rioja Gran Reserva
Campo Viejo Reserva

Clos Galena Galena
Condado de Haza Ribera del Duero
Conde de Valdemar Crianza
CVNE Rioja Crianza "Viña Real"
Descendientes de José Palacios Bierzo Pétalos
Dinastía Vivanco Selección de Familia
Dominio de Atauta Crianza
El Coto Crianza and Reserva
Ermita San Felices Reserva Rioja Alta
Finca Torremilanos Ribera del Duero
Joan d'Anguera Montsant Garnatxa
La Rioja Alta Reserva Viña Alberdi
Marqués de Cáceres Crianza or Reserva
Marqués de Riscal Proximo Rioja
Onix Priorat
Pago de Valdoneje Bierzo
Pesquera Tinto Crianza
Rotllan Torra Priorat Crianza
Scala Dei Priorat "Negre"
Torres Gran Coronas Reserva

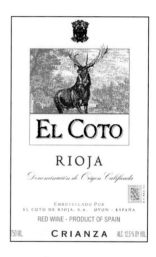

화이트 와인

Albariño Don Olegario
Bodegas Naia Rueda
Bodegas Ostatu Blanco
Bouza do Rei Albariño
Burgáns Albariño Rías Baixas
Castro Brey Albariño "Sin Palabras"

Condes de Albarei Albariño
Legaris Verdejo Rueda
Licia Galicia Albariño
Martin Codax Albariño
Pazo de Senorans Albariño
Terras Guada Albariño "O Rosal"

카바

Codorníu Brut Classico
Cristalino Brut

Freixenet
Segura Viudas

맺음말 ❧

나의 와인 인생길에 만난 추억과 사람들

- 1970~1976년, 데퓨이 캐널 하우스 레스토랑에서 존 노비와 함께 일하며 가르침 받음.
- 1970년, 생애 첫 와이너리 방문.
- 1971년, 첫 와인 강의. 한 강의에는 수강생 자격으로, 또 다른 강의에는 강사 자격으로.
- 1972년, 캘리포니아까지 히치하이킹해서 와인 생산지 방문.
- 1973년, 대학 3학년생인 내가 4학년생에게나 가능한 2학점짜리 강의를 가르침.
- 예전에도 현재도 여전히 나의 정신적 지도자인 샘 마타라초 신부님.
- 1974~1975년, 유럽에 머물며 와인을 공부함.
- 1974, 1981, 1992, 2014년, 직접 포도밭을 경작해서 네 번 다 실패함. 1984년, 직접 와인을 양조했는데 그저 그랬음.
- 1976년, 가슴 벅찬 윈도우즈온더월드 개업.
- 윈도우즈온더월드의 초창기를 함께 보내던 지난날, 줄스 로이넬의 지원과 우정.
- 알렉시스 베스팔로프와 함께한 와인 시음.
- 뉴욕주 뉴팔츠에 있는 그림 같은 호텔 모홍크 마운틴 하우스Mohonk Mountain House. 이곳에 가면 아이디어가 술술 나온다.
- 보르도에서 저녁이든 늦은 밤이든 이른 아침이든 때를 가리지 않고 알렉시스 리쉰과 함께한 와인 토론.
- 조언자이자 훌륭한 경청자, 피터 시셀. 그의 관대한 정신이 내가 와인 강의를 하는 데 영감을 주었다.
- 피터 비엔스톡과 함께 맛보던 뛰어난 올드 빈티지 와인들.
- 조언을 해주고 수집한 와인들을 함께 맛보게 해준 고마운 줄스 엡스타인.
- 와인 전문가 로빈 켈리 오코너와 함께한 세계 여행.

- 1981~1991년, 뉴욕 와인 익스피리언스의 창설과 감독.
- 이제 이 세상에 없어 와인을 함께 마시지 못하게 된 이들. 크레이그 클레이본, 조셉 바움, 앨런 루이스, 레이몬드 웰링턴, 나의 아버지 찰스.
- 마이클 스쿠르닉의 성공하는 모습을 지켜봄. 1970년대 말 윈도우즈온더월드에서 함께 일했던 그가 빠른 시일 안에 뛰어난 와인 수입업자의 명성을 얻어 흐뭇하다.
- 나의 수강생이었던 안드레아 로빈슨의 흐뭇한 변모. 이제 와인 및 음식 분야에서 유명인사가 되고 훌륭한 저자가 되었다.
- 앨런 리치맨과 함께 요리 채널 '푸드 네트워크'의 〈와인에 관한 모든 것〉을 진행.
- 뛰어난 와인 전문 작가들과 와인 시음가들의 글을 통해 의견을 나눠 듣는 즐거움(그들의 이름은 이 책 곳곳에 실려 있음).
- 세계적으로 뛰어난 와이너리의 열정 넘치는 와인 메이커, 포도원 운영자, 소유주들을 만나볼 수 있었던 기회.
- 전국 곳곳의 와인 이벤트, 와인 디너, 와인 시음에 참석할 수 있었던 특권.
- 와인을 통해 즐거움을 선사하고 와인을 가르칠 수 있도록 초대해준 모든 단체.
- 1983년, 캐슬린 탤버트와 이 책의 첫 챕터를 집필.
- 스털링출판사에서 처음 같이 일한 버튼 홉슨, 링컨 보헴, 찰스 뉘른베르크.
- 내 모든 책에 아낌없는 지원을 쏟아준 스털링출판사의 CEO, 마커스 리버.
- 30여 년간 편집을 맡아준 모든 사람, 특히 펠리샤 셔버트, 스티븐 토핑, 한나 라이히, 베키 메인즈, 메리 헌, 다이앤 에이브럼스, 칼로 데비토, 제임시 자요.
- 이번 판이 나오기까지 힘써준 스털링출판사의 모든 팀원, 제니퍼 윌리엄스, 케빈 율리치, 린다 랭, 한나 라이히, 리치 헤이즐턴, 엘리자베스 미홀츠 런디, 리니 유대브, 케빈 이와노, 베스티 베이어, 크리스 베인륤라 밸러스, 마하 칼리, 크리스 배카리, 로드먼 뉴먼, 바바라 버저, 알파 곤살레스,

준 메일스, 프레드 패건, 케이트 윈슬로, 베스 그루버, 제이 크리더에게 감사하며 테레사 톰슨에게도 보내준 격려에 대해 각별한 감사의 마음을 전한다.

- 25년간 멋진 표지 디자인을 해준 카렌 넬슨.
- 초판의 기획을 맡아준 짐 앤더슨, 후속판의 편찬에서 내 정신을 잘 파악해준 리처드 오리올로, 애슐리 프린.
- 변함없이 내 책을 성원해준 반스앤노블.
- 와인스쿨에 힘을 실어준 카멘 비셀, 레이몬드 드폴, 페이 프리드먼.
- 50년간 와인스쿨에서 와인 따르는 일을 맡아준 모든 이.
- 뉴욕에서 와인스쿨을 운영하는 이들로서 나와 좋은 인연을 맺은 친구들. 특히 해리엇 렘벡(베버리지 프로그램), 메리 유잉 멀리건(인터내셔널 와인센터).
- 1996년 윈도우즈온더월드를 재탄생시켜준 바움과 에밀 가족들.
- 마이클 애론, 마이클 여치, 크리스 애덤스, 쉬다 길머, 맷 왕, 제니퍼 조드케와 함께한 셰리 르만/케빈 즈랠리 마스터 와인 클래스.
- 2001년 9월 11일 이후로 변함없이 조언과 격려를 보태준 뉴욕 메리어트마르퀴스호텔 NYC의 마이클 스텐겔과 조 코자.
- 9·11 참사로 목숨을 잃은 친구들과 동료들을 생각하면 아직도 마음이 아프다.
- 9·11 희생자들의 가족을 돕는 데 시간과 재능을 아낌없이 바쳐준 로버트 파커.
- 스미스앤볼렌스키레스토랑 그룹의 설립자이자 회장이며 CEO인 앨런 스틸먼.
- 제임스 비어드 재단으로부터 '와인에 기울인 애정'에 대한 공로를 인정받아, 2011년에 평생공로상을 받게 된 영광.
- 코넬대학과 미국요리학교에서 와인을 강의.
- 요리협회이사회Culinary Institute's Board of Trustees의 이사가 됨.
- 수년간 나의 와인셀러를 비우는 데 일조해온 각별한 와인 친구들 전원, 특히 하비와 웬디.

- 내가 사업을 계속 꾸려나갈 수 있도록 애써준 이들. 엘런 케르, 클레어 조지프, 로이스 아리기, 사라 휴튼, 안드레아 이머, 돈 라멘돌라, 캐서린 팰리스, 레베타 샤파, 지나 단젤로 멀런, 미셸 우드리프, 주디 코헨.
- 집필과 편집 작업에 도움을 준 재클린 티츠.
- 나에게 가장 소중한 빈티지들(내 자녀들이 태어난 해). Anthony(1991), Nicolas(1993), Harrison(1997), Adriana(1999).
- 이번 판의 편집을 도와준 아드리아나에게 특별히 감사 인사를 보낸다.
- 나의 어머니, 캐슬린.
- 나의 누이들, 샤론과 캐시.
- 윈도우즈온더월드 와인스쿨 강의를 들어주었던 2만 명의 수강생들. 와인스쿨은 2016년에 40주년을 축하하며 마지막 학기를 맞았다.
- 윈도우즈온더월드에서 일했던 모든 이, 특히 와인 부서의 동료들.

마지막으로 덧붙이는 말

이것이 지면상이었으니 다행이지, 만일 많은 청중 앞에 나가서 직접 말하는 수상 소감이었다면 아마 열 번째 항목을 말한 후에 음악이 나오면서 내 말소리가 묻혀버렸을 것이다. 이렇게 줄줄이 늘어놓았음에도 한두 명은 빠뜨렸을지 모르겠다. 설령 그렇더라도 와인을 많이 마시는 나의 직업병 탓이라 여기고 너그러이 이해해주길 바란다. 그런 의미에서 어린 시절부터 지금까지 내가 만나거나 인연을 맺었던 모든 이에게 전한다. "여러분이 수집한 빈티지 와인들이 모두 뛰어난 맛을 선사하길!"

와인 퀴즈

초보자를 위한 기초상식
퀴즈

1. 와인에서 느낄 수 있는 맛은?

2. 와인의 풍미에 영향을 미치는 세 가지 요소는?

3. 와인의 원료가 되는 주요 포도들의 종은?

4. 타닌 함량이 특히 높은 포도 세 가지는?

5. 테루아terroir란?

6. 브릭스brix는 무엇을 뜻하는 용어인가?

7. 필록세라란?

8. 귀부병noble rot은 무엇을 뜻하는가?

9. 당분 + _____ = _____ + 탄산가스

10. 스파클링 와인, 테이블 와인, 주정강화 와인의 알코올 함량은 각각 어떻게 되는가?

11. 머스트must란?

12. 적포도로 화이트 와인을 빚으려면 어떻게 해야 하는가?

13. 메서레이션maceration이란?

14. 샤프탈리제이시옹의 뜻을 정의해보시오.

15. 잔당의 의미는?

16. 타닌은 어디에서 우러나오는 성분인가?

17. 병에 표기되는 빈티지의 의미는?

18. 와인이 5년 이상 숙성 가능할지에 영향을 미치는 두 가지 요소는 무엇인가?

19. 코르키드 와인이란?

20. 이산화황이란?

21. 수직 시음의 의미는?

22. 화이트 와인은 숙성되면서 빛깔이 어떻게 변하는가?

23. 레드 와인은 숙성되면서 빛깔이 어떻게 변하는가?

24. 아로마와 부케의 차이는?

25. 와인의 향을 맡기 전에 잔을 흔들어야 하는 이유는?

정답은 p.441

미국의 와인과 캘리포니아의 레드 와인
☀ 퀴즈 ☀

1. 미국에서 소비되는 와인 중 미국에서 생산되는 와인은 몇 퍼센트인가?

2. 미국에는 대략 몇 개의 와이너리가 있는가?

3. 미국에서 와이너리가 있는 주는 모두 몇 곳인가?

4. 와인 주조용 포도 중 미국의 자생종은 무엇인가?

5. 필록세라 진디가 처음 캘리포니아의 포도원을 황폐화시킨 때는 언제인가?

6. 금주법이 발효된 해는?

7. 금주법이 폐지된 해는?

8. AVAAmerican Viticultural Area란 무엇인가?

9. AVA가 라벨에 표기되어 있다면 원료로 쓰인 포도의 몇 퍼센트가 그 지역산이어야 하는가?

10. 미국에는 대략 몇 개의 AVA가 있는가?

11. 와인 생산량에서 상위 5위까지의 주를 말해보라.

12. 1인당 와인 소비량에서 상위 10위까지의 주를 말해보라.

13. 캘리포니아의 주요 포도 재배 지역은?

14. 나파 밸리에서 가장 많이 재배되는 포도 품종은?

15. 소노마 밸리에서 가장 많이 재배되는 포도 품종은?

16. 캘리포니아에서는 적포도와 청포도 중 무엇이 더 많이 재배되는가?

17. 캘리포니아에서 가장 많이 재배되는 적포도 품종 세 가지는?

18. 캘리포니아의 와인 라벨에 표기되는 리저브reserve의 의미는?

19. 뛰어난 카베르네 소비뇽이 생산되는 프랑스의 와인 생산지는?

20. 나파 밸리에서 가장 많이 재배되는 적포도 품종은?

21. 피노 누아르가 생산되는 프랑스의 와인 생산지 두 곳은?

22. 캘리포니아에서 피노 누아르를 가장 많이 재배하는 카운티는?

23. 캘리포니아에서 재배되는 포도 중 이탈리아의 프리미티보와 유사한 DNA를 가진 품종은?

24. 시라가 생산되는 프랑스의 와인 생산지는?

25. 캘리포니아에서 시라가 가장 많이 재배되고 있는 카운티는?

26. 캘리포니아에서 1970년에 가장 많이 재배되었던 적포도는?

27. 메리티지 와인이란?

28. 메리티지 와인을 두 개만 말해보라.

정답은 p.442

⊰⊱ CLASS 2 ⊰⊱

캘리포니아의 화이트 와인 및 그 외의 미국 와인

⊰⊱ 퀴즈 ⊰⊱

1. 캘리포니아에서 재배되는 화이트 와인용 대표 포도 품종은?

2. 캘리포니아에서 재배되는 그 밖의 주요 화이트 와인용 포도 세 가지를 대보라.

3. 소비뇽 블랑과 퓌메 블랑의 차이점은?

4. 워싱턴주에서 재배되는 주요 포도 품종은?

5. 워싱턴주는 어떤 와인을 더 많이 생산하는가? 레드 와인인가, 화이트 와인인가?

6. 뉴욕주에서 프리미엄급 와인 생산지 세 곳은 어디인가?

7. 뉴욕주에서 재배되는 미국 자생종 포도 품종은?

8. 오리건주에는 몇 개의 AVA가 있는가?

9. 오리건주에서 가장 많이 재배되는 포도는?

정답은 p.443

프랑스 와인과 보르도의 레드 와인

퀴즈

1. 다음의 포도 품종을 와인 생산지와 연결해보라.

   - 리슬링   _____ 샹파뉴
   - 소비뇽 블랑   _____ 루아르 밸리
   - 샤르도네   _____ 알자스
   - 세미용   _____ 부르고뉴
   - 게뷔르츠트라미너   _____ 보르도
   - 그르나슈   _____ 코트 뒤 론
   - 피노 누아르
   - 카베르네 소비뇽
   - 슈냉 블랑
   - 시라
   - 메를로

2. 아펠라시옹 도리진 콩트롤레AOC 법은 언제 제정되었는가?
3. 1헥타르는 몇 제곱미터인가?
4. 1헥토리터는 몇 리터인가?
5. 영어로 보르도산 레드 와인을 칭하는 말은?
6. 보르도는 와인 생산지가 모두 몇 개인가?
7. 보르도에서 레드 와인의 생산 비율은 대략 몇 %인가?
8. 보르도에서 재배되는 레드 와인용 세 가지 주요 품종은?
9. 가론강의 '좌안 지역'에서 주로 재배되는 레드 와인용 품종은?
10. 도르도뉴강의 '우안 지역'에서 주로 재배되는 레드 와인용 품종

은?
11. 보르도 와인의 세 가지 품질 등급을 말해보라.
12. 보르도에는 와인을 생산하는 샤토가 대략 몇 곳인가?
13. 보르도 와인 중 소비자가가 8~25달러 수준인 와인은 몇 퍼센트 정도인가?
14. 메독의 최고 샤토들에 등급이 부여된 연도는?
15. 보르도의 공식적 품질 등급 부여에서 등급을 부여받은 메독의 샤토는 몇 곳인가?
16. 그랑 크뤼 클라세급 샤토는 보르도 전체 중 몇 퍼센트인가?
17. 1등급에서 5등급까지 각각 하나씩의 샤토를 말해보라.
18. 그라브의 와인들에 최초로 등급이 매겨진 연도는?
19. 생테밀리옹의 와인들에 최초로 등급이 매겨진 연도는?
20. 생테밀리옹의 레드 와인 생산에 주로 사용되는 포도 품종은?
21. 가론강의 '좌안 지역'에서 뛰어난 빈티지로 꼽히는 최근의 해를 세 개만 말해보라.
22. 도르도뉴강의 '우안 지역'에서 뛰어난 빈티지로 꼽히는 최근의 해를 세 개만 말해보라.
23. 등급이 매겨진 샤토에서 생산되는 세컨드 라벨 와인 두 개를 말해보라.

정답은 p.444

부르고뉴와 론 밸리의 레드 와인
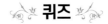 퀴즈

1. 부르고뉴의 레드 와인 주요 생산지는?

2. 부르고뉴의 레드 와인에 사용되는 주요 포도 품종 두 가지는?

3. 나폴레옹 법전이 부르고뉴의 포도원들에 미친 영향은?

4. 보졸레는 어떤 포도로 빚는가?

5. 보졸레의 세 가지 등급 구분은?

6. 보졸레의 크뤼급 마을은 모두 몇 곳인가?

7. 보졸레의 크뤼급 마을들을 세 곳만 대보라.

8. 보졸레 누보는 몇월의 무슨 요일에 출시되는가?

9. 코트 샬로네즈의 와인 생산 마을 중 두 곳을 대보라.

10. 부르고뉴의 품질 등급은?

11. 코트 도르 내의 와인 생산지 두 곳은?

12. 코트 도르의 그랑 크뤼급 포도원은 모두 몇 곳인가?

13. 코트 드 본에서 레드 와인 생산지로 이름이 나 있는 마을 두 곳을 말해보라.

14. 코트 드 본에서 레드 와인을 생산하는 그랑 크뤼급 포도원 두 곳을 말해보라.

15. 코트 드 뉘에서 레드 와인 생산지로 유명한 마을 두 곳을 대보라.

16. 코트 드 뉘에서 레드 와인을 생산하는 그랑 크뤼급 포도원 두 곳을 말해보라.

17. 론 밸리는 프랑스의 어느 쪽에 있는가?

18. 론 밸리의 품질 등급 세 가지는?

19. 코트 뒤 론 와인의 몇 퍼센트가 남부 지역에서 재배되는 포도로 만들어지는가?

20. 론 밸리에는 크뤼급 와인이 모두 몇 개인가?

21. 론 밸리 북부 지역의 크뤼급 와인 두 개만 말해보라.

22. 론 밸리 남부 지역의 크뤼급 와인 두 개만 말해보라.

23. 론 밸리에서 주로 재배되는 레드 와인용 포도 품종 두 가지는?

24. 론 밸리의 북부 지역에서는 주로 어떤 품종으로 레드 와인을 빚는가?

25. 샤토네프 뒤 파프의 원료로 쓰이는 주요 품종 네 가지는?

26. 코트 뒤 론과 보졸레 와인의 차이는?

27. 코트 뒤 론 빌라주와 에르미타주 와인 중 어떤 것이 수명이 더 오래갈까?

28. 론 밸리에서 생산되는 화이트 와인 두 가지를 말해보라.

29. 타블Tavel이란?

정답 p.445

프랑스의 화이트 와인
※ 퀴즈 ※

1. 알자스의 리슬링과 독일의 리슬링 사이에 나타나는 스타일의 차이점 한 가지는 무엇인가?
2. 알자스에서 가장 많이 재배되는 포도 품종은?
3. 알자스 와인의 주목할 만한 제조사 두 곳을 대보라.
4. 상세르와 푸이 퓌메 와인은 어떤 포도 품종으로 빚는가?
5. 부브레 와인은 어떤 포도 품종으로 빚는가?
6. '쉬르 리sur lie'라는 용어의 뜻은?
7. 지명 '그라브Graves'는 원래 무슨 뜻인가?
8. 보르도의 화이트 와인 대다수가 블렌딩하는 대표적 포도 품종 두 가지는?
9. 그라브의 샤토 와인 두 가지만 대보라.
10. 소테른의 주요 포도 품종은?
11. 소테른의 세 가지 등급 분류는 어떻게 되는가?
12. 부르고뉴의 주요 와인 생산 지역을 말해보라.
13. 부르고뉴 지역 중 화이트 와인만 생산하는 곳은?
14. 부르고뉴 지역 중 레드 와인을 가장 많이 생산하는 곳은?
15. 코트 도르는 화이트 와인을 더 많이 생산하는가, 아니면 레드 와인을 더 많이 생산하는가?
16. 부르고뉴의 세 가지 등급 분류는 어떻게 되는가?
17. 샤블리의 그랑 크뤼급 포도원 두 곳과 프리미에 크뤼급 포도원 두 곳을 대보라.
18. 코트 드 본에서 가장 주목할 만한 화이트 와인 생산 마을 세 곳은 어디인가?
19. 코트 드 본의 그랑 크뤼급 포도원 세 곳을 말해보라.
20. 푸이 퓌세는 부르고뉴의 어느 지역에서 생산되는 와인인가?
21. 부르고뉴에서 '도멘Domaine'의 의미는?

정답은 p.446

스페인의 와인
퀴즈

1. 스페인의 주요 와인 생산지 세 곳은?

2. 코세차는 무슨 뜻인가?

3. 스페인에서 가장 우수한 와인을 생산하는 대표적인 와인 생산지는?

4. 리오하의 와인 양조에 주로 이용되는 적포도 두 가지는?

5. 리오하에서 적포도의 재배 비율은 몇 퍼센트를 차지하는가?

6. '비노스 데 파고스'는 무슨 뜻인가?

7. 리오하 와인의 숙성 정도에 따른 세 등급은 어떻게 되는가?

8. 보데가스 몬테시요, CVNE, 마르케스 데 카세레스 같은 와인들이 생산되는 지역은?

9. 베가 시실리아, 페스케라는 어느 지역에서 생산되는 와인들인가?

10. 리베라 델 두에로에서 레드 와인 양조에 쓰이는 주요 포도 품종은?

11. 스페인에서 스파클링 와인을 부르는 명칭은 무엇이며 최대 생산지는 어디인가?

12. 프리오라트에서 와인 양조에 주로 이용되는 포도는?

13. 알바로 팔라시오스, 마스 이그네우스, 파사나우 같은 와인의 생산지는?

14. 리아스 바익사스에서 와인을 양조할 때 사용되는 주요 포도 품종은?

정답은 p.447

이탈리아의 와인
퀴즈

1. 이탈리아의 와인 생산지는 몇 곳인가?

2. 이탈리아의 3대 와인 생산지는?

3. 이탈리아의 와인법에서 최고 높은 등급은?

4. 키안티의 네 가지 등급은?

5. 이탈리아에서 키안티, 비노 노빌레 디 몬테풀차노, 브루넬로 디 몬탈치노의 생산지는 어디이고, 이 와인들의 주요 포도 품종은 무엇인가?

6. 브루넬로 디 몬탈치노는 오크통에서 최소한 얼마 동안 숙성시켜야 하는가?

7. '슈퍼 투스칸' 와인이란?

8. 피에몬테의 주요 적포도 품종 세 가지는?

9. 프랑스의 AOC법과 이탈리아의 DOC법 사이에 가장 큰 차이점은?

10. 바롤로와 바르바레스코 와인의 원료로 허용되고 있는 단 하나의 품종은?

11. DOCG법에 근거할 때 바롤로와 바르바레스코 중 더 오랜 숙성 기간이 요구되는 것은?

12. 이탈리아의 와인 중 발폴리첼라, 바르돌리노, 소아베, 아마로네가 생산되는 지역은?

13. 리파소, 아마로네, 클라시코, 수페리오레의 뜻을 말해보라.

14. 이탈리아의 와인명 표기 방법 세 가지는?

정답은 p.447

CLASS 8

오스트레일리아와 뉴질랜드의 와인

퀴즈

1. 오스트레일리아에서 재배되는 주요 적포도와 청도포 품종을 두 가지씩 말해보라.
2. 오스트레일리아에서 와인 생산지로 유명한 지역 네 곳은?
3. 스파클링 와인으로 유명한 오스트레일리아의 와인 생산지는?
4. 라벨에 특정 와인 생산지를 표기하려면 와인 양조 시 그 지역의 와인 머스트를 최소한 몇 퍼센트 사용해야 하는가?
5. 기록상 뉴질랜드 와인의 최초 빈티지는 언제인가?
6. 뉴질랜드의 주요 포도 품종 세 가지를 말해보라.
7. 뉴질랜드의 가장 대표적인 와인 생산지 세 곳을 말해보라.
8. 뉴질랜드는 레드 와인과 화이트 와인 중 무엇을 더 많이 생산하는가?
9. 말보로 소비뇽 블랑의 풍미 특징은?

정답은 p.448

CLASS 9

남미의 와인

퀴즈

1. 칠레에서 재배되는 주요 청포도 품종 두 가지와 주요 적포도 품종 네 가지를 말해보라.
2. 칠레의 전체 포도 재배지에서 카베르네 소비뇽이 차지하는 면적은 몇 퍼센트인가?
3. 칠레의 대표적인 와인 생산지 세 곳은?
4. 한때 메를로로 혼동되었던 칠레의 포도 품종은 무엇인가?
5. 칠레의 와인 라벨에 포도 품종명이 표기되어 있다면, 그 와인은 양조 시에 그 품종의 포도를 최소한 몇 퍼센트 사용한 것인가?
6. 전 세계의 와인 생산 순위에서 아르헨티나는 몇 위인가?
7. 아르헨티나에 포도가 처음 재배된 시기는?
8. 아르헨티나의 주요 청포도와 적포도 품종을 두 가지씩 말해보라.
9. 아르헨티나의 주요 와인 생산지 세 곳은?
10. 아르헨티나의 와인 라벨에 포도 품종명이 표시되어 있다면 원료의 몇 퍼센트가 그 품종이어야 하는가?

정답은 p.448

독일의 와인
퀴즈

1. 독일에서 화이트 와인 생산 비중은 몇 퍼센트인가?
2. 독일 와인의 라벨에 포도 품종명이 표기되어 있다면 그 포도가 와인 원료로 최소한 몇 퍼센트 사용된 것인가?
3. 독일에서 재배되는 포도 가운데 리슬링이 차지하는 비율은?
4. 리슬링과 샤슬라의 교배종인 독일 포도의 이름은?
5. 독일 와인의 라벨에 빈티지가 표기되어 있다면 와인의 원료로 그해의 포도가 최소한 몇 퍼센트 사용되었다는 뜻인가?
6. 독일의 와인 생산지는 모두 몇 곳인가?
7. 독일에서 가장 중요한 와인 생산지 네 곳은?
8. 독일 와인의 대략적 스타일을 말해보라.
9. 독일 와인의 세 가지 기본적인 스타일은 무엇인가?
10. 독일의 와인 용어인 '트로켄'은 와인의 어떤 스타일을 지칭하는가?
11. 독일 와인의 평균적인 알코올 도수는?
12. 크발리테츠바인은 크게 둘로 나뉘는데 무엇 무엇인가?
13. 프레디카츠바인은 숙성도에 따라 어떻게 나뉘는지 말해보라.

14. 슈페트레제라는 말은 무슨 뜻인가?
15. 아이스바인이란?
16. 각 지역별로 해당되는 마을들을 서로 연결해보라.
    - 라인가우   _____오펜하임
    - 모젤   _____뤼데스하임
    - 라인헤센   _____베른카스텔
    - 팔츠   _____피슈포르트
                        _____요하니스베르크
                        _____다이데스하임
                        _____니르슈타인

17. 독일의 와인 용어인 '구츠압퓔룽'은 무슨 뜻인가?
18. 에델포일레는 무엇인가?

정답은 p.449

스파클링 와인
퀴즈

1. 샹파뉴는 프랑스의 어느 쪽에 위치한 지역인가?
2. 샹파뉴 지역을 크게 네 구역으로 나누어보라.
3. 샴페인의 원료로 쓰이는 세 가지 포도는 무엇인가?
4. 샴페인을 크게 세 종류로 나누어보라.
5. 샴페인을 만드는 방법을 뭐라고 칭하는가?
6. 논빈티지 샴페인과 빈티지 샴페인은 각각 최소한 얼마 동안의 병 속 숙성 기간을 거쳐야 하는가?
7. '리쿼르 드 티라주'는 무엇을 뜻하는 말인가?
8. 리들링, 디스고르징, 도자쥬는 각각 무엇을 말하는가?
9. 샴페인의 달콤한 정도를 나타내는 일곱 가지 용어는?
10. '블랑 드 블랑'과 '블랑 드 누아르'는 각각 어떤 샴페인을 말하는가?
11. 샴페인 병 속의 압력은 1제곱인치당 몇 파운드 정도 되는가?
12. 스페인, 이탈리아, 독일에서는 스파클링 와인을 각각 어떤 이름으로 부르는가?
13. 이탈리아에서 프로세코를 생산하는 지역은 어디인가?

정답은 p.450

주정강화 와인
퀴즈

1. 주정강화 와인이란?
2. 주정강화 와인의 알코올 함량은 어느 정도인가?
3. 스페인에서 서로 삼각 지대를 이루고 있는 셰리 생산지 세 곳은 어디인가?
4. 셰리의 원료로 쓰이는 두 가지 포도는 무엇인가?
5. 셰리의 종류 다섯 가지는 무엇인가?
6. 조지 워싱턴이 독립선언문에 서명할 당시 축배를 들었던 와인은?
7. 셰리와 관련해서 보데가가 뜻하는 의미는?
8. 매년 증발로 인해 잃는 셰리는 전체 양의 몇 퍼센트 정도인가?
9. 솔레라 공법이란?
10. 셰리의 숙성에는 어떤 오크통이 사용되는가?
11. 정통 포트의 생산지는?
12. 포트 양조 시 중성 포도 브랜디가 첨가되는 시점은?
13. 포트의 두 종류는?
14. 레이트 보틀드 빈티지, 빈티지 캐릭터, 퀸타, 빈티지 포트는 어떤 종류의 포트에 속하는가?
15. 루비 포트, 토니 포트, 에이지드 토니, 콜헤이타는 어떤 종류의 포트에 속하는가?
16. 빈티지 포트의 나무통 숙성 기간은?
17. 포트의 대략적인 알코올 함량은?
18. 포트 중 빈티지 포트가 차지하는 비율은 몇 %인가?

정답은 p.450

기타 와인 생산국
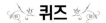 퀴즈

캐나다

1. 캐나다에서 상업적 와인 양조가 시작된 시기는?
2. 캐나다의 대표적인 청포도와 적포도 품종 세 가지씩 말해보라.
3. 캐나다의 대표적인 와인 생산지 두 곳은?
4. 캐나다의 와인에서 라벨에 포도 품종을 표기할 경우 그 와인의 양조에서 해당 품종의 포도를 최소한 몇 퍼센트 사용해야 하는가?
5. 아이스 와인은 어떻게 만들어지는가?

정답은 p.451

남아프리카공화국

1. 남아프리카공화국 포도원의 다양한 지형에 대해 설명해보라.
2. 남아프리카공화국에서 재배되는 주요 청포도와 적포도 품종을 세 가지씩 말해보라.
3. 해안 지역 내의 가장 주목할 만한 와인 산지wo 세 곳을 말해보라.
4. 뛰어난 피노타주를 빚으려면 어떤 방식을 따라야 하는가?
5. 남아프리카공화국의 와인에서 라벨에 빈티지나 포도 품종을 표기할 경우 그 와인은 해당 빈티지나 포도 품종의 최소한 몇 퍼센트를 와인의 원료로 써야 하는가?

정답은 p.451

오스트리아

1. 오스트리아의 주요 와인 생산지 네 곳은 어디인가?
2. 오스트리아에서 재배되는 주요 청포도 품종 세 가지와 적포도 품종을 세 가지씩 말해보라.
3. 오스트리아 와인의 주요 품질 등급 세 가지는 무엇인가?
4. 오스트리아의 명품 디저트 와인은?
5. 리델사의 와인잔은 와인의 어떤 특성을 더욱 부각시켜주는가?

정답은 p.451

헝가리

1. 헝가리 자생종 가운데 주요 청포도 품종과 적포도 품종을 세 가지씩 대보라.
2. 헝가리의 주요 와인 생산지 세 곳을 말해보라.
3. 토커이는 어떻게 만드는가?
4. 푸토뇨시 와인의 네 단계는 어떻게 되는가?
5. 토커이 와인 중 가장 달콤한 와인의 명칭은?

정답은 p.451

그리스

1. 그리스에서 와인 양조가 시작된 시기는 대략 언제인가?
2. 지중해성 기후의 특징은?
3. 그리스에서 재배되는 주요 청도포 품종과 적포도 품종을 세 가지씩 대보라.
4. 그리스의 대표적인 와인 생산지 두 곳만 말해보라.
5. 그리스 와인 생산지의 지형은 어떤 특징을 띠는가?

정답은 p.451

초보자를 위한 기초상식
퀴즈 정답

1. 단맛, 신맛, 쓴맛.

2. 포도 품종, 발효, 숙성

3. 주로 비티스 비니페라종에 속함.

4. 네비올로, 카베르네 소비뇽, 시라/시라즈.

5. 특정 지역의 토양 구성·지리·일조량·날씨·기후·주변 식물 같은 요소가 와인의 풍미에 영향을 미치는 방식.

6. 와인 메이커가 포도 당도를 측정하는 단위.

7. 나무 전체를 고사시키기도 하는 포도나무뿌리 진디.

8. 포도껍질에 서서히 구멍을 내서 포도의 수분이 증발되어 당분과 산미가 더욱 농축되게 해주는 곰팡이균, 보트리티스 시네레아를 말한다.

9. 효모·알코올.

10. 스파클링 와인: 8~12%, 테이블 와인: 8~15%, 주정강화 와인: 17~22%.

11. 포도의 과즙과 껍질이 한데 섞인 혼합액.

12. 와인의 색은 주로 포도 껍질에서 나오므로, 와인에 색이 우러 나오지 않도록 포도를 딴 직후에 껍질을 제거하면 된다.

13. 포도껍질을 담가 아로마, 타닌, 빛깔을 우려내는 것.

14. 효모의 작용으로 최종 와인의 알코올 함량이 높아지도록 머스트에 당분을 첨가하는 과정.

15. 발효 후, 효모에 의해 소화되지 않고 남은 천연 당분.

16. 포도의 껍질·씨·줄기.

17. 포도가 수확된 해.

18. 색깔과 포도, 빈티지, 와인의 생산지, 와인 양조방식, 보관 조건.

19. 유기 화합물 트리클로로아닐린(TCA)으로 인해 와인에서 곰팡내가 나는 현상.

20. 이산화황은 천연의 산화방지제이자 방부제, 살균제다.

21. 다른 빈티지의 와인을 비교 시음하는 것.

22. 빛깔이 짙어진다.

23. 빛깔이 옅어진다.

24. 아로마는 포도의 향을 말하며 부케는 (대체로 오래된 와인에서 느껴지는) 와인의 총체적 향을 가리킨다.

25. 에스테르와 알데히드가 풀려나와 산소와 결합하면서 와인의 아로마나 부케가 발산되게 하려는 것이다.

퀴즈 정답

1. 75% 이상.
2. 1만 개 이상.
3. 50곳 전체 주.
4. 비티스 라브루스카와 비티스 로툰디폴리아.
5. 1876년.
6. 1920년.
7. 1933년.
8. 연방정부에 승인되고 등록된 주나 지역 내에 속하는 특정 포도 재배 지역.
9. 최소한 85%.
10. 240개 이상.
11. 캘리포니아, 워싱턴, 뉴욕, 오리건, 텍사스.
12. 워싱턴 DC, 뉴햄프셔, 버몬트, 매사추세츠, 뉴저지, 네바다, 코네티컷, 캘리포니아, 로드아일랜드, 델라웨어.
13. 북부 해안 지대, 북중부 해안 지대, 남중부 해안 지대, 샌와킨 밸리.
14. 카베르네 소비뇽, 샤르도네, 메를로.
15. 샤르도네, 피노 누아르, 카베르네 소비뇽.
16. 적포도.
17. 카베르네 소비뇽, 진판델, 메를로.
18. 이 명칭에는 법으로 규정된 의미는 없으며 와이너리마다 개별적 의미를 규정하여 사용하고 있다.
19. 보르도.
20. 카베르네 소비뇽.
21. 부르고뉴와 샹파뉴.
22. 소노마.
23. 진판델.
24. 론 밸리.
25. 샌 루이스 오비스포와 소노마.
26. 진판델.
27. 보르도의 전통적 포도 품종들을 블렌딩하여 빚는 미국산의 레드 와인이나 화이트 와인.
28. 케인 파이브, 도미누스, 인시그니아, 마그니피카트, 오퍼스 원, 트레프던 헤일로.

퀴즈 정답

1. 샤르도네.

2. 소비뇽 블랑, 슈냉 블랑, 비오니에.

3. 소비뇽 블랑과 퓌메 블랑은 공식적으로 차이가 없다. 퓌메 블랑은 로버트 몬다비가 판매량을 늘리려고 고안해낸 이름이다.

4. 샤르도네, 리슬링, 카베르네 소비뇽, 시라, 메를로.

5. 워싱턴주의 와인 생산 비율은 화이트 와인 41%, 레드 와인 59%다.

6. 핑거 레이크스, 허드슨 밸리, 롱아일랜드.

7. 콩코드, 카토바, 델라웨어.

8. 18개.

9. 피노 누아르.

퀴즈 정답

1. 포도 품종과 와인 생산지
   샹파뉴: 피노 누아르와 샤르도네
   루아르 밸리: 소비뇽 블랑과 슈냉 블랑
   알자스: 리슬링과 게뷔르츠트라미너
   부르고뉴: 피노 누아르와 샤르도네
   보르도: 카베르네 소비뇽, 메를로, 소비뇽 블랑과 세미용
   코트 뒤 론: 시라와 그르나슈

2. 1930년대.

3. 1헥타르: 1만㎡

4. 1헥토리터: 100ℓ

5. 클라레.

6. 65개.

7. 85%.

8. 메를로, 카베르네 소비뇽, 카베르네 프랑.

9. 카베르네 소비뇽.

10. 메를로.

11. 보르도, 지역명, 지역명 + 샤토.

12. 7000곳.

13. 80%.

14. 1855년.

15. 61곳.

16. 5% 미만.

17. 186~187쪽의 전체 목록 참조.

18. 1959년.

19. 1955년.

20. 메를로.

21. 1990, 1995, 1996, 2000, 2003, 2005, 2009, 2010, 2015, 2016.

22. 1990, 1998, 2000, 2001, 2005, 2009, 2010, 2015, 2016.

23. 알테 에고, 카뤼아드 드 라피트, 르 클라랑스 드 오 브리옹, 에코 드 랭쉬 바주, 레스프리 드 슈발리에, 레 포르 드 라투르, 파비용 루즈 뒤 샤토 마고, 르 프티 무통, 르 프티 리옹, 레제르브 드 라 콩테스, 라 레제르브 레오빌 바르통, 레 투렐 드 롱그빌.

퀴즈 정답

1. 코트 도르(코트 드 뉘, 코트 드 본), 보졸레, 코트 샬로네즈.

2. 피노 누아르와 가메.

3. 나폴레옹 법전에서 자녀들에게 균등 상속을 명하는 법을 만들도록 규정함에 따라 포도원의 세분화가 더욱 조장되었다.

4. 100% 가메.

5. 보졸레, 보졸레 빌라주, 크뤼.

6. 10곳.

7. 브루이, 줄리에나, 쉐나, 모르공, 시루불, 물랭 아 방, 코트 드 브루이, 레니에, 플뢰리, 생타무르.

8. 11월 셋째 주 목요일.

9. 메르퀴레이, 지브리, 륄리.

10. 지역(부르고뉴), 부르고뉴 코트 도르 빌라주, 프리미에 크뤼, 그랑 크뤼.

11. 코트 드 본과 코트 드 뉘.

12. 32곳.

13. 알록스 코르통, 본, 포마르, 볼네.

14. 코르통, 코르통 브레상드, 코르통 클로 뒤 루아, 코르통 마레쇼드, 코르통 르나르드.

15. 샹볼 뮈지니, 플라지 에셰조, 주브레 샹베르탱, 모레 생 드니, 뉘 생 조르주, 본 로마네, 부조.

16. 본 마르, 뮈지니, 에셰조, 그랑 에셰조, 샹베르탱, 샹베르탱 클로 드 베즈, 샤펠 샹베르탱, 샤름 샹베르탱, 그리오트 샹베르탱, 라트리시에르 샹베르탱, 마지 샹베르탱, 마조예레 샹베르탱, 뤼쇼트 샹베르탱, 클로 드 라 로슈, 클로 데 랑브레이, 클로 드 타르, 클로 생 드니, 라 그랑드 뤼, 라 로마네, 라 타슈, 말콩소르, 리쉬부르, 라 로마네 콩티, 라 로마네 생 비방, 클로 드 부조.

17. 프랑스 남동부, 부르고뉴 지역의 남쪽.

18. 코트 뒤 론, 코트 뒤 론 빌라주, 코트 뒤 론 크뤼(북부 및 남부 지역).

19. 90% 이상.

20. 17곳.

21. 샤토 그리예, 콩드리외, 코르나스, 코트 로티, 크로제 에르미타주, 에르미타주, 생 조셉, 생 페레이.

22. 샤토네프 뒤 파프, 지공다스, 리락, 타블, 바케이라, 봄 드 브니즈, 캐란, 라스토, 뱅소브르.

23. 그르나슈와 시라.

24. 시라.

25. 그르나슈, 시라, 무르베드르, 생소.

26. 코트 뒤 론이 보졸레에 비해 바디가 묵직하고 알코올 함량도 높음.

27. 에르미타주.

28. 콩드리외와 샤토 그리예.

29. 그르나슈 포도를 주원료로 써서 빚는 드라이한 로제 와인.

퀴즈 정답

1. 알자스의 리슬링은 드라이한 반면 독일 리슬링은 대체로 어느 정도의 잔당이 남아 있다. 알코올 함량에서도 독일 와인이 더 낮다.

2. 리슬링.

3. 도멘 돕프오뮐랭, 도멘 F. E. 트림바흐, 도멘 휘젤 에 피스, 도멘 레옹 베예, 도멘 마르셀 다이스, 도멘 바인바흐, 도멘 진트 훔브레히트.

4. 소비뇽 블랑.

5. 슈냉 블랑.

6. lee(앙금)와 함께 숙성된 와인.

7. 자갈.

8. 소비뇽 블랑과 세미용.

9. 샤토 부스코, 샤토 카르보니외, 샤토 쿠앵 뤼르통, 도멘 드 슈발리에, 샤토 오 브리옹, 샤토 라 루비에르, 샤토 라 투르 마르티야크, 샤토 라비유 오 브리옹, 샤토 말라르틱 라그라비에르, 샤토 올리비에, 샤토 스미스 오 라피트.

10. 세미용.

11. 그랑 프리미에 크뤼, 프리미에 크뤼, 되지엠 크뤼.

12. 샤블리, 코트 샬로네즈, 코트 도르(코트 드 뉘, 코트 드 본), 마코네, 보졸레.

13. 샤블리.

14. 보졸레.

15. 레드 와인.

16. 지역 아펠라시옹, 빌라주 와인, 프리미에 크뤼, 그랑 크뤼.

17. 샤블리의 그랑 크뤼급 포도원: 블랑쇼, 프뢰즈, 부그로, 발뮈르, 그르누유, 보데지르, 레클로.
샤블리의 프리미에 크뤼급 포도원: 코트 드 볼로랑, 몽맹, 푸르숌, 몽드밀리외, 레셰, 바이용, 몽테 드 톤네르.

18. 뫼르소, 퓔리니 몽라셰, 샤사뉴 몽라셰.

19. 코르통 샤를마뉴, 샤를마뉴, 바타르 몽라셰, 몽라셰, 비앵브니 바타르 몽라셰, 슈발리에 몽라셰, 크리오 바타르 몽라셰.

20. 마코네.

21. 포도를 재배하고 와인을 양조하여 병입까지 직접 하는 포도원의 소유주.

1. 리오하, 리베라 델 두에로, 페네데스, 프리오라트, 루에다, 리아스 바익사스, 헤레스.
2. '수확' 또는 '빈티지'라는 뜻.
3. 리오하와 프리오라트, 리베라 델 두에로, 페네데스.
4. 템프라니요와 가르나차.
5. 90%.
6. 단일 포도원에서 생산된 와인.
7. 크리안사, 레세르바, 그란 레세르바.
8. 리오하 지역.
9. 리베라 델 두에로 지역.
10. 템프라니요, 카베르네 소비뇽, 메를로, 말벡, 가르나차.
11. 카바, 페네데스.
12. 가르나차, 카리녜나, 카베르네 소비뇽, 메를로, 시라.
13. 프리오라트.
14. 알바리뇨.

1. 20곳.
2. 베네토, 피에몬테, 토스카나.
3. DOCG / Denominazione di Origine Controllata e Garantita.
4. 키안티, 키안티 클라시코, 키안티 클라시코 리제르바, 그란 셀레치오네.
5. 토스카나. 산지오베제.
6. 2년.
7. 슈퍼 투스칸 와인은 토스카나에서 생산하는 아주 뛰어난 품질의 테이블 와인이며 이전까지 DOC 규정에서 금지되어 있던 카베르네 소비뇽, 메를로, 시라 등의 포도 품종으로 빚고 있다.
8. 바르베라, 돌체토, 네비올로.
9. 이탈리아의 DOC에서 숙성 요건을 규제하고 있는 점.
10. 네비올로.
11. 바롤로.
12. 베네토.
13. 리파소 : 발폴리첼라에 아마로네를 만들고 남은 포도 껍질을 섞어 넣어 알코올 함량을 높이고 풍미를 더욱 풍부하게 만드는 양조법.
    클라시코 : 유서 깊은 클라시코 지역에 자리 잡은 포도원들.
    수페리오레 : 알코올 도수가 더 높고 숙성 기간도 더 긴 와인.
14. 이탈리아의 와인은 포도 품종명, 마을이나 구역명 또는 상표명으로 와인명을 붙인다.

퀴즈 정답

1. 적포도: 시라즈, 카베르네 소비뇽

   청포도: 소비뇽 블랑, 샤르도네
2. 사우스오스트레일리아주: 애들레이드 힐스, 클레어 밸리, 쿠나와라, 바로사 밸리, 맥라렌 베일

   뉴사우스웨일스주: 헌터 밸리

   빅토리아주: 아라 밸리

   웨스턴오스트레일리아주: 마거릿 리버
3. 태즈메이니아.
4. 85%.
5. 1836년.
6. 소비뇽 블랑, 피노 누아르, 샤르도네.
7. 기즈번, 호크스베이, 마틴보로/와이라라파, 말보로, 센트럴 오타고.
8. 화이트 와인.
9. 상큼하고, 미네랄 풍미가 있으며 자몽이나 라임 같은 열대 과일 특유의 새콤한 풍미가 느껴진다.

퀴즈 정답

1. 청포도: 샤르도네, 소비뇽 블랑

   적포도: 카베르네 소비뇽, 카르메네르, 메를로, 시라
2. 32%.
3. 카사블랑카 밸리, 마이포 밸리, 라펠 밸리/콜차과.
4. 카르메네르.
5. 85%.
6. 5위.
7. 1544년.
8. 청포도: 토론테스 리오하노, 소비뇽 블랑

   적포도: 말벡, 카베르네 소비뇽
9. 북부 지역, 쿠요, 파타고니아.
10. 100%.

퀴즈 정답

1. 65%.
2. 85%.
3. 23%.
4. 뮐러 투르가우.
5. 85%.
6. 13개 지역.
7. 라인헤센, 라인가우, 모젤, 팔츠.
8. 단맛이 산도나 낮은 알코올 함량과 밸런스를 잘 이루고 있다.
9. 트로켄, 할프트로켄, 프루티.
10. 드라이 스타일.
11. 8~10%.
12. 쿠베아, 프레디카츠바인.
13. 카비네트, 슈페트레제, 아우스레제, 베렌아우스레제, 트로켄베렌아우스레제, 아이스바인.

14. '늦수확'이라는 뜻.
15. 아직 얼어 있는 상태에서 압착한 포도로 만드는 달콤하고 농축된 맛의 희귀 와인.
16. 오펜하임: 라인헤센
    뤼데스하임: 라인가우
    베른카스텔: 모젤
    피슈포르트: 모젤
    요하니스베르크: 라인가우
    다이데스하임: 팔츠
    니르슈타인: 라인헤센
17. '농장에서 병입된estate-bottled'의 뜻.
18. 보트리티스 시네레아를 뜻하는 독일어.

1. 파리의 북동쪽.
2. 마른 계곡, 코트 데 블랑, 랭스 산악 지대, 오브.
3. 피노 누아르, 피노 뫼니에, 샤르도네.
4. 논빈티지/멀티플 빈티지, 빈티지, '프레스티지' 퀴베.
5. 메토드 샹프누아즈.
6. 논빈티지 샴페인: 15개월, 빈티지 샴페인: 3년.
7. 블렌딩 과정이 끝난 후 2차 발효를 촉진시키기 위해, 베이스 와인에 설탕과 효모를 혼합해서 섞어 넣는 과정.
8. 리들링: 몇 주에 걸쳐 샴페인 병을 조금씩 돌려주면서 서서히 병을 거꾸로 세워지게 하는 과정.
   디스고르징: 급속냉각 방식을 통해 샴페인의 병목에 모인 찌꺼기를 제거해주는 과정.
   도자쥐: 디스고르주 과정에서의 와인 손실분을 와인과 설탕의 혼합액으로 보충해주는 것.
9. 브뤼 나투르, 엑스트라 브뤼, 브뤼, 엑스트라 섹/드라이, 섹, 데미 섹, 두.
10. 블랑 드 블랑은 100% 샤르도네로 만든 샴페인이며 블랑 드 누아르는 피노 누아르 100%로 만든 샴페인이다.
11. 약 6.45㎠당 40kg.
12. 카바, 스푸만테, 젝트.
13. 베네토.

1. 와인에 중성 브랜디를 첨가하여 알코올 함량을 높인 것.
2. 18~20%.
3. 헤레스 데 라 프론테라, 푸에르토 데 산타 마리아, 산루카르 데 바라메다.
4. 팔로미노, 페드로 히메네스.
5. 만사니야, 피노, 아몬티야도, 올로로소, 크림.
6. 마데이라.
7. 지상에 설치된 와인 저장소.
8. 최소한 3%.
9. 고유의 하우스 스타일을 유지하기 위해 여러 해 빈티지의 와인을 연속적으로 블렌딩하는 방식.
10. 미국산 오크통.
11. 포르투갈 북쪽 지방인 도루.
12. 발효 중에 첨가.
13. 오크통 숙성 포트, 병 숙성 포트.
14. 병 숙성 포트.
15. 오크통 숙성 포트.
16. 2년.
17. 약 20%.
18. 약 3%.

캐나다

1. 1800년대 초.
2. 청포도: 샤르도네, 피노 그리, 리슬링, 게뷔르츠트라미너
   적포도: 피노 누아르, 카베르네 소비뇽, 메를로, 카베르네 프랑, 시라
3. 온타리오주/나이아가라반도, 브리티시컬럼비아주/오카나간 밸리.
4. 85%.
5. 자연적으로 얼린 포도를 손으로 일일이 따서 압착하여 만든다.

남아프리카공화국

1. 해발 91~396m대에 위치한 포도원들은 연안의 서늘한 기후대에 터를 잡은 곳이 있는가 하면 기온이 때때로 섭씨 38도를 넘어서는 곳도 있다.
2. 청포도: 슈냉 블랑(스틴), 소비뇽 블랑, 샤르도네
   적포도: 카베르네 소비뇽, 시라즈, 피노타주
3. 콘스탄티아, 스텔렌보스, 팔.
4. 비교적 서늘한 기후대에서 최소한 15년 수령의 에이커당 산출량이 낮은 포도나무를 재배하기, 개방식 발효조 안에 껍질과 같이 오래 담가두기, 오크통에서 최소한 2년간 숙성시키기, 카베르네 소비뇽과 블렌딩하기, 최소한 10년의 병 숙성을 거치기.
5. 85%.

오스트리아

1. 로어 오스트리아, 빈, 부르겐란트, 슈티리아.
2. 청포도: 그뤼너 펠틀리너, 리슬링, 소비뇽 블랑, 샤르도네(모리용)
   적포도: 블라우프랜키슈(렘베르거), 상크트 라우렌트, 피노 누아르
3. 타펠바인, 크발리테츠바인, 프레디카츠바인.
4. 아우스브루흐.
5. 아로마, 부케, 맛.

헝가리

1. 청포도: 푸르민트, 하르슐레벨뤼, 올라스리즐링
   적포도: 카다르카, 켁프란코시, 포르투기저
2. 버더초니, 에게르, 소몰로, 소프론, 섹사르드, 토커이, 빌라니 시클로스 등이 있다.
3. 먼저 보트리티스 시네레아에 감염된 포도(어수)를 으깨놓는다. 이렇게 으깨놓은 어수를 푸토뇨시라는 바구니에 담는다. 보트리니스 시네레아에 감염되지 않은 포도를 발효시켜서 베이스 와인을 만들고 달콤한 정도에 맞춰 푸토뇨시의 어수를 블렌딩한다.
4. 3바구니(푸토뇨시)(리터당 당분 함량 60g), 4바구니(리터당 당분 함량 90g), 5바구니(리터당 당분 함량 120g), 6바구니(리터당 당분 함량 150g).
5. 에센시아.

그리스

1. 7000년도 더 이전부터.
2. 뜨거운 여름, 긴 가을, 짧고 온화한 겨울.
3. 청포도: 아시르티코, 모스코필레로, 로디티스
   적포도: 아이오르이티코, 시노마브로, 마브로다프니
4. 마케도니아, 펠로폰네소스, 섬 지역(산토리니) 등이 있다.
5. 대다수의 포도원이 가파른 산악 지대의 경사지나 외진 섬 평지에 자리 잡고 있다.

❧ 찾아보기 ❧

한스미디어의 〈와인 바이블〉 시리즈

와인 바이블
2008 에디션

케빈 즈랠리 지음 | 정미나 옮김 | 363쪽 | 43,000원

와인 바이블
25주년 스페셜 에디션
(2010 에디션)

케빈 즈랠리 지음 | 정미나 옮김 | 368쪽 | 45,000원

와인 바이블
2012 에디션

케빈 즈랠리 지음 | 정미나 옮김 | 356쪽 | 45,000원

와인 바이블
2014 에디션

케빈 즈랠리 지음 | 정미나 옮김 | 368쪽 | 45,000원

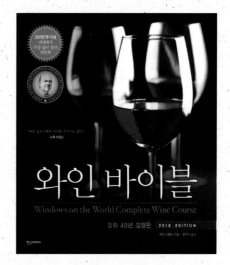
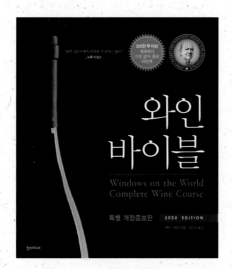

내추럴 와인

이자벨 르쥬롱 MW 지음 | 서지희 옮김 | 최영선 감수 | 224쪽 | 32,000원

내추럴 와인메이커스

내추럴 와인 혁명을 이끈 1세대 와인 생산자들을 찾아서

최영선 지음 | 김진호 사진 | 280쪽 | 22,000원

앰버 레볼루션

오렌지 와인에 관한 가장 완벽한 안내서

사이먼 J 울프 지음 | 서지희 옮김 | 최영선 감수 | 304쪽 | 32,000원

프랑스 와인 수업

스기야마 아스카 지음 | 강수연 옮김 | 박수진 감수 | 292쪽 | 18,000원

와인 테이스팅의 과학

제이미 구드 지음 | 정영은 옮김 | 228쪽 | 32,000원

쉽고 친절한 홈 와인 가이드

소믈리에가 알려주는 세상에서 가장 쉬운 와인책

사토 요이치 지음 | 송소영 옮김 | 조수민 감수 | 116쪽 | 13,800원

맥주 도감

세계의 맥주 136종과 맥주를 즐기기 위한 기초 지식

송소영 옮김 | 208쪽 | 16,500원

치즈 도감

세계의 치즈 209종과 치즈를 즐기기 위한 기초 지식

송소영 옮김 | 224쪽 | 18,000원

와인 바이블

1판 1쇄 인쇄 | 2021년 12월 10일
1판 1쇄 발행 | 2021년 12월 21일

지은이 케빈 즈랠리
옮긴이 정미나
펴낸이 김기옥

실용본부장 박재성
편집 실용2팀 이나리, 장윤선
영업 김선주
커뮤니케이션 플래너 서지운
지원 고광현, 김형식, 임민진

디자인 제이알컴
인쇄 · 제본 민언프린텍

펴낸곳 한스미디어(한즈미디어(주))
주소 121-839 서울시 마포구 양화로 11길 13(서교동, 강원빌딩 5층)
전화 02-707-0337 | **팩스** 02-707-0198 | **홈페이지** www.hansmedia.com
출판신고번호 제 313-2003-227호 | **신고일자** 2003년 6월 25일

ISBN 979-11-6007-761-2 13570

R. PHILIPPE

David

Christophe Bouchard

Sofia Perpera

David Strade

Fiona Donald

Bernard Hickin

Rory Callaha

Tony

Jana Stravitz

Rod McDonald.

D.

Tim Herr

David Slingsby Smith

SK Pidgeon

Blair Watt

J Atwood

Louisa Rose

Chris Burd

Dirk Richter

Rute Monte